结构动力学

——基础理论及耦合振动

王春江　编著

科学出版社

·北　京·

内 容 简 介

本书的主要内容共分为四大部分。第一部分是基础理论，介绍了传统结构动力学中的单自由度体系、多自由度体系、分布参数体系以及针对动力微分方程的数值计算方法等方面的内容；第二部分是结构动力有限元，介绍了一维和二维动力有限元方程的具体推导过程，并对典型单元类型进行了详细介绍；第三部分是耦合振动分析，主要围绕流固耦合问题以及高速磁浮中的车桥耦合、主动控制等问题进行了详细介绍；第四部分是关于线性随机振动理论初步性的概念和理论介绍。

本书可供土木工程、交通工程、船舶工程等专业的研究生或高年级本科生学习使用，也可供从事结构振动分析相关工作的工程技术人员和科研工作者参考使用。

图书在版编目（CIP）数据

结构动力学：基础理论及耦合振动 / 王春江编著. —北京：科学出版社，2024.1

ISBN 978-7-03-077654-9

Ⅰ. ①结… Ⅱ. ①王… Ⅲ. ①结构动力学 Ⅳ. ①O342

中国国家版本馆CIP数据核字（2024）第006243号

责任编辑：赵敬伟 田轶静 / 责任校对：彭珍珍
责任印制：张 伟 / 封面设计：无极书装

科学出版社 出版
北京东黄城根北街16号
邮政编码：100717
http://www.sciencep.com

北京中科印刷有限公司 印刷

科学出版社发行 各地新华书店经销

*

2024年1月第 一 版 开本：720×1000 B5
2024年1月第一次印刷 印张：22 1/2
字数：451 000

定价：168.00元

（如有印装质量问题，我社负责调换）

前　言

本书作者自2014年开始讲授研究生课程“结构动力学”，在多年的教学实践中，作者参阅了大量的动力学方面的经典教材，有20世纪初出版的教材，也有近几年出版的教材，涉及土木工程、机械工程和航空航天以及一般力学等多个领域。结构动力学的基本理论已经比较完善，特别是在克拉夫和乔普拉的两本经典动力学专著出版之后，国内的结构动力学教材基本上是以此为参考蓝本。本书的编写在基础理论部分也参考了这两本专著的编写架构，同时，参考了大量的非土木类动力学方面的专著，力争在动力学相关的基础理论方面更加完整。在数值计算方法方面，把动力响应分析类的数值计算方法和模态分析类的数值分析方法归入一章，力求内容涵盖全面。虽然从数学角度上讲这两类分析方法是不同类型的数值方法，但是分析对象是一致的，也便于对结构动力问题的理解。结构动力学是经典力学中宏观动力学的一个分支学科，是很多工程学科的基础。

世界是运动的，质量又是客观存在的，因此动力学问题是普遍的，静力学问题可看作是在特定条件下的动力学问题的特例。运动方程是描述动力学问题本质属性的控制性方程，无论采用何种方法建立，最终一般都以微分方程（组）的形式体现，并且，方程的类型及其对应的解析解随着研究对象的不同而有所不同。对于超静定结构体系，其结构动力学问题对应的微分方程（组）属于椭圆型，其求解方法可以采用动力有限元的方法，因此，可以把有限元的数值计算理论应用于结构动力学问题的计算，这是计算结构动力学所专门研究的内容，本书仅作简要介绍。

耦合振动问题是最近几年在工程领域非常热的研究前沿，也是很多高级工程问题得以解决的关键。传统的线弹性结构动力学问题是满足叠加原理的，总的动力响应可通过各个分响应的叠加而得到，特别是对于稳态响应，很多动力学的求解方法，如杜阿梅尔（Duhamel）积分、频域分析方法等都是基于叠加原理提出来的。但是，对于耦合振动问题，叠加原理一般是失效的，非线性振动问题往往由于边界条件或初始条件的微小改变，导致体系的振动响应出现很大的不同，表现出强的非线性特征。耦合振动一般都是非线性振动，有的是边界条件非线性，有的是体系非线性，等等。总之，采用简单叠加原理的经典动力学处理方法已经不再适用。本书把流固耦合和高速磁浮车桥耦合中的典型耦合振动问题进行了归纳和总结，并从基本概念到计算模型，对流固耦合以及高速磁浮车桥耦合振动的工程应用所涉及的耦合振动问题展开讨论，给出了耦合振动问题的基本原理、一般处理方法和工程问题的计算分析思路。引入以流固耦合和车桥耦合问题为分析对象的耦合振动的相关内容是本书的特色。本书在车桥耦合振动部分用了一定篇幅介绍常导高速磁浮中的车桥耦合振动问题，并详细介绍了该类耦合体系的主动控制与车桥耦合振动等方面的基本理论和分析方法，既是基于作者多年的研究积累，又引用并详细介绍了目前耦合振动领域的最新研究成果。

结构动力学区别于一般动力学的最主要特征是分析对象不同，分析方法有共同基础，也有显著不同的地方。本书第1～6章，都是动力学基础理论方面的内容，分析的对象是质点（系）或分布参数体系，详细介绍了动力学的基本概念、基本方程、求解方程的各种方法，以及各种动力荷载、边界条件下的动力学体系的振动特性、振动规律和处理方法。第7章，是关于结构动力学的特有章节，结构动力学有限元方法是针对结构动力分析的一种特殊数值分析方法，与第5章的一般动力学理论的分布参数体系有着本质的不同，分布参数体系中的单元是无限自由度的动力体系，而动力有限元中的单元是自由度集中在节点位置的动力体系，该章给出了几种典型动力有限元模型及其刚度矩阵和质量矩阵的表达形式。第8章，从单自由度体系和两自由度体系的流固耦合振动分析，介绍了关于流固耦合振动的基本概念和基本原理，并通过拉索的风致振动问题，介绍了工程中处理流固耦合振动的数值方法及其基本流程。第9章，从磁浮的基本概念以及耦合振动与控制的基本原理，介绍了高速磁浮车桥耦合振动问题的特殊性和复杂性，并详细介绍了高速磁浮车桥耦合分析相关领域的研究成果，对学生开拓耦合振动的视野具有很好的启示作用。第10章，是一些关于随机振动方面的基本概念和初步知识。随机振动是一类特殊的结构动力学问题，目前的理论体系还不够完备，在实际工程应用方面也有比较多的未解问题，但又是结构动力学不可或缺的内容，因此，本书仅介绍了目前在线性随机振动方面比较成熟的内容，并力求通过简要介绍随机振动的基本概念，使读者对结构动力学的内容体系有个相对完整的认识，为进行相关的科研工作和深入研究奠定基础。

本书在编写过程中得到了很多专家的支持和指导，浙江大学董石麟院士、同济大学钱若军教授、上海建筑设计研究院有限公司的李亚明教授级高工等都给予了大力支持；同时本书第9章中关于高速磁浮的部分内容是基于中车青岛四方机车车辆股份有限公司的科研项目支持，特别感谢中车青岛四方机车车辆股份有限公司的高速磁浮运载技术全国重点实验室的各位领导和工程师们的大力支持。本书作为教材的立项得到了上海交通大学船舶海洋与建筑工程学院的大力支持，作者负责的研究生课程“结构动力学”也作为学院支持的首批优质课程得以深入建设，并获上海交通大学优秀研究生课程项目资助，对于学院和研究生院给予的大力支持表示衷心感谢。本书中的公式以及图片编辑得到了研究生的大力协助，包括贾如钊、蔡文涛、文泉、王先、曹宇、郭旭腾、王勇等。本书的顺利出版得到了科学出版社赵敬伟编辑的真诚协助，在此一并表示诚挚的感谢。

由于作者水平有限，书中难免存在疏漏与不当之处，恳请广大读者和专家批评指正。

作　者

于上海交通大学木兰楼

2023年11月

目　　录

第1章　结构动力学概述

1.1　动力问题与动力荷载

在物理世界中，静止是相对的，运动是绝对的；动力问题是普遍的，静力问题是特殊的。结构动力学是研究结构体系动力性能、解决动力问题的学科，其通过建立科学的数学模型，并寻求合理和有效的计算方法研究结构体系的动力特性、动力响应及其变化规律。

结构动力学现象很早就受到人们的重视，在东西方文明的发展历史中都有记载。春秋时期的管仲在《管子·地员》第五十八篇提出了“三分损益法”，提出弦线发声和振动长度的关系，给出了“五音”“七音”“十二律”的划分机理，这是最早的音律学原理。战国时期的庄子在《庄子·杂篇·渔父》中写道：“同类相从，同声相应，固天之理也。”这实际上描述的是一种动力学中典型的声学共振现象。公元前6世纪，古希腊数学家、哲学家毕达哥拉斯（Pythagoras）通过试验观测到了弦线振动发声与弦线长度、直径和张力的关系，这与中国古代先贤管子提出的“三分损益法”有着相近的科学思想。直到16世纪，现代物理学的奠基人伽利略（Galileo），通过试验和数学推算对振动问题进行了开创性的研究，发现了单摆的等时性，即单摆的周期仅与杆长的平方根成正比，与质量无关，与初始角度无关；这实际上反映的就是线性动力学中的周期振动现象。之后随着分析力学和牛顿经典力学的建立，结构动力学作为一门完整的学科体系建立起来。罗伯特·胡克（Hooke）于1678年提出的“胡克定律”和牛顿（Newton）于1687年提出的“牛顿运动定律”为动力学的发展奠定了物理基础，成为动力学中最重要的两个基本定律。

结构动力学问题受到重视与人们生活和生产中遇到的各类动力灾害有着直接

的关系。在风灾方面，1940 年 7 月 1 日，位于美国华盛顿州的塔科马海峡大桥（Tacoma Narrows Bridge）建成通车，但是，同年 11 月，该桥在 $19\mathrm{m}\cdot\mathrm{s}^{-1}$ 的中等强度风中发生颤振而遭破坏，成为世界著名的悬索桥风振破坏事故。此次工程损毁事故受到了工程界的极大重视，随后诞生了桥梁风工程学科，桥梁工程的风振研究得到极大的重视和发展。在地震灾害方面，我国 2008 年 5 月 12 日发生于四川的“5·12”汶川特大地震，造成了严重的人员和经济损失。根据中国地震局的数据，此次地震的里氏震级达 8.0 级，地震烈度达 11 度。离岸海工结构——海洋平台，必须承受风、浪、流、冰以及地震等的动力荷载，特别是对于深水海洋平台结构，在设计时对结构进行各种动力工况下的安全性分析是非常重要的。建筑物的抗爆分析对于提高建筑物在极限动力灾害工况下的抗倒塌能力具有重要意义。动力设备基础结构的振动分析，风场与水流场中结构的流固耦合动力分析，高速列车运行过程中的车桥耦合振动分析，都是近十几年来随着我国基础设施建设的快速发展而逐步得到重视的重要动力学课题。

对结构进行动力分析的目的是什么？通俗讲就是保证结构在使用期内的动力安全性，即在动力荷载作用下能够确保结构的安全、可靠和正常使用。一般情况下，结构的动力响应要远大于结构的静力响应，这就需要准确了解结构在任意动力荷载下随时间变化的响应及其变化规律，基于此对结构的动力安全性进行判定。

结构动力学问题主要分为四大类：①动力特性分析，即已知结构的刚度、质量、阻尼和约束等固有属性信息，求解结构的模态信息（自振频率和振型）；②动力参数识别，即已知结构的动力输入和动力输出，求解结构的固有属性信息；③动力响应分析，即已知结构的动力荷载条件和结构本身的固有属性信息，求解结构的位移、变形或内力随时间的变化规律；④振动控制与分析，即根据结构的动力荷载条件和结构的动力响应规律，通过主动和被动的方法对结构的振动响应进行抑制。

在土木结构的工程设计中，一般把荷载等效为静力作用，但是作用在结构上的荷载是多种多样的，结构响应规律和对应的分析方法随着荷载类型的不同也会有很大的不同。当荷载的大小、方向和作用点（即力的三要素）中任一要素随时间变化明显，且在其作用下结构的动力响应不容忽视时，该荷载称为动荷载。反之，当荷载三要素基本上不随时间改变或改变很缓慢时，动力响应可忽略不计，称为静荷载。动力响应能否忽略不计取决于动力响应量（位移、速度和加速度）

的大小，或者对应的结构动内力的大小。在实际工程问题中，动力响应能否忽略不计，主要是看与该动力响应量相对应的动内力与其他静载响应相比是否能忽略。在力学问题的数学处理中，把动荷载当作时间和位置的函数 $p(x,t)$，而把静荷载当作不随时间和位置改变的常数。当然，动力响应是否可以忽略是个工程问题，也是相对的，动荷载和静荷载并无严格意义上的区分界线。

在实际工程中，总的动力荷载按照作用形式可分成以下几类。

（1）谐振荷载，在机器运转过程中，有些运动部件由于偏心或安装误差引起的简谐周期运动，其惯性力对支承结构（如基础、平台、楼板或房屋等）的作用随时间亦按简谐规律变化，该类动力荷载称为谐振荷载。

（2）撞击荷载，如锻锤、落锤、打桩机工作时所产生的力，汽车撞击产生的冲击力等。

（3）突加荷载，有些荷载（如重型厂房中的吊车制动力）突然施加在支撑结构上，然后在足够长的一段时间内（一般认为大于结构基本周期的 5 倍）基本上保持不变，则可近似地作为突加荷载。

（4）移动荷载，如铁路运行中的机车对铁轨和桥梁、行驶的汽车对公路路基和桥梁所产生的动力荷载等。

（5）流体荷载，如爆炸引起的冲击波、海洋工程中的水动力荷载以及风荷载等。

（6）基础振动荷载，如地铁运行、打桩施工、地震等引起的房屋基础或上部结构的振动等。

动力荷载按照作用的周期性特点，又可分为周期荷载和非周期荷载。周期荷载中包含简谐荷载和非简谐荷载，非周期荷载包含冲击荷载和一般任意动力荷载。几种典型的动力荷载时程曲线如图 1-1 所示。

结构在动力荷载作用下的振动也有其共性特征，一般表现为在其初始平衡位置附近做微幅振动。因此，振动理论就成为结构动力学的基础，区分清楚结构的振动类型是进行结构动力分析的前提。在结构动力学中，由于不同类型的动力荷载随时间变化的规律不同，结构的动力作用效应也具有不同的性质，计算方法有时也可能不同。例如，撞击荷载、地震荷载和移动荷载所引起的结构动力响应的分析方法就很不相同，它们都构成结构动力学中独特的分支。耦合动力学就是针对结构体系中的多因素动力耦合来对结构动力响应规律研究的方法，本书后续章节将有专门介绍。

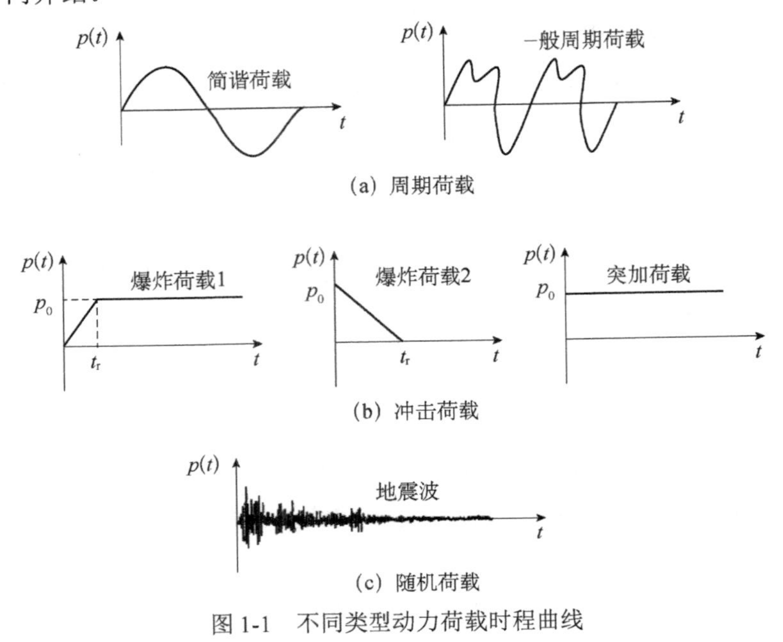

图 1-1　不同类型动力荷载时程曲线

1.2　振动类型与动力分析

计算结构在动力荷载下的响应基本上有两大类方法：确定性分析方法和非确定性（随机）分析方法。如果动力体系的荷载特征、结构参数、初始条件都是确定的，则应用确定性分析方法；另外，如果荷载随时间变化可以用时间的确定性函数来描述，则尽管它是变化的，我们仍然把它称为确定性荷载，对应的动力分析方法也是确定性分析方法。反之，如果荷载随时间的变化完全是不确定的、随机的，但可以用统计特征来进行描述，则这种荷载就是随机荷载，而随机荷载作用下的动力响应分析方法为非确定性分析方法，分析的结果也只能用统计的方法和统计特征量来描述。本书重点讲述确定性分析方法，非确定性分析方法仅在第10 章作概念性介绍。

结构振动按照不同的分类标准有不同的振动类型。按照描述结构振动的运动方程的性质不同，可以分为线性振动与非线性振动两种。例如，钟摆为线性振动，倒立摆（inverted pendulum）和杜芬振子（Duffing oscillator）即为典型的非线性振动。按照结构振动变形中的构件是否处于弹性阶段，可分为弹性振动与弹塑性振动。按结构振动过程中变形性质的不同，可以分为剪切振动、弯曲振动和扭转振动等。按照结构振动变形维度的不同，可以分为平面振动和空间振动。按照振动变形有效分布区域的不同，可以分为整体振动和局部振动。按振动的时变性状态的不同，可分为稳态振动和瞬态振动。按照振动成因的不同，结构振动又包含参数振动、自激振动等。

在土木建筑中，有时为了抓住振动的主要矛盾，往往把空间布置的三维结构体系根据振动特性和受力特点简化为若干个独立的平面振动体系进行计算。例如，整体构型规则的框架结构可以分别简化为纵向和横向平面框架模型进行动力分析。整体振动和局部振动取决于结构振动能量的分布，在某些荷载作用下，即使是整体性很强的空间结构，也还会出现显著的局部振动，其频率既不同于结构的整体频率，也不同于单个构件的频率，这种动力学现象经常在结构动力响应分析中造成干扰。另外，在某些动力荷载作用下，结构的动力响应和荷载作用会发生严重的耦合作用，例如索膜结构中的风致耦合振动、列车行驶过程中的车桥耦合振动、固体在流体中的流固耦合作用等。因此，在进行结构动力分析之前，区分清楚结构的振动类型及振动特点是非常必要的。

结构的动力分析与静力分析是截然不同的过程和方法，动力分析的主要特点有：

（1）动力响应反映在整个时间轴上，是一组时变量；

（2）动力响应量（位移、速度、加速度）不是独立变量，是同时满足运动方程的；

（3）结构的动力响应既与边界条件有关，又与初始条件有关；

（4）结构的动力响应有时大于静力响应，有时小于静力响应；

（5）结构的动力响应计算结果与动力荷载的类型和结构的动力属性（如刚度、质量、阻尼、频率、周期和模态等）有直接关联；

（6）结构的质量分布，以及惯性力和阻尼力对结构响应都有重要影响。

如前所述，根据结构动力分析对象以及所需计算物理量的不同，总体可以分为四大类动力分析问题，分别是结构参数识别、结构响应分析、动力荷载识别和振动控制问题，本书以结构动力响应分析为主，在车桥耦合分析部分会涉及振动控制的基本概念。

结构动力响应的主要特征是区别于静力问题的关键点，主要表现在两个方面。①动力问题具有随时间变化的性质，由于荷载和响应因时而变，故动力问题不像静力问题那样具有单一的解，而必须通过全时域的响应时间历程来描述，所以动力分析相比于静力分析一般情况下要复杂和费时。②动力问题中由于加速度的存在，惯性力对于结构的动力响应起着显著的作用，这是动力学问题的一个很重要的特征。例如，简支梁在静力和动力荷载作用下的响应区别如图 1-2 所示，动力荷载作用下沿着梁长有分布的惯性力存在。一般来说，如果惯性力是结构内部弹性力所平衡的全部荷载的一个不可忽略的部分，那么必须考虑问题的动力特性；反之，如果荷载随着时间的变化速度非常缓慢，从而结构的运动状态的变化也缓慢到惯性力可以忽略不计，那么，即使荷载和响应可能随时间变化，也可以采用静力分析方法。

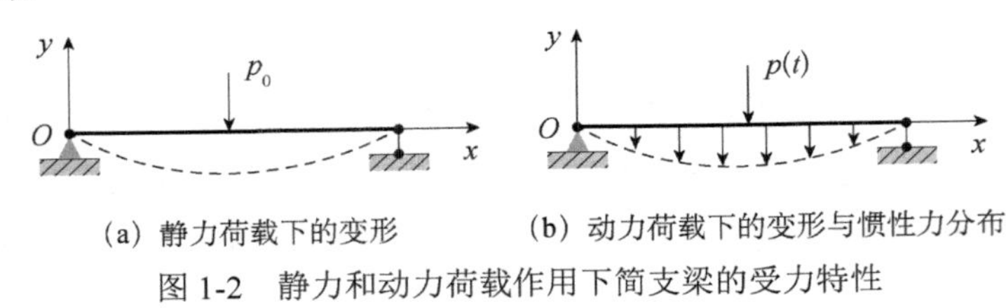

(a) 静力荷载下的变形　　(b) 动力荷载下的变形与惯性力分布

图 1-2　静力和动力荷载作用下简支梁的受力特性

在动力分析过程中，很重要的步骤是建立合适的数学模型来近似描述实际结构的动力响应和特征，不同的数学模型可以采用完全不同的表达方式。实际的结构体系往往非常复杂且难以直接分析，针对结构动力学系统需要进行一定的抽象和简化，构造出合理的数学模型，并能够真实反映结构动力响应的主要特征和性能。根据抽象方法的不同，结构动力分析的数学模型大致可以分为两类：离散参数系统（或叫离散系统）；分布参数系统（或叫连续系统）。在数学模型的描述方面，对应于离散系统的控制方程为常微分方程；对应于分布参数系统的控制方程为偏微分方程。关于运动方程的建立方法将在第 2 章中给出详细介绍。随着电子计算机技术的发展和普及，以及动力有限元数值计算方法的飞速发展，实际工程中往往采用离散系统描述工程中的动力问题。下面先就离散系统建立模型过程中需要了解的几种离散处理方法进行逐一介绍。

1.3　离散化方法

针对实际动力问题和无限自由度问题，通过结构的离散化可转化为有限自由度问题。结构运动方程是建立在质点系基础上的，对于真实物理世界的描述，一定是把某一质量分布的物质对象通过质点（系）的描述方法进行简化，然后，基于此质点（系）在一定坐标系基础上进行动力学方程的建立，以及针对动力属性和动力响应的分析。因此，针对物理对象的空间离散成为进行结构动力学分析和计算的第一步骤，也是需要解决的基础性问题。根据离散化所采用的方法和手段的不同，可以分为集中质量法（lumped mass method）、广义坐标法（generalized coordinate method）和有限元法（finite element method）。

1.3.1　集中质量法

如果把梁柱上的分布质量通过一定的力学原则集中到有限的几个离散点上，而把结构本身视作是无重的，则体系在振动过程中仅仅在这些质量点上产生惯性力，这样，只需要确定这些离散点的位移、速度和加速度即可。为了表示结构全部有意义的惯性力的作用，采用有限数量的离散点的位移分量，称为结构的动力自由度。如图 1-3 所示的多层框架离散为一竖向分布的“糖葫芦串”形式，如果忽略柱子的轴向变形，则体系只发生横向振动，该体系等效为 3 自由度动力体系。如果这些质量点还具有有限的转动惯量，则每个质量点增加一个转动自由度，该体系等效为 6 自由度动力体系（3 个平动自由度，3 个转动自由度）。

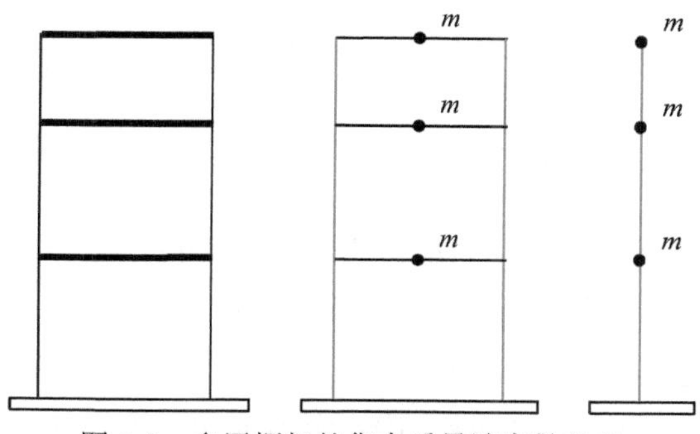

图 1-3　多层框架的集中质量法离散处理

1.3.2 广义坐标法

假设动力体系的质量分布非常均匀，如果采用集中质量法，需采用较多离散点才能达到比较高的分析精度，这将显著增加数值计算的工作量，如图 1-4 所示。那么为了限制自由度数量，可以采用广义坐标法。该方法首先引入一系列满足边界约束条件且满足线性无关性和正交性条件的挠曲线函数，通过该族挠曲线函数的加权之和来表示体系的位移。例如，可用三角级数的和来表示简支梁的挠曲线，具有分布质量简支梁的变形（挠）曲线可表示为

$$u(x,t)=\sum_{n=0}^{\infty}b_n(t)\phi_n(x)=\sum_{n=1}^{\infty}b_n(t)\sin\frac{n\pi x}{L} \tag{1-1}$$

其中，时间函数 $b_n(t)$ 即为广义坐标，该族三角函数自然满足简支边界条件：

$$\begin{cases}x=0,\ \ u=0\\ x=L,\ \ u=0\end{cases} \tag{1-2}$$

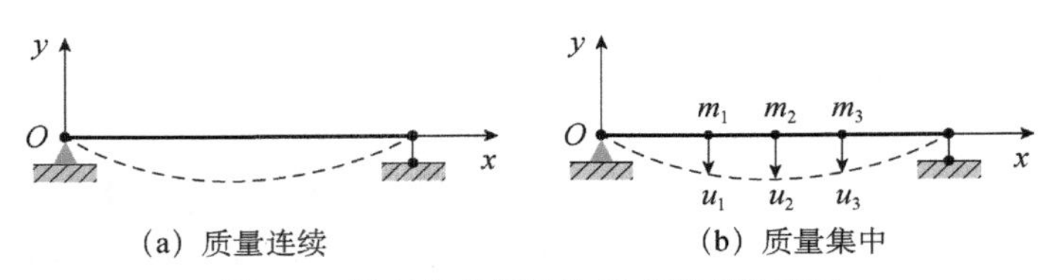

图 1-4 具有分布质量的简支梁离散处理

对于广义坐标法中的基函数，也可以采用多项式函数。例如，针对如图 1-5 所示的具有分布质量的悬臂梁模型，根据边界条件：$x=0$，$u=0$；$x=0$，$\dfrac{\mathrm{d}u}{\mathrm{d}x}=0$，解得：$b_0=b_1=0$。

对位移分布 u 用幂级数展开，并利用边界条件化简得

$$\begin{aligned}u&=\sum_{n=0}^{\infty}b_n\phi_n(x)=\sum_{n=0}^{\infty}b_nx^n\\&=b_0+b_1x+b_2x^2+\cdots\\&=b_2x^2+b_3x^3+\cdots\\&\doteq b_2x^2+b_3x^3+\cdots+b_{N+1}x^{N+1}\end{aligned} \tag{1-3}$$

这样就转化为具有 N 个广义坐标的动力体系，即 N 自由度的动力问题。

广义坐标法中的基函数 $\phi_n(x)$ 是针对整个结构域定义的，且没有明确的物理意义，这些函数须满足结构的几何边界条件，并满足结构体系内部的位移连续性和光滑性要求，至少要保证体系能量表达式中出现的同阶次导数是连续的，同时，

还要求满足线性无关，否则，广义坐标就不能保证相互独立。此外，从一个函数可以展开成无穷级数的数学条件来看，还要求 $\phi_n(x)$ 为一族正交完备系，这些条件都限制了广义坐标法的应用。

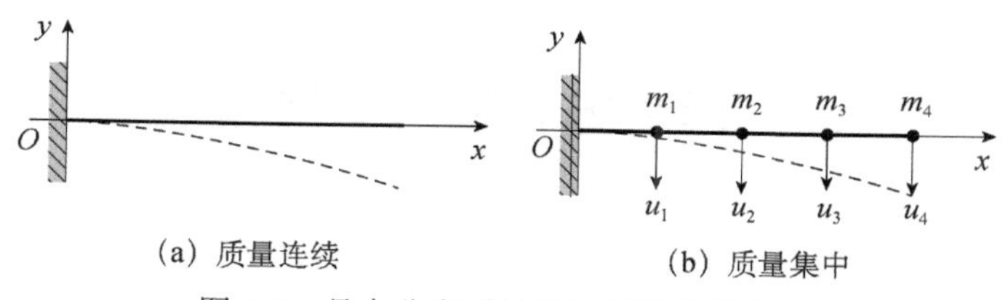

(a) 质量连续　　(b) 质量集中

图 1-5　具有分布质量的悬臂梁离散处理

1.3.3　有限元法

有限元法采用具有明确物理意义的参数作为广义坐标，且基函数（形函数）是定义在分片局部区域（单元）上的。有限元法的理想化离散模型适用于任意形式的结构，如框架结构、板壳结构、实体结构等。有限元法可以从两种不同的观点，即物理观点和数学观点，来建立公式和加以解释。从数学的角度看，有限元法是以剖分插值和变分原理为基础建立求解微分方程的数值方法。从物理观点来看，任何复杂结构都可以从物理上分解为由无限小的单元组合而成，这些单元在有限个节点处相互连接。这就把连续体系的力学分析问题和有限自由度结构体系的分析问题联系起来。通过选择适当的满足位移连续性条件的场函数（亦称为基函数或形函数），对于各个单元作严密的力学分析和推导，建立起单元节点位移与节点力之间的平衡关系，然后按照单元之间的连接关系，把单元集合成整体的结构体系，由此给出以节点位移为未知量的代数方程组。有时，也可以采用节点力作为未知量，利用位移协调条件建立方程组，这称为力法有限元。对于结构动力问题的分析，一般采用位移为未知量的有限元法。如图 1-6 所示的一个单元被划分为 3 个子单元，该单元包含有 2 个内插点，共 8 个自由度，其单元位移的表达式可表述为一系列形函数的线性组合：

$$u(x)=u_1\phi_1(x)+\theta_1\phi_2(x)+u_2\phi_3(x)+\theta_2\phi_4(x)+u_3\phi_5(x)+\theta_3\phi_6(x)+u_4\phi_7(x)+\theta_4\phi_8(x) \tag{1-4}$$

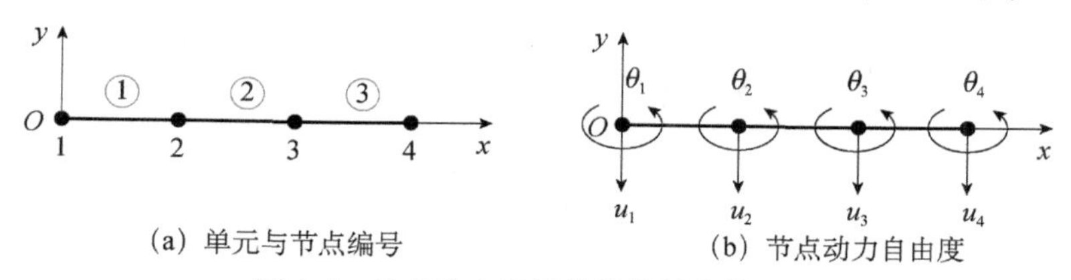

(a) 单元与节点编号　　(b) 节点动力自由度

图 1-6　具有分布质量的悬臂梁离散处理

有限元法与广义坐标法相比，采用局部坐标系内（即单元范围内）满足连续性条件的形函数，这样的函数简单，且容易满足单元几何边界条件，并且，该形函数与集中质量法相比，也采用了具有真实物理意义的参数，便于理解和更加直观地描述。

1.4 运动方程求解方法概述

如前所述，确定性结构动力分析的问题首先是，在给定的荷载-时间历程作用下，求出结构的位移-时间历程结果。在大多数情况下，有限自由度的近似分析就可提供足够的精度来模拟实际结构的动力响应。于是，问题就转化为如何计算确定目标结构体系的独立位移变量的时间历程。在数学上讲，就是建立结构的运动方程。运动方程的建立是结构动力分析过程中最重要的，也是最基础的。动力体系自由度和独立坐标系的选择是非常重要的，直接影响到结构运动方程的简洁程度和是否易于求解。运动方程建立的数学方法可以分为两大类：矢量力学方法和分析力学方法。这部分内容将在第 2 章中详细介绍。

运动方程一旦建立，则如何求解就成为动力问题的关键。目前，求解动力学中运动方程的方法很多，现在作一个大概的归纳，具体如图 1-7 所示。

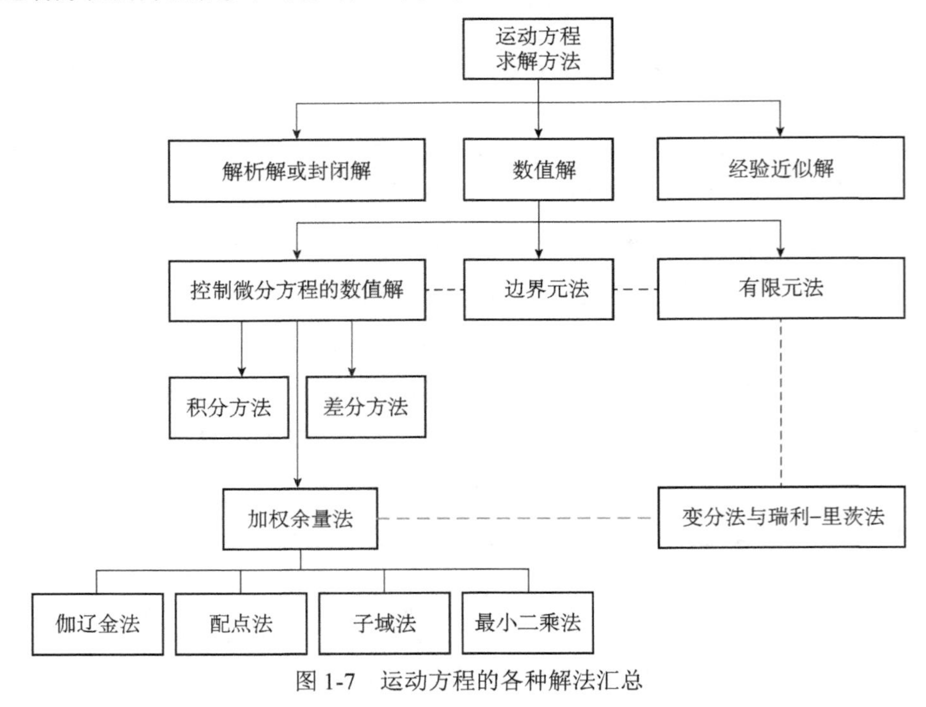

图 1-7 运动方程的各种解法汇总

1.5　本书内容编排

本书从动力学的发展历史，以及结构动力学作为自然科学中一个分支的发展历程和全局性的视角介绍结构动力学的基本原理和方法，并对目前结构动力学在工程应用领域的耦合动力学的前沿分析技术和方法进行简要介绍，以期能够由浅入深地系统性地介绍结构动力学这门学科。

本书的第 1 章，主要介绍动力学以及结构动力学的简要发展历史，并回顾理论力学中关于动力学方面的基本概念，为后续内容奠定基础。第 2 章，重点介绍结构动力学的控制方程的建立方法，从经典力学和分析力学的角度进行比较系统的介绍。第 3 章，是一般结构动力学教材的重点，即单自由度体系的自由振动和强迫振动。第 4 章，是多自由度体系的自由振动和强迫振动，通过模态叠加法把单自由度体系的分析方法和手段引申到多自由度体系，内容的编排上保持连贯性。第 5 章，重点介绍结构动力分析中的数值分析方法，以及结构模态分析的方法；除了介绍经典的数值计算方法之外，还对目前比较先进的几种动力学数值计算方法进行比较详细的介绍，让读者了解结构动力学数值方法发展的前沿技术。第 6 章，将工程中的一维和二维连续构件与分布参数体系建立联系，通过偏微分方程的形式介绍分布参数体系的结构动力学分析手段和方法，并介绍分布参数体系的局限性，以及如何抓住结构动力相应的关键模态和物理量，为工程应用和后续的车桥耦合振动奠定基础。第 7 章，介绍动力有限元的基本原理和分析方法，并给出了一维杆单元、梁单元动力有限元基本矩阵的形式。第 8 章，对流固耦合振动分析中的结构动力学问题进行系统性的介绍，给出简单构件截面基本形式的流固耦合动力分析的基本方程，并给出数值分析方法的基本流程和技术手段。第 9 章，介绍振动控制的基本概念，以及主要的振动控制技术，并以高速磁浮为工程应用背景，针对车桥耦合分析中的结构动力学问题进行系统性的介绍，给出了车桥耦合分析方法中通过不同方法建立动力学基本方程的方法和手段，给出基于商业化多体动力学分析软件的部分分析结果。第 10 章，简要介绍随机振动分析的基本概念和分析方法，为工程中的随机动力分析问题奠定基础。

第2章　运动方程的建立

2.1　动力学基本概念

根据分析手段的不同，力学分为经典力学和分析力学。以矢量和结构平衡为基础，以几何分析为数学手段的力学体系一般称为经典力学；以能量或动量作用原理为基础，以变分原理为数学手段的力学方法构成分析力学分支体系。经典动力学分析方法的基础是牛顿第二运动定律，表达形式上为达朗贝尔原理（d'Alembert principle）；分析动力学分析方法的基础是变分原理或最小作用量原理，表达形式上一般有拉格朗日（Lagrange）方程和哈密顿（Hamilton）原理两种。本章将专门针对这两大类分析方法以及对应的动力方程的建立方法进行介绍。

动力学中的基本概念对于理解和掌握结构动力学的基本原理和分析方法是非常重要的，这部分内容在很多理论力学教材中都有比较详细的介绍，本节简要地对动力学中常见的基本概念进行一番梳理。

（1）**质点**：指只有质量、没有大小的物体对象。质点是分析力学的基础性概念之一，所有离散系的力学方程和研究对象都是建立在针对质点（系）受力分析的基础之上的，如图2-1所示。

（2）**质点系**：指由两个或两个以上相互作用的质点组成的力学体系。质点系内各质点不仅可受到外界物体对质点系的作用力——外力的作用，而且还受到质点系内各质点之间的相互作用力——内力的作用。外力或内力的区分在于质点系的选取。分析力学的研究对象主要是质点（系），质点系中各质点的空间位置的有序集合决定了该质点系的位置和形状，即位形。从广义上讲，离散化的结构体系都可视为质点系。

（3）**自由和非自由质点系**：自由质点系是指质点的运动状态仅取决于作用力

和运动的初始条件；非自由质点系是指质点的运动状态受到某些预先给定的条件限制，结构动力学研究的对象几乎都是带约束条件的非自由质点系。

（4）**刚体**：一种特殊的质点系，其中，任意两质点间的距离保持不变。

（5）**参照系**：指用于描述质点运动规律的相对于质点（系）固定不动的几何坐标系，按照参照系的运动状态分为惯性参照系和非惯性参照系，对于结构动力学来说，主要涉及惯性参照系。质点在笛卡儿直角坐标系中的位置描述如图 2-1 所示。

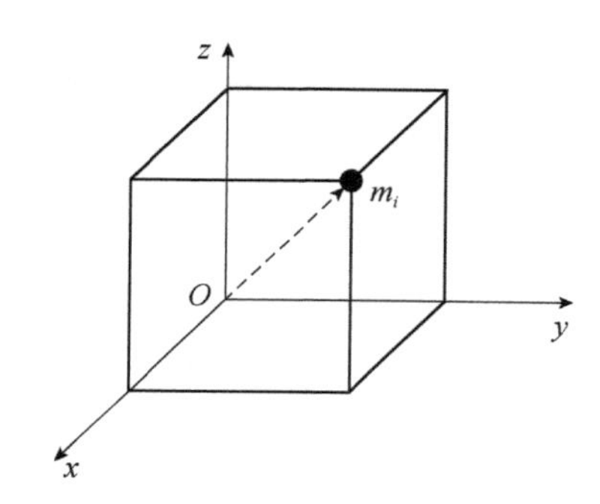

图 2-1　质点与参照系

（6）**运动（位移）**：某质点经一定时间后其位置发生移动的现象。质点（系）运动的描述一定是在某一参照系中完成的。为了描述质点系的动力状态，其位移概念包含可能位移、实位移和虚位移。其中，可能位移，为满足所有约束方程的位移；实位移，为不仅满足约束方程而且满足运动方程和初始条件的位移；虚位移，为在某一固定时刻体系在约束许可内的任一微小位移。因此，对于约束方程中不显含时间的约束体系，虚位移与可能位移相同，实位移与某一虚位移相同。

（7）**动力自由度**：结构体系离散化为质点系后，在任一瞬时的一切可能的变形中，决定全部质点（系）运动位置所需的独立参数的数目称为体系的动力自由度，应注意区别于结构体系的静力自由度。选择不同的物理量作为动力自由度，动力方程的简便程度有很大的不同。

对于如图 2-2 所示的平面框架结构，忽略杆件的轴向及剪切变形，忽略质量的转动惯性，体系的静力自由度为 18（包含 15 个转动自由度和 3 个平动自由度），质点系的动力自由度为 3（仅有 3 个平动自由度）；若考虑质点的转动惯量，则动力自由度与静力自由度均为 18。忽略转动惯量，静力自由度中仍然包含节点转动。

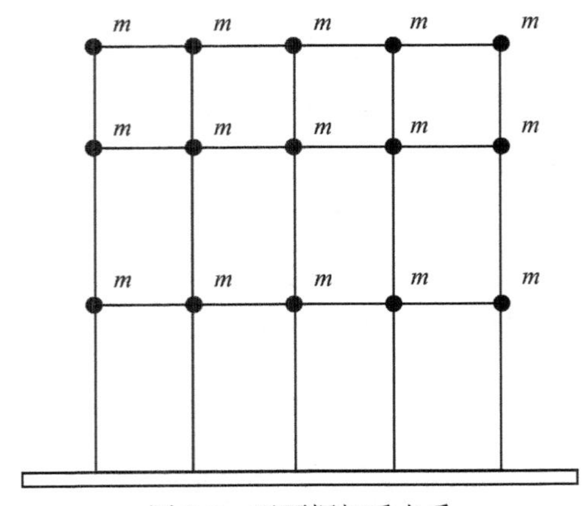

图 2-2　平面框架质点系

（8）**约束**：施加在质点系上，限制其位形变化的条件，即为约束。质点系在约束条件下运动时，在每一时刻都会有一定的位置，该运动过程都应该满足一定的约束条件。约束是通过质点之间以及质点与系统之外的物体之间的机械作用实现的。例如，限制火车运行的钢轨，限制机器运转的轴承和滑槽等，都是运动质点施加的约束。例如，单摆中的杆长就是几何约束条件；弧形容器中的圆球滚动过程中的弧形边界条件就是运动约束条件。从约束性质上分为两大类：一类是限制质点系的空间位移（位置）状态，叫作几何约束；另一类是不仅限制质点系的空间位移状态，也限制质点的运动状态（速度或加速度），叫作运动约束。在力学系统中，根据约束方程的性质又可以分为两大类约束：一类是其约束方程可以用坐标和时间的解析函数或有限方程（非微分方程，或可积的微分方程）来表示，这种约束叫作完整约束，几何约束都是完整约束；另一类是其约束方程用坐标的不可积分的微分方程来表示，即方程中既含有坐标项，又含有其对时间的导数，这种约束称为非完整约束，运动约束一般为非完整约束。按照约束条件中约束反力是否做功，又可以分为理想约束和非理想约束。

（9）**理想约束**：是指在任意虚位移下，约束反力所做的虚功之和等于零，即约束力不做功的约束。约束反力和主动力之间并无严格的界限，是相对定义的，必要时我们可以把不具有理想约束的质点系转化为具有理想约束的质点系。例如，接触面粗糙的一些刚体所组成的体系，在位移过程中摩擦力做负功，因而不是理想约束。但是如果把所有摩擦力都看作主动力的一部分，那就可把该体系当作具有理想约束的质点系来处理。由此可见，对于需简化为理想约束的体系，体系中的弹性力亦应当作为主动力。

（10）**几何约束**：对自由系各质点的位置和速度所加的几何或运动学的限制条件称为“几何约束”。例如图 2-3 所示的双摆质点系，描述运动状态的坐标系建立，在该几何坐标系中，质点的约束条件为

$$x_1^2 + y_1^2 = l_1^2$$
$$(x_2 - x_1)^2 + (y_2 - y_1)^2 = l_2^2$$

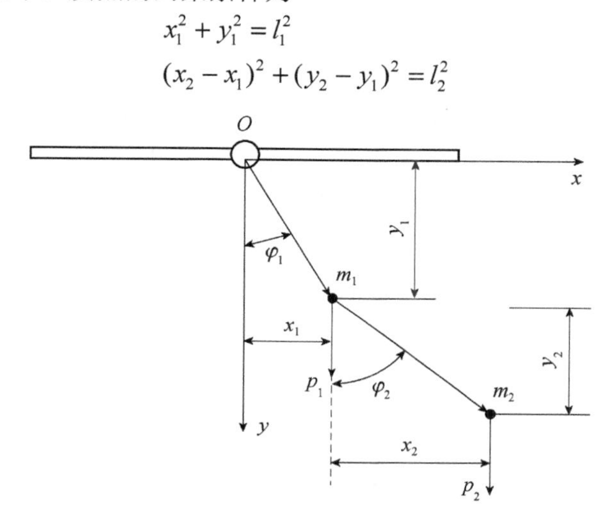

图 2-3　双摆质点系

（11）**广义坐标**：是指能决定质点系几何位置的独立量；可取长度的量纲，也可用角度、面积、体积来表示。广义坐标的选择并不唯一，选取的原则是使得方程尽量简单，反映运动的本质特征，使得求解方便。同样以图 2-3 所示的双摆质点系为例，广义坐标可取为如下多种情形：(x_1, x_2)，(y_1, y_2)，(x_1, y_2)，(x_2, y_1)，(φ_1, φ_2)，但不可以选择为(x_1, y_1),(x_2, y_2)，这样不满足独立性要求。

2.2　动静法（达朗贝尔原理）

在解动力学问题时，需要列出和解算体系的运动方程。所谓体系的运动方程是指描述体系所有质点的运动过程的方程，其用于描述体系运动状态和动力条件相互关系，是对体系进行动力分析的基础和首要条件。该方程中包含能反映体系动力特性的内部和外部物理量，如质量、弹簧、阻尼（耗能机制）、动力荷载等。通过抽象简化，动力体系的数学模型通常以动力位移、速度和加速度等为基本未

知量的“力学元件”来表达。对于单自由度体系，可简化单自由度弹簧-质量体系，如图 2-4 所示。对于多自由度体系，模型就是由多个质点通过基本“力学元件”或约束条件相互连接在一起。如图 2-5 所示，为两端均约束住的两自由度串联弹簧-质量体系的力学元件的模型表达。

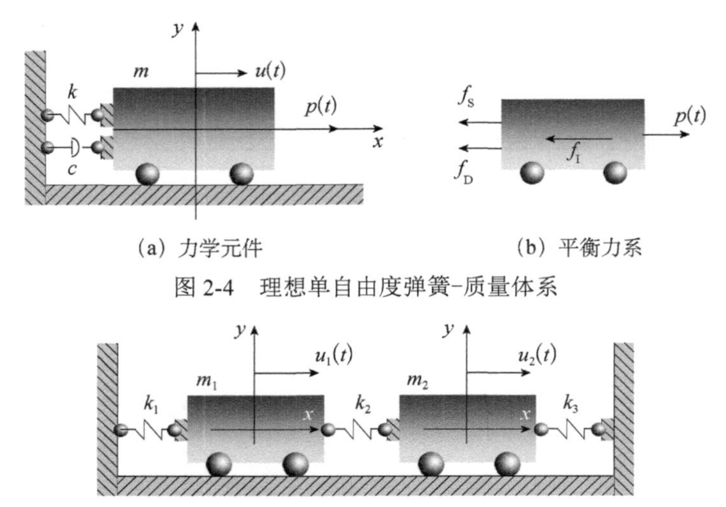

（a）力学元件　　（b）平衡力系

图 2-4　理想单自由度弹簧-质量体系

图 2-5　理想两自由度串联弹簧-质量体系

对于非自由质点系，作用于体系上的力分为“主动力”和“被动力”（或称为约束反力）两大类。其中，“被动力”为起到约束质点之间运动关系而作用于体系上的力，“主动力”为起到主动改变质点运动状态而作用于体系上的力，除被动力之外的所有力均可视为主动力。主动力和被动力实质上没有明确的界限，取决于体系的选取和处理方法。一般情况下，设由 N 个质点组成的质点系处于运动状态，第 i 个质点的质量 m_i，其所受主动力的合力为 F_i，主动力包括外荷载 $p(t)$、弹性恢复力 f_S、阻尼力 f_D。即

$$F_i = p_i(t) + f_{Si} + f_{Di} \quad (i = 1, 2, \cdots, N)$$

被动力的合力为 R_i，质点具有合成加速度 a_i。所以，运用牛顿力学的第二运动定律，对第 i 个质点列方程：

$$F_i + R_i = m_i a_i \quad (i = 1, 2, \cdots, N)$$

上式显然是一个不平衡的关系式，因为体系处于加速状态。为了统一用“平衡”的力学术语来描述动力体系，这里把与状态改变相关的项，即加速度对应的动力效应，用假想的“惯性力”来描述，则方程从形式上变换为平衡列式，即“合

力”等于零，具体如下：

$$F_i + R_i + f_{\mathrm{I}i} = 0 \tag{2-1}$$

式中，惯性力 $f_{\mathrm{I}i}$ 为当质点 i 的运动状态改变时，体系由于质量惯性，将抵抗运动状态的改变，类似于施加了一个反抗物体运动状态改变的力，具体表达式如下（u 上的圆点代表对时间求导，下同）：

$$f_{\mathrm{I}i} = -m_i a_i = -m_i \ddot{u}_i \tag{2-2}$$

惯性力并不是真实的力，因为其没有具体的施力对象，仅是运动方程的动平衡表达形式中引入的假想“力项”。这种列运动方程的方法称为“达朗贝尔原理”或称为“动静法”或“惯性力法”，原理的具体描述如下所述。

达朗贝尔原理：在质点系运动的任一瞬时，除了实际作用于每一质点的主动力和约束反力，再加上假想的惯性力，则在该瞬时质点系处于假想的平衡状态（亦称为“动力平衡状态”）。

达朗贝尔原理是基于牛顿矢量力学和牛顿第二运动定律建立质点系运动方程的方法。在结构动力学中最常用的是所谓的“动静法”。它可以利用静力学中列平衡方程的方法来列体系的运动方程。

主动力中的阻尼力的具体表达形式和内部作用机理都是比较复杂的，主要反映体系振动过程中影响能量耗散的各种因素。为了描述简单，一般采用阻尼力的大小与速度成正比，方向与速度相反的定义，该定义方法给出的阻尼即为黏滞阻尼，具体表达式为

$$f_{\mathrm{D}} = -c\dot{u} \tag{2-3}$$

其中，c 为体系的黏滞阻尼系数。关于其他类型的阻尼及其数学模型的更详细内容，将在本书 3.9 节进行详细介绍。

主动力中的弹性恢复力 f_{S} 有线性和非线性之分，这取决于结构体系所处的状态。线性恢复力，其大小与质点的位移成正比，方向与位移方向相反；非线性恢复力，其大小和方向都与体系的运动过程相关。弹性恢复力的通用形式如式(2-4a)所示，针对不同的结构体系又有不同的表达式，例如，线弹性体系的弹性回复力表达式如式（2-4b）所示

$$f_{\mathrm{S}} = f_{\mathrm{S}}(u, \dot{u}) \tag{2-4a}$$

$$f_{\mathrm{S}} = -ku \tag{2-4b}$$

例 2-1 对于如图 2-4 所示的单自由度弹簧-质量体系，运用达朗贝尔原理建立运动方程。

解 对于图 2-4 所示的体系，在不考虑摩擦力的情况下，被动力的合力为零，把式（2-2）、式（2-3）、式（2-4b）代入式（2-1），体系中的主动力为 $F(t)=-ku-c\dot{u}+p(t)$，惯性力为 $f_{\rm I}(t)=-m\ddot{u}$，则得动平衡关系式为

$$F(t)+f_{\rm I}=0$$

$$m\ddot{u}+c\dot{u}+ku=p(t)$$

例 2-2 对于如图 2-5 所示的两自由度弹簧-质量体系，运用达朗贝尔原理建立运动方程。

解 对于质点 m_1，

$$p_1(t)+k_2(u_2-u_1)-k_1u_1-m_1\ddot{u}_1=0$$

对于质点 m_2，

$$p_2(t)+k_2(u_2-u_1)-k_3u_2-m_2\ddot{u}_2=0$$

整理上述两个动力平衡方程，得到两自由度体系运动方程的矩阵表达式如下：

$$\boldsymbol{M}\ddot{\boldsymbol{U}}+\boldsymbol{K}\boldsymbol{U}=\boldsymbol{P}$$

其中，体系的质量矩阵为

$$\boldsymbol{M}=\begin{bmatrix} m_1 & 0 \\ 0 & m_2 \end{bmatrix}$$

体系的刚度矩阵为

$$\boldsymbol{K}=\begin{bmatrix} k_1+k_2 & -k_2 \\ -k_2 & k_2+k_3 \end{bmatrix}$$

体系的位移列向量为

$$\boldsymbol{U}=\begin{Bmatrix} u_1 \\ u_2 \end{Bmatrix}$$

体系的外荷载列向量为

$$\boldsymbol{P}=\begin{Bmatrix} p_1 \\ p_2 \end{Bmatrix}$$

例 2-3 对于单层框架结构，如图 2-6 所示。如果忽略轴向变形，并且假设质点位于横梁的中点，试给出体系的横向抗侧刚度。

解 该体系可等效为单自由度动力体系，根据体系在质点自由度方向发生单位位移时的内力，即可得到体系的抗侧刚度。具体表达式如下：

$$k=\frac{24EI_c}{H^3}\cdot\frac{6\rho+1}{6\rho+4}$$

其中，$\rho=\dfrac{EI_b/L}{EI_c/H}$。当$\rho\to\infty$时，$k=\dfrac{24EI_c}{H^3}$；当$\rho\to 0$时，$k=\dfrac{6EI_c}{H^3}$。该式也反映了框架体系结构中横梁在提高体系抗侧刚度方面的作用。

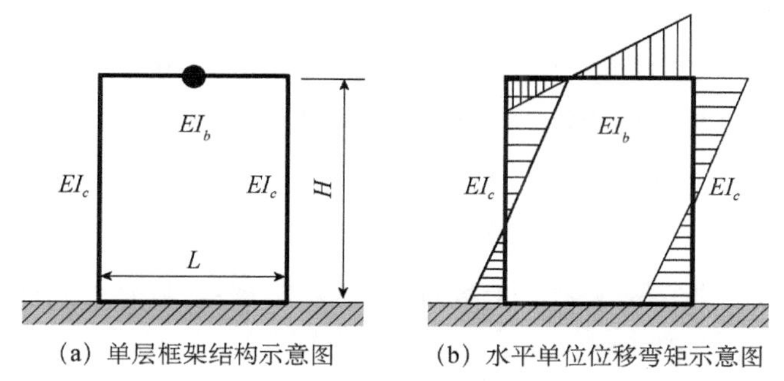

(a) 单层框架结构示意图　　(b) 水平单位位移弯矩示意图

图 2-6　单层框架结构刚度分析

例 2-4　图 2-7（a）所示为一单自由度体系的模型，其中竖杆代表质量可以忽略不计的任一弹性支撑体系（梁、刚架、板等）。k 为其刚度系数（反力系数），即使质点产生单位位移所需之力，m 为质点的质量。试给出该体系的运动方程。

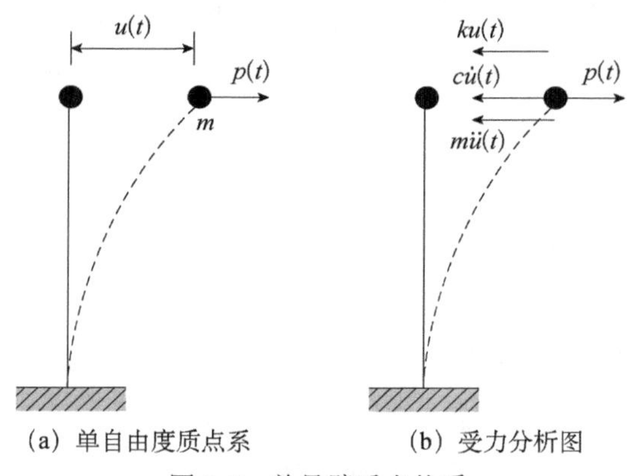

(a) 单自由度质点系　　(b) 受力分析图

图 2-7　单悬臂质点体系

解　设质点 m 受到动荷载 $p(t)$ 而做微幅振动，这样，对质点 m，$p(t)$ 是主动力，$ku(t)$ 是支承杆给它的约束反力，如图 2-7（b）所示，在二者作用下质点有加速度 $\ddot{u}(t)$。列运动方程时假定加速度为正，即与位移正的方向一致，这样，根据牛顿第二定律，得运动方程

$$p(t)-ku(t)=m\ddot{u}(t)$$

其平衡形式的运动方程为

$$p(t)-m\ddot{u}(t)-ku(t)=0$$

这表明，在任一瞬时，$m\ddot{u}(t)$在数值上都等于质点所受的主动力和约束反力的合力。因此，如果我们想象地在质点上加一与此合力相等相反之力$-m\ddot{u}(t)$，则质点m将处于假想的平衡状态。上述两种表达方法的结果是相同的。后面这个方程的列式方法称为“动静法”，而对应的方程一般称为动力平衡方程。这个假想的力$-m\ddot{u}(t)$称为质点m所受的惯性力。所以此法亦称为惯性力法。显然对于质点m而言，惯性力是个假想的力，所谓“动力平衡方程”实际上就是运动方程。它表明质点m的运动状态$u(t)$所必须满足的条件，也就是说它规定了该质点运动的过程和动力学规律。这里它表现为一个常微分方程，当然，只有补充适当的运动初始条件才能得到运动方程的解。

还应注意，体系中的惯性力$-m\ddot{u}(t)$是对质点m的假想力，它与待求的未知函数$u(t)$相关联，不是个已知量；但质点的位移$u(t)$及支承杆对质点的作用内力$ku(t)$却都是真实力；而这个真实的运动位移和相应的内力却可以根据假想的惯性力而满足动平衡状态，进而获得该体系的运动方程的解。

总之，动静法就是把结构所受真实的动荷载和真实的约束反力与假想的各质点的惯性力共同组成一个平衡力系，这样就可以利用列平衡方程的方法列出结构的运动方程。显然，动静法对多质点体系也是适用的。

对比较复杂的体系，动静法列方程的过程有时会比较麻烦，下面对基本过程作一简单介绍。运用矢量力学建立运动方程的第一步，是先建立合适的参考坐标系，任何运动状态一定是在某一坐标系下方可描述的。下面以重力场中单自由度弹簧-质量体系的竖向振动运动方程在不同坐标系下的表达式进行说明。如果以初始几何位置为坐标系的参考位置，则坐标原点和位移如图 2-8（a）所示；如果以静力平衡位置为坐标系的参考位置，则坐标原点和位移如图 2-8（b）所示。

现在讨论如图 2-8 所示的悬挂单质点体系，此时重力沿位移的方向作用。作用在质量上沿位移自由度方向的力系如图 2-8（c）所示，质点在重力场中的运动方程的各项描述如下：

$$f_{\mathrm{I}}=-m\ddot{u}^{t}，f_{\mathrm{D}}=-c\dot{u}^{t}，f_{\mathrm{S}}=-ku^{t}$$

则体系的运动方程可表示为

$$-m\ddot{u}^{t}-c\dot{u}^{t}-ku^{t}+mg+p(t)=0 \tag{2-5}$$

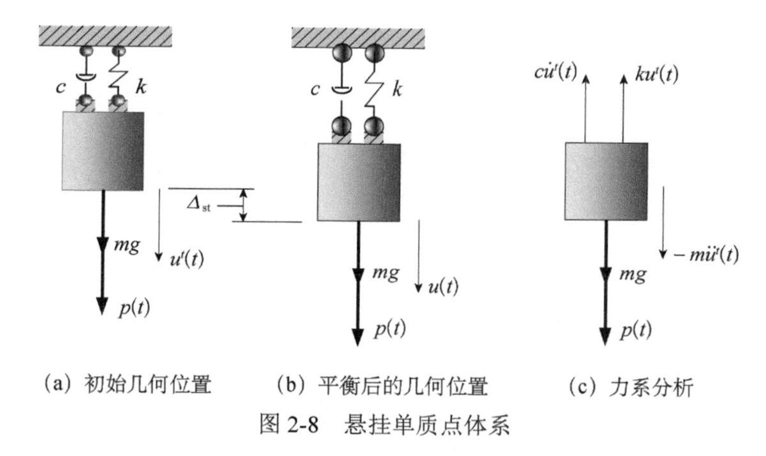

(a) 初始几何位置　(b) 平衡后的几何位置　(c) 力系分析

图 2-8　悬挂单质点体系

由于静位移 Δ_{st} 是不随时间变化的，故 $u^t = u + \Delta_{st}$， $\dot{u}^t = \dot{u}$， $\ddot{u}^t = \ddot{u}$，式（2-5）变为

$$m\ddot{u} + c\dot{u} + ku^t = p(t) + \Delta_{st} \cdot k \tag{2-6}$$

总位移 $u^t(t)$ 表达成重量 mg 所引起的静位移 Δ_{st} 及附加动位移 $u(t)$ 之和，因此，运动方程（2-6）可以改写为

$$m\ddot{u} + c\dot{u} + ku = p(t) \tag{2-7}$$

以重力平衡位置为坐标原点建立的悬挂单质点体系单自由度运动方程，与不考虑重力影响的运动方程形式相同。即重力（静力）对于质点系，不影响体系的运动方程，或者说，重力（静力）对于体系的动力特性没有影响。

由此，动力方程中的位移一般以静力平衡位置作为基准，而在这样的坐标框架下确定的位移即为动力位移响应。因此，总挠度、总应力等动力分析结果在线弹性范围内可以由动力分析的结果与相应的静力分析结果叠加来获得。

2.3　虚 功 原 理

虚功原理原本是静力学中描述体系平衡状态的普遍原理。在动力学中，通过**达朗贝尔原理**引入了惯性力和“动平衡”的概念，把虚功原理的应用范围扩大到整个动力学范畴。当然，虚功原理既适用于非自由系，也适用于自由系。达朗贝尔原理和虚功原理在动力学上的具体应用是等价的，只是前者以矢量力学的形式表达，后者以标量功的形式表达。本节介绍如何直接应用虚功原理建立动力体系的运动方程。

质点 m_i 的运动轨迹由 A 到 B，任一位置的矢径为 $\boldsymbol{r}_i$，速度为 $\boldsymbol{v}_i$，所受到的主动力为 $\boldsymbol{F}_i$，具体如图 2-9 所示。

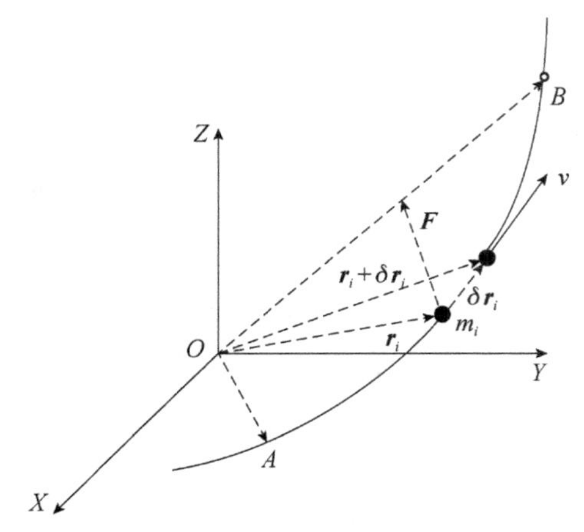

图 2-9　质点运动和虚位移

对于由 N 个质点组成的具有理想约束的质点系，在发生任意虚位移 $\delta\boldsymbol{r}_i(i=1,2,\cdots,N)$ 时，体系约束反力的虚功之和为零。为了简化矢量表达，虚位移统一用 δu_i 表示，体系约束反力的虚功之和为零的具体表达式如下：

$$\sum_{i=1}^{N} R_i \cdot \delta u_i = 0 \tag{2-8}$$

根据牛顿第二运动定律，

$$F_i + R_i + f_{\mathrm{I}i} = 0 \quad (i=1,2,\cdots,N)$$

由式（2-8）可得

$$\sum_{i=1}^{N}(F_i + f_{\mathrm{I}i})\delta u_i = 0 \tag{2-9}$$

式中，主动力 F_i 是外荷载 $p(t)$、弹性恢复力 f_{S}、阻尼力 f_{D} 的总和；惯性力 $f_{\mathrm{I}i}=-m_i\ddot{u}_i$ 为质点 i 所受到的惯性力。由 δu_i 的任意性可知

$$F_i - m_i\ddot{u}_i = 0 \tag{2-10}$$

这就是动力学**达朗贝尔原理**的方程。因此，式（2-9）可视为动力学范畴的虚功方程。虚功原理中，虚功为标量，可通过代数方程求解，而动平衡法只能通过矢量叠加原理。因此，虚功原理有更大的适用性，特别是对于复杂动力体系运动方程的建立，将方便得多。

这里的虚位移指的是，在运动的任一瞬时，满足当前时刻约束条件的任意小的位移，所以，动力学的虚功原理不仅适用于稳定系，也适用于非稳定系；虚功原理成立的唯一条件就是体系必须具有理想约束。下面简单介绍具有理想约束质点系的虚功原理的证明，常见于理论力学教材中。

（1）**必要性的证明**：即要求证明，若体系平衡，则必满足式（2-9）。设质点m_i所受主动力的合力为F_i，所受约束反力的合力为R_i。体系平衡意味着每个质点都处于平衡状态，即

$$F_i + R_i + f_{Ii} = 0 \quad (i = 1, 2, \cdots, N)$$

因而，对于虚位移由N个质点组成的体系，满足

$$\sum_{i=1}^{N}(F_i + R_i + f_{Ii}) \cdot \delta u_i = 0$$

将上式展开，得

$$\sum_{i=1}^{N} F_i \cdot \delta u_i + \sum_{i=1}^{N} f_{Ii} \cdot \delta u_i + \sum_{i=1}^{N} R_i \cdot \delta u_i = 0$$

因为体系具有理想约束，则有

$$\sum_{i=1}^{N}(F_i + f_{Ii}) \cdot \delta u_i = 0$$

即对于任何虚位移，式（2-9）成立，因而得出虚功方程。

（2）**充分性的证明**：即要求证明，如果体系满足虚功方程，则体系必保持平衡。假定对于任意虚位移，虚功方程（2-9）均得到满足，而体系不能保持平衡，即至少有一个质点m_i不平衡：$F_i + f_{Ii} + R_i \neq 0$，则质点$m_i$将在$F_i + f_{Ii} + R_i$的方向产生新的加速度，则在时段$\mathrm{d}t$内必沿$F_i + f_{Ii} + R_i$的方向产生实位移$\mathrm{d}u_i$，因而有

$$(F_i + f_{Ii} + R_i) \cdot \mathrm{d}u_i > 0$$

此式适用于任何不平衡质点，从而有

$$\sum_{i=1}^{N}(F_i + f_{Ii} + R_i) \cdot \mathrm{d}u_i > 0$$

对具有稳定约束的体系，实位移是虚位移的可能形式之一，这样，把上述实位移用虚位移代替，即令上式中的$\mathrm{d}u_i = \delta u_i$，可得

$$\sum_{i=1}^{N}(F_i + f_{Ii}) \cdot \delta u_i + \sum_{i=1}^{N} R_i \cdot \delta u_i > 0$$

因为体系具有理想约束，上式中的第二个求和号等于零，从而有

$$\sum_{i=1}^{N}(F_i + f_{Ii}) \cdot \delta u_i > 0$$

这与原假定矛盾。

下面通过一个具体例题来说明虚功原理在结构动力学运动方程建立方面的应用，并给出具体的建立运动方程的过程。

例 2-5 AB 为均质刚杆，长度为 $4a$，均布质量为 $\overline{m}$；BC 为无质量刚杆，长度为 $3a$；m_2 为集中质量；承受分布动力荷载 $p(x,t)$ 的作用。具体尺寸以及约束条件如图 2-10 所示。以 B 点竖向位移 $u = u_B$ 为广义坐标，试建立体系的运动方程。

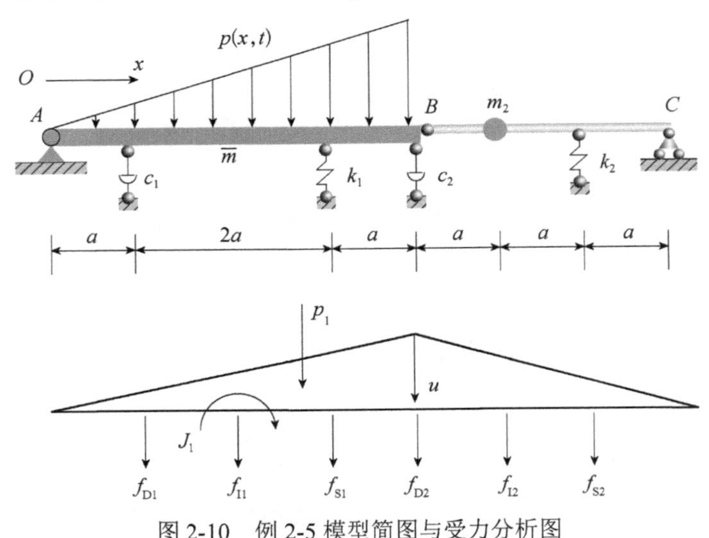

图 2-10 例 2-5 模型简图与受力分析图

解 通过分析，该体系为单自由度体系。体系所受到的主动力包括外力、弹性力和阻尼力。其中，外力 $p(x,t)$ 的合力为

$$p_1 = p(4a,t) \cdot 2a$$

弹性力分别为

$$f_{S1} = -\frac{3}{4}k_1 u\,, \qquad f_{S2} = -\frac{1}{3}k_2 u$$

阻尼力分别为

$$f_{D1} = -\frac{1}{4}c_1 \dot{u}\,, \qquad f_{D2} = -c_2 \dot{u}$$

惯性力分别为

$$f_{I1} = -4a\overline{m} \cdot \frac{1}{2}\ddot{u} = -2a\overline{m} \cdot \ddot{u}\,, \qquad f_{I2} = -\frac{2}{3}m_2 \ddot{u}$$

惯性力矩为

$$J_1=-\frac{\bar{m}(4a)^3}{12}\cdot\frac{\ddot{u}}{4a}=-\frac{4}{3}a^2\bar{m}\ddot{u}$$

体系各主动力和惯性力与各分力对应的虚位移分列如下：

$$p_1\to\frac{2}{3}\delta u,\quad f_{\mathrm{D1}}\to\frac{1}{4}\delta u,\quad f_{\mathrm{S1}}\to\frac{3}{4}\delta u,\quad f_{\mathrm{I1}}\to\frac{1}{2}\delta u,\quad J_1\to\frac{\delta u}{4a}$$

$$f_{\mathrm{D2}}\to\delta u,\quad f_{\mathrm{I2}}\to\frac{2}{3}\delta u,\quad f_{\mathrm{S2}}\to\frac{1}{3}\delta u$$

列出体系的虚功方程为

$$f_{\mathrm{I1}}\cdot\frac{1}{2}\delta u+J_1\frac{\delta u}{4a}+f_{\mathrm{I2}}\cdot\frac{2}{3}\delta u+f_{\mathrm{D1}}\cdot\frac{1}{4}\delta u+f_{\mathrm{D2}}\cdot\delta u+f_{\mathrm{S1}}\cdot\frac{3}{4}\delta u+f_{\mathrm{S2}}\cdot\frac{1}{3}\delta u+p_1\cdot\frac{2}{3}\delta u=0$$

把力和对应虚位移的表达式代入上式，即得

$$-a\bar{m}\ddot{u}\cdot\delta u-\frac{1}{3}a\bar{m}\ddot{u}\cdot\delta u-\frac{4}{9}m_2\ddot{u}\cdot\delta u-\frac{1}{16}c_1\dot{u}\cdot\delta u-c_2\dot{u}\cdot\delta u$$
$$-\frac{9}{16}k_1u\cdot\delta u-\frac{1}{9}k_2u\cdot\delta u+p(4a,t)\cdot\frac{4a}{3}\cdot\delta u=0$$

合并后化简得

$$m^*\ddot{u}+c^*\dot{u}+k^*u=p^*(t)$$

其中，$m^*=\frac{4}{3}a\bar{m}+\frac{4}{9}m_2$；$c^*=\frac{1}{16}c_1+c_2$；$k^*=\frac{9}{16}k_1+\frac{1}{9}k_2$；$p^*=p(4a,t)\cdot\frac{4a}{3}=\frac{2}{3}p_1$。

2.4 拉格朗日方程

2.4.1 广义坐标与广义力

在经典力学中，力学体系的运动可用各种方法来描述。用牛顿运动定律描述，常常要解算大量的微分方程组，对约束体系动力问题的求解将更加复杂。1788年，拉格朗日（Joseph Louis Lagrange，1736～1813）用广义坐标来描述力学体系的运动，导出了用广义坐标表示的拉格朗日方程，其简便之处是只需要知道体系的动能及其广义力，就可写出体系的动力学方程。

对于质点系的描述，可以在笛卡儿坐标系中，也可以在广义坐标系中。对应于广义坐标参照系中的“力”，称为广义力。下面运用功能原理简单推导一下笛卡儿坐标系中的力与广义坐标系中的广义力之间的转换关系。

质点系中任一质点 m_i $(i=1,2,\cdots,N)$ 的空间位置 u_i 可表示为其广义坐标 $q_j(j=1,2,\cdots,n)$ 和时间 t 的函数 $u_i(q_1,q_2,\cdots,q_n;t)$，则质点 m_i 的虚功为

$$\delta W_i = F_i \cdot \delta u_i$$

而基于广义坐标的任意一点的虚位移可表示为

$$\delta u_i = \sum_{j=1}^{n} \frac{\partial u_i}{\partial q_j} \cdot \delta q_j$$

则

$$\delta W_i = F_i \sum_{j=1}^{n} \frac{\partial u_i}{\partial q_j} \cdot \delta q_j = \sum_{j=1}^{n} F_i \frac{\partial u_i}{\partial q_j} \cdot \delta q_j$$

所以，质点系虚功为

$$\sum_{i=1}^{N} \delta W_i = \sum_{i=1}^{N} \sum_{j=1}^{n} F_i \frac{\partial u_i}{\partial q_j} \cdot \delta q_j = \sum_{j=1}^{n} \sum_{i=1}^{N} F_i \frac{\partial u_i}{\partial q_j} \cdot \delta q_j = \sum_{j=1}^{n} Q_j \cdot \delta q_j$$

其中，

$$\begin{aligned} Q_j &= \sum_{i=1}^{N} F_i \frac{\partial u_i}{\partial q_j} \\ &= \sum_{i=1}^{N} \left(F_{ix} \frac{\partial x_i}{\partial q_j} + F_{iy} \frac{\partial y_i}{\partial q_j} + F_{iz} \frac{\partial z_i}{\partial q_j} \right) \\ &= \frac{\partial W_j}{\partial q_j} \end{aligned}$$

所以，

$$\delta W_j = Q_j \cdot \delta q_j$$

例 2-6 如图 2-3 所示的双摆质点系，p_1 和 p_2 为作用于质点 m_1 和 m_2 上的外力，广义坐标选择 φ_1 和 φ_2，求对应的广义力。

解 （方法一）

平面问题，只施加 y 向的外力 p，因而列出 y 向投影平衡方程：

$$F_{1y} = p_1, \quad F_{2y} = p_2$$

只列 y 方向的约束条件为

$$y_1 = l_1 \cos\varphi_1, \quad y_2 = l_1 \cos\varphi_1 + l_2 \cos\varphi_2$$

所以，

$$\frac{\partial y_1}{\partial \varphi_1} = -l_1 \sin\varphi_1, \quad \frac{\partial y_1}{\partial \varphi_2} = 0$$

$$\frac{\partial y_2}{\partial \varphi_1} = -l_1 \sin\varphi_1, \quad \frac{\partial y_2}{\partial \varphi_2} = -l_2 \sin\varphi_2$$

根据广义力的定义可得

$$\begin{aligned} Q_1 &= F_{1y}\frac{\partial y_1}{\partial \varphi_1} + F_{2y}\frac{\partial y_2}{\partial \varphi_1} \\ &= -p_1 l_1 \sin\varphi_1 - p_2 l_1 \sin\varphi_1 \end{aligned}$$

$$\begin{aligned} Q_2 &= F_{1y}\frac{\partial y_1}{\partial \varphi_2} + F_{2y}\frac{\partial y_2}{\partial \varphi_2} \\ &= -p_2 l_2 \sin\varphi_2 \end{aligned}$$

（方法二）

先令φ_1有一虚位移$\delta\varphi_1$，φ_2保持不变，如图2-11（a）所示，则质点系对应的虚功为$\delta W_1 = Q_1 \cdot \delta\varphi_1$，即

$$\begin{aligned} \delta W_1 &= -p_1 \cdot l_1 \delta\varphi_1 \cdot \sin\varphi_1 - p_2 \cdot l_1 \delta\varphi_1 \cdot \sin\varphi_1 \\ &= -(p_1 + p_2) l_1 \cdot \sin\varphi_1 \cdot \delta\varphi_1 \end{aligned}$$

所以，

$$Q_1 = -(p_1 + p_2) l_1 \cdot \sin\varphi_1$$

再令φ_2有一虚位移$\delta\varphi_2$，φ_1保持不变，如图2-11（b）所示，则质点系虚功为$\delta W_2 = Q_2 \cdot \delta\varphi_2$，即

$$\begin{aligned} \delta W_2 &= -p_2 \cdot l_2 \delta\varphi_2 \cdot \sin\varphi_2 \\ &= -p_2 \cdot l_2 \cdot \sin\varphi_2 \cdot \delta\varphi_2 \end{aligned}$$

所以，

$$Q_2 = -p_2 \cdot l_2 \cdot \sin\varphi_2$$

2.4.2　广义坐标系中的运动方程

为了方便描述复杂动力体系，有时候引入广义坐标系来描述质点（系）的运动，在该广义坐标系中，牛顿第二定律、达朗贝尔原理以及虚功原理等依然成立。一般动力体系的广义坐标数目等于体系动力自由度的数目，如果体系具有n个动力自由度，则广义坐标数亦为n，用广义力和广义坐标表示质点系的虚功方程，表达式为

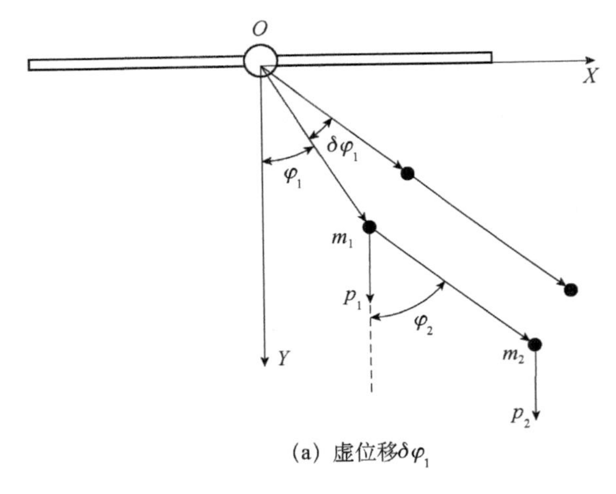

(a) 虚位移$\delta\varphi_1$

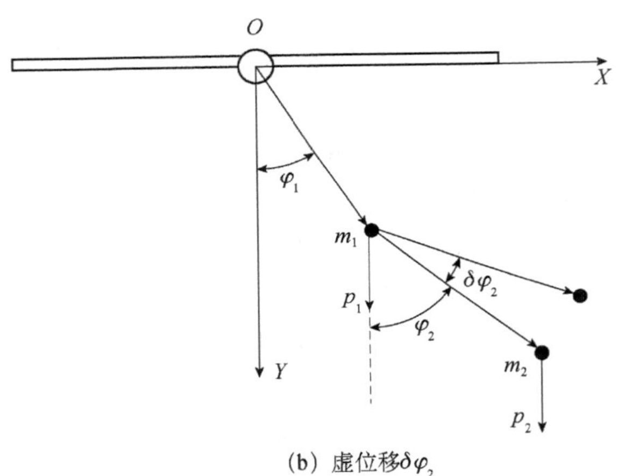

(b) 虚位移$\delta\varphi_2$

图 2-11　双摆对应的虚位移

$$\sum_{j=1}^{n}(Q_j + S_j)\delta q_j = 0 \tag{2-11}$$

式中，Q_j为与广义坐标q_j对应的广义主动力，可以分为有势力对应于广义坐标的广义力$\hat{Q}_j$和非有势力对应于广义坐标的广义力Q_j^*；S_j为与广义坐标q_j对应的广义惯性力。

由于虚位移$\delta q_j (j=1,2,\cdots,n)$的任意性，由式（2-11）可得

$$Q_j + S_j = 0 \quad (j=1,2,\cdots,n) \tag{2-12}$$

这就是用广义力表示的具有理想约束的质点系的运动方程。

设质点系为由N个质点组成，并具有n个动力自由度的完整系，质点i在笛

卡儿坐标系中所受的主动力为$\boldsymbol{F}_i$，质点i对应的矢量为$\boldsymbol{r}_i(i=1,2,\cdots,N)$，可用矢量形式表示$\boldsymbol{r}_i$，如图2-9所示。根据广义力的定义，与广义坐标$q_j$相应的广义主动力为

$$Q_j=\sum_{i=1}^{N}\boldsymbol{F}_i\cdot\frac{\partial\boldsymbol{r}_i}{\partial q_j}\quad(j=1,2,\cdots,n) \tag{2-13}$$

设质点i的质量为m_i，其加速度用微分表示为

$$\boldsymbol{a}_i=\frac{\mathrm{d}\dot{\boldsymbol{r}}_i}{\mathrm{d}t}=\frac{\mathrm{d}^2\boldsymbol{r}_i}{\mathrm{d}t^2}\quad(i=1,2,\cdots,N) \tag{2-14}$$

则根据定义给出与广义坐标q_j对应的广义惯性力为

$$\begin{aligned}S_j&=\sum_{i=1}^{N}\left(-m_i\boldsymbol{a}_i\cdot\frac{\partial\boldsymbol{r}_i}{\partial q_j}\right)=-\sum_{i=1}^{N}\left(m_i\frac{\mathrm{d}\dot{\boldsymbol{r}}_i}{\mathrm{d}t}\cdot\frac{\partial\boldsymbol{r}_i}{\partial q_j}\right)\\&=-\frac{\mathrm{d}}{\mathrm{d}t}\sum_{i=1}^{N}m_i\dot{\boldsymbol{r}}_i\cdot\frac{\partial\boldsymbol{r}_i}{\partial q_j}+\sum_{i=1}^{N}m_i\dot{\boldsymbol{r}}_i\cdot\frac{\mathrm{d}}{\mathrm{d}t}\left(\frac{\partial\boldsymbol{r}_i}{\partial q_j}\right)\end{aligned} \tag{2-15}$$

对完整系各质点的位置向量可直接表示为广义坐标的函数$\boldsymbol{r}_i(t,q_1,\cdots,q_n)$或$\boldsymbol{r}_i(t,q_1,\cdots,q_n)$，从而得出

$$\dot{\boldsymbol{r}}_i=\sum_{k=1}^{N}\frac{\partial\boldsymbol{r}_i}{\partial q_k}\dot{q}_k+\frac{\partial\boldsymbol{r}_i}{\partial t}$$

由上式可得

$$\frac{\partial\dot{\boldsymbol{r}}_i}{\partial\dot{q}_j}=\frac{\partial\boldsymbol{r}_i}{\partial q_j} \tag{2-16}$$

和

$$\frac{\partial\dot{\boldsymbol{r}}_i}{\partial q_j}=\sum_{k=1}^{n}\frac{\partial^2\boldsymbol{r}_i}{\partial q_k\partial q_j}\dot{q}_k+\frac{\partial^2\boldsymbol{r}_i}{\partial t\partial q_j} \tag{2-17}$$

而另一方面，有

$$\frac{\mathrm{d}}{\mathrm{d}t}\left(\frac{\partial\boldsymbol{r}_i}{\partial q_j}\right)=\sum_{k=1}^{n}\frac{\partial}{\partial q_k}\left(\frac{\partial\boldsymbol{r}_i}{\partial q_j}\right)\dot{q}_j+\frac{\partial}{\partial t}\left(\frac{\partial\boldsymbol{r}_i}{\partial q_j}\right) \tag{2-18}$$

比较式（2-17）和式（2-18）可得

$$\frac{\partial\dot{\boldsymbol{r}}_i}{\partial q_j}=\frac{\mathrm{d}}{\mathrm{d}t}\left(\frac{\partial\boldsymbol{r}_i}{\partial q_j}\right) \tag{2-19}$$

将式（2-16）和式（2-19）代入式（2-15）可得

$$S_j = -\frac{\mathrm{d}}{\mathrm{d}t}\sum_{i=1}^{N} m_i \dot{\boldsymbol{r}}_i \cdot \frac{\partial \dot{\boldsymbol{r}}_i}{\partial \dot{q}_j} + \sum_{i=1}^{N} m_i \dot{\boldsymbol{r}}_i \cdot \frac{\partial \dot{\boldsymbol{r}}_i}{\partial q_j} \tag{2-20}$$

注意到质点系的动能为

$$\mathcal{T} = \frac{1}{2}\sum_{i=1}^{N} m_i (\dot{\boldsymbol{r}}_i)^2 \tag{2-21}$$

式（2-20）可写成

$$S_j = -\frac{\mathrm{d}}{\mathrm{d}t}\left(\frac{\partial \mathcal{T}}{\partial \dot{q}_j}\right) + \frac{\partial \mathcal{T}}{\partial q_j} \tag{2-22}$$

将式（2-22）代入式（2-12）即可得出完整质点系的拉格朗日广义坐标运动微分方程如下：

$$\frac{\mathrm{d}}{\mathrm{d}t}\left(\frac{\partial \mathcal{T}}{\partial \dot{q}_j}\right) - \frac{\partial \mathcal{T}}{\partial q_j} = Q_j \quad (j = 1, 2, \cdots, n) \tag{2-23}$$

式中，$\mathcal{T}$ 为体系的动能；q_j 为广义坐标；Q_j 为与 q_j 对应的广义主动力，包含广义非有势力和广义有势力，$Q_j = Q_j^* + \hat{Q}_j$；$\dot{q}_j$ 为广义速度。

式（2-23）亦称为第二类拉格朗日方程，方程左端第一项为广义非有势力，第二项为广义有势力。由于此式包含的动能 $\mathcal{T}$ 是与方向无关的标量，用广义坐标表示动能是简单易行的，而且只包含与主动力相应的广义力，而不包含任何约束反力，因此，列运动方程要简便很多。如果选择合适的广义坐标，还可以用分离变量法使每个方程中只包含一个未知函数 $q_j(t)$，从而使复杂动力体系的求解简化为广义单自由度体系的求解问题。

2.4.3　有势力的拉格朗日方程

从机械能的角度讲，保守系统是指在运动以及变化的过程中，机械能始终不向外流失，动能、势能之和为一恒定值的体系。如果质点在空间内任何位置都受到唯一确定的力的作用，且该力的大小和方向取决于质点的位置，则这种力称为场力。如果作用于质点的场力所做的功只同质点的起始位置和终止位置有关，而与质点运动的路径无关，则质点所受的场力称为有势力或保守力。重力、万有引力、弹性力、静电学中的引力和斥力等都是保守力；摩擦力、流体黏滞力等都是非保守力。在保守力和不随时间改变的定常约束作用下的力系，称为保守系统。在保守力和非定常约束作用下的力系，以及在保守力和非保守力共同作用下的力系，称为非保守系统。

质点在坐标系中的受力和运动矢量示意如图 2-9 所示。有势力做功只取决于质点 m_i 运动过程的初始位置 A 和结束位置 B，而与各质点的运动路径无关。$\mathcal{V}_A$ 表示 A 位置的体系势能，$\mathcal{V}_B$ 表示 B 位置的体系势能，则 A 位置到 B 位置的势能增量可表示为作用于体系的外力功之和：

$$\mathcal{V}_A-\mathcal{V}_B=-\mathrm{d}\mathcal{V}=\sum_{i=1}^{N}\mathrm{d}W_i=\sum_{i=1}^{N}(F_{ix}\mathrm{d}x_i+F_{iy}\mathrm{d}y_i+F_{iz}\mathrm{d}z_i)$$

则对上式两边求偏导

$$F_{ix}=-\frac{\partial\mathcal{V}}{\partial x_i}，\ F_{iy}=-\frac{\partial\mathcal{V}}{\partial y_i}，\ F_{iz}=-\frac{\partial\mathcal{V}}{\partial z_i}$$

有势力 $\boldsymbol{F}$ (F_x,F_y,F_z) 可表示为势能函数的负梯度，即 $\boldsymbol{F}=-\mathrm{grad}\mathcal{V}$。因此，有势力做正功，势能减小；有势力做负功，势能增加。

根据牛顿第二定律，质点从位置 A 到位置 B 运动的功-能转换关系推导过程如下：

$$\begin{aligned}
W&=\sum_{i=1}^{N}\int_A^B F_i\cdot\mathrm{d}u_i=\sum_{i=1}^{N}\int_A^B m_i\ddot{u}_i\cdot\mathrm{d}u_i\\
&=\sum_{i=1}^{N}\int_A^B\frac{1}{2}m_i(\ddot{u}_i\cdot\dot{u}_i+\ddot{u}_i\cdot\dot{u}_i)\mathrm{d}t\\
&=\sum_{i=1}^{N}\frac{1}{2}m_i\int_A^B\frac{\mathrm{d}}{\mathrm{d}t}(\dot{u}_i\cdot\dot{u}_i)\mathrm{d}t\\
&=\sum_{i=1}^{N}\frac{1}{2}m_i\int_A^B\mathrm{d}(\dot{u}_i\cdot\dot{u}_i)\\
&=\sum_{i=1}^{N}\frac{1}{2}m_i\int_A^B\mathrm{d}(\dot{u}_i{}^2)\\
&=\sum_{i=1}^{N}\frac{1}{2}m_i(u_{iB}^2-u_{iA}^2)\\
&=\sum_{i=1}^{N}(\mathcal{T}_{iB}-\mathcal{T}_{iA})
\end{aligned}$$

质点系从一位置到另一位置移动，其势能的增量等于作用于该质点系的力在运动过程中所做的负功，其动能的增量等于作用于该质点系的力在运动过程中所做的正功；满足机械能守恒条件。

在主动力都是有势力的情况下，根据式（2-13）可将广义力表示为

$$Q_j = \hat{Q}_j = -\frac{\partial \mathcal{V}}{\partial q_j} \tag{2-24}$$

式中，$\mathcal{V}$ 为体系的势能。将上式代入式（2-23），得到主动力为有势力情况下的拉格朗日方程：

$$\frac{\mathrm{d}}{\mathrm{d}t}\left(\frac{\partial \mathcal{T}}{\partial \dot{q}_j}\right) - \frac{\partial \mathcal{T}}{\partial q_j} + \frac{\partial \mathcal{V}}{\partial q_j} = 0 \tag{2-25}$$

又因为体系位能

$$\mathcal{V} = \mathcal{V}(t, q_1, q_2, \cdots, q_n)$$

不是广义速度的函数，即

$$\frac{\partial \mathcal{V}}{\partial \dot{q}_j} = 0 \quad (j = 1, 2, \cdots, n)$$

所以在主动力为有势力情况下，拉格朗日方程还可以写成

$$\frac{\mathrm{d}}{\mathrm{d}t}\left(\frac{\partial \mathcal{L}}{\partial \dot{q}_j}\right) - \frac{\partial \mathcal{L}}{\partial q_j} = 0 \tag{2-26}$$

式中，$\mathcal{L}$ 为动能与势能之差，即

$$\mathcal{L} = \mathcal{T} - \mathcal{V} \tag{2-27}$$

它被称为拉格朗日函数，或称为“动势”。

例 2-7 图 2-12 中匀质圆柱半径为 r，重量为 P，在半径为 R 圆柱形槽内只滚动而不滑动，试建立圆柱的运动方程。

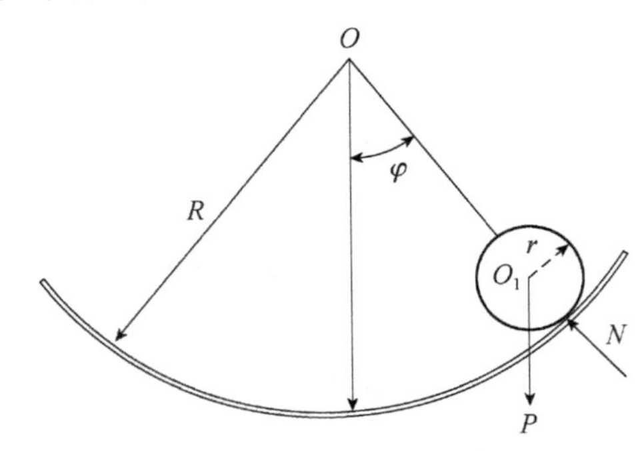

图 2-12 例 2-7 受力分析示意图

解 以图 2-12 所示角度 φ 为广义坐标。当圆柱只滚动不滑动时，接触点的约束反力不做功，所以这是一个具有理想约束的体系。以圆柱的静平衡位置（$\varphi = 0$）作为势能的零位置，则体系的势能为

$$\mathcal{V}=P(R-r)(1-\cos\varphi)$$

主动力 P 对应的广义力为

$$Q=-\frac{\partial\mathcal{V}}{\partial\varphi}=-\frac{\partial}{\partial\varphi}[P(R-r)(1-\cos\varphi)]$$

即

$$Q=-P(R-r)\sin\varphi$$

体系的动能包含两部分，具体表达式为

$$\mathcal{T}=\frac{1}{2}\frac{P}{g}(R-r)^2\dot{\varphi}^2+\frac{1}{2}\left(\frac{1}{2}\frac{P}{g}r^2\right)\left[\frac{(R-r)\dot{\varphi}}{r}\right]^2$$

整理得

$$\mathcal{T}=\frac{3}{4}\frac{P}{g}(R-r)^2\dot{\varphi}^2$$

将 Q 及 $\mathcal{T}$ 的表达式代入拉格朗日方程（2-23），可得圆柱的运动方程

$$\ddot{\varphi}+\frac{2g}{3(R-r)}\sin\varphi=0$$

若为微幅振动，则可近似地以 φ 代替上式中的 $\sin\varphi$ 而得微幅振动的运动方程：

$$\ddot{\varphi}+\omega^2\varphi=0$$

式中，

$$\omega=\sqrt{\frac{2g}{3(R-r)}}$$

实际上就是该动力体系微幅振动的圆频率。由上式可知，该体系的圆频率只与两个圆弧的半径之差有关系，而与圆柱体的重量无关。

例 2-8　图 2-13 所示为三层剪切型框架，只考虑横梁的质量（m_1，m_2，m_3），而不考虑其变形，不考虑柱的质量。层间刚度为 k_1、k_2 及 k_3，k_i 为使第 i 层立柱两端做相对单位位移所需的层间剪力。列出其自由振动的运动方程。

解　在自由运动中，体系不受任何外力。但如前所述，应把弹性反力作为质点所受主动力看待。显然，这些弹性反力为有势力，因而可以利用式（2-24）。

设 m_1、m_2、m_3 的水平位移分别为 $u_1(x)$、$u_2(x)$ 和 $u_3(x)$，这时动能 $\mathcal{T}$ 和势能 $\mathcal{V}$ 分别为

$$\mathcal{T}=\frac{1}{2}(m_1\dot{u}_1^2+m_2\dot{u}_2^2+m_3\dot{u}_3^2)$$

$$\mathcal{V}=\frac{1}{2}k_1(u_1)^2+\frac{1}{2}k_2(u_1-u_2)^2+\frac{1}{2}k_3(u_2-u_3)^2$$

以 $\mathcal{L}=\mathcal{T}-\mathcal{V}$ 代入式（2-25）可得运动方程：

$$m_1\ddot{u}_1+k_1u_1+k_2(u_1-u_2)=0$$
$$m_2\ddot{u}_2+k_2(u_2-u_1)+k_3(u_2-u_3)=0$$
$$m_3\ddot{u}_3+k_3(u_2-u_3)=0$$

化简，得到

$$\begin{bmatrix} m_1 & & \\ & m_2 & \\ & & m_3 \end{bmatrix}\begin{Bmatrix} \ddot{u}_1 \\ \ddot{u}_2 \\ \ddot{u}_3 \end{Bmatrix}+\begin{bmatrix} k_1+k_2 & -k_2 & 0 \\ -k_2 & k_2+k_3 & -k_3 \\ 0 & -k_3 & k_3 \end{bmatrix}\begin{Bmatrix} u_1 \\ u_2 \\ u_3 \end{Bmatrix}=0$$

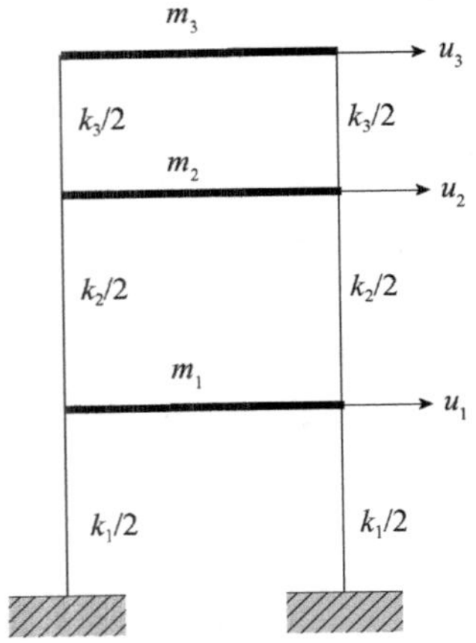

图 2-13 例 2-8 受力分析示意图

2.5 哈密顿原理

2.5.1 积分形式的变分原理

具有 n 个动力自由度的动力体系，在任一时刻的运动状态可以用 n 维空间的一个点来表示，由它的 n 个广义坐标 $q_j\,(j=1,2,\cdots,n)$ 张成的 n 维空间称为“构形空间”。除了体系的运动过程取决于由构形空间 $q_j\,(j=1,2,\cdots,n)$ 外加时间 t 组成的 $(n+1)$ 个参数，因而运动过程可以用 $(n+1)$ 维空间的一条曲线来表示，称为体系的“轨线”。从 A 点转移到 B 点的真实运动的轨线在图 2-14 中用实线表示；除了真实的运动，还可以有其他满足几何和运动上约束条件的虚运动轨线，在图2-14中以虚线表示。对广义坐标取变分，相当于由位置 $q_j(j=1,2,\cdots,n)$ 转移到新位置 $q_j^*=q_j+\delta q_j$ 。

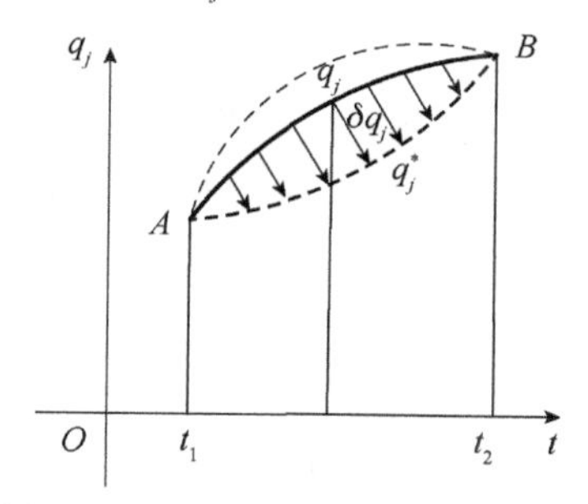

图2-14　动力体系“轨线”示意图

积分形式的变分原理，实质上就是要提出一种准则，根据该准则能够把真实运动和其他运动学上的可能运动区别开，也就是把“最速”轨线从所有轨线中识别出来，真实物理世界中的运动总是沿着最省力的路线。这个准则适用于 t_1 到 t_2 这个时段。或者换种说法，积分形式的变分原理说明，在一切可能运动中，只有真实运动使某一物理量（或称为“作用量”）取得极值，这就是动力学中的最小作用量原理，是动力学系统运动规律的最一般表述。所谓作用量，可用如下积分形式来代表：

$$S=\int_{t_1}^{t_2}\varPhi(t,q_j,\dot{q}_j)\mathrm{d}t \tag{2-28}$$

式中，被积函数 $\varPhi(t,q_j,\dot{q}_j)$ 为取决于体系运动状态的某种函数；作用量 S 是取决于体系运动过程的泛函，它依赖于函数 $q_j(t)$ 和 $\dot{q}_j(t)$ $(j=1,2,\cdots,n)$ 。

有多种积分形式的变分原理，其中最常用的就是Hamilton原理。在19世纪中叶，哈密顿（Hamilton，1805～1865）提出了这个重要的积分形式的变分原理，他所采用的作用量为

$$\mathcal{H}=\int_{t_1}^{t_2}\mathcal{L}\mathrm{d}t \tag{2-29}$$

式中，$\mathcal{L}=\mathcal{T}-\mathcal{V}$ 为体系的动能和势能之差，又称为拉格朗日函数或拉格朗日作用量，它是变量 $(t,q_j,\dot{q}_j)$ $(j=1,2,\cdots,n)$ 的函数。最小作用量决定于体系由 A 到 B 的真实运动过程。

若作用于质点系的所有主动力均可由体系的势能函数 $\mathcal{V}$ 导出，则称此质点系为保守系，反之称为非保守系。保守系平衡的充要条件是势能取极值，即保守体系处于稳定平衡状态。此时，Hamilton函数 $\mathcal{H}$ 可用此体系的总能量（动能、势能）

来表示，并可运用 Hamilton 原理（最小作用量原理）建立体系的运动方程。

Hamilton 原理把力学的基本方程归结为一个物理概念明确的简单的方程 $\delta\mathcal{H}=0$，表现了自然定律的最完美的形式。1871 年，J. A. Serret 证明：对积分上下限加一些限制条件，真实运动作用量的二阶变分 $\delta^2\mathcal{H}$ 为正值，因而对于真实运动，作用量 $\mathcal{H}$ 取极小值，所以此原理也被称为 Hamilton **最小作用量原理**。

2.5.2 哈密顿原理推导

对于完整质点系而言，在所有由状态 A 到状态 B 的可能运动中，唯有真实运动使 Hamilton 作用量取极小值，即

$$\delta\mathcal{H}=\delta\int_{t_1}^{t_2}\mathcal{L}\mathrm{d}t=0 \tag{2-30a}$$

$$\int_{t_1}^{t_2}(\delta\mathcal{T}-\delta\mathcal{V})\mathrm{d}t+\int_{t_1}^{t_2}\delta W_{\mathrm{nc}}\mathrm{d}t=0 \tag{2-30b}$$

在计算变分 $\delta\mathcal{H}$ 时应该注意，所有轨线都通过 A 、B 两点，所以，在这两个时间点（即 $t=t_1$ ，$t=t_2$ ），空间变分 $\delta q_j=0\ (j=1,2,\cdots,n)$ 。也就是说，这里研究的是固定边界条件下的泛函极值问题。此外，这里的变分是“等时变分”，即 $\delta t=0$ 。也就是说，一旦确定了运动的起点时间 $t=t_1$ ，运动的终点时间 $t=t_2$ ，运动就是确定的了，所以在这里的时间 t 根本没有参与变分。这时变分运算和微分或积分运算的次序可以交换。

下面首先给出从拉格朗日方程到 Hamilton 原理的推导过程。因为

$$\mathcal{L}=\mathcal{L}(t,q_1,q_2,\cdots,q_n,\dot{q}_1,\dot{q}_2,\cdots,\dot{q}_n)$$

所以，

$$\begin{aligned}\delta\mathcal{H}&=\delta\int_{t_1}^{t_2}\mathcal{L}\mathrm{d}t=\int_{t_1}^{t_2}\delta\mathcal{L}\mathrm{d}t\\&=\int_{t_1}^{t_2}\sum_{j=1}^{n}\left(\frac{\partial\mathcal{L}}{\partial q_j}\delta q_j+\frac{\partial\mathcal{L}}{\partial\dot{q}_j}\delta\dot{q}_j\right)\mathrm{d}t\end{aligned} \tag{2-31}$$

由拉格朗日方程 $\frac{\mathrm{d}}{\mathrm{d}t}\left(\frac{\partial\mathcal{L}}{\partial\dot{q}_j}\right)-\frac{\partial\mathcal{L}}{\partial q_j}=0$，并代入式（2-31），得

$$\delta\mathcal{H}=\int_{t_1}^{t_2}\sum_{j=1}^{n}\left[\left(\frac{\mathrm{d}}{\mathrm{d}t}\frac{\partial\mathcal{L}}{\partial\dot{q}_j}\right)\delta q_j+\frac{\partial\mathcal{L}}{\partial\dot{q}_j}\delta\dot{q}_j\right]\mathrm{d}t \tag{2-32}$$

由于满足等时变分，因此

$$\frac{\mathrm{d}}{\mathrm{d}t}\delta q_j=\delta\left(\frac{\mathrm{d}q_j}{\mathrm{d}t}\right)=\delta\dot{q}_j \tag{2-33}$$

将式（2-33）代入式（2-32）得

$$\delta\mathcal{H}=\int_{t_1}^{t_2}\left[\sum_{j=1}^{n}\frac{\mathrm{d}}{\mathrm{d}t}\left(\frac{\partial\mathcal{L}}{\partial\dot{q}_j}\delta q_j\right)\right]\mathrm{d}t=\int_{t_1}^{t_2}\frac{\mathrm{d}}{\mathrm{d}t}\left[\sum_{j=1}^{n}\frac{\partial\mathcal{L}}{\partial\dot{q}_j}\delta q_j\right]\mathrm{d}t$$
$$=\left(\sum_{j=1}^{n}\frac{\partial\mathcal{L}}{\partial\dot{q}_j}\delta q_j\right)_B-\left(\sum_{j=1}^{n}\frac{\partial\mathcal{L}}{\partial\dot{q}_j}\delta q_j\right)_A$$

由于在 A、B 两点满足约束条件，即

$$(\delta q_j)_A=(\delta q_j)_B=0\quad(j=1,2,\cdots,n)$$

从而，

$$\delta\mathcal{H}=0$$

因此，根据拉格朗日方程可以推导出 Hamilton 原理，则可以认为拉格朗日方程是 Hamilton 原理的微分方程表达形式，Hamilton 原理是拉格朗日方程的积分表达形式。

下面再给出根据 Hamilton 原理推导拉格朗日方程的推导过程。

非有势力所做功的变分为

$$\delta W_{\mathrm{nc}}=\sum_{j=1}^{n}Q_j^*\delta q_j$$

同理，动能和势能的变分为

$$\delta\mathcal{T}=\sum_{j=1}^{n}\frac{\partial\mathcal{T}}{\partial q_j}\delta q_j+\sum_{j=1}^{n}\frac{\partial\mathcal{T}}{\partial\dot{q}_j}\delta\dot{q}_j,\qquad\delta\mathcal{V}=\sum_{j=1}^{n}\frac{\partial\mathcal{V}}{\partial q_j}\delta q_j$$

根据 Hamilton 原理式（2-30b），得

$$\int_{t_1}^{t_2}\sum_{j=1}^{n}\left(\frac{\partial\mathcal{T}}{\partial q_j}-\frac{\partial\mathcal{V}}{\partial q_j}+Q_j^*\right)\delta q_j\mathrm{d}t+\int_{t_1}^{t_2}\sum_{j=1}^{n}\frac{\partial\mathcal{T}}{\partial\dot{q}_j}\delta\dot{q}_j\mathrm{d}t=0$$

由于

$$\int_{t_1}^{t_2}\frac{\partial\mathcal{T}}{\partial\dot{q}_j}\delta\dot{q}_j\mathrm{d}t=\int_{t_1}^{t_2}\frac{\partial\mathcal{T}}{\partial\dot{q}_j}\delta\left(\frac{\mathrm{d}q_j}{\mathrm{d}t}\right)\mathrm{d}t=\int_{t_1}^{t_2}\frac{\partial\mathcal{T}}{\partial\dot{q}_j}\frac{\mathrm{d}}{\mathrm{d}t}(\delta q_j)\mathrm{d}t$$
$$=\frac{\partial\mathcal{T}}{\partial\dot{q}_j}\delta q_j\Bigg|_{t_1}^{t_2}-\int_{t_1}^{t_2}\frac{\mathrm{d}}{\mathrm{d}t}\left(\frac{\partial\mathcal{T}}{\partial\dot{q}_j}\right)\delta q_j\mathrm{d}t$$
$$=-\int_{t_1}^{t_2}\frac{\mathrm{d}}{\mathrm{d}t}\left(\frac{\partial\mathcal{T}}{\partial\dot{q}_j}\right)\delta q_j\mathrm{d}t$$

所以，

$$\sum_{j=1}^{n}\int_{t_1}^{t_2}\left[-\frac{\mathrm{d}}{\mathrm{d}t}\left(\frac{\partial \mathcal{T}}{\partial \dot{q}_j}\right)+\frac{\partial \mathcal{T}}{\partial q_j}-\frac{\partial \mathcal{V}}{\partial q_j}+Q_j^*\right]\delta q_j \mathrm{d}t=0$$

由 δq_j 的任意性得

$$\frac{\mathrm{d}}{\mathrm{d}t}\left(\frac{\partial \mathcal{T}}{\partial \dot{q}_j}\right)-\frac{\partial \mathcal{T}}{\partial q_j}+\frac{\partial \mathcal{V}}{\partial q_j}=Q_j^*$$

当完整动力体系所受的主动力中既包含有势力（保守力）又包含部分非有势力（非保守力）时，Hamilton 原理具有如下的形式：

$$\delta\int_{t_1}^{t_2}\mathcal{L}\mathrm{d}t+\int_{t_1}^{t_2}\sum_{j=1}^{n}Q_j^*\delta q_j \mathrm{d}t=0 \tag{2-34}$$

式中，Q_j^* 为非保守力；$\sum_{j=1}^{n}Q_j^*\delta q_j$ 为非保守力的虚功之和。因此，得到拉格朗日方程的一般形式为

$$\frac{\mathrm{d}}{\mathrm{d}t}\left(\frac{\partial \mathcal{L}}{\partial \dot{q}_j}\right)-\frac{\partial \mathcal{L}}{\partial q_j}=Q_j^* \tag{2-35}$$

例 2-9 分析悬臂结构的地震运动。如图 2-15（a）所示一变截面悬臂杆，在高度为 x 处的抗弯刚度为 EI_x，质量的分布（单位长度的质量）为 $\bar{m}_x$，给出当基础沿水平方向产生运动时程 $u_\mathrm{g}(t)$ 时（图 2-15（b））悬臂杆的运动微分方程。

解 设在高度 x 处杆的位移为 $u(x,t)$，则体系的动能 $\mathcal{T}$ 和势能（把弹性力作为有势的主动力）$\mathcal{V}$ 分别为

$$\mathcal{T}=\frac{1}{2}\int_0^l \bar{m}_x\left[\frac{\partial(u_\mathrm{g}+u)}{\partial t}\right]^2\mathrm{d}x$$

$$\mathcal{V}=\frac{1}{2}\int_0^l EI_x\left(\frac{\partial^2 u}{\partial x^2}\right)^2\mathrm{d}x$$

则 Hamilton 作用量为

$$\mathcal{H}=\int_{t_1}^{t_2}(\mathcal{T}-\mathcal{V})\mathrm{d}t=\frac{1}{2}\int_{t_1}^{t_2}\int_0^l\left[\bar{m}_x\left(\frac{\partial\left(u_\mathrm{g}+u\right)}{\partial t}\right)^2-EI_x\left(\frac{\partial^2 u}{\partial x^2}\right)^2\right]\mathrm{d}x\mathrm{d}t$$

根据变分原理 $\delta\mathcal{H}=0$，得

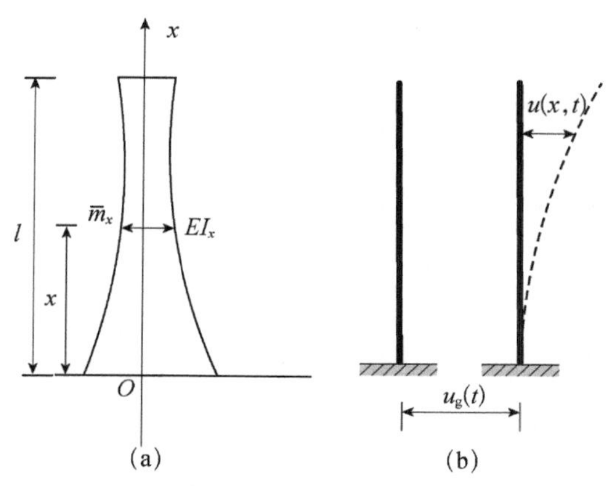

图 2-15　变截面悬臂柱

$$
\begin{aligned}
\delta\int_{t_1}^{t_2}\mathcal{T}\,\mathrm{d}t &= \delta\int_{t_1}^{t_2}\int_0^l\left[\frac{\bar{m}_x}{2}\left(\frac{\partial(u_g+u)}{\partial t}\right)^2\right]\mathrm{d}x\mathrm{d}t \\
&= \int_{t_1}^{t_2}\int_0^l\left[\frac{\bar{m}_x}{2}\delta\left(\frac{\partial(u_g+u)}{\partial t}\right)^2\right]\mathrm{d}x\mathrm{d}t \\
&= \int_{t_1}^{t_2}\int_0^l\left[\bar{m}_x\frac{\partial(u_g+u)}{\partial t}\delta\left(\frac{\partial(u_g+u)}{\partial t}\right)\right]\mathrm{d}x\mathrm{d}t \\
&= \int_0^l\left[\bar{m}_x\frac{\partial(u_g+u)}{\partial t}\delta(u_g+u)\Big|_{t_1}^{t_2}\right]\mathrm{d}x-\int_{t_1}^{t_2}\int_0^l\left[\bar{m}_x\frac{\partial^2(u_g+u)}{\partial t^2}\delta(u_g+u)\right]\mathrm{d}x\mathrm{d}t \\
&= -\int_{t_1}^{t_2}\int_0^l\left[\bar{m}_x\frac{\partial^2(u_g+u)}{\partial t^2}\delta(u_g+u)\right]\mathrm{d}x\mathrm{d}t
\end{aligned}
$$

同样，运用分部积分法得到

$$
\begin{aligned}
\delta\int_{t_1}^{t_2}\mathcal{V}\,\mathrm{d}t &= \delta\int_{t_1}^{t_2}\int_0^l\left[\frac{EI_x}{2}\left(\frac{\partial^2u}{\partial x^2}\right)^2\right]\mathrm{d}x\mathrm{d}t \\
&= \int_{t_1}^{t_2}\int_0^l\left[EI_x\frac{\partial^2u}{\partial x^2}\delta\left(\frac{\partial^2u}{\partial x^2}\right)\right]\mathrm{d}x\mathrm{d}t \\
&= \int_0^l\int_{t_1}^{t_2}\left[EI_x\frac{\partial^2u}{\partial x^2}\delta\left(\frac{\partial^2u}{\partial x^2}\right)\right]\Bigg|_0^l\mathrm{d}t\mathrm{d}x-\int_0^l\int_{t_1}^{t_2}\left[\frac{\partial}{\partial x}\left(EI_x\frac{\partial^2u}{\partial x^2}\right)\delta u\right]\Bigg|_0^l\mathrm{d}t\mathrm{d}x \\
&\quad+\int_0^l\int_{t_1}^{t_2}\left[\frac{\partial^2}{\partial x^2}\left(EI_x\frac{\partial^2u}{\partial x^2}\right)\delta u\right]\mathrm{d}t\mathrm{d}x \\
&= \int_{t_1}^{t_2}\int_0^l\left[\frac{\partial^2}{\partial x^2}\left(EI_x\frac{\partial^2u}{\partial x^2}\right)\delta u\right]\mathrm{d}x\mathrm{d}t
\end{aligned}
$$

代入变分原理公式，得所求运动微分方程：

$$\frac{\partial^2}{\partial x^2}\left(EI_x\frac{\partial^2 u}{\partial x^2}\right)+\bar{m}_x\frac{\partial^2 u}{\partial t^2}=-\bar{m}_x\frac{\partial^2 u_{\mathrm{g}}}{\partial t^2}$$

例 2-10 广义单自由度运动。假定例 2-9 的悬臂杆只能按固定形式振动，即

$$u(x,t)=q(t)\boldsymbol{\Phi}(x)$$

试求其运动方程。

解 这时我们所研究的对象转化为完整的非稳定的单自由度体系，$q(t)$ 就是它运动的广义坐标。体系的动能为

$$\begin{aligned}\mathcal{T}&=\frac{1}{2}\int_0^l\bar{m}_x\left[\left(\frac{\partial u_0}{\partial t}\right)^2+2\left(\frac{\partial u_0}{\partial t}\right)\dot{q}\boldsymbol{\Phi}(x)+\dot{q}^2\boldsymbol{\Phi}^2(x)\right]\mathrm{d}x\\&=\frac{1}{2}\left(\frac{\partial u_0}{\partial t}\right)^2\int_0^l\bar{m}_x\mathrm{d}x+\dot{q}\left(\frac{\partial u_0}{\partial t}\right)\int_0^l\bar{m}_x\boldsymbol{\Phi}(x)\mathrm{d}x+\frac{1}{2}\dot{q}^2\int_0^l\bar{m}_x\boldsymbol{\Phi}^2(x)\mathrm{d}x\end{aligned}$$

体系的势能为

$$\mathcal{V}=\frac{1}{2}q^2\int_0^l EI_x\left(\frac{\mathrm{d}^2\boldsymbol{\Phi}}{\mathrm{d}x^2}\right)^2\mathrm{d}x=\frac{1}{2}k^*q^2$$

代入有势力体系的 Hamilton 原理 $\int_{t_1}^{t_2}\delta(\mathcal{T}-\mathcal{V})\mathrm{d}t=0$，得

$$\int_{t_1}^{t_2}\left(\dot{q}\delta\dot{q}m^*+\dot{u}_0\delta\dot{q}m_0-q\delta qk^*\right)\mathrm{d}t=0$$

式中，$m^*=\int_0^l\bar{m}_x\boldsymbol{\Phi}^2(x)\mathrm{d}x$ 为广义质量；$k^*=\int_0^l EI_x\left(\frac{\mathrm{d}^2\boldsymbol{\Phi}}{\mathrm{d}x^2}\right)^2\mathrm{d}x$ 为广义刚度；$m_0=\int_0^l\bar{m}_x\boldsymbol{\Phi}(x)\mathrm{d}x$。由于满足等时变分，因此有 $\delta\dot{q}=\mathrm{d}(\delta q)/\mathrm{d}t$，所以上式中前两个积分用分部积分法可写成

$$\int_{t_1}^{t_2}m^*\dot{q}\delta\dot{q}\mathrm{d}t=m^*\dot{q}\delta q\Big|_{t_1}^{t_2}-\int_{t_1}^{t_2}m^*\ddot{q}\delta q\mathrm{d}t$$

$$\int_{t_1}^{t_2}m_0\dot{u}_0\delta\dot{q}\mathrm{d}t=m_0\dot{u}_0\delta q\Big|_{t_1}^{t_2}-\int_{t_1}^{t_2}m_0\ddot{u}_0\delta q\mathrm{d}t$$

由于在 Hamilton 原理中假定在起点 $(t=t_1)$ 和终点 $(t=t_2)$ 均有 $\delta q=0$，所以上两式右端的第一项均等于零。代入 Hamilton 原理表达式得

$$\int_{t_1}^{t_2}\left[m^*\ddot{q}+k^*q-p^*(t)\right]\delta q\mathrm{d}t=0$$

由于在时段 $(t=t_1)$ 中变分 δq 的任意性，上式中方括号内的值应等于零，从而得广义单自由度运动方程：

$$m^*\ddot{q}(t)+k^*q(t)=p^*(t) \tag{2-36}$$

式中，$p^*(t)=-m_0\ddot{u}_0=-\ddot{u}_0\int_0^l \overline{m}_x \Phi(x)\mathrm{d}x$ 即为广义荷载。

2.6　地震动中的运动方程

地震动中的结构振动是工程中经常碰到的结构动力学问题。把坐标系建立在地震动之前的几何位置是一种情况，把坐标系建立在地震动之后，结构发生地基运动后的几何位置又是另一种情况。等效力系描述如图 2-16 所示。下面讨论地基运动对运动方程的影响。

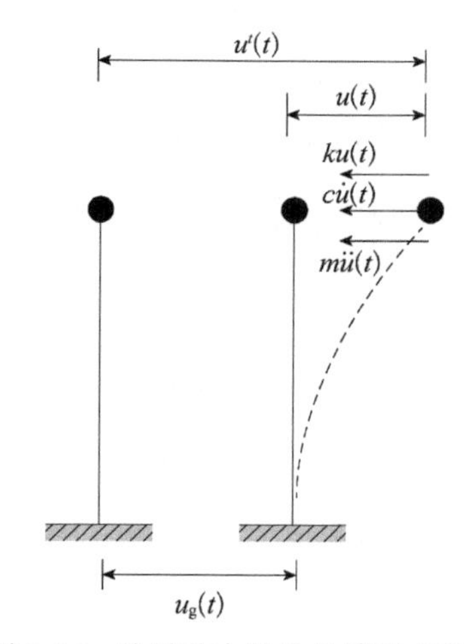

图 2-16　地震动中的单悬臂质点体系

结构的动应力和动挠度不仅可以由随时间变化的动荷载引起，而且也可以由结构支承点的运动而产生。由地震引起的建筑物基础的运动，或者由建筑物的振动而引起放在建筑物内的设备基底的运动等，就是这类激励的重要例子。图 2-16 中地震引起的地面水平运动用相对于固定参考轴的结构基底位移 $u_g(t)$ 来表示。

质点在地震动中的运动方程的各项描述如下：

$$f_I=-m\ddot{u},\ f_S=-k(u-u_g),\ f_D=-c\dot{u} \tag{2-37}$$

对于这个体系，力的平衡可以写为

$$f_I(t)+f_D(t)+f_S(t)=0 \tag{2-38}$$

式中，阻尼力和弹性力可以用式（2-37）表示，而此时的惯性力由下式给出：

$$f_{\mathrm{I}}(t)=m\ddot{u}^{t}(t) \tag{2-39}$$

式中，$u^{t}(t)$ 表示质量对固定参考轴的总位移。将惯性力、阻尼力、弹性力的表达式代入方程（2-38）可得

$$m\ddot{u}^{t}(t)+c\dot{u}(t)+ku(t)=0 \tag{2-40}$$

在解这个方程之前，所有的力都必须用单一的变量来表达。为此，把质量的总位移表示为地面运动和柱子变形的和，即

$$u^{t}(t)=u(t)+u_{\mathrm{g}}(t) \tag{2-41}$$

对式（2-41）求两次导数，可获得两个加速度分量表示的惯性力，代入方程（2-40）可得

$$m\ddot{u}(t)+m\ddot{u}_{\mathrm{g}}(t)+c\dot{u}(t)+ku(t)=0 \tag{2-42}$$

由于地面加速度可表示为结构的特定动力输入，因此运动方程可以方便地改写为

$$m\ddot{u}(t)+c\dot{u}(t)+ku(t)=-m\ddot{u}_{\mathrm{g}}(t)=p_{\mathrm{eff}}(t) \tag{2-43}$$

其中，$p_{\mathrm{eff}}(t)$ 表示等效支座激励荷载。换句话说，在地面加速度 $\ddot{u}_{\mathrm{g}}(t)$ 作用下引起的结构变形与等于 $-m\ddot{u}_{\mathrm{g}}(t)$ 的外荷载 $p(t)$ 作用结果完全一样。等效荷载定义中的负号表示等效力的方向与地面加速度的方向相反，而实际上工程师们感兴趣的只是加速度的最大绝对值，这个负号是无关紧要的，可以从等效荷载项中移去。

以地基运动后的几何位置为坐标原点建立单自由度体系的运动方程，产生地基运动等效荷载的右端项，相当于一种地震力对于上部结构体系的动力作用。运动方程另一个可选择的形式是利用式（2-40）和式（2-41）所得结果

$$m\ddot{u}^{t}(t)+c\dot{u}^{t}(t)+ku^{t}(t)=c\dot{u}_{\mathrm{g}}(t)+ku_{\mathrm{g}}(t) \tag{2-44}$$

方程右边所示等效荷载依赖于地震运动的速度和位移，解此方程所得响应是质量相对于固定参考轴的总位移而不是相对运动基础的位移。因为实际测量到的一般是地震运动的加速度符号，此时的等效荷载需要由地震加速度时程分别积分一次和二次获得地面位移和速度来计算，因此很难获得这种形式方程的解析解，往往只能采用数值计算的方法。

思　考　题

1. 简述动力自由度和静力自由度的区别，并举例说明。
2. 简述运动方程在惯性坐标系和非惯性坐标系中建立方法的差别。
3. 简述虚功原理在动力问题和静力问题中应用的区别与联系。
4. 简述最小作用量原理和变分原理的区别与联系。
5. 简述静力学和动力学中虚功原理的区别。

习　　题

2-1　试建立如图 2-17 所示的三个弹簧-质点体系的运动方程，并注意比较弹簧串联、并联后的刚度变化。

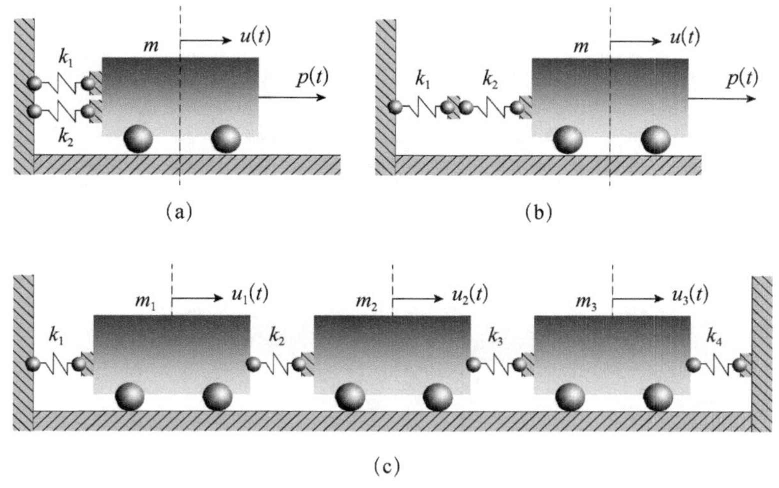

图 2-17　习题 2-1 图

2-2　试建立如图 2-18 所示框架结构的运动方程，楼层质量集中于梁跨中，框架质量和阻尼忽略不计。

2-3　如图 2-19（a）所示体系为刚性无质量直杆，连接有弹簧支撑、阻尼支撑以及固定铰接支撑，右端连接一质量与面积之比为γ的椭圆形板，试建立该体系的运动方程，并给出该体系的广义质量、广义刚度、广义阻尼和广义荷载的表达式，自由度位移分别取左端端部的竖向位移$Z(t)$和无重刚杆的转角$\theta(t)$，如图2-19（b）所示，并比较两种运动方程的差异。

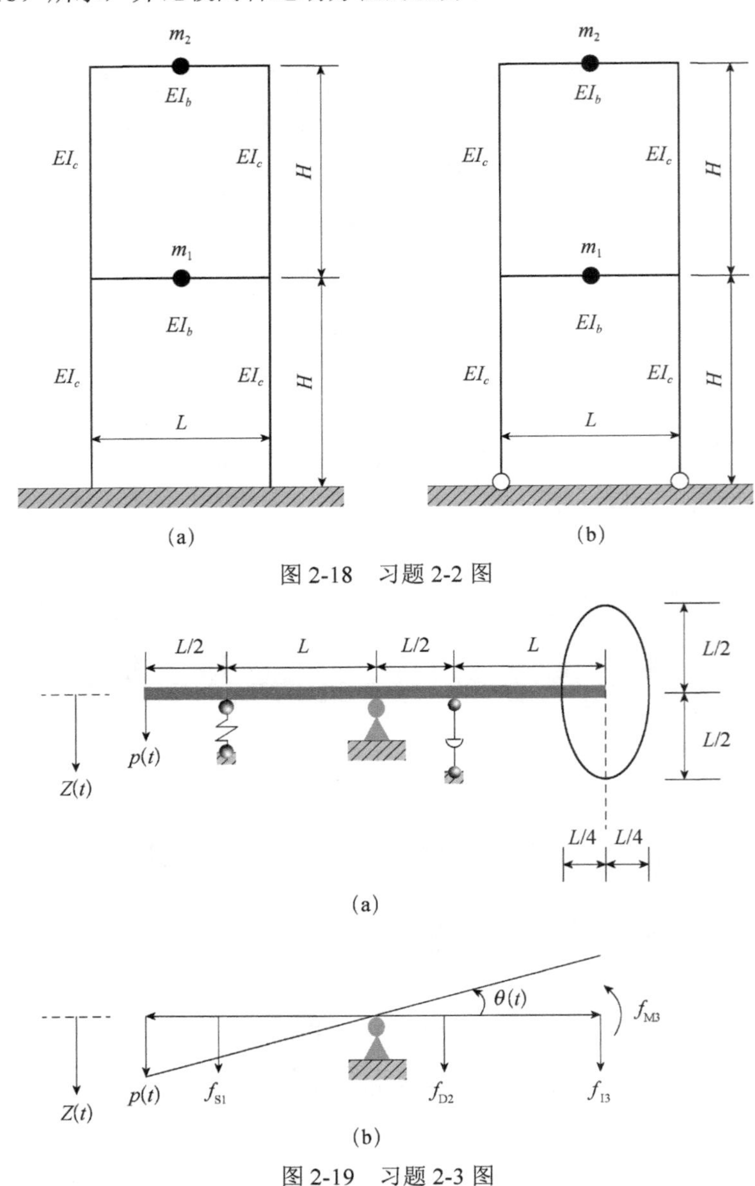

图2-18　习题2-2图

图2-19　习题2-3图

2-4　图 2-20 所示等截面梁的挠度形状可如下近似表示：

$$u(x,t) \approx q_1(t)\left(\frac{x}{L}\right)^2 + q_2(t)\left(\frac{x}{L}\right)^3 + q_3(t)\left(\frac{x}{L}\right)^4$$

试建立梁的运动方程。假设为小挠度理论。

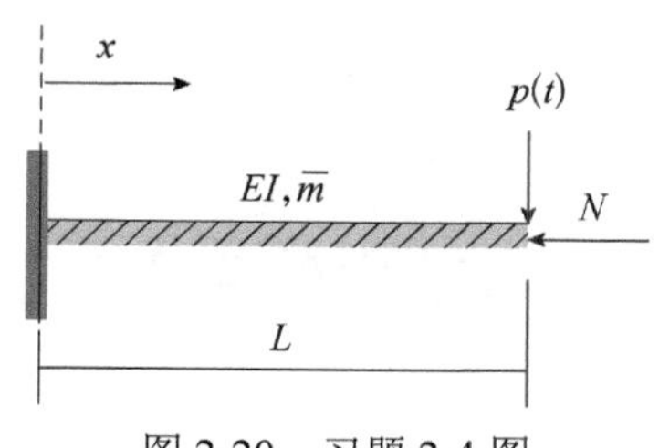

图 2-20　习题 2-4 图

2-5　总质量为 m_1、长度为 L 的一根等截面刚性杆，在重力影响下像摆那样摆动。限制集中质量 m_2 沿杆的轴线滑动，并且与一个无质量的弹簧连接，如图 2-21 所示。假定体系无摩擦和大振幅位移，试用广义坐标 q_1 和 q_2 写出运动方程。

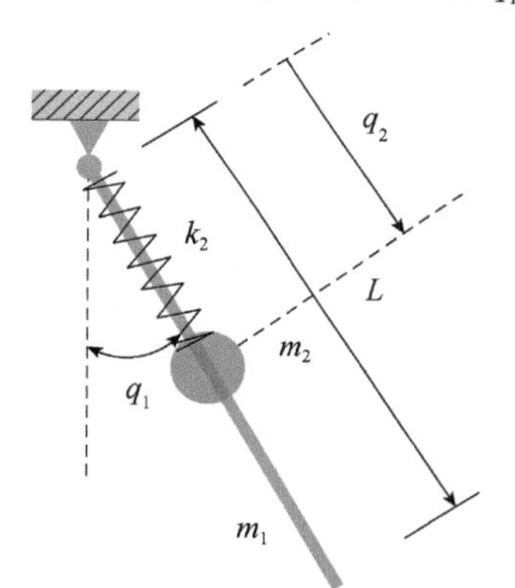

图 2-21　习题 2-5 图

第 3 章　单自由度体系

3.1　基本动力体系及其方程

很多工程结构的动力问题可以简化为单自由度体系进行定性和定量的分析。单自由度体系（single degree of freedom，SDOF）是最简单的一类离散动力体系，对于单自由度体系的动力分析是结构动力学中的基础内容，后面的多自由度体系的动力分析，在线弹性范围内都可以利用模态综合方法转化为单自由度体系的求解。承受外部激励荷载的结构或机械系统，其基本动力特性包括：体系的质量、弹性特性（柔度或刚度）、能量耗散机制或阻尼。为了直观并能抓住动力体系的主要矛盾，单自由度体系可以简化为“基本元件”的组合，包含质量元件、阻尼元件和弹簧元件。图 3-1 所示为几种常见的单自由度体系，以及其简化表达形式。

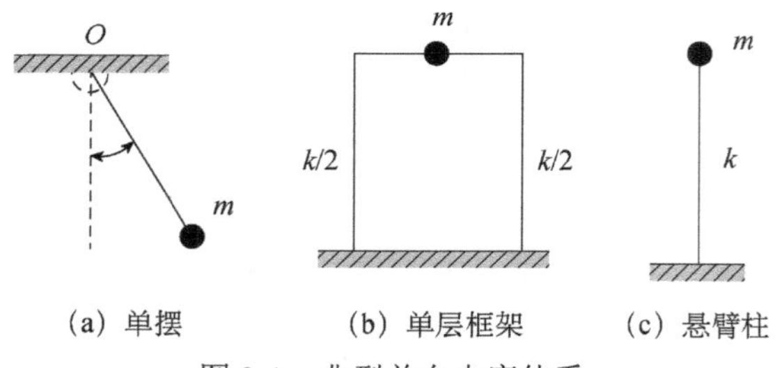

图 3-1　典型单自由度体系

在单自由度体系的简化模型中，假设每一类动力属性都集结于单一的基本元件，体系的简化模型可以采用基本元件组合图来表达，如图 3-2（a）所示。此体系中，刚体总质量为 m，且只能发生平移运动，单一位移变量 $u(t)$ 就可完全确定它的位置。抵抗位移的弹性抗力由刚度为 k 的无重弹簧来提供，而能量耗散机制用阻尼系数为 c 的黏滞阻尼器来表示。产生此体系动力响应的外部荷载是随时间变化的力 $p(t)$。沿位移自由度方向作用的力有动力荷载 $p(t)$ 及由运动所引起的三个抗力，也即惯性力 $f_{\mathrm{I}}(t)$、阻尼力 $f_{\mathrm{D}}(t)$ 和弹簧力 $f_k(t)$，如图 3-2（b）所示。

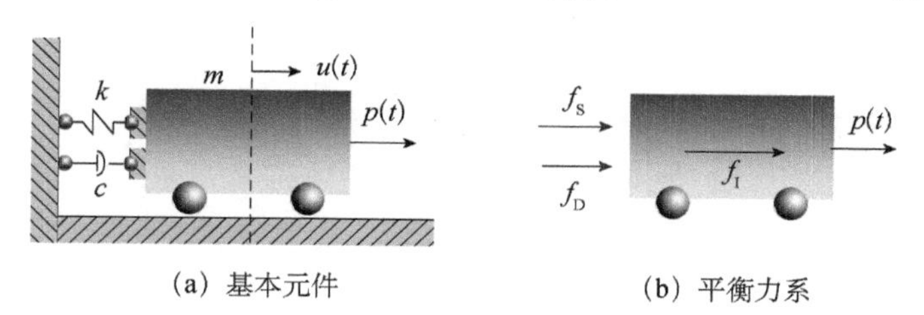

（a）基本元件　　（b）平衡力系

图 3-2　理想化单自由度体系

根据达朗贝尔原理，列单自由度体系的动平衡方程：

$$f_{\mathrm{I}}(t)+f_{\mathrm{D}}(t)+f_{\mathrm{S}}(t)+p(t)=0 \tag{3-1}$$

依据第 2 章中关于运动方程的建立方法，可得单自由度体系的运动微分方程：

$$m\ddot{u}(t)+c\dot{u}(t)+ku(t)=p(t) \tag{3-2}$$

本章的主要内容都围绕着该常系数微分方程的定量求解与定性分析展开。

3.2　自由振动与微分方程的解

运动方程（3-2）的解的性质直接体现了其对应的单自由度动力体系的动力性质。为了求解该方程，首先考虑方程右边等于零的齐次方程，即

$$m\ddot{u}(t)+c\dot{u}(t)+ku(t)=0 \tag{3-3}$$

该方程对应于单自由度体系的动力特征，即为在作用力等于零时体系产生的自由振动。根据微分方程标准解型的相关知识，方程（3-3）的自由振动响应解可取为如下指数形式：

$$u(t)=A\mathrm{e}^{st} \tag{3-4}$$

式中，A 是任意的复数；s 是复指数。本节首先讨论将动力响应用复数表达，这样处理在解的形式上往往是简洁的。

复数 A 可以用复平面的一个矢量来表示，如图 3-3 所示，分量形式表达式为

$$A=A_{\mathrm{R}}+\mathrm{i}A_{\mathrm{I}}=\|A\|\cos\theta+\mathrm{i}\|A\|\sin\theta \tag{3-5}$$

其中，$\|A\|$ 表示该矢量的模（即矢量的长度）；θ 表示矢量与实轴的夹角。对于单位复数，利用这个表达式可得到用于三角函数与指数函数变换的欧拉（Euler）变换对：

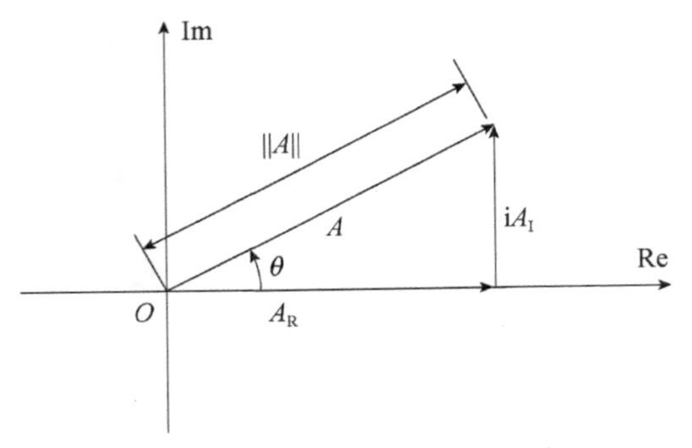

图 3-3　复平面中的复数表示法

$$\left.\begin{aligned} e^{i\theta} &= \cos\theta + i\sin\theta \\ e^{-i\theta} &= \cos\theta - i\sin\theta \end{aligned}\right\} \tag{3-6a}$$

以及欧拉逆变换对：

$$\left.\begin{aligned} \cos\theta &= \frac{1}{2}\left[e^{i\theta} + e^{-i\theta}\right] \\ \sin\theta &= -\frac{i}{2}\left[e^{i\theta} - e^{-i\theta}\right] \end{aligned}\right\} \tag{3-6b}$$

将解式（3-4）代入自由振动方程（3-3），则自由振动方程变为

$$(ms^2 + cs + k)Ae^{st} = 0 \tag{3-7}$$

其对应的特征方程为

$$s^2 + 2\xi\omega_n s + \omega_n^2 = 0 \tag{3-8}$$

其中，$\omega_n^2 = k/m$，ω_n 即为体系的自振频率；$2\xi\omega_n = c/m$，ξ 即为体系的阻尼比。体系自由振动微分方程对应的特征方程（3-8）的解为

$$s_{1,2} = -\xi\omega_n \pm \sqrt{(\xi\omega_n)^2 - \omega_n^2} = -\xi\omega_n \pm \omega_n\sqrt{\xi^2 - 1} \tag{3-9}$$

根据式（3-8）可知，这个关于复数特征根 s 的一元二次方程，其根依赖于 c 相对于 k 和 m 的取值。因此，式（3-8）所给出的自由振动的运动形式取决于体系的阻尼大小。自由振动的解式由于对应于特征根的根号内数值的正、负或零的不同情况，可以表示三种不同的自由振动类型。下面分别进行讨论。

1. 无阻尼自由振动

对于无阻尼体系，也即 $c = 0$ 或 $\xi = 0$ 的情况，此时式（3-8）的两个根为

$$s_{1,2} = \pm i\omega_n$$

因而总响应应包含式（3-8）的如下两项：

$$u(t) = A_1 \mathrm{e}^{\mathrm{i}\omega_n t} + A_2 \mathrm{e}^{-\mathrm{i}\omega_n t} \tag{3-10}$$

式中，两指数项来源于 s 的两个根；复常数 A_1、A_2 表示相应振动项的振幅，是未定的任意复常数。

现在将复常数 A_1、A_2 用它们的实部和虚部分量来表示：

$$A_1 = A_{1R} + \mathrm{i}A_{1I}, \qquad A_2 = A_{2R} + \mathrm{i}A_{2I}$$

同时利用式（3-6a）的三角函数与指数函数的关系，则式（3-10）可写为

$$u(t) = (A_{1R} + \mathrm{i}A_{1I})(\cos\omega_n t + \mathrm{i}\sin\omega_n t) + (A_{2R} + \mathrm{i}A_{2I})(\cos\omega_n t - \mathrm{i}\sin\omega_n t)$$

简化后可得

$$\begin{aligned} u(t) = &(A_{1R} + A_{2R})\cos\omega_n t - (A_{1I} - A_{2I})\sin\omega_n t \\ &+ \mathrm{i}\left[(A_{1I} - A_{2I})\cos\omega_n t + (A_{1R} + A_{2R})\sin\omega_n t\right] \end{aligned} \tag{3-11}$$

然而，根据自由振动的物理特性，自由振动响应必属于实数域的，因此式（3-11）中的虚部项对任意 t 都必是零，即

$$A_{1I} = -A_{2I} \equiv A_I, \qquad A_{1R} = -A_{2R} \equiv A_R$$

因此，A_1、A_2 互为共轭复数。式（3-10）可表达为

$$u(t) = (A_R + \mathrm{i}A_I)\mathrm{e}^{\mathrm{i}\omega_n t} + (A_R - \mathrm{i}A_I)\mathrm{e}^{-\mathrm{i}\omega_n t} \tag{3-12}$$

式（3-12）中第一项可以用图 3-4 所示的复常数 A_1 以角速度 ω_n 逆时针方向旋转的矢量表示，也可以用其实部和虚部常数来表示；式（3-12）中的第二项可用图 3-4 所示的复数 A_2 以角速度 ω_n 顺时针方向旋转的矢量表示。并且注意到，合成响应矢量 $(A_R + \mathrm{i}A_I)\mathrm{e}^{\mathrm{i}\omega_n t}$ 领先矢量 $A_R\,\mathrm{e}^{\mathrm{i}\omega_n t}$ 一个相位角 θ；两矢量的虚部分量相互抵消，体系在自由振动时只发生实运动。这两个反向旋转矢量 $\|A\|\mathrm{e}^{\mathrm{i}(\omega_n t+\theta)}$ 和 $\|A\|\mathrm{e}^{-\mathrm{i}(\omega_n t+\theta)}$ 所描述的自由振动响应，如图 3-4 所示。

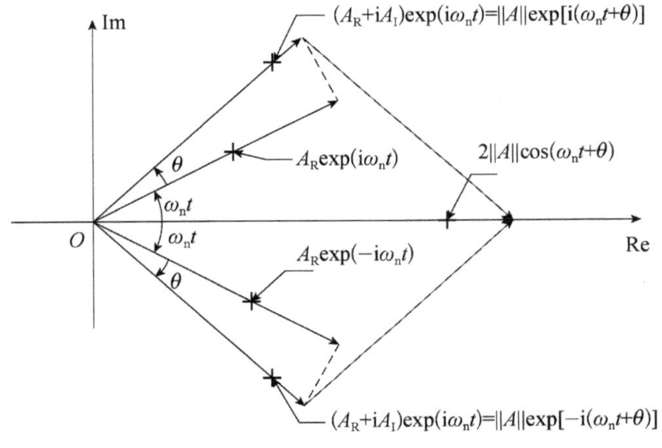

图 3-4　自由振动的总响应

显然，响应也可以用绝对值$\|A\|$和组合角$(\omega_n t+\theta)$来表示，即

$$u(t)=2\|A\|\cos(\omega_n t+\theta) \tag{3-13}$$

式（3-13）是用复数表达的实自由振动的解型，另一个得到实振动表达式的替代方法是将欧拉变换式（3-6a）应用于式（3-10），可得

$$u(t)=C_1\cos\omega_n t+C_2\sin\omega_n t \tag{3-14}$$

式中，$C_1=2A_R$，$C_2=-2A_I$。此两积分常数可用自由振动$t=0$时刻的初始位移$u(0)$和速度$\dot{u}(0)$来确定。将它们分别代入式（3-14）及其一阶导数表达式，可得

$$u(0)=C_1=2A_R，\quad \frac{\dot{u}(0)}{\omega_n}=C_2=-2A_I \tag{3-15}$$

代入式（3-14）可得

$$u(t)=u(0)\cos\omega_n t+\frac{\dot{u}(0)}{\omega_n}\sin\omega_n t \tag{3-16}$$

这就是单自由度体系的自由振动解析解，实际上是一简谐运动，其振动图形如图3-5所示。

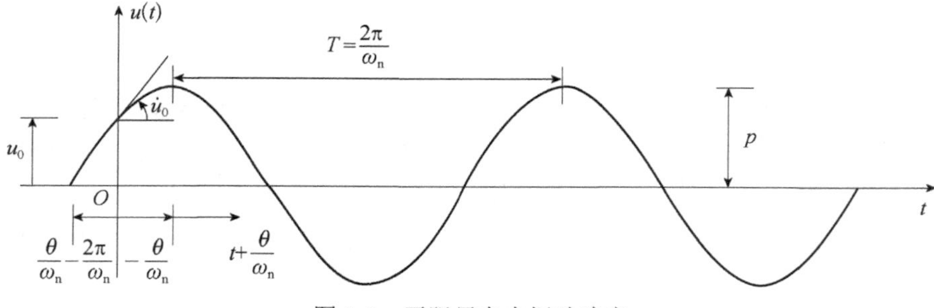

图 3-5　无阻尼自由振动响应

在复平面内矢量转动的角速度为圆频率（又称角频率）ω_n，它和运动频率f（单位：赫兹，Hz）之间有如下关系：

$$f=\frac{\omega_n}{2\pi} \tag{3-17}$$

图3-5所述自由振动，也可根据$u(0)$和$\frac{\dot{u}(0)}{\omega_n}$矢量对，由图3-6所示复平面中以圆频率$\omega_n$逆时针旋转的矢量来表示。由前面所述的自由振动常数和初始条件间的关系可见，图3-5与图3-6是等价的，但是有2倍的振幅和相应于正初始条件为负的相位角。因此，振幅$\rho=2\|A\|$，同时式（3-16）所示的自由振动可表示为

$$u(t)=\rho\cos(\omega_n t+\theta) \tag{3-18}$$

式中，振幅为

$$\rho=\sqrt{\left[u(0)\right]^{2}+\left[\frac{\dot{u}(0)}{\omega_{\mathrm{n}}}\right]^{2}} \tag{3-19}$$

相位角为

$$\theta=-\arctan\left(\frac{\dot{u}(0)}{\omega_{\mathrm{n}}u(0)}\right) \tag{3-20}$$

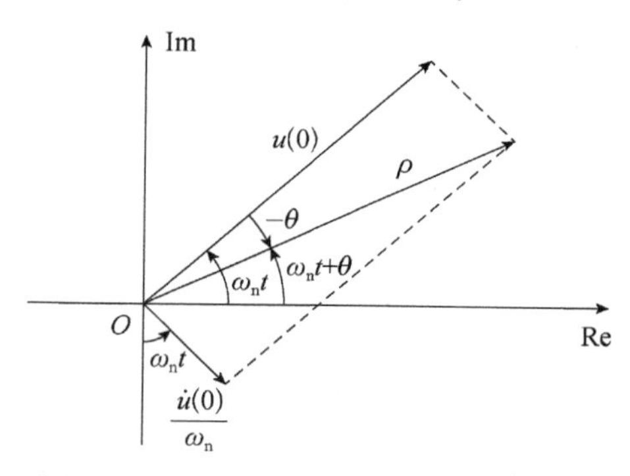

图 3-6　无阻尼自由振动的旋转矢量表示

2. 临界阻尼体系

为了计算方便，用阻尼与临界阻尼的比值来表示阻尼的相量值，即如式（3-8）中的阻尼比，表达式为

$$\xi=\frac{c}{c_{\mathrm{cr}}}=\frac{c}{2m\omega_{\mathrm{n}}} \tag{3-21}$$

如果式（3-9）中根号项为零，也即 $c/2m=\omega_{\mathrm{n}}$ 或 $\xi=1$，则由此可得临界阻尼系数 c_{cr}：

$$c_{\mathrm{cr}}=2m\omega_{\mathrm{n}} \tag{3-22}$$

此时式（3-9）的两相等实根为

$$s_{1}=s_{2}=-\frac{c_{\mathrm{cr}}}{2m}=-\omega_{\mathrm{n}} \tag{3-23}$$

此时，自由振动方程（3-7）的解形为

$$u(t)=(A_{1}+A_{2}t)\mathrm{e}^{-\omega_{\mathrm{n}}t} \tag{3-24}$$

因为特征方程（3-8）有两个相等的实根，根据常微分方程的基本解型，式（3-24）中必包含 t 的一次项。对于实振动解式，又因指数项 $\mathrm{e}^{-\omega_{\mathrm{n}}t}$ 为实函数，故待定常数 A_1 和 A_2 也必为实数。利用初始条件 $u(0)$ 和 $\dot{u}(0)$ 计算待定常数后，可得

$$u(t)=[u(0)(1-\omega_{\mathrm{n}}t)+\dot{u}(0)t]\mathrm{e}^{-\omega_{\mathrm{n}}t} \tag{3-25}$$

对于 $u(0)$ 和 $\dot{u}(0)$ 取正值的情形，对应的自由振动图形如图 3-7 所示。由式（3-25）可知，临界阻尼体系的自由振动实际上不会发生在静平衡位置附近的往复振荡，而是按照指数衰减规律逐渐趋近于零。如果初始速度和位移符号是彼此不同的，则将出现仅一次的穿越零线（静平衡位置）振动，临界阻尼体系反映了在自由振动响应中不出现振荡的最小阻尼值。

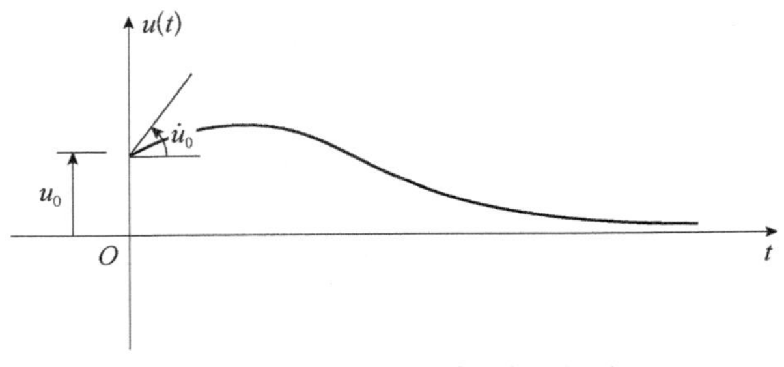

图 3-7　临界阻尼体系的自由振动

3. 超阻尼体系

阻尼大于临界阻尼的结构在一般土木工程中是不会遇到的，但在机械系统中有时会出现。在这种情况下 $\xi\equiv c/c_{\mathrm{cr}}>1$，特征根（3-9）可写为

$$s_{1,2}=-\xi\omega_{\mathrm{n}}\pm\omega_{\mathrm{n}}\sqrt{\xi^{2}-1}=-\xi\omega_{\mathrm{n}}\pm\hat{\omega} \tag{3-26}$$

其中，$\hat{\omega}=\omega_{\mathrm{n}}\sqrt{\xi^{2}-1}$。将式（3-26）中的两个 s 值代入解（3-4）并作简化，最后得

$$u(t)=\left(C_{1}\sin h\hat{\omega}t+C_{2}\cos h\hat{\omega}t\right)\mathrm{e}^{-\xi\omega_{\mathrm{n}}t} \tag{3-27}$$

式中，常数 C_1 和 C_2 可以根据初始条件 $u(0)$ 和 $\dot{u}(0)$ 来确定。从式（3-27）的形式可见，超阻尼体系的响应是不振荡的，它和图 3-7 所示的临界阻尼情况类似。但是，返回零点位置的速度随阻尼的增大而减慢。

4. 低阻尼体系

如果体系的阻尼系数小于临界阻尼值，即如果 $c<c_{\mathrm{cr}}$（也即 $\xi<1$），则特征根（3-9）中根号内的量为负值，特征根为

$$s_{1,2}=-\xi\omega_{\mathrm{n}}\pm\mathrm{i}\omega_{\mathrm{D}} \tag{3-28}$$

其中，$\omega_{\mathrm{D}}=\omega_{\mathrm{n}}\sqrt{1-\xi^{2}}$ 称为阻尼体系的自振频率。由于多数实际结构的低阻尼体系，$\xi<20\%$，所以频率比 $\omega_{\mathrm{D}}/\omega_{\mathrm{n}}$ 接近于 1，阻尼体系的自振频率近似等于不考虑阻尼

时得到的自振频率。利用特征根（3-28），则自由振动响应为

$$u(t)=(A_1\,\mathrm{e}^{\mathrm{i}\omega_\mathrm{D}t}+A_2\,\mathrm{e}^{-\mathrm{i}\omega_\mathrm{D}t})\mathrm{e}^{-\xi\omega_\mathrm{n}t} \tag{3-29}$$

类似于无阻尼的式（3-12），为使响应$u(t)$是实的，常数A_1和A_2必须是复共轭的，即

$$A_1=A_\mathrm{R}+\mathrm{i}A_\mathrm{I}\,,\qquad A_2=A_\mathrm{R}-\mathrm{i}A_\mathrm{I}$$

如式（3-29）所给出的响应，可类似于无阻尼情况（图3-6）那样用复平面的矢量来表示：所不同的是，必须以阻尼圆频率ω_D取代无阻尼圆频率ω_n，矢量的大小按照式（3-29）括号外的指数项$\mathrm{e}^{-\xi\omega_\mathrm{n}t}$进行衰减。利用欧拉变换对，式（3-29）也可以用等价的三角函数形式表示：

$$u(t)=(C_1\cos\omega_\mathrm{D}t+C_2\sin\omega_\mathrm{D}t)\mathrm{e}^{-\xi\omega_\mathrm{n}t} \tag{3-30}$$

式中，$C_1=2A_\mathrm{R}$；$C_2=-2A_\mathrm{I}$。用初始条件$u(0)$和$\dot{u}(0)$计算出积分常数C_1和C_2，从而得到

$$u(t)=\left\{u(0)\cos\omega_\mathrm{D}t+\left[\frac{\dot{u}(0)+u(0)\xi\omega_\mathrm{n}}{\omega_\mathrm{D}}\right]\sin\omega_\mathrm{D}t\right\}\mathrm{e}^{-\xi\omega_\mathrm{n}t} \tag{3-31}$$

此外，响应也可写为另一种形式：

$$u(t)=\rho\cos(\omega_\mathrm{D}t+\theta)\mathrm{e}^{-\xi\omega_\mathrm{n}t} \tag{3-32}$$

其中，

$$\rho=\left\{u(0)^2+\left[\frac{\dot{u}(0)+u(0)\xi\omega_\mathrm{n}}{\omega_\mathrm{D}}\right]^2\right\}^{1/2} \tag{3-33}$$

$$\theta=-\arctan\left[\frac{\dot{u}(0)+u(0)\xi\omega_\mathrm{n}}{\omega_\mathrm{D}u(0)}\right] \tag{3-34}$$

一个低阻尼体系在初位移为$u(0)$、初速度为零开始的运动，其响应规律图形如图3-8所示。低阻尼体系具有不变的圆频率ω_D，并在中性位置附近振荡，其旋转矢量表示法与图3-6类似，图中ω_n用ω_D代替，矢量长度因阻尼而按指数减小。

典型结构体系的真实阻尼特性是很复杂和难于确定的，因而通常采用自由振动条件下具有相同衰减率的等效黏滞阻尼比ξ来测试实际结构的阻尼系数。为此，对于图3-8所示的自由振动响应与黏滞阻尼比ξ的关系，这里通过考察式（3-32），给出任意两个分别在$n(2\pi/\omega_\mathrm{D})$和$(n+1)(2\pi/\omega_\mathrm{D})$时刻出现的相邻正波峰$u_n$和$u_{n+1}$，给出该相邻两个周期位移峰值的比：

$$u_n/u_{n+1}=\mathrm{e}^{2\pi\xi\omega_\mathrm{n}/\omega_\mathrm{D}}$$

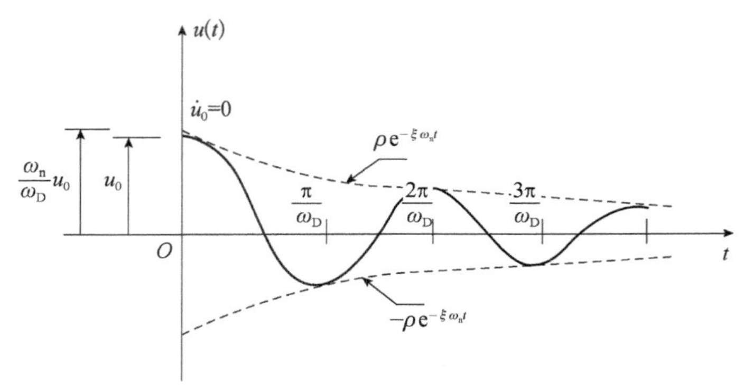

图 3-8　低阻尼体系自由振动响应

对上式两边同时取自然对数（ln），并将 $\omega_D=\omega_n\sqrt{1-\xi^2}$ 代入，即可获得对数衰减率 δ，其定义为

$$\delta=\ln\frac{u_n}{u_{n+1}}=\frac{2\pi\xi}{\sqrt{1-\xi^2}} \tag{3-35}$$

对于小阻尼情况，式（3-35）可近似为

$$\delta\approx 2\pi\xi \tag{3-36}$$

因而

$$\frac{u_n}{u_{n+1}}=e^{\delta}\approx e^{2\pi\xi}=1+2\pi\xi+\frac{(2\pi\xi)^2}{2!}+\cdots \tag{3-37}$$

由于 ξ 较小，因此，式（3-37）的泰勒（Taylor）级数仅保留前两项即可获得足够的精度，由此得

$$\xi\approx\frac{u_n-u_{n+1}}{2\pi u_{n+1}} \tag{3-38}$$

对于低阻尼体系，取相隔几周（例如相隔 m 周）的响应波峰来计算阻尼比，类似于式（3-35）可得

$$\ln\frac{u_n}{u_{n+m}}=\frac{2m\pi\xi}{\sqrt{1-\xi^2}} \tag{3-39}$$

对于小阻尼情况，由式（3-39）可得与式（3-38）等价的近似关系：

$$\xi\approx\frac{u_n-u_{n+m}}{2m\pi u_{n+m}} \tag{3-40}$$

例 3-1　如图 3-9 所示，一单层框架横梁刚度无穷大，大梁支承在无重的柱子上。对这个结构进行自由振动试验，测其动力特性。在单层框架的顶部施加侧向位移，然后突然释放，使结构产生自由振动。在千斤顶顶推工作时，使横梁产生 0.02m 位移，施加了 30kN 的力。在产生初位移后突然释放，第一个往复周期振动的最大位移仅为 0.016m，测得循环周期为 1.4s。试确定该结构的动力特性，以及经过六周循环后的振幅。

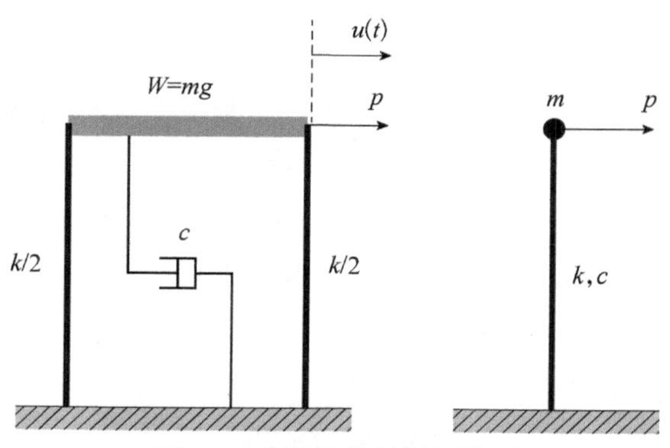

图 3-9　理想化单层框架模型

解　（1）根据大梁的有效重量确定结构的自振周期：

$$T=\frac{2\pi}{\omega_{\mathrm{n}}}=2\pi\sqrt{\frac{W}{gk}}=1.40\mathrm{s}$$

重力加速度取为 $9.8\,\mathrm{m}\cdot\mathrm{s}^{-2}$，因此，

$$W=\left(\frac{1.4}{2\pi}\right)^2 gk=0.0496\times 9.8\times\frac{30}{0.02}=729.1(\mathrm{kN})$$

（2）无阻尼振动频率为

$$f=\frac{1}{T}=\frac{1}{1.4}=0.714\mathrm{Hz}\,,\qquad \omega=\frac{2\pi}{T}=4.48\mathrm{s}^{-1}$$

（3）阻尼特性。

对数衰减率：$\delta=\ln(0.02/0.016)=0.223$。

阻尼比：$\xi\doteq\delta/2\pi=3.55\%$。

阻尼系数：$c=\xi c_{\mathrm{c}}=\xi 2m\omega_{\mathrm{n}}=0.0355\times\dfrac{2\times 729.1}{9.8}\times 4.48=23.66(\mathrm{kN}\cdot\mathrm{s}\cdot\mathrm{m}^{-1})$。

阻尼频率：$\omega_{\mathrm{D}}=\omega_{\mathrm{n}}\sqrt{1-\xi^2}=\omega_{\mathrm{n}}(0.999)^2\doteq\omega_{\mathrm{n}}$。

（4）六周循环后的振幅为

$$u_6=\left(\frac{u_1}{u_0}\right)^6 u_0=\left(\frac{0.016}{0.02}\right)^6\times 0.02=0.00524(\mathrm{m})$$

3.3 简谐荷载强迫振动

3.3.1 无阻尼体系的简谐荷载响应

首先，分析一下无阻尼单自由度体系在简谐正弦荷载激励下的响应，其运动方程为

$$m\ddot{u}+ku=p_0\cdot\cos\omega t \tag{3-41}$$

其中，ω 为荷载的圆频率。根据无阻尼单自由度体系运动的初始条件：

$$u\big|_{t=0}=u(0),\quad \dot{u}\big|_{t=0}=\dot{u}(0)$$

根据式（3-41）对应的齐次微分方程特征根的性质，给出带初值条件的二阶常微分方程的齐次解 $u_{\mathrm{c}}(t)$ 和特解 $u_{\mathrm{p}}(t)$ 的解型分别为

$$u_{\mathrm{c}}(t)=A\cos\omega_{\mathrm{n}}t+B\sin\omega_{\mathrm{n}}t \tag{3-42a}$$

$$u_{\mathrm{p}}(t)=C\cos\omega t+D\sin\omega t \tag{3-42b}$$

把 $u_{\mathrm{p}}(t)$ 代入简谐激励下的运动方程（3-41），得

$$-C\omega^2m\cdot\cos\omega t-D\omega^2m\cdot\sin\omega t+kC\cdot\cos\omega t+kD\cdot\sin\omega t=p_0\cos\omega t$$

合并同类项，得

$$(-C\omega^2m+kC)\cos\omega t+(kD-D\omega^2)\sin\omega t=p_0\cdot\cos\omega t$$

观察上式的左右两边，比较系数得

$$-C\omega^2m+kC=p_0$$

$$kD-D\omega^2=0$$

根据以上两式，解得特解的待定参数：$C=\dfrac{p_0}{k}\cdot\dfrac{1}{1-(\omega/\omega_{\mathrm{n}})^2}$，$D=0$，代入式（3-42b）得

$$u_{\mathrm{p}}(t)=\frac{p_0}{k}\cdot\frac{1}{1-(\omega/\omega_{\mathrm{n}})^2}\cos\omega t=\frac{p_0}{k}\cdot\frac{1}{1-\beta^2}\cos\omega t \tag{3-43}$$

其中，$\beta=\omega/\omega_{\mathrm{n}}$ 为频率比。根据 3.2 节给出的自由振动的解，方程（3-41）的全解（complete solution）为

$$u(t)=u_{\mathrm{c}}(t)+u_{\mathrm{p}}(t)=A\cos\omega_{\mathrm{n}}t+B\sin\omega_{\mathrm{n}}t+\frac{p_0}{k}\cdot\frac{1}{1-(\omega/\omega_{\mathrm{n}})^2}\cos\omega t \tag{3-44}$$

把全解式（3-44）代入方程（3-41），利用初始条件确定待定参数 A、B，得到

$$A = u(0), \quad B = \frac{\dot{u}(0)}{\omega_n} - \frac{p_0}{k} \cdot \frac{\omega / \omega_n}{1 - (\omega / \omega_n)^2} = \frac{\dot{u}(0)}{\omega_n} - \frac{p_0}{k} \cdot \frac{\beta}{1 - \beta^2}$$

把上式代入式（3-44）得全解，即得无阻尼单自由度体系在简谐正弦荷载下的位移响应：

$$u(t) = \underbrace{u(0)\cos\omega_n t + \left[\frac{\dot{u}(0)}{\omega_n} - \frac{p_0}{k} \cdot \frac{\beta}{1-\beta^2}\right]\sin\omega_n t}_{(1)} + \underbrace{\frac{p_0}{k} \cdot \frac{1}{1-\beta^2} \cdot \cos\omega t}_{(2)} \tag{3-45}$$

（1）项相当于瞬态振动解，相当于振动频率为 ω_n 的自由振动，实际结构体系中由于阻尼的存在，该振动项会随着时间很快衰减为零，瞬态响应将自然消失。（2）项相当于稳态振动解，由简谐外荷载引起的振动频率为载荷频率，由于有持续的能量输入，实际振动中表现为稳态响应。

根据全解（3-45）得稳态振动的振幅为

$$u_0 = \frac{p_0}{k} \cdot \frac{1}{\left|1 - (\omega / \omega_n)^2\right|} \tag{3-46}$$

所以，令 $u_{st} = p_0 / k$，位移放大系数定义为

$$R_d = \frac{u_0}{u_{st}} = \frac{1}{\left|1 - (\omega / \omega_n)^2\right|} \tag{3-47}$$

对于外荷载频率不同的情况，无阻尼体系位移放大系数的取值是不同的，如图 3-10 所示。根据式（3-47）分情况讨论如下：

（1）$\omega = 0$ 时，相当于作用静力荷载，$R_d = 1$；

（2）$\omega = \omega_n$ 时，发生共振响应，$R_d = \infty$；

（3）$\omega / \omega_n > \sqrt{2}$ 时，即当外荷载频率大于结构自振频率的 1.41 倍时，无阻尼体系的动力位移响应小于静力位移响应，$R_d < 1$。

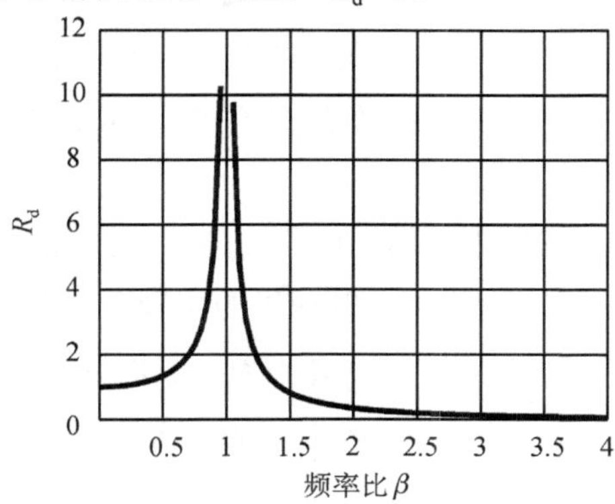

图 3-10　位移放大系数与频率比变化曲线

当体系发生共振响应时，即当 $\omega=\omega_n$ 时，假设运动方程的特解为

$$u_p = C\cdot t\cdot\cos\omega t$$

重新代入方程（3-41）求待定系数 C，得特解为

$$u_p(t) = -\frac{1}{2}u_{st}\cdot\omega t\cdot\cos\omega t \tag{3-48}$$

则零初始条件下 $u(0)=0, \dot{u}(0)=0$，体系发生共振响应时的全解为

$$u(t) = -\frac{u_{st}}{2}(\omega t\cdot\cos\omega t-\sin\omega t) \tag{3-49}$$

由式（3-49）可知，当体系发生共振时，共振响应是逐渐增大的，而不是瞬时增大到无穷大。具体振动时程规律如图 3-11 所示。

对零初始条件，对于式（3-45）无阻尼体系的位移响应解为

$$u(t) = \frac{p_0}{k}\frac{1}{1-\beta^2}(\cos\omega t-\beta\sin\omega_n t) = \frac{u_{st}}{1-\beta^2}(\cos\omega t-\beta\sin\omega_n t) \tag{3-50}$$

其中，$\cos\omega t$ 项为与简谐荷载直接相关，并按荷载振动频率振动的响应分量，属于稳态振动响应，对应的位移放大系数记为 $R_p(t)$；$\sin\omega_n t$ 项为受响应初始条件控制，按体系自然频率振动的自由振动响应分量，属于瞬态振动响应，对应的位移放大系数记为 $R_s(t)$。

$$R_p(t)=\frac{u(t)}{u_{st}}=\frac{1}{1-\beta^2}\cos\omega t\,,\qquad R_s(t)=\frac{u(t)}{u_{st}}=\frac{-\beta}{1-\beta^2}\sin\omega_n t$$

所以，总的动力放大系数为

$$R(t)=R_p(t)+R_s(t)$$

$R_p(t)$ 与 $R_s(t)$ 具有时而同相位、时而趋于反相位的趋势；总响应 $R(t)$ 在 $t=0$ 时斜率为 0，表示瞬态响应的初速度刚好与稳态响应的初速度互相抵消，只有当 $\dot{u}(t)\big|_{t=0}=0$ 时才满足条件。当外荷载的频率 ω 接近于体系的自振频率 ω_n 时，会发生拍振，响应具体公式可根据三角函数的和差变换公式由式（3-50）推导得到，拍振响应如图 3-12 所示。

例 3-2 一简支钢梁如图 3-13 所示，跨度 $L=4\text{m}$，梁截面为矩形，$h\times b=20\text{cm}\times10\text{cm}$，梁中放一发动机，发动机的质量 $M=3500\text{kg}$，忽略梁的质量。发动机的转速为 $500\text{r}\cdot\text{min}^{-1}$，转动产生离心力的竖向分力的力幅为 $p=20\text{kN}$，其变化有简谐规律，$p(t)=p\sin\omega t$，试求中点的最大挠度。（简支梁在集中荷载下，跨中静挠度的表达式为：$\varDelta=\dfrac{pL^3}{48EI}$）

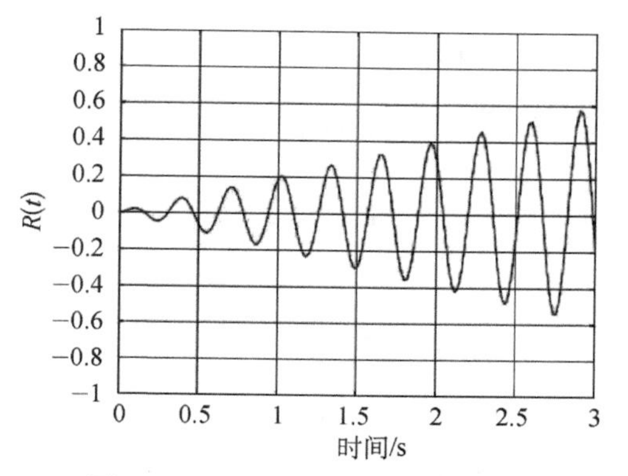

图 3-11　无阻尼体系共振时程响应

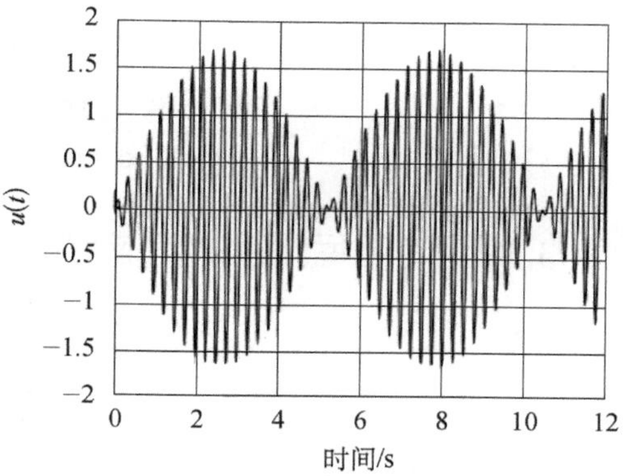

图 3-12　无阻尼体系的拍振时程响应

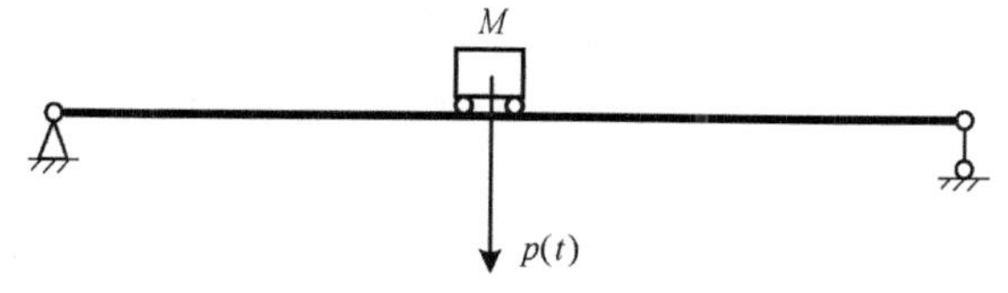

图 3-13　例 3-2 模型示意图

解　体系的结构参数：

$$E = 2.06\times10^{11}\,\mathrm{N\cdot m^{-2}}$$

$$I = \frac{1}{12}bh^3 = \frac{1}{12}\times10\times10^{-2}\times(20\times10^{-2})^3 = 6.66\times10^{-5}(\mathrm{m^4})$$

$$M = 3500\mathrm{kg},\ L = 4\mathrm{m}$$

体系的自振频率为：$\omega_{\mathrm{n}} = \sqrt{\frac{k}{M}} = \sqrt{\frac{48EI}{ML^3}}$，则

$$\omega_{\mathrm{n}} = \sqrt{\frac{48\times2.06\times10^{11}\times6.66\times10^{-5}}{3500\times4^3}} = 54.2(\mathrm{s^{-1}})$$

离心力（简谐荷载）的荷载频率为

$$\omega = \frac{2\pi n}{60} = \frac{2\pi\times500}{60} = 52.3(\mathrm{s^{-1}})$$

所以，稳态动力位移放大系数为

$$R_{\mathrm{p}} = \frac{1}{\left|1-\left(\frac{\omega}{\omega_{\mathrm{n}}}\right)^2\right|} = \frac{1}{\left|1-\left(\frac{52.3}{54.2}\right)^2\right|} = 14.52$$

总的位移响应，即为静力位移叠加动力位移：

$$u_{max}=u_{st}+u_{dy}=Mg\cdot\frac{L^3}{48EI}+R_p\cdot p\cdot\frac{L^3}{48EI}$$
$$=\frac{(3500\times9.8+14.52\times20000)\times4^3}{48\times2.06\times10^{11}\times6.66\times10^{-5}}=0.0329(\mathrm{m})$$

3.3.2 有阻尼体系的简谐荷载响应

单自由度有阻尼体系在余弦简谐荷载作用下的运动方程为

$$m\ddot{u}+c\dot{u}+ku=p_0\cdot\cos\omega t \tag{3-51}$$

引入符号，$\omega_n=\sqrt{\dfrac{k}{m}}$，$\xi=\dfrac{c}{2m\omega_n}$，$\varepsilon=\xi\omega_n$，则方程变换为如下形式：

$$\ddot{u}+2\xi\omega_n\dot{u}+\omega_n^2u=\frac{p_0}{m}\cdot\cos\omega t \tag{3-52a}$$

或

$$\ddot{u}+2\varepsilon\dot{u}+\omega_n^2u=\frac{p_0}{m}\cdot\cos\omega t \tag{3-52b}$$

低阻尼体系的标准型二阶常微分方程（3-52）的特征根为

$$s_{1,2}=-\xi\omega_n\pm\mathrm{i}\omega_n\sqrt{1-\xi^2}$$

仍然按照式（3-42）给出带初值条件的方程（3-51）的齐次解$u_c(t)$和特解$u_p(t)$的解型。通解形式为

$$u_c=\mathrm{e}^{-\xi\omega_n t}(A\cdot\cos\omega_D t+B\cdot\sin\omega_D t)$$

特解形式为

$$u_p=D\cdot\cos\omega t+C\cdot\sin\omega t$$

其中，$\omega_D=\omega_n\cdot\sqrt{1-\xi^2}$，把$u_p$特解代入运动方程（3-51）得

$$[(\omega_n^2-\omega^2)\cdot C-2\xi\omega_n\omega\cdot D]\cdot\sin\omega t+[2\xi\omega_n\omega\cdot C+(\omega_n^2-\omega^2)\cdot D]\cdot\cos\omega t=\frac{p_0}{m}\cdot\cos\omega t$$

通过比较方程两端的系数，得

$$\begin{cases}(\omega_n^2-\omega^2)\cdot C-2\xi\omega_n\omega\cdot D=0\\2\xi\omega_n\omega\cdot C+(\omega_n^2-\omega^2)\cdot D=\dfrac{p_0}{m}\end{cases}$$

解得

$$\begin{cases} C = u_{\mathrm{st}} \cdot \dfrac{1-(\omega/\omega_{\mathrm{n}})^2}{[1-(\omega/\omega_{\mathrm{n}})^2]^2+[2\xi(\omega/\omega_{\mathrm{n}})]^2} \\ D = u_{\mathrm{st}} \cdot \dfrac{-2\xi\cdot\omega/\omega_{\mathrm{n}}}{[1-(\omega/\omega_{\mathrm{n}})^2]^2+[2\xi(\omega/\omega_{\mathrm{n}})]^2} \end{cases} \tag{3-53}$$

所以，方程（3-51）的全解为

$$u(t)=u_{\mathrm{c}}+u_{\mathrm{p}}=\underbrace{\mathrm{e}^{-\xi\omega_{\mathrm{n}}t}(A\cos\omega_{\mathrm{D}}t+B\sin\omega_{\mathrm{D}}t)}_{\text{瞬态振动}}+\underbrace{C\sin\omega t+D\cos\omega t}_{\text{稳态振动}} \tag{3-54}$$

当$\omega=\omega_{\mathrm{n}}$时，有阻尼体系发生共振响应，由待定系数$C$、$D$的表达式（3-53）得

$$C=0,\quad D=-\frac{u_{\mathrm{st}}}{2\xi}$$

把上式代入解（3-54），并利用零初始条件$u(0)=\dot{u}(0)=0$，得到待定系数A、B为

$$A=\frac{1}{2\xi}u_{\mathrm{st}},\quad B=\frac{1}{2\sqrt{1-\xi^2}}u_{\mathrm{st}}$$

则满足零初始条件的共振响应为

$$u(t)=\frac{u_{\mathrm{st}}}{2\xi}\cdot\left[\mathrm{e}^{-\xi\omega_{\mathrm{n}}t}\left(\cos\omega_{\mathrm{D}}t+\frac{\xi}{\sqrt{1-\xi^2}}\sin\omega_{\mathrm{D}}t\right)-\cos\omega_{\mathrm{n}}t\right] \tag{3-55}$$

其中，$\omega=\omega_{\mathrm{n}}$；$\omega_{\mathrm{D}}=\omega_{\mathrm{n}}\sqrt{1-\xi^2}$。由于结构阻尼比一般为小量，有阻尼体系的共振响应可近似表达为

$$u(t)=\frac{u_{\mathrm{st}}}{2\xi}(\mathrm{e}^{-\xi\omega_{\mathrm{n}}t}-1)\cos\omega_{\mathrm{n}}t$$

有阻尼体系的共振响应时程幅值是逐渐增大到最大值，并且响应极值是个有限值。共振响应时程如图3-14所示。利用洛必达法则求式（3-55）在$\xi\to 0$时的极限，即为无阻尼体系共振响应：

$$\begin{aligned}\lim_{\xi\to 0}u(t)&=\lim_{\xi\to 0}\frac{u_{\mathrm{st}}}{2\xi}[(\mathrm{e}^{-\xi\omega_{\mathrm{n}}t}-1)\cos\omega_{\mathrm{n}}t+\mathrm{e}^{-\xi\omega_{\mathrm{n}}t}\cdot\frac{\xi}{1-\xi^2}\sin\omega_{\mathrm{D}}t]\\&=\lim_{\xi\to 0}\frac{u_{\mathrm{st}}}{2}(-\omega_{\mathrm{n}}t\cdot\mathrm{e}^{-\xi\omega_{\mathrm{n}}t})\cos\omega_{\mathrm{n}}t+\frac{u_{\mathrm{st}}}{2}\sin\omega_{\mathrm{n}}t\\&=-\frac{u_{\mathrm{st}}}{2}(\omega_{\mathrm{n}}t\cdot\cos\omega_{\mathrm{n}}t-\sin\omega_{\mathrm{n}}t)\end{aligned} \tag{3-56}$$

式（3-56）与式（3-50）完全相同，即通过不同求解方法得到的无阻尼体系的共振响应解相同。

有阻尼体系振动中的瞬态项由于阻尼的存在会很快衰减，经过一段时间之后，体系振动中仅有稳态振动分量。根据三角函数组合公式，稳态解可表示为单一谐振函数形式：

$$u(t)=C\cdot\sin\omega t+D\cdot\cos\omega t=u_0\cdot\sin(\omega t-\phi) \tag{3-57}$$

其中，振幅为$u_0=\sqrt{C^2+D^2}$；相位角为$\phi=\arctan\left(-\dfrac{D}{C}\right)$。根据式（3-53）得到该谐振函数的振幅具体表达式为

$$u_0=u_{\rm st}\cdot\frac{1}{\sqrt{[1-(\omega/\omega_{\rm n})^2]^2+[2\xi(\omega/\omega_{\rm n})]^2}}=u_{\rm st}\cdot R_{\rm d} \tag{3-58}$$

$$\phi=\arctan\frac{2\xi(\omega/\omega_{\rm n})}{1-(\omega/\omega_{\rm n})^2} \tag{3-59}$$

位移放大系数$R_{\rm d}$的表达式为

$$R_{\rm d}=\frac{u_0}{u_{\rm st}}=\frac{1}{\sqrt{[1-(\omega/\omega_{\rm n})^2]^2+[2\xi(\omega/\omega_{\rm n})]^2}}=\frac{1}{\sqrt{(1-\beta^2)^2+(2\xi\beta)^2}} \tag{3-60}$$

不同阻尼比条件下的$R_{\rm d}$-β曲线如图3-15所示，在某一频比时，位移放大系数$R_{\rm d}$取极值。由式（3-60）对频率比β求导，并令$\dfrac{{\rm d}R_{\rm d}}{{\rm d}\beta}=0$，得取极值时对应的频率比为

$$\beta=\sqrt{1-2\xi^2} \tag{3-61}$$

位移放大系数与频率比之间的关系（$R_{\rm d}$-β）反映了体系的放大系数随着不同频率比，在不同阻尼比条件下的变化规律，如图3-15所示。

对于频率比β=1的情形，体系发生共振。体系刚度增大导致共振频率的增大，并且降低体系响应在低频段的幅值。增加阻尼会使共振频率略微减小，但它的主要作用是减小频响函数在共振点的幅值，同时使相位的改变较为平缓。如果阻尼为零，在共振点振动振幅将趋于无穷大，相位会突变180°。增大质量会降低共振频率，同时也降低体系响应在高频段的幅值。

位移放大系数与频率比之间的关系（$R_{\rm d}$-β）具体分情况讨论如下：

（1）当$R_{\rm d}\leqslant 1$时，得$\xi\geqslant 1/\sqrt{2}$或$\beta\geqslant\sqrt{2}$，即当阻尼比$\xi\geqslant 1/\sqrt{2}$或频率比$\beta\geqslant\sqrt{2}$时，体系不产生极值响应，体系的位移放大系数小于1；

（2）当$R_{\rm d}>1$时，得$\xi<1/\sqrt{2}$且$\beta<\sqrt{2}$，即当$\xi<1/\sqrt{2}$时，体系产生极值响应，体系的位移放大系数将大于1；

（3）当发生共振响应时，对应的$\omega/\omega_n=\sqrt{1-2\xi^2}<1$，此时体系发生极值响应，体系的位移放大系数为

$$(R_d)_{max}=\frac{1}{2\xi\sqrt{1-\xi^2}} \tag{3-62}$$

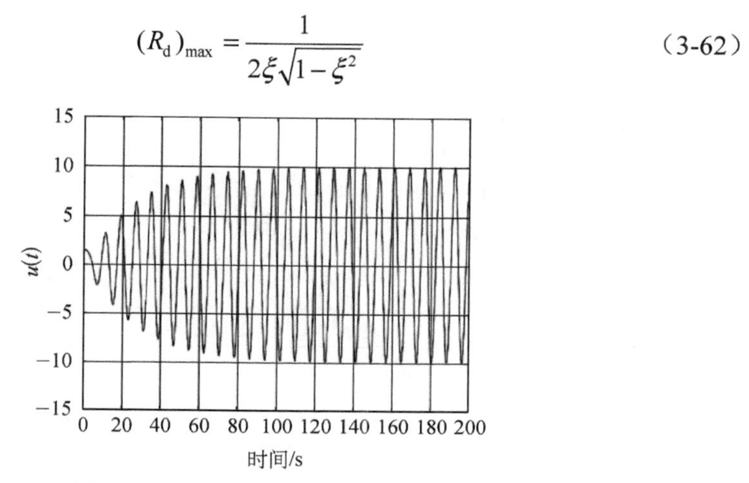

图 3-14 有阻尼体系共振时程响应

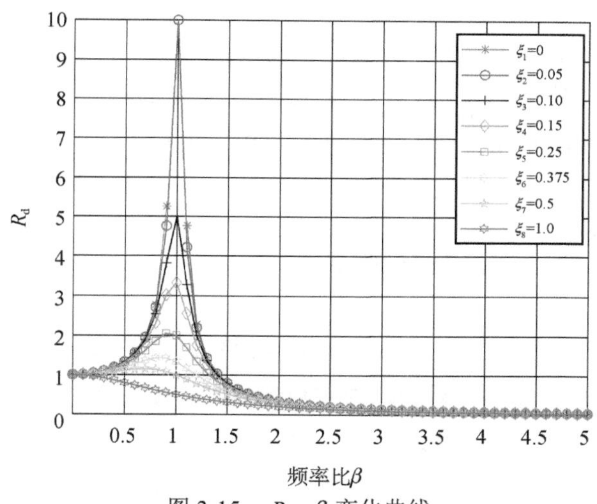

图 3-15 R_d - β 变化曲线

由式（3-59）可给出稳态谐振响应的相位角与频率比的关系曲线，如图 3-16 所示。当$\omega/\omega_n>1$时，在相同振动频率比的条件下，相位角随阻尼比的增大而减小。这表明，当动力荷载的变化频率大于体系本身的自振频率时，随着阻尼比的增大，结构响应滞后于动力荷载的时间逐渐减小。当$\omega/\omega_n<1$时，在相同振动频率比的条件下，相位角随阻尼比的增大而增大。这表明，当动力荷载的变化频率小于体系

本身的自振频率时，随着阻尼比的增大，结构响应滞后于动力荷载的时间逐渐增大。对于相同阻尼比的体系，频率比越大，即外荷载作用得越快，动力响应滞后的时间 t_0 越长。

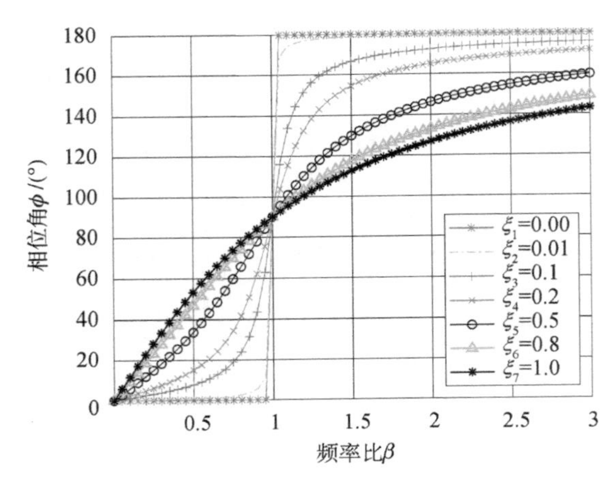

图 3-16　相位角与频率比变化曲线

在动力荷载作用下，有阻尼体系的动力响应（位移、速度、加速度）由于阻尼的存在而一定要滞后于动力荷载一段时间 t_0，此即动力响应滞后现象。如图 3-17 所示，频率比越大，即外荷载作用得越快，相位角 $\phi(\phi=\omega t)$ 越大，即动力响应滞后时间越长。

3.3.3　加速度计和位移计原理

惯性加速度计就相当于一个单自由度弹簧阻尼振子体系，具体构造示意图如图 3-18 所示，通过该体系的动力响应来反演出加速度输入信号特征，用于测量结构表面或基础表面的加速度值。对于加速度计来说，外部的加速度激励与结构在地震反应中的运动方程类似，为了简化起见，假设加速度的时程也是三角函数的形式，具体形式如下：

$$m\ddot{u}(t)+c\dot{u}(t)+ku(t)=-m\ddot{u}_{g0}\sin\omega t$$

运动方程的解为

$$u=u_c+u_p,\quad u_p=u_0\cdot\sin(\omega t-\phi)$$

其中，

$$u_0=\sqrt{C^2+D^2}=\frac{m\ddot{u}_{g0}}{k}\cdot R_d \tag{3-63}$$

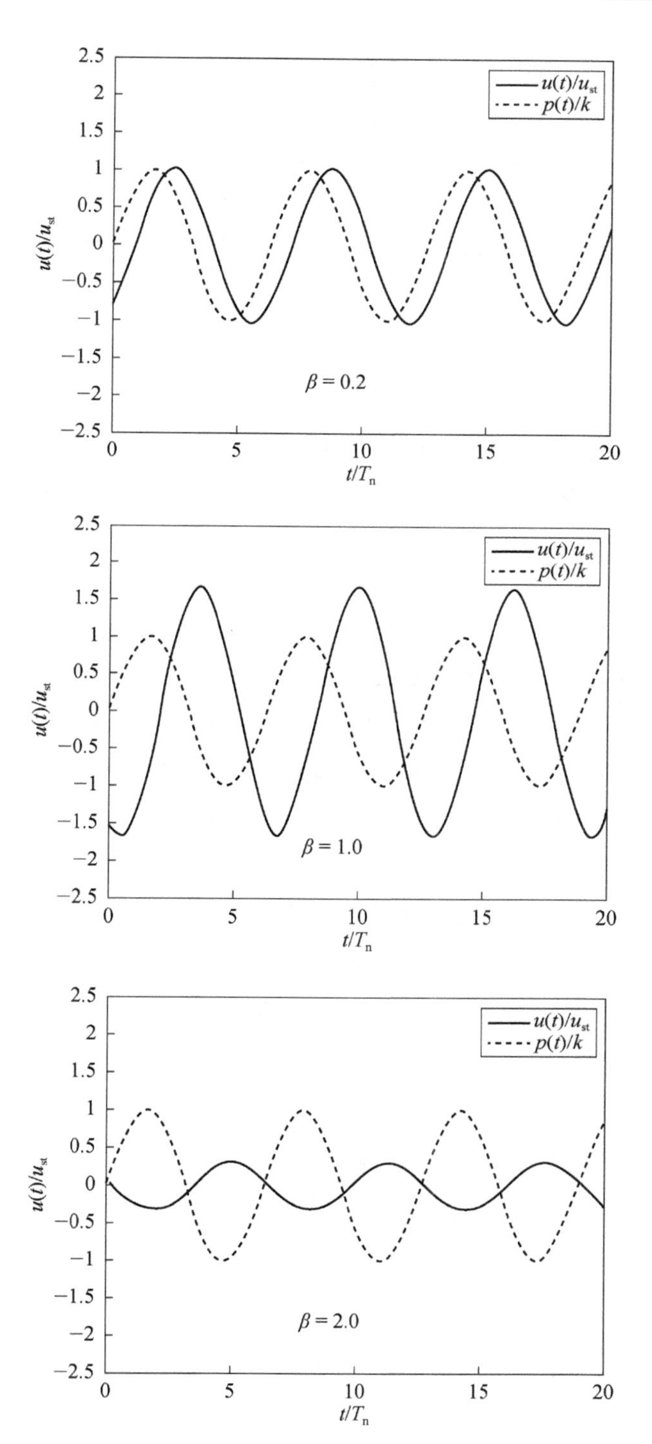

图 3-17　不同频率比时的位移响应曲线

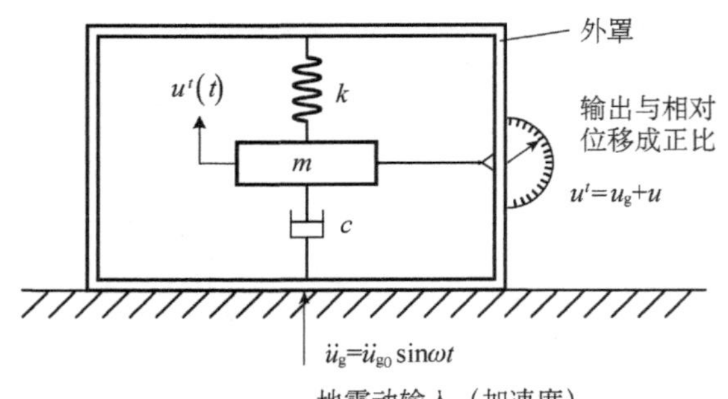

图 3-18　惯性加速度计原理示意图

由图 3-15 的 R_d - β 曲线可知，当阻尼比 $\xi=0.7$ 时，在频率比 $0<\beta<0.6$ 范围内，位移放大系数 R_d 值接近常量。因此，从式（3-63）可以看出，如果基础的运动频率不超过仪器固有频率 $(\omega_n=2\pi f=\sqrt{k/m})$ 的 3/5，仪器的响应振幅将和基础加速度振幅成正比。

在适当阻尼情况下，这种仪器设计可用于测量频率较低的加速度计。为了扩大仪器的测量范围，一般是采用增大仪器的自振频率 ω_n，即对速度计内部振子增大弹簧刚度 k 或减小质量 m 的方法。因此，加速度计一般设计得比较刚。

对于惯性式位移计，目的是测量结构表面的动位移。输入信号不再是加速度信号，而是位移时程信号，为了简化起见，假设为三角函数位移时程，例如假设谐振基底位移为

$$u_g=u_{g0}\sin\omega t$$

则上式对时间进行两次微分，得到刚性基底加速度为

$$\ddot{u}_g=-\omega^2 u_{g0}\sin\omega t$$

对应的等效动力荷载为

$$p_{\text{eff}}=-m\ddot{u}_g=m\omega^2 u_{g0}\sin\omega t$$

根据式（3-63）得到位移响应的幅值为

$$\begin{aligned}u_0&=u_{st}\cdot R_d=\frac{m\omega^2 u_{g0}}{k}\cdot R_d\\&=\frac{\omega^2}{\omega_n^2}\cdot u_{g0}\cdot R_d=\beta^2\cdot u_{g0}\cdot R_d\end{aligned}\tag{3-64}$$

由 R_d - β 图得到 $\beta^2\cdot R_d$ - β 的关系图，如图 3-19 所示。

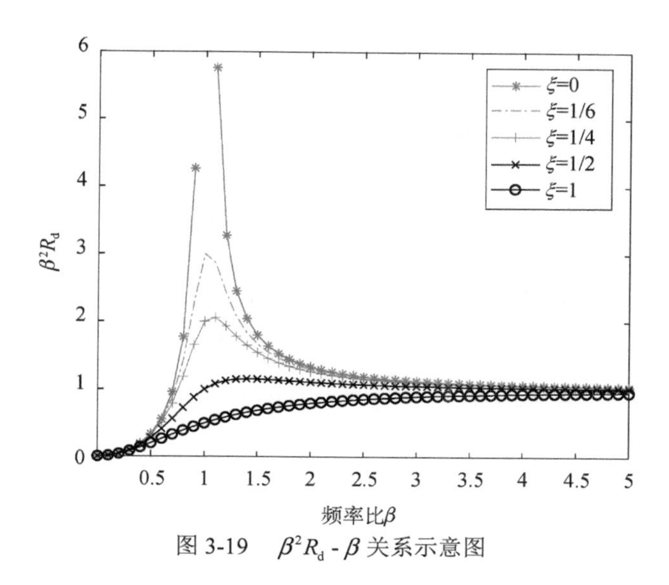

图 3-19 $\beta^2 R_d$ - β 关系示意图

当阻尼比 $\xi = 0.5$，频率比 $\beta>1$ 时，β^2、R_d 基本保持常数。具有适当阻尼的仪器，其响应幅值 u_0 基本上与高频基底运动的位移中高值成比例。为保证 $\beta>1$，可通过降低仪器自振频率 ω_n 的方法来实现。实际中，可取降低弹簧刚度 k 或增大质量 m 的方法来实现。因此，位移计一般都设计得比较柔。

3.3.4 隔振

通过设计合适的弹簧刚度和阻尼组成的单自由度体系，可以调节质量块和基础之间的力和位移的传输规律。对于质量块作用有简谐荷载并放置在基础之上的情形（第一种隔振情形，如图 3-20 所示），调节的目标是把动力荷载传导到基础上的外力总和尽量降低；对于质量块放置于简谐振动的基础之上的情形（第二种隔振情形，如图 3-21 所示），调节目标是上部质量块的动位移（或速度和加速度）尽量降低。

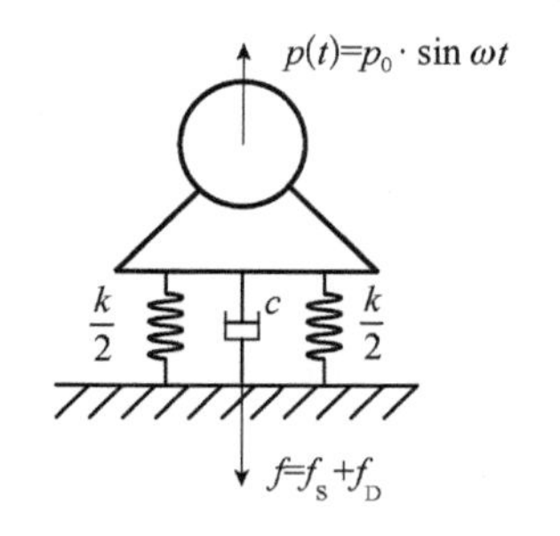

图 3-20 上部隔振体系示意图

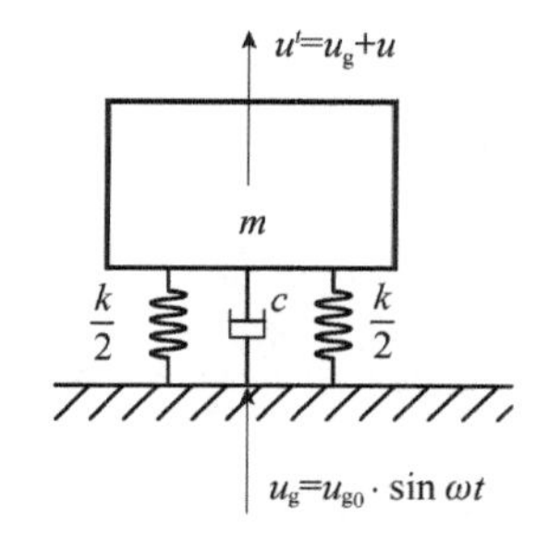

图 3-21 下部隔振体系示意图

1. 第一种情况

上部动力荷载引起的体系振动，通过简化为单自由度体系，给出隔振体系的稳态位移响应：

$$u_{\mathrm{p}}=\frac{p_0}{k}\cdot R_{\mathrm{d}}\cdot\sin(\omega t-\phi)$$

则对应的体系稳态振动阶段，作用于基础的弹性恢复力和阻尼力分别为

$$f_{\mathrm{S}}=k\cdot u_{\mathrm{p}}(t)=p_0\cdot R_{\mathrm{d}}\cdot\sin(\omega t-\phi)$$

$$\begin{aligned}f_{\mathrm{D}}=c\cdot\dot{u}_{\mathrm{p}}(t)&=\frac{c\cdot p_0\cdot R_{\mathrm{d}}\cdot u}{k}\cdot\cos(\omega t-\phi)\\&=\frac{2\xi\omega_{\mathrm{n}}\cdot p_0\cdot R_{\mathrm{d}}\cdot\omega}{\omega_{\mathrm{n}}^2}=2\xi\beta\cdot p_0\cdot R_{\mathrm{d}}\cdot\cos(\omega t-\phi)\end{aligned}$$

因此，f_{S}与f_{D}相位角相差90°，并且作用于基底的反力幅值为

$$\begin{aligned}f_{\max}&=[f_{\mathrm{S,max}}^2+f_{\mathrm{D,max}}^2]^{1/2}\\&=[(p_0\cdot R_{\mathrm{d}})^2+(2\xi\beta\cdot p_0\cdot R_{\mathrm{d}})^2]^{1/2}\\&=p_0\cdot R_{\mathrm{d}}\cdot[1+(2\xi\beta)^2]^{1/2}\end{aligned}$$

最大基底反力与作用力幅值之比称为隔振体系的力传导比，具体表达式为

$$\mathrm{TR}=\frac{f_{\max}}{p_0}=\sqrt{1+(2\xi\beta)^2}\cdot R_{\mathrm{d}}\tag{3-65}$$

2. 第二种情况

下部基础振动引起上部质量体系的振动，亦可简化为单自由度体系。该体系给出基础振动的位移时程输入为

$$u_{\mathrm{g}}=u_{\mathrm{g0}}\cdot\sin\omega t$$

相当于给以体系基础振动加速度：

$$\ddot{u}_{\mathrm{g}}=-\omega^2\cdot u_{\mathrm{g0}}\cdot\sin\omega t$$

基础振动加速度输入等效为上部动力荷载：

$$p_{\mathrm{eff}}=-m\ddot{u}_{\mathrm{g}}=m\omega^2u_{\mathrm{g0}}\cdot\sin\omega t$$

稳态响应的相对位移为

$$u_{\mathrm{p}}=\frac{m\omega^2u_{\mathrm{g0}}}{k}\cdot R_{\mathrm{d}}\cdot\sin(\omega t-\phi)=u_{\mathrm{g0}}\cdot\beta^2\cdot R_{\mathrm{d}}\cdot\sin(\omega t-\phi)$$

稳态响应的总位移为

$$u^t = u_g + u_p = u_{g0} \cdot \sin\omega t + u_{g0} \cdot \beta^2 \cdot R_d \cdot \sin(\omega t - \phi)$$
$$= u_{g0} \cdot \sqrt{1 + (2\xi\beta)^2} \cdot R_d \cdot \sin(\omega t - \phi)$$

因此，质量块总的振动幅值与基础振动幅值之比，即隔振体系的位移传导比为

$$\mathrm{TR} = \frac{u_{\max}^{t}}{u_{g0}} = \sqrt{1 + (2\xi\beta)^2} \cdot R_d \tag{3-66}$$

通过比较式（3-65）和式（3-66）发现，两种情形下隔振体系的位移传导比与力传导比的表达式形式相同，统一称为传导比。把式子（3-60）关于 R_d 的表达式代入式（3-66），得传导比为

$$\mathrm{TR} = \frac{\sqrt{1 + (2\xi\beta)^2}}{\sqrt{[1 - \beta^2]^2 + (2\xi\beta)^2}}$$

由传导比与频率比关系示意图（图 3-22）可知：

（1）当频率比 $\beta < \sqrt{2}$ 时，增加阻尼比 ξ 将使隔振体系的效率增加；

（2）当频率比 $\beta > \sqrt{2}$ 时，增加阻尼比 ξ 将使隔振体系的效率降低。

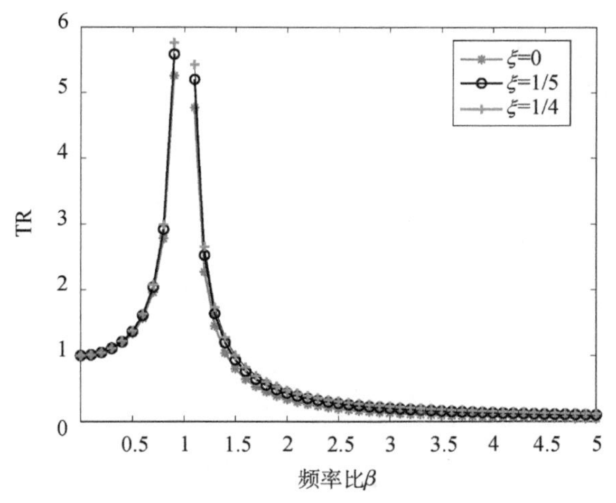

图 3-22　传导比与频率比关系示意图

3.4　体系振动过程中的能量

3.4.1　自由振动过程中的能量

从能量的角度分析振动，有助于加深对振动的理解。对于无阻尼体系的自由

振动，假设体系初始时刻具有的总能量为E_0，则具体表达式为

$$E_0=\frac{1}{2}k[u(0)]^2+\frac{1}{2}m[\dot{u}(0)]^2 \tag{3-67}$$

由于无阻尼体系的自由振动的位移解为：$u(t)=u(0)\cos\omega_\text{n}t+\dfrac{\dot{u}(0)}{\omega_\text{n}}\sin\omega_\text{n}t$，则体系在振动中任一时刻的动能和势能分别为

$$E_\text{s}=\frac{1}{2}k\left[u(0)\cos\omega_\text{n}t+\frac{\dot{u}(0)}{\omega_\text{n}}\sin\omega_\text{n}t\right]^2 \tag{3-68a}$$

$$E_\text{k}=\frac{1}{2}m\omega_\text{n}^2\left[-u(0)\sin\omega_\text{n}t+\frac{\dot{u}(0)}{\omega_\text{n}}\cos\omega_\text{n}t\right]^2 \tag{3-68b}$$

由以上两式求和得到任一时刻体系自由振动的总能量为

$$E=E_\text{k}+E_\text{s}=\frac{1}{2}k[u(0)]^2+\frac{1}{2}m[\dot{u}(0)]^2=E_0 \tag{3-69}$$

即任一时刻体系的振动能量与初始时刻的体系能量保持不变，也就是自由振动过程能量守恒。

对于有阻尼体系，在自由振动过程中，位移和速度的振幅不断减小，体系阻尼力所耗散的能量为

$$E_\text{D}=\int f_\text{D}\text{d}u=\int_0^{t_1}(c\dot{u})\dot{u}\text{d}t=\int_0^{t_1}c\dot{u}^2\text{d}t \tag{3-70}$$

当$t_1\to\infty$时，$E_\text{D}=E_0$，体系的能量全部被阻尼所耗散。在外频率为ω的简谐合荷载作用下，体系在稳态振动响应条件下，平均能量耗散率为

$$\begin{aligned}P_\text{avg}&=\frac{1}{T}\int_0^T c\dot{u}(t)^2\text{d}t=\frac{c\omega}{2\pi}\int_0^{2\pi/\omega}\dot{u}(t)^2\text{d}t\\&=\frac{c\omega}{2\pi}\int_0^{2\pi/\omega}\omega^2\cdot u(t)^2\text{d}t\\&=c\omega^2\left[\frac{\omega}{2\pi}\int_0^{2\pi/\omega}u(t)^2\text{d}t\right]\\&=\xi m\omega_\text{n}\cdot\omega^2\rho^2=\xi m\omega_\text{n}^2\cdot\beta^2\rho^2\end{aligned} \tag{3-71}$$

从式（3-71）可知，体系的能量耗散的平均功率与$\beta^2\rho^2$成正比。

3.4.2 强迫振动过程中的能量

根据单自由度体系在简谐荷载$p(t)=p_0\cdot\sin\omega t$作用下的位移解$u(t)=\rho\cdot\sin(\omega t-\phi)$，求得各项力在体系一个振动周期内的能量耗散。

（1）阻尼力所做的功（阻尼引起的能量耗散）：

$$E_D=\int f_D\mathrm{d}u=\int_0^{\frac{2\pi}{\omega}}(c\dot{u})\dot{u}\mathrm{d}t=\int_0^{\frac{2\pi}{\omega}}c\dot{u}^2\mathrm{d}t$$
$$=c\int_0^{\frac{2\pi}{\omega}}[\omega\rho\cos(\omega t-\phi)]^2\mathrm{d}t$$
$$=c\omega^2\rho^2\int_0^{\frac{2\pi}{\omega}}\frac{1}{2}[1+\cos(2\omega t-\phi)]\mathrm{d}t$$
$$=c\omega^2\rho^2\cdot\frac{\pi}{\omega}=\pi c\omega\rho^2 \tag{3-72a}$$

又由于 $c=2\xi\omega_n m=2\xi\omega_n\dfrac{k}{\omega_n^2}=2\xi\dfrac{k}{\omega_n}$，代入式（3-72a）得到

$$E_D=2\pi\xi\frac{\omega}{\omega_n}\cdot k\rho^2=2\pi\xi\beta\cdot k\rho^2 \tag{3-72b}$$

所以由黏性阻尼引起的能量耗散与振幅的平方 ρ^2 成正比，与阻尼比 ξ 和荷载频率比 β 成正比。

（2）外力所做的功（输入的能量）：

$$E_p=\int p(t)\mathrm{d}u=\int_0^{2\pi/\omega}p(t)\cdot\dot{u}\mathrm{d}t$$
$$=\int_0^{2\pi/\omega}p_0\sin\omega t[\omega\rho\cos(\omega t-\phi)]\mathrm{d}t$$
$$=\pi\cdot p_0\cdot\rho\cdot\sin\phi \tag{3-73a}$$

这里利用了强迫振动位移解中相位角的表达式：$\tan\phi=-\dfrac{D}{C}$，得到相位角的正弦为

$$\sin\phi=\frac{D}{\sqrt{D^2+C^2}}=\frac{2\xi(\omega/\omega_n)}{u_{st}/\varphi}=\frac{2\xi(\omega/\omega_n)\rho}{p_0/k}$$

把上式代入式（3-73a）得到

$$E_p=2\pi\xi\frac{\omega}{\omega_n}k\rho^2 \tag{3-73b}$$

（3）弹性恢复力所做的功：

$$E_S=\int f_S\mathrm{d}u=\int_0^{2\pi/\omega}(ku)\dot{u}\mathrm{d}t$$
$$=\int_0^{2\pi/\omega}k[\rho\sin(\omega t-\phi)][\omega\rho\cos(\omega t-\phi)]\mathrm{d}t$$
$$=k\omega\rho^2\int_0^{2\pi/\omega}[\sin(\omega t-\phi)\cdot\cos(\omega t-\phi)]\mathrm{d}t$$
$$=k\omega\rho^2\int_0^{2\pi/\omega}\frac{1}{2}\sin 2(\omega t-\phi)\mathrm{d}t$$
$$=0$$

上式表明，在简谐振动的一个循环内，弹性力在一个振动周期内所做的功为零，即弹性力对体系没有能量贡献。

（4）惯性力所做的功：

$$\begin{aligned} E_{\mathrm{I}} &= \int f_{\mathrm{I}} \mathrm{d}u = \int_0^{2\pi/\omega} (k\ddot{u})\dot{u} \mathrm{d}t \\ &= \int_0^{2\pi/\omega} m[-\omega^2 \rho \sin(\omega t - \phi)][\omega \rho \cos(\omega t - \phi)] \mathrm{d}t \\ &= -m\omega^3 \rho^2 \int_0^{2\pi} [\sin(\omega t - \phi) \cdot \cos(\omega t - \phi)] \mathrm{d}t \\ &= 0 \end{aligned}$$

上式表明，在简谐振动的一个循环内，惯性力在一个振动周期内所做的功为零，即惯性力对体系没有能量贡献。因此，根据能量守恒原则，由阻尼力做的功（体系耗散的能量）应该等于外力所做的功（输入的能量）。

3.5 特殊荷载强迫振动

3.5.1 阶跃荷载

阶跃力是从零突增到 p_0，然后保持不变的力，表达式为

$$p(t) = p_0 \tag{3-74}$$

无阻尼单自由体系从静止平衡零状态开始，在阶跃力作用下的动力位移响应可通过杜阿梅尔（Duhamel）积分求解运动方程得到，结果如下：

$$u(t) = u_{\mathrm{st}} \cdot (1 - \cos \omega_{\mathrm{n}} t) = u_{\mathrm{st}} \cdot \left(1 - \cos \frac{2\pi t}{T_{\mathrm{n}}}\right) \tag{3-75}$$

式中，$u_{\mathrm{st}} = p_0 / k$ 为由静荷载 p_0 引起的静变形。

标准化变形或位移 $u(t) / u_{\mathrm{st}}$ 与标准化时间 t / T_{n} 的关系，绘于图 3-23 中。由此可见，体系以固定的自振周期在发生静位移 u_{st} 后的新平衡位置附近发生往复振动。最大位移可由对式（3-75）微分并令 $\dot{u}(t)$ 等于零而确定，$\dot{u}(t)$ 等于零则给出 $\omega_{\mathrm{n}} \sin \omega_{\mathrm{n}} t = 0$，满足这个条件的 t 值为 t_0，即

$$\omega_{\mathrm{n}} t_0 = j\pi \quad 或 \quad t_0 = \frac{j}{2} T_{\mathrm{n}} \tag{3-76}$$

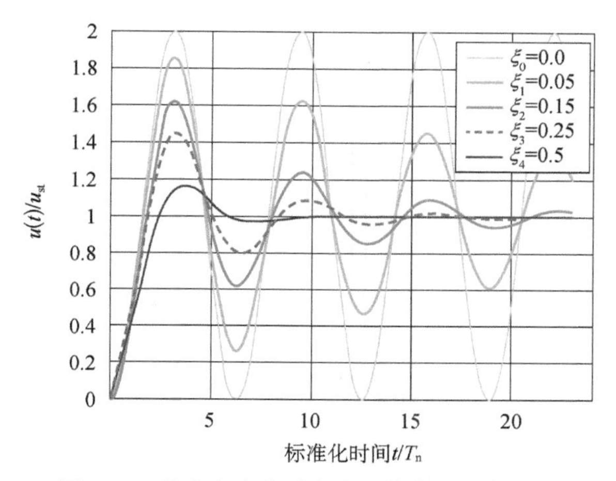

图 3-23　单自由度体系在阶跃荷载的动力响应

这里，当 j 为奇整数时，相应于最大动位移；当 j 为偶整数时，相应于最小动位移。$u(t)$ 的极大值 u_0 由式（3-75）在 $t=t_0$ 时计算给出，这些极大值是全部相同的，即

$$u_0 = 2u_{\mathrm{st}} \tag{3-77}$$

因此，一个突然施加的力所引起的变形将是缓慢施加该力所引起的变形的 2 倍。

有阻尼体系的响应可通过经典方法或 Duhamel 积分运算求得

$$u(t)=u_{\mathrm{st}}\cdot\left[1-\mathrm{e}^{-\xi\omega_{\mathrm{n}}t}\left(\cos\omega_{\mathrm{D}}t+\frac{\xi}{\sqrt{1-\xi^2}}\sin\omega_{\mathrm{D}}t\right)\right] \tag{3-78}$$

根据式（3-78）给出几个阻尼比的动力响应，如图 3-23 所示。随着阻尼比的增大，动力响应的第一峰值逐步减小；阻尼比的大小决定了过冲量的大小和振动衰减的速率。有阻尼时，超过静平衡位置的过冲是较小的，并在平衡位置附近随时间衰减，经过足够长时间后，有阻尼体系逐步停在静力平衡位置，这是静态变形。

3.5.2　矩形冲击荷载

对于矩形冲击荷载（图 3-24）作用下的无阻尼体系（$\xi=0$）的强迫振动响应，同样可通过 Duhamel 积分求解得到。

当 $t\leqslant t_{\mathrm{d}}$ 时，体系动力响应为

$$\begin{aligned}u(t)&=\frac{1}{m\omega}\int_0^t p_0\sin\omega(t-\tau)\mathrm{d}\tau=\frac{p_0}{m\omega}\cdot\frac{1}{\omega}\cos\omega(t-\tau)\Big|_0^t\\&=\frac{p_0}{m\omega^2}\cdot(1-\cos\omega t)=\frac{p_0}{k}(1-\cos\omega t)\\&=u_{\mathrm{st}}(1-\cos\omega t)\end{aligned} \tag{3-79}$$

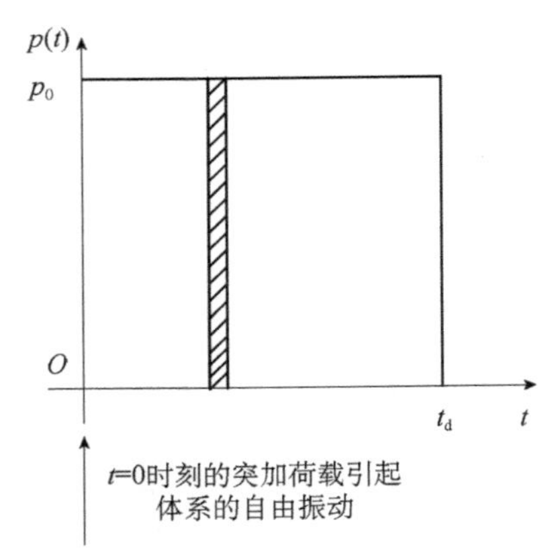

图 3-24　矩形冲击荷载

当 $t \geqslant t_d$ 时，体系动力响应为具有 t_d 时刻初始位移和速度的有阻尼体系的自由振动。根据式（3-79）可知，t_d 时刻的位移和速度分别为

$$u(t_d) = u_{st} \cdot (1 - \cos \omega t_d) \tag{3-80a}$$

$$\dot{u}(t_d) = u_{st} \omega \cdot \sin \omega t_d \tag{3-80b}$$

对于不同的矩形冲击荷载持续时间 t_d，以及不同的体系自振周期 T_n，体系在冲击荷载下的动力响应规律有所不同。当矩形冲击荷载持续时间 t_d 比较长、t_d / T_n 比值较大时，体系的响应极值出现在强迫振动阶段，如图 3-25（a）所示；当矩形冲击荷载持续时间 t_d 比较短、t_d / T_n 比值较小时，体系的响应极值出现在自由振动阶段，如图 3-25（b）所示。

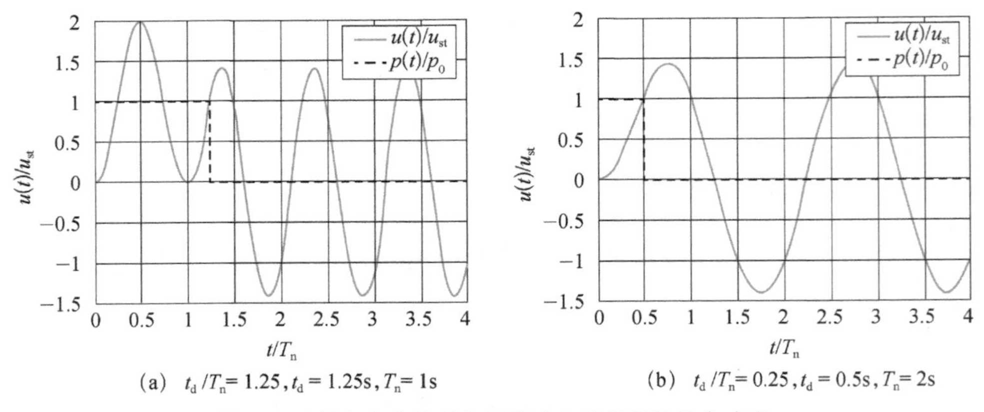

(a)　$t_d / T_n = 1.25, t_d = 1.25\text{s}, T_n = 1\text{s}$　　(b)　$t_d / T_n = 0.25, t_d = 0.5\text{s}, T_n = 2\text{s}$

图 3-25　单自由度体系在矩形冲击荷载下的动力响应

3.5.3　半波正弦波脉冲荷载

半波正弦波脉冲是爆炸与冲击动力分析中经常遇到的一类简化荷载形式，荷载时程变化规律如图 3-26 所示，这类冲击荷载对于分析结构的动力响应规律也具有一定的工程应用背景和典型代表性。

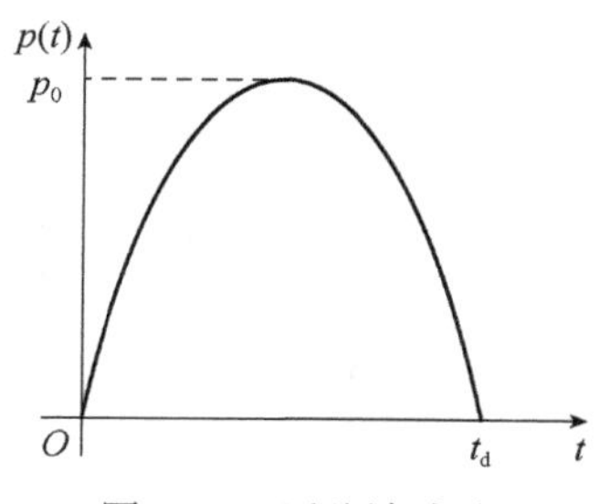

图 3-26　正弦波脉冲

船舶撞击桥梁后导致的严重程度与船撞动力的大小密不可分。目前，国际上提出了多种船舶撞击力的简化估算公式，即静力等效分析方法，美国道路工程师协会（AASHTO）编写的美国《公路桥梁船撞设计指南》，欧洲统一规范中的《船撞桥梁偶然作用评述》（Eurocode 1），我国《公路桥梁抗撞设计规范》（JTG/T 3360-02-2020）等。这几部规范中撞击力计算模型均采用等效静力法，从而近似考虑了撞击的动力效应。人们通过简化桥梁撞击荷载时程分析模型，以预测桥梁在船舶撞击下的动态响应，其简化模型大多采用基于修正的抛物线表达式的半正弦波函数，来捕捉撞击荷载时程的动力特征。

无阻尼体系，初始时刻结构处于静止状态，则运动方程为

$$m\ddot{u}+ku=p(t)=\begin{cases}p_0\cdot\sin\left(\dfrac{\pi}{t_d}\cdot t\right), & t\leqslant t_d\\0, & t>t_d\end{cases}\tag{3-81}$$

其中，

$$\omega=\frac{\pi}{t_d},\qquad \omega_n=\frac{2\pi}{T_n}$$

由式（3-44），当 $t\leqslant t_d$ 时，体系的位移稳态解为

$$u(t)=\frac{p_0}{k}\cdot\frac{1}{1-\left(\dfrac{\omega}{\omega_n}\right)^2}\left[\sin\omega t-\frac{\omega}{\omega_n}\cdot\sin(\omega_n t)\right]\tag{3-82}$$

当$\omega \neq \omega_n$，且$t \geqslant t_d$时（根据具有初位移$u(t_d)$和初速度$\dot{u}(t_d)$的自由振动响应公式），由式（3-10）得体系的总响应为

$$u(t)=\frac{p_0}{k}\cdot\frac{\left(\frac{2\omega}{\omega_n}\right)\cdot\cos\left(\frac{\pi\omega_n}{2\omega}\right)}{\left(\frac{\omega}{\omega_n}\right)^2-1}\sin\left(\omega_n t-\frac{\pi\omega_n}{2\omega}\right)$$

$$=\frac{p_0}{k}\cdot\frac{\left(\frac{T_n}{t_d}\right)\cdot\cos\left(\frac{\pi t_d}{T_n}\right)}{\left(\frac{T_n}{2t_d}\right)^2-1}\cdot\sin\left[2\pi\left(\frac{t}{T_n}-\frac{1}{2}\frac{t_d}{T_n}\right)\right] \tag{3-83}$$

当$\omega=\omega_n$，且$t \geqslant t_d$时，体系的总响应为

$$u(t)=\frac{p_0}{k}\cdot\frac{-\beta}{1-\beta^2}\left\{\left(1+\cos\frac{\pi}{\beta}\right)\sin\left[\frac{\pi}{\beta}(\alpha-1)\right]+\left(\sin\frac{\pi}{\beta}\right)\cos\left[\frac{\pi}{\beta}(\alpha-1)\right]\right\} \tag{3-84}$$

其中，$\beta=\frac{\omega}{\omega_n}$，$\alpha=\frac{t}{t_d}$。

对于不同的半波正弦波脉冲荷载持续时间t_d，以及不同的体系自振周期T_n，体系在冲击荷载下的动力响应规律与矩形冲击荷载的有所不同。无论是在半波正弦波脉冲荷载持续时间t_d比较长、t_d/T_n比值较大时，还是在半波正弦波脉冲荷载持续时间t_d比较短、t_d/T_n比值较小时，体系的响应极值都出现在自由振动阶段，如图3-27所示。

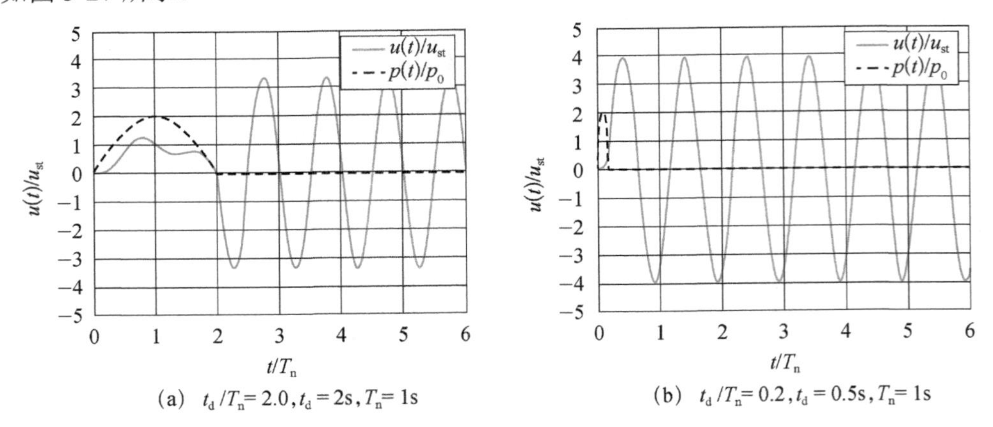

(a) $t_d/T_n=2.0, t_d=2s, T_n=1s$ (b) $t_d/T_n=0.2, t_d=0.5s, T_n=1s$

图3-27 正弦波脉冲响应

3.5.4　斜坡激励荷载

斜坡激励荷载 $p(t)$ 随时间线性递增，当然它不能无限制地增加，而我们所关心的是在比较短的一段时间 t_r 以内，当 $t=t_r$ 时，$p(t)=p_0$，并求解体系的总响应。在该段时间内，$p(t)$ 一般仍然较小，使弹性恢复力在线弹性极限范围之内。这里讨论在有限时间段 t_r 内体系的动力响应规律，我们仍然采用 Duhamel 积分来获得动力响应的解答。作用力表达式为

$$p(t)=p_0\frac{t}{t_r} \tag{3-85}$$

将式（3-85）代入无阻尼体系的 Duhamel 积分表达式，得

$$u(t)=\frac{1}{m\omega_n}\int_0^t\frac{p_0}{t_r}\tau\sin\omega_n(t-\tau)\mathrm{d}\tau$$

计算上述卷积积分公式，并简化后得到斜坡激励荷载作用下的体系总响应：

$$u(t)=u_{st}\cdot\left(\frac{t}{t_r}-\frac{\sin\omega_n t}{\omega_n t_r}\right)=u_{st}\cdot\left(\frac{t}{T_n}\frac{T_n}{t_r}-\frac{\sin 2\pi t/T_n}{2\pi t_r/T_n}\right) \tag{3-86}$$

式中，$u_{st}=p_0/k$ 为由静力 p_0 引起的静变形。

式（3-86）对于 $T_n=2.5\text{s}$ 时，体系的总响应时程关系如图 3-28 所示，把每时刻的拟静变形作为中心线绘于图 3-28 中，拟静变形表达式为

$$u_{st}(t)=\frac{p(t)}{k}=u_{st}\cdot\frac{t}{t_r}$$

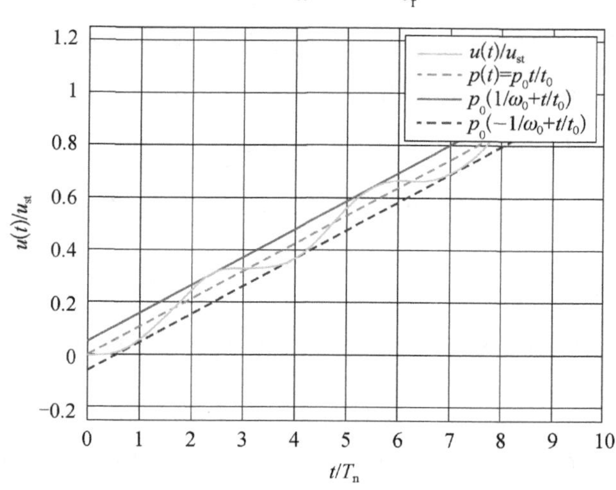

图 3-28　单自由度体系在斜坡力的动力和静力响应

则根据上式可知，拟静变形$u_{st}(t)$以与$p(t)$相同的方式随时间变化，二者的区别为相差一个比例因子$1/k$。由此可见，体系的总响应为以拟静变形作为中心线的、以固有周期在静力解附近振荡的形式。

3.5.5 有限上升段的阶跃荷载

因为实际上一个动力绝不可能突然地以及一直持续地增加，所以我们感兴趣的是在有限的时间t_r内上升，而后紧接着动力荷载数值保持不变的动力荷载情形，动力荷载分段表达为

$$p(t)=\begin{cases}p_0(t/t_r), & t\leqslant t_r\\ p_0, & t>t_r\end{cases}$$

该激励共分两个阶段：斜坡（或上升）阶段和不变阶段。对于满足零初始条件的无阻尼体系，在斜坡阶段内的响应由式（3-86）给出，这里为方便起见，将其重写为

$$u(t)=u_{st}\cdot\left(\frac{t}{t_r}-\frac{\sin\omega_n t}{\omega_n t_r}\right),\quad t\leqslant t_r \tag{3-87}$$

在不变阶段内的响应，可以通过将动力荷载分段表达式代入Duhamel积分计算公式，求得该响应的表达式为

$$u(t)=u(t_r)\cos\omega_n(t-t_r)+\frac{\dot{u}(t_r)}{\omega_n}\sin\omega_n(t-t_r)+u_{st}\cdot[1-\cos\omega_n(t-t_r)] \tag{3-88}$$

式（3-88）中，第三项是处于静止的体系在$t=t_r$时刻受到阶跃力作用的解，前两项是体系由在斜坡阶段结束时的初始位移$u(t_r)$和初始速度$\dot{u}(t_r)$引起的自由振动。由式（3-87）确定$u(t_r)$和$\dot{u}(t_r)$，并将其代入式（3-88）中，得

$$u(t)=u_{st}\cdot\left\{1+\frac{1}{\omega_n t_r}[(1-\cos\omega_n t_r)\sin\omega_n(t-t_r)-\sin\omega_n t_r\cos\omega_n(t-t_r)]\right\},\quad t\geqslant t_r \tag{3-89a}$$

此式可用三角恒等式化简为

$$u(t)=u_{st}\cdot\left\{1-\frac{1}{\omega_n t_r}[\sin\omega_n t-\sin\omega_n(t-t_r)]\right\},\quad t\geqslant t_r \tag{3-89b}$$

单自由度体系的具有有限上升时间的阶跃力动力响应如图3-29所示。因为$\omega_n t=2\pi(t/T_n)$，所以标准化变形$u(t)/u_{st}$是标准化时间t/T_n的函数。因为$\omega_n t=2\pi(t/T_n)$，所以这个函数仅取决于比值t_r/T_n而不分别依赖于t_r和T_n。对于上

升时间与固有周期的比值 t_r / T_n 的几个值，图 3-30 给出了 $u(t) / u_{st}$ 随 t / T_n 的比值变化的图形。每一个图对具有相同比值 t_r / T_n 的所有 t_r 和 T_n 的组合都有效，图中每个瞬时的拟静变形 $u_{st}(t) = p(t) / k$ 与荷载曲线类似。

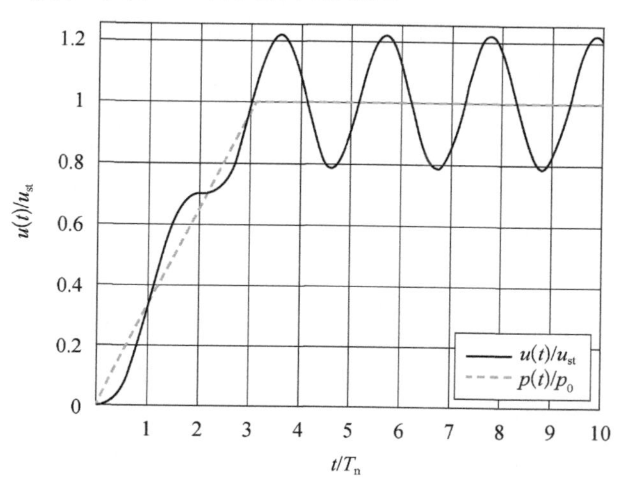

图 3-29　单自由度体系的具有有限上升时间的阶跃力动力响应

根据这些结果，可以得出以下几点结论：

（1）在力的上升阶段，体系以固有周期 T_n 在静力解附近振荡；

（2）在力的不变阶段，体系仍以固有周期 T_n 在静力解附近振荡；

（3）如果在斜坡结束时的速度 $\dot{u}(t_r)$ 为零，则体系在力的不变阶段不会振动；

（4）对于 t_r / T_n 的较小值（即短的上升时间），响应类似于是由突然的阶跃力引起的；

（5）对于 t_r / T_n 的较大值，振荡的动位移接近于拟静力解，意味着动力影响较小（相对于自振周期 T_n，动力荷载增加缓慢，即荷载从 0 到 p_0 的增加过程对体系的动力响应贡献很小，类似于静力）。

动力响应位移在动力荷载的不变阶段达到它的最大值，根据振动位移 $u(t)$ 的解析式，其最大值为

$$u_0 = u_{st} \cdot \left[1 + \frac{1}{\omega_n t_r} \sqrt{(1 - \cos \omega_n t_r)^2 + (\sin \omega_n t_r)^2} \right] \tag{3-90}$$

利用三角恒等式和 $T_n = 2\pi / \omega_n$，动力放大系数的表达式可简化为

$$R_d = \frac{u_0}{u_{st}} = 1 + \frac{|\sin(\pi t_r / T_n)|}{\pi t_r / T_n} \tag{3-91}$$

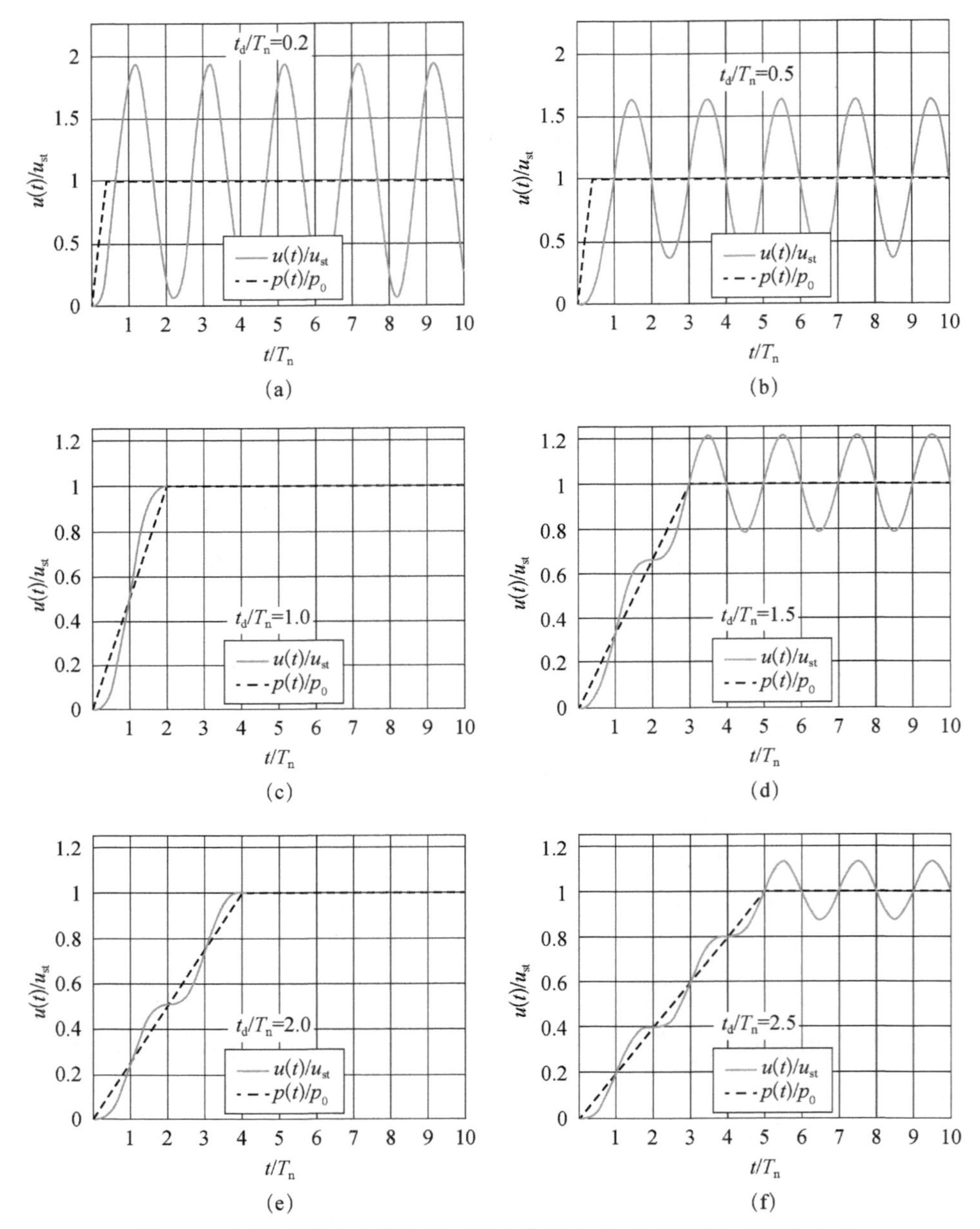

图 3-30　无阻尼单自由度体系对具有有限上升时间阶跃力的动力响应

位移放大系数 R_d 仅取决于上升时间与固有周期的比值 t_r/T_n，如图 3-31 所示，该曲线称为具有有限上升时间的阶跃力的反应谱。这个反应谱完整地描述了有限上升段阶跃荷载作用下的极值响应问题。在这种情况下，它包括了所有无阻尼单自由度体系由具有任意上升时间段 t_r 的阶跃力所引起的规则化的最大响应 u_0 / u_{st}。

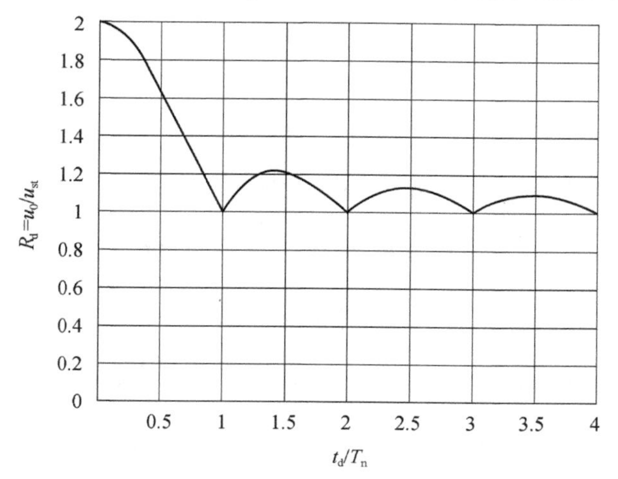

图 3-31　具有有限上升时间阶跃力的反应谱

3.5.6　单位脉冲荷载

单位脉冲指作用时间很短、冲量等于 1 的荷载，如图 3-32（a）所示。相当于数学分析中的特殊函数——δ 函数（狄拉克函数）。δ 函数的定义如下：

$$\delta(t-\tau)=\begin{cases}\infty, & \forall t=\tau \\ 0, & \forall t\neq\tau\end{cases}$$

以及

$$\int_0^{\infty}\delta(t-\tau)\mathrm{d}t=1$$

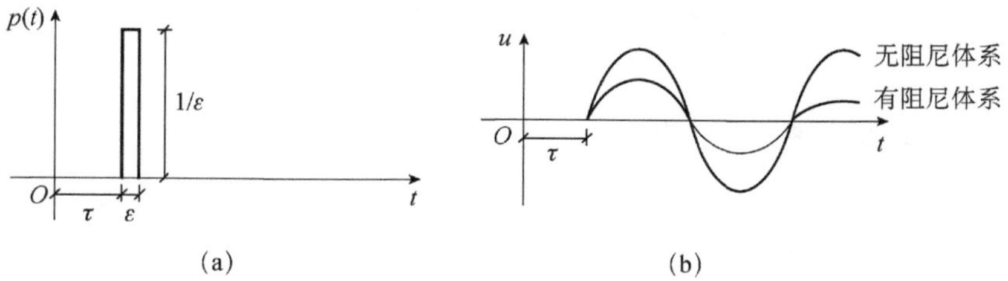

$p(t)$　$1/\varepsilon$　O　τ　ε　t

(a)

u　无阻尼体系　有阻尼体系　O　τ　t

(b)

图 3-32　单位脉冲荷载（a）及其响应（b）

在 $t=\tau$ 时刻，单位脉冲 $p(t)=\delta(t)$ 作用在体系上，使结构获得一个单位冲量，脉冲结束后，质点获得一个初速度，即

$$m\dot{u}(t+\varepsilon)=\int_{\tau}^{\tau+\varepsilon}p(t)\mathrm{d}t=\int_{\tau}^{\tau+\varepsilon}\delta(t)\mathrm{d}t=1$$

当$\varepsilon \to 0$时，由于作用时间极短，可认为初位移为零，即由单位脉冲引起的质点位移为零，为带初值条件的自由振动问题，如图 3-32（b）所示。该时刻的位移和速度条件为

$$u(\tau)=0, \qquad \dot{u}(\tau)=\frac{1}{m}$$

对于无阻尼单自由度体系（$\xi=0$），其位移解为

$$u(t)=u(0)\cos\omega_{\mathrm{n}}t+\frac{\dot{u}(0)}{\omega_{\mathrm{n}}}\sin\omega_{\mathrm{n}}t$$

对于有阻尼单自由度体系（$\xi\neq 0$），其位移解为

$$u(t)=\mathrm{e}^{-\xi\omega_{\mathrm{n}}t}\left[u(0)\cos\omega_{\mathrm{D}}t+\frac{\dot{u}(0)+\xi\omega_{\mathrm{n}}u(0)}{\omega_{\mathrm{D}}}\sin\omega_{\mathrm{D}}t\right]$$

单位脉冲的响应函数统一用函数$h(t-\tau)$表示，其中，t为结构体系的动力响应时间；τ为单位脉冲作用的时刻。因此，对于无阻尼体系，单位脉冲响应函数为

$$h(t-\tau)=u(t)=\frac{1}{m\omega_{\mathrm{n}}}\sin\left[\omega_{\mathrm{n}}(t-\tau)\right], \quad \forall t\geqslant\tau$$

对于有阻尼体系，单位脉冲响应函数为

$$h(t-\tau)=u(t)=\frac{1}{m\omega_{\mathrm{D}}}\mathrm{e}^{-\xi\omega_{\mathrm{n}}(t-\tau)}\sin\left[\omega_{\mathrm{D}}(t-\tau)\right], \quad \forall t\geqslant\tau$$

其中，

$$\omega_{\mathrm{D}}=\omega_{\mathrm{n}}\sqrt{1-\xi^2}$$

3.6 时域分析方法

3.6.1 周期荷载的级数分解

在实际的结构动力分析中，我们一般关心的是结构的稳态振动响应，由于瞬态振动响应在阻尼作用下会逐步消散。简谐荷载是一种最简单、最具代表性的周期荷载，任意的周期荷载（周期为T_{p}）都可以分解为一系列简谐荷载的代数和（采用傅里叶三角级数法），为了分析体系在任意周期性荷载作用下的稳态解，可基于简谐振动的稳态解，通过叠加原理得到体系的总稳态响应。

3.3 节中已经给出了简谐正弦荷载作用下的稳态响应，这里再补充余弦简谐荷

载作用下的稳态解，假设简谐荷载 $p(t)=p_0\cos\omega t$，则运动方程为

$$m\ddot{u}+c\dot{u}+ku=p_0\cos\omega t \tag{3-92}$$

方程的特解形式为

$$u_{\mathrm{p}}=C\cdot\sin\omega t+D\cdot\cos\omega t$$

其中，

$$C=\frac{p_0}{k}\cdot\frac{2\xi(\omega/\omega_{\mathrm{n}})}{\left[1-(\omega/\omega_{\mathrm{n}})^2\right]^2+\left[2\xi(\omega/\omega_{\mathrm{n}})\right]^2}$$

$$D=\frac{p_0}{k}\cdot\frac{1-(\omega/\omega_{\mathrm{n}})^2}{\left[1-(\omega/\omega_{\mathrm{n}})^2\right]^2+\left[2\xi(\omega/\omega_{\mathrm{n}})\right]^2}$$

通过比较系数法，得到

$$u_{\mathrm{p}}(t)=u_0\cdot\cos(\omega t-\phi) \tag{3-93}$$

其中，

$$u_0=\frac{p_0}{k}\cdot\frac{1}{\sqrt{\left[1-(\omega/\omega_{\mathrm{n}})^2\right]^2+\left[2\xi(\omega/\omega_{\mathrm{n}})\right]^2}}=u_{\mathrm{st}}\cdot R_{\mathrm{d}}$$

$$\phi=\arctan\left(\frac{C}{D}\right)=\arctan\left[\frac{2\xi(\omega/\omega_{\mathrm{n}})}{1-(\omega/\omega_{\mathrm{n}})^2}\right]$$

对于一般周期荷载（周期为 T_{p}），如图 3-33 所示。

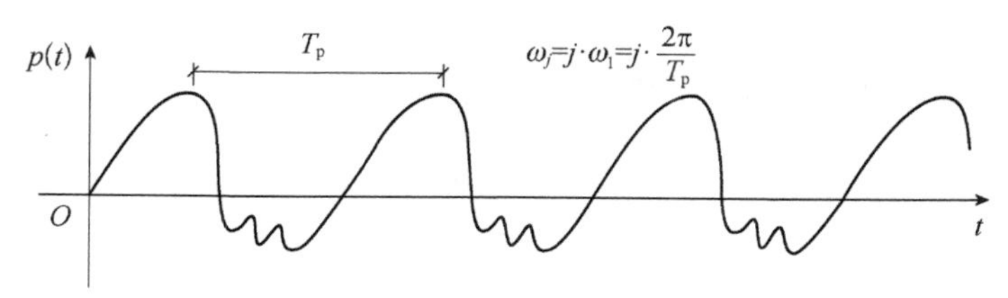

图 3-33　一般周期荷载

通过三角级数分解，可以把该周期荷载分解为一系列简谐荷载的代数和，即

$$p(t)=a_0+\sum_{j=1}^{\infty}a_j\cos\omega_j t+\sum_{j=1}^{\infty}b_j\sin\omega_j t \tag{3-94}$$

其中，各个待定系数为

$$
\begin{cases}
a_0 = \dfrac{1}{T_{\mathrm{p}}}\displaystyle\int_0^{T_{\mathrm{p}}} p(t)\,\mathrm{d}t, \\
a_j = \dfrac{2}{T_{\mathrm{p}}}\displaystyle\int_0^{T_{\mathrm{p}}} p(t)\cos(\omega_j t)\,\mathrm{d}t, \quad (j=1,2,3,\cdots) \\
b_j = \dfrac{2}{T_{\mathrm{p}}}\displaystyle\int_0^{T_{\mathrm{p}}} p(t)\sin(\omega_j t)\mathrm{d}t,
\end{cases}
\tag{3-95}
$$

式中，$\omega_j = j\omega_1 = j\dfrac{2\pi}{T_{\mathrm{p}}}$。

通过数值积分法（如梯形法则），求待定系数a_0、a_j、b_j。荷载周期T_{p}被分割成N个相等的时间间隔Δt，即

$$T_{\mathrm{p}} = N\cdot\Delta t$$

计算与每一积分点时间$t_m = m\cdot\Delta t$对应的被积函数的纵坐标，并依次记录为$q_0, q_1, q_2, \cdots, q_N$；

$$\int_0^{T_{\mathrm{p}}} q(t)\mathrm{d}t = \Delta t\left[\frac{q_0}{2} + \sum_{m=1}^{N-1} q_m + \frac{q_n}{2}\right]$$

对于周期函数的数值积分运算，开始和终止时刻的q_0、q_n通常可取为0，则离散积分的近似表达式为

$$\int_0^{T_{\mathrm{p}}} q(t)\mathrm{d}t = \Delta t\sum_{m=1}^{N-1} q_m$$

所以，各待定系数可用离散求和的方式表达为

$$
\begin{cases}
a_0 = \dfrac{2\Delta t}{T_{\mathrm{p}}}\cdot\displaystyle\sum_{m=1}^{N-1} q_m, \quad q_m = \dfrac{1}{2}p(t_m) \\
a_j = \dfrac{2\Delta t}{T_{\mathrm{p}}}\cdot\displaystyle\sum_{m=1}^{N-1} q_m, \quad q_m = p(t_m)\cdot\cos\left[\omega_j(m\Delta t)\right] \\
b_j = \dfrac{2\Delta t}{T_{\mathrm{p}}}\cdot\displaystyle\sum_{m=1}^{N-1} q_m, \quad q_m = p(t_m)\cdot\sin\left[\omega_j(m\Delta t)\right]
\end{cases}
\tag{3-96}
$$

这样，所有的待定系数是易于程序实现的，把待定系数代入式（3-94），然后利用正弦和余弦简谐荷载作用下的稳态解即得到一般周期荷载作用下体系总的稳态响应。

傅里叶级数荷载的响应中，记u_0^{a}为常荷载a_0作用下的体系响应；u_j^{c}为余弦简谐荷载$a_j\cos\omega_j t$作用下的体系响应；u_j^{s}为正弦简谐荷载$b_j\sin\omega_j t$作用下的体系响

应。则体系在该阶次简谐荷载作用下的稳态解为

$$\begin{cases} u_0^{\mathrm{a}} = \dfrac{a_0}{k} \\ u_j^{\mathrm{c}} = \dfrac{a_j}{k} \cdot \dfrac{2\xi\beta_j \sin\omega_j t + (1-\beta_j^2)\cos\omega_j t}{(1-\beta_j^2)^2 + (2\xi\beta_j)^2} \\ u_j^{\mathrm{s}} = \dfrac{b_j}{k} \cdot \dfrac{(1-\beta_j^2)\cdot\sin\omega_j t - 2\xi\beta_j \cos\omega_j t}{(1-\beta_j^2)^2 + (2\xi\beta_j)^2} \end{cases} \tag{3-97}$$

其中，

$$\beta_j = \frac{\omega_j}{\omega_{\mathrm{n}}} = \frac{\omega_1}{\omega_{\mathrm{n}}} \cdot j$$

则通过求和运算得到任意周期荷载下的总的稳态响应为

$$u(t) = u_0^{\mathrm{a}} + \sum_{j=1}^{\infty} (u_j^{\mathrm{c}} + u_j^{\mathrm{s}}) \tag{3-98}$$

展开得

$$u(t)=\frac{a_0}{k} + \sum_{j=1}^{\infty} \frac{1}{k} \cdot \frac{a_j(2\xi\beta_j) + b_j(1-\beta_j^2)}{(1-\beta_j^2)^2 + (2\xi\beta_j)^2} \cdot \sin\omega_j t + \sum_{j=1}^{\infty} \frac{1}{k} \cdot \frac{a_j(1-\beta_j^2) - b_j(2\xi\beta_j)}{(1-\beta_j)^2 + (2\xi\beta_j)^2} \cdot \cos\omega_j t$$

3.6.2　一般荷载下的强迫振动

一般动力荷载的响应分析是基于 3.5 节中关于脉冲荷载的响应分析，然后针对一系列的小脉冲响应通过叠加原理得到体系的总响应，该方法是结构动力学中具有一般意义的时域分析方法。将作用于结构体系的外荷载 $p(t)$ 离散成一系列脉冲，其中任一脉冲 $p(\tau)\mathrm{d}\tau$ 的动力响应为

$$\mathrm{d}u(t) = p(\tau)\mathrm{d}\tau \cdot h(t-\tau)$$

则总响应为

$$u(t) = \int_0^t \mathrm{d}u = \int_0^t p(\tau)\mathrm{d}\tau \cdot h(t-\tau)\mathrm{d}\tau$$

对于无阻尼体系，总响应表达式为

$$u(t) = \frac{1}{m\omega_{\mathrm{n}}} \int_0^t p(\tau)\sin\left[\omega_{\mathrm{n}}(t-\tau)\right]\mathrm{d}\tau$$

对于有阻尼体系，总响应表达式为

$$u(t) = \frac{1}{m\omega_{\mathrm{D}}} \int_0^t p(\tau)\mathrm{e}^{-\xi\omega_{\mathrm{n}}(t-\tau)} \sin\left[\omega_{\mathrm{D}}(t-\tau)\right]\mathrm{d}\tau$$

3.7 频域分析方法

3.7.1 频域分析——周期性荷载的频域分析

下面再用复指数形式的傅里叶级数展开周期性荷载，并令 $H(\mathrm{i}\omega)$ 为单位复数的简谐荷载 $\mathrm{e}^{\mathrm{i}\omega t}$ 作用下的体系的稳态解的复值振幅。因此，

$$u_j(t)=H(\mathrm{i}\omega_j)\mathrm{e}^{\mathrm{i}\omega_j t} \tag{3-99}$$

把式（3-99）代入运动方程 $m\ddot{u}+c\dot{u}+ku=\mathrm{e}^{\mathrm{i}\omega_j t}$，得

$$-m\omega_j^2\mathrm{e}^{\mathrm{i}\omega_j t}H(\mathrm{i}\omega_j)+c\omega_j\mathrm{e}^{\mathrm{i}\omega_j t}\cdot H(\mathrm{i}\omega_j)+k\mathrm{e}^{\mathrm{i}\omega_j t}\cdot H(\mathrm{i}\omega_j)=\mathrm{e}^{\mathrm{i}\omega_j t}$$

所以，

$$(-m\omega_j^2+c\omega_j\mathrm{i}+k)\cdot H(\mathrm{i}\omega_j)=1$$

由于 $\dfrac{c}{k}=\dfrac{c}{m}\cdot\dfrac{m}{k}=2\xi\omega_\mathrm{n}\cdot\dfrac{1}{{\omega_\mathrm{n}}^2}=2\xi\dfrac{1}{\omega_\mathrm{n}}$，进而可得

$$H(\mathrm{i}\omega_j)=\frac{1}{k-m\omega_j^2+\mathrm{i}c\omega_j}=\frac{1}{k}\cdot\frac{1}{1-\left(\dfrac{\omega_j}{\omega_\mathrm{n}}\right)^2+\mathrm{i}\left(2\xi\dfrac{\omega_j}{\omega_\mathrm{n}}\right)}$$

因此，复频响应函数（也称为传递函数或频响函数）为

$$H(\mathrm{i}\omega)=\frac{1}{k}\cdot\frac{1}{1-\left(\dfrac{\omega}{\omega_\mathrm{n}}\right)^2+\mathrm{i}\left(2\xi\dfrac{\omega}{\omega_\mathrm{n}}\right)} \tag{3-100}$$

则利用叠加原理可得周期荷载下的稳态响应为

$$u(t)=\sum_{j=-\infty}^{+\infty}P_j u_j(t)=\sum_{j=-\infty}^{\infty}H(\mathrm{i}\omega_j)P_j\mathrm{e}^{\mathrm{i}\omega_j t} \tag{3-101}$$

频域分析的基本过程总结如下所述。

（1）荷载的频域表述：计算周期荷载的傅里叶级数，可看作是将作用荷载的时域表达形式转换成频域表达形式。即将时间序列 t_m 的作用荷载值 $P_\mathrm{m}=P(t_\mathrm{m})$，用指定的频率序列 ω_j 的谐振荷载值 $P_j=P(\mathrm{i}\omega_j)$ 来代替，其中，幅值为复数。

（2）复响应描述：根据系数 $H(\mathrm{i}\omega_j)$ 来决定任意给定的频率 ω_j 的响应特性，此系数表示由频率 ω_j 的单位谐振荷载所引起的谐振响应振幅。当响应系数 $H(\mathrm{i}\omega_j)$ 乘

以表示在此频率谐振输入复振幅的傅里叶级数系数 P_j 时，结果为频率 ω_j 的复响应振幅 U_n，全部 U_n 组成了复响应的频域表达。在时域内的幅值 $u_m = u(t_m)$。

（3）积分求和：该任务由“快速傅里叶变换”（FFT）来计算。由叠加包含傅里叶级数荷载表达的全部频率响应成分确定的频域响应。在该叠加过程中，必须计算同一时刻 t_m 瞬时的全部响应谐波，辨认跟每一频率关联的相对相位关系。这些谐波响应被加在一起时，最终结果即为响应历程的时域表达。

3.7.2　频域分析——一般性荷载的频域分析

傅里叶级数可以处理周期性荷载的分解。针对一般性动力荷载需要采用基于基础傅里叶变换的频域分析方法。如果体系的位移满足绝对可积条件，即积分 $\int_{-\infty}^{+\infty}|u(t)|\mathrm{d}t$ 为有限值，则存在傅里叶变换对。实际结构体系的位移时程在大部分情况下，例如，在有外部动力荷载持续作用的情况下，并不满足绝对可积条件，因此，往往采用功率的傅里叶变换对来描述体系的动力特征和动力响应。

傅里叶变换对的具体定义式为

$$\begin{cases} U(\omega)=\int_{-\infty}^{+\infty}u(t)\mathrm{e}^{-\mathrm{i}\omega t}\mathrm{d}t & \text{(3-102a)} \\ u(t)=\dfrac{1}{2\pi}\int_{-\infty}^{+\infty}U(\omega)\mathrm{e}^{\mathrm{i}\omega t}\mathrm{d}\omega & \text{(3-102b)} \end{cases}$$

其中，$U(\omega)$ 称为位移 $u(t)$ 的傅里叶谱。第一式称为傅里叶变换的正变换，第二式称为傅里叶变换的逆变换。速度和加速度经过傅里叶变换（正变换）后的表达式如下：

$$\begin{aligned}\int_{-\infty}^{+\infty}\dot{u}(t)\mathrm{e}^{-\mathrm{i}\omega t}\mathrm{d}t &= \int_{-\infty}^{+\infty}\mathrm{i}\omega\left[P_0\cdot H(\omega)\mathrm{e}^{\mathrm{i}\omega t}\right]\mathrm{e}^{-\mathrm{i}\omega t}\mathrm{d}t \\ &= \mathrm{i}\omega\int_{-\infty}^{+\infty}u(t)\mathrm{e}^{-\mathrm{i}\omega t}\mathrm{d}t=\mathrm{i}\omega U(\omega)\end{aligned}$$

$$\int_{-\infty}^{+\infty}\ddot{u}(t)\mathrm{e}^{-\mathrm{i}\omega t}\mathrm{d}t=-\omega^2 U(\omega)$$

对单自由度体系，时域内的标准化运动方程为

$$\ddot{u}+2\xi\omega_{\mathrm{n}}\dot{u}(t)+\omega_{\mathrm{n}}^2 u(t)=\frac{1}{m}p(t)$$

对方程两边同时进行傅里叶变换，得到

$$-\omega^2 U(\omega)+\mathrm{i}\cdot 2\xi\omega_{\mathrm{n}}\omega U(\omega)+\omega_{\mathrm{n}}^2 U(\omega)=\frac{1}{m}P(\omega)$$

$U(\omega)$、$P(\omega)$ 分别为时域内的位移和荷载 $u(t)$、$p(t)$ 的傅里叶谱，则有

$$(-\omega^2 + \mathrm{i}\cdot 2\xi\omega_{\mathrm{n}}\omega + \omega_{\mathrm{n}}^2)U(\omega) = \frac{1}{m}\cdot P(\omega)$$

所以，

$$U(\omega) = H(\mathrm{i}\omega)P(\omega) \tag{3-103}$$

其中，$H(\mathrm{i}\omega)$ 为复频响应函数，具体表达式为

$$H(\mathrm{i}\omega) = \frac{1/k}{\left[1-\left(\dfrac{\omega}{\omega_{\mathrm{n}}}\right)^2\right] + \mathrm{i}\left[2\xi\left(\dfrac{\omega}{\omega_{\mathrm{n}}}\right)\right]}$$

由傅里叶逆变换的表达式（3-102b）可知，通过频域内的位移谱计算时域内的位移时程计算公式为

$$u(t) = \frac{1}{2\pi}\int_{-\infty}^{+\infty} U(\omega)\mathrm{e}^{\mathrm{i}\omega t}\mathrm{d}\omega = \frac{1}{2\pi}\int_{-\infty}^{+\infty} H(\mathrm{i}\omega)P(\omega)\mathrm{e}^{\mathrm{i}\omega t}\mathrm{d}\omega \tag{3-104}$$

当外荷载是复杂的时间函数或离散点值时，用解析型的傅里叶变换几乎是不可能的，实际计算中需采用离散傅里叶变换（discrete fourier transform，DFT）。若积分点数 $N = 2^m$，再利用简谐函数 $\mathrm{e}^{\pm\mathrm{i}x}$ 周期性的特点，可以构造出快速傅里叶变换数值计算方法，具体过程可参阅相关文献。

3.8 地震分解反应谱法

3.8.1 反应谱法

动力荷载所引起的结构响应的不同主要取决于荷载的频率成分及其能量大小。基于 3.7 节给出的频域分析方法，本节给出地震中常用的地震分解反应谱法的基本原理和推导过程。在结构工程中，工程师往往关注的是结构的最大响应，并不关心具体的响应时程，这是因为最大响应直接关系到结构的安全性。因此，针对如何快速便捷地给出体系在某一类动力荷载作用下的动力响应最大值，人们提出了反应谱法（response spectrum method）。反应谱法最早是由美国的地震工程师 Newmark 在 20 世纪 50 年代提出的，是基于结构动力学理论发展而来的一种简化计算方法。相较于时程分析方法，反应谱法考虑地震波的周期性以及结构的固有

动力属性，能够快速有效地评估结构在地震作用下的动力响应幅值和规律。下面简要介绍一下反应谱法的推导过程。

在加速度地震波作用下，结构在时域内的运动方程为

$$m\ddot{u}+c\dot{u}+ku=-m\ddot{u}_{\mathrm{g}} \tag{3-105}$$

应用 Duhamel 积分，得到该方程的位移解表达式为

$$\begin{aligned}u(t)&=\int_0^t p_{\mathrm{eq}}(\tau)h(t-\tau)\mathrm{d}\tau\\&=\int_0^t(-m\ddot{u}_{\mathrm{g}})h(t-\tau)\mathrm{d}\tau\\&=\frac{1}{m\omega_{\mathrm{D}}}\int_0^t(-m\ddot{u}_{\mathrm{g}})\mathrm{e}^{-\xi\omega_{\mathrm{n}}(t-\tau)}\sin[\omega_{\mathrm{n}}(t-\tau)]\mathrm{d}\tau\\&=\frac{-1}{\omega_{\mathrm{D}}}\int_0^t\ddot{u}_{\mathrm{g}}\mathrm{e}^{-\xi\omega_{\mathrm{n}}(t-\tau)}\sin[\omega_{\mathrm{n}}(t-\tau)]\mathrm{d}\tau\end{aligned}$$

对任一给定的加速度地震波 $\ddot{u}_{\mathrm{g}}$，结构的地震响应仅与结构的阻尼比和结构的自振频率 ω_{n} 有关。即对于大小和尺寸不同的结构，若结构的阻尼比和自振频率相同，则对同一地震的响应完全相同。

对于结构工程，一般满足小阻尼条件，即阻尼比 ξ 比较小，则 $\omega_{\mathrm{D}}\doteq\omega_{\mathrm{n}}$。地震动作用下的位移解表达式可简化为

$$u(t)=\frac{-1}{\omega_{\mathrm{n}}}\int_0^t\ddot{u}_{\mathrm{g}}\mathrm{e}^{-\xi\omega_{\mathrm{n}}(t-\tau)}\sin[\omega_{\mathrm{n}}(t-\tau)]\mathrm{d}\tau \tag{3-106}$$

因此，通过上式对时间的一次微分得到速度解，两次微分得到加速度解。例如，绝对加速度的表达式为

$$\ddot{u}(t)+\ddot{u}_{\mathrm{g}}(t)=\omega_{\mathrm{n}}\cdot\int_0^t\ddot{u}_{\mathrm{g}}\mathrm{e}^{-\xi\omega_{\mathrm{n}}(t-\tau)}\sin[\omega_{\mathrm{n}}(t-\tau)]\mathrm{d}\tau=-\omega_{\mathrm{n}}^2\cdot u(t)$$

在结构抗震设计时，人们往往只需要知道结构响应的最大值，则位移反应谱 S_{d}、速度反应谱 S_{v}、绝对加速度反应谱 S_{a} 分别表示为

$$\begin{cases}S_{\mathrm{d}}=\max|u(t)|\\S_{\mathrm{v}}=\max|\dot{u}(t)|\\S_{\mathrm{a}}=\max|\ddot{u}(t)+\ddot{u}_{\mathrm{g}}(t)|\end{cases} \tag{3-107}$$

所以，

$$S_{\mathrm{v}}=\omega_{\mathrm{n}}\cdot S_{\mathrm{d}}$$
$$S_{\mathrm{a}}=\omega_{\mathrm{n}}^2\cdot S_{\mathrm{d}}$$

因此，位移反应谱 S_{d}、绝对加速度反应谱 S_{a} 都是 ω_{n} 的函数，即

$$S_{\rm d}=S_{\rm d}(\omega_{\rm n}),\qquad S_{\rm v}=S_{\rm v}(\omega_{\rm n}),\qquad S_{\rm a}=S_{\rm a}(\omega_{\rm n})$$

反应谱实质上是给出了在同一地震动作用下，不同周期（频率）成分的地震动所引起的地震响应的最大值（幅值）。与位移最大值相对应的是结构的最大地震恢复力（等效最大地震力），即

$$F=k\cdot S_{\rm d}=m\cdot S_{\rm a}$$

地震动加速度响应的最大值与输入地震波加速的幅值之比称为地震动力系数，定义表达式为

$$\beta(T_{\rm n})=\frac{S_{\rm a}(T_{\rm n})}{\ddot{u}_{\rm g0}}\tag{3-108}$$

其中，$\ddot{u}_{\rm g0}$ 为地面运动加速度峰值。

3.8.2 地震反应谱

El Centro 波是 1940 年 5 月 14 日在美国加利福尼亚州 El Centro 地震台站记录到的强震加速度记录，分为 NS 分量和 EW 分量，该记录的加速度峰值 $A_{\max}=314{\rm Gal}=0.32g$（$1{\rm Gal}=1{\rm cm}\cdot{\rm s}^{-2}$）。$S_{\rm d}$ 为体系的最大位移，$S_{\rm v}$、$S_{\rm a}$ 近似等于结构体系的最大速度响应和最大加速度响应，统称为地震反应谱。该概念最早由 Biot 于 20 世纪 30 年代提出，后来由 Housner 完善并应用于结构工程的抗震设计，基于地震反应谱（earthquake response spectrum）方法给出的结构的最大地震剪力为

$$Q_{\max}=kU_{\max}=kS_{\rm d}=m\omega_{\rm n}^2S_{\rm d}=mS_{\rm a}$$

剪力系数，即为结构最大地震剪力与结构重量之比，具体表达式为

$$\eta=\frac{Q_{\max}}{mg}=\frac{mS_{\rm a}}{mg}=\frac{S_{\rm a}}{g}$$

地震动加速度响应的最大值与重力加速度之比称为地震影响系数，定义表达式为

$$\alpha{=}\alpha(T_{\rm n})=\frac{m[\ddot{u}(t)+\ddot{u}_{\rm g}(t)]}{mg}=\frac{mS_{\rm a}}{mg}=\frac{S_{\rm a}}{g}\tag{3-109}$$

其中，g 为重力加速度。

结构体系在地震作用下，振动过程中的最大动能（等于最大势能）为

$$E_{\max}=\frac{1}{2}kS_{\rm d}^2=\frac{1}{2}mS_{\rm v}^2$$

由上式可知，当结构体系的自振周期接近于零，即相当于刚体时，其位移

和速度的反应谱均接近于零，加速度的反应谱数值近似等于地震动的峰值加速度。阻尼对反应谱的影响随着结构自振周期的不同而不同，当体系的地震动作用下结构响应接近于共振响应时，阻尼的影响比较大；在冲击作用下，阻尼的影响比较小。

为了便于从整体上把握地震动对结构的影响，Housner 利用速度反应谱在一定周期范围内的积分面积来描述地震作用的大小，表示地震动的强烈程度，该指标称为地震动谱烈度（spectrum intensity，SI），具体表达式为

$$\mathrm{SI}=\int_{0.1}^{2.5} S_{\mathrm{v}}(T,\xi)\mathrm{d}T$$

Housner 建议以阻尼比 ξ 为 0.2 为基准计算 SI 谱烈度，该指标经常与峰值加速度、峰值速度等指标一起使用，评估地震对结构的作用。Housner 综合多条强震记录，提出平均反应谱的概念。平均速度反应谱在短周期内随周期的增大而增大，超过某一周期后，平均速度谱趋于稳定。

Newmark 利用位移谱、拟速度谱、拟加速度谱之间的关系，将三种反应谱通过取对数操作，设计了三对数反应谱，在一张反应谱图表中表示三类地震动力响应，即分别通过横轴（周期 T），纵轴（速度谱 S_{v}），45°斜轴（位移谱 S_{d}），135°斜轴（加速度谱 S_{a}）来统一表示地震动力响应。实际上，该三类地震谱与地震动地面位移峰值、地面速度峰值和地面加速度峰值具有一定的放大倍数关系。该放大倍数随着结构阻尼比的不同而不同，当结构的阻尼比 $\xi<0.02$ 时，对应的三类反应谱的放大倍数分别为4、3、2；当结构的阻尼比 $0.05<\xi<0.1$ 时，对应的三类反应谱的放大倍数分别为2、1.5、1。关于地震反应谱方面的详细内容可进一步参考相关文献。

3.9　能量耗散与阻尼理论

3.9.1　结构振动中的能量耗散机理

对于建筑结构，由于结构振动的特点，上部结构的阻尼耗能中，干摩擦耗能和材料内摩擦耗能是最主要的，空气阻尼耗能是次要的。由材料学研究可知，材料内摩擦耗能源于振动过程中原子换位所引起的能量损耗，与振动频率是密切相

关的。在物理学中，这一现象被称为“弛豫”。内摩擦耗能的特性说明，上部结构中材料内摩擦耗能不是阻尼耗能的主要部分。上部结构中阻尼耗能以干摩擦耗能为主，因此得出振动一个周期的耗能与频率无关但与最大位移有关的结论，而这正是与上部结构阻尼实验和实测相一致的结论。

对于钢筋混凝土构件开裂后，裂缝面相互运动导致阻尼提高的情形，其实质也是干摩擦，而非材料内摩擦。材料内摩擦是微观意义上的摩擦，而开裂后混凝土构件内的摩擦是宏观意义上的摩擦，应属于干摩擦。根据上述分析，目前结构分析中采用的动力分析模型是不可能细致表达阻尼特征的。因为一般结构分析总是着眼于主要的结构构件，而将填充围护等附属部分作为质量、荷载考虑，但实际振动过程中，阻尼耗能恰恰主要发生于这些附属部分内部，及其与主体构件间的干摩擦。一般的阻尼研究和实验往往也忽略了附属部分的影响，因而结论不尽合理。

总之，上部结构阻尼的实质是以连接及附属部分内部，以及附属部分与主体结构间干摩擦耗能为主的耗能机制，阻尼耗能显然应与质量（反映附属部分大小）和刚度（反映位移大小）有关，干摩擦的摩擦系数则应与质量和刚度均有关。简单归纳一下，结构的阻尼因素一般有如下几种情形：

（1）体系变形过程中，由于材料的内摩擦而耗散能量；

（2）体系的各个组成部件，由于连接处以及体系与支座之间的摩擦而耗散能量；

（3）通过基础变形而耗散能量，这只有通过耦合振动才能反映出来；

（4）体系周边的介质对体系振动产生的阻尼，这种阻尼与介质的性质、结构的形状、振动的状态等因素都有关系。

体系的阻尼在动力简化模型中往往体现为阻尼力的形式。阻尼力在振动过程中所做的功，就体现为阻尼的能量耗散作用。产生阻尼的物理机制是非常复杂的，包括固体材料变形时的内摩擦、连接部位的摩擦、结构外部周围介质引起的阻尼等。明确了阻尼的实质，还需要寻求合理的表达方法。目前已经提出的各种各样的阻尼表达方法，主要有两大类。

（1）黏滞阻尼：假定阻尼力与速度成正比，无论是对简谐振动还是对非简谐振动，得到的振动方程均是线性方程，不仅求解方便，而且能够方便地表达阻尼对频率、共振等的影响，是应用最为广泛的阻尼模型。通过将阻尼系数表示为结构体系的质量、刚度的线性组合，即瑞利（Rayleigh）阻尼，是目前最常用的经典阻尼形式。

（2）滞变阻尼（又称为复阻尼）：假定应力与应变间存在一相位差，从而振动一个周期有耗能发生。人们已经提出了各种各样的滞变阻尼模型，其特点是可以得到不随频率改变的振型阻尼比，因而一般认为能较好地反映上部结构阻尼。但该模型在理论上只适用于简谐振动或有限频段内的振动分析，将其推广应用于更一般阻尼体系的动力响应还有很多困难。滞变阻尼将导致运动方程中出现复数形式的刚度，所以这种阻尼又称复阻尼，这对于一般时程分析而言，计算将比较复杂，因而滞变阻尼模型在实际中的应用并不多。

目前，各种阻尼理论大多只考虑单一阻尼因素，而实际结构的振动非常复杂，振动过程中有多种阻尼因素在起作用，而且在结构体系的不同使用阶段，体系的动力属性和阻尼耗散性能会发生改变，这更加剧了阻尼描述的困难。因此，想要找到一种完善而全面的阻尼理论是不现实的，目前，可行的方案是采用使用简便、形式简洁、与结构的实测结果大致相符的简化处理方法。在体系振动过程中，根据产生阻尼的机理或物理机制的不同，可以有不同类型阻尼力的表达形式。

（1）黏性阻尼力：与速度大小成正比，方向与速度相反，即 $f_{\mathrm{D}}=-c\dot{u}$ 。

（2）摩擦阻尼力：与速度大小无关，为一常数，方向与位移相反，即 $f_{\mathrm{D}}=-c\cdot\mathrm{sign}(u)$ 。

（3）滞变阻尼力：大小与位移成正比，相位与速度相同，即 $f_{\mathrm{D}}=\eta u\cdot\mathrm{sign}(\dot{u})$ 。

（4）流体阻尼力：大小与速度的平方成正比，方向一般情况下与速度相反，即 $f_{\mathrm{D}}=-c|\dot{u}|^2\cdot\mathrm{sign}(\dot{u})$ 。

施加一外力使结构离开其稳定的平衡位置，该体系将得到弹性势能。这时若将外力去掉，则体系将在其平衡位置附近振动，这种振动即为自由振动。如果这个体系是理想的保守系，则自由振动将无限地持续下去。自由振动的过程即是势能和动能不断相互转化的过程。事实上，自由振动的振幅将逐渐减小，最后振动终止。这种现象称为自由振动的衰减，它表明在振动过程中体系的机械能在不断地耗散。在强迫振动中，同样也有一部分机械能不断地转化为热能而耗散于体系周围的介质中。

在振动过程中，使体系的机械能耗散的因素称为体系的阻尼因素。结构的阻尼因素一般有以下几种，下面分别针对其物理机理进行介绍。

1. 体系变形过程中材料的内摩擦

试验结果表明，在每一周期的稳态简谐振动的应力循环中，应力和应变间的关系并不是严格地沿着如图 3-34 中所示的直线（虚线）变化，而是形成如图 3-34 中所示的所谓“滞回曲线”，当应力增加时曲线微向上凸，当应力减小时曲线微向下凹，也就是说应变总是落后于应力。这个现象称为滞变现象。滞回曲线的面积等于在一个应力循环中单位体积材料内散失的能量，令其为ΔU，并令

$$U_0 = \frac{1}{2}E\varepsilon_0^2$$

为与最大应变ε_0对应的弹性势能，则称比值

$$\psi = \frac{\Delta U}{U_0} \tag{3-110}$$

为材料的耗散系数。

材料内摩擦对振动的影响主要取决于材料的耗散系数ψ的大小和影响此系数的因素，而滞回曲线形状的影响较小。目前有关材料内摩擦的很多阻尼理论总是根据对滞回曲线的假定，给出应力与应变间特定的关系式。因此，在振动分析中拟选择的应力-应变关系，应能与耗散系数的实验结果相一致，同时在振动理论中的数学描述最简洁。

2. 各构件连接处（结点）以及体系与附属构件之间的摩擦

当体系或其部件与附属构件之间产生相对运动时，接触面的摩擦使体系的一部分机械能转化为热能而耗散，它相当于克服接触面的摩擦力而做的功。结构各构件结点处变形时耗散的能量可分为两部分，一部分是结点处材料的内摩擦，另一部分是结点处接触面相对运动时的干摩擦。

3. 通过地基与基础耗散的能量

体系振动时引起地基与基础的振动，从而也耗散一部分能量。通过地基而耗散的能量可分为两部分。一部分是由于地基及附近的土壤变形时的内摩擦而消失的能量，另一部分是在土壤中产生的变形波向外传递而带走的能量，通常后者是较小的。

4. 体系周围的介质对体系振动的阻力

这种阻力与介质性质、结构形状、阻抗面积、振动的速度等因素有关。经验

证明，对一般工程结构的振动而言，空气阻尼只占总阻尼的1%左右，在最不利情况下（例如，对于在风中振动的搭桅或风烟囱结构）也不超5%。因而，在工程结构的振动问题中可不考虑空气阻尼的影响。对于高速列车就不是这种情况，目前很多流固耦合动力问题都必须考虑周围介质的阻尼作用对体系振动的影响。

目前，各种阻尼理论大多只研究一种阻尼因素的影响。但真实的结构都是十分复杂的，而且往往若干种阻尼因素都起重要作用。想找出一种可以完善地解释各种结构的阻尼理论是困难的，只能选用既便于应用而又大体符合结构实测结果的计算方法。下面我们详细讨论应用比较广泛的两种简化处理的线性阻尼理论。

3.9.2 黏滞阻尼理论

材料的内摩擦亦可解释成：在振动中材料变形为ε时，除了产生弹性应力$E\varepsilon$外，还产生阻尼应力，耗散的能量等于阻尼力所做的功。1865年，汤姆孙（W. Thomson）在观测一些简单体系的自由衰减振动后，把固体材料中的内摩擦类比于黏滞流体中的黏滞摩擦，认为固体材料中的阻尼力与变形速率有关，这就是黏滞阻尼理论的雏形。1892年，沃伊特（Voigt）发展并完成了黏滞阻尼理论。按照这个理论，阻尼应力与变形速度$\dot{\varepsilon}$成正比，即总的应力

$$\sigma = E\varepsilon + b\dot{\varepsilon} \tag{3-111}$$

其中，E为材料的弹性模量；b为材料的黏滞阻尼系数，该系数有别于本书第2章介绍的结构体系的黏滞阻尼系数c。

当变形增加（$\dot{\varepsilon} > 0$）时，$\sigma > E\varepsilon$；当变形减小（$\dot{\varepsilon} < 0$）时，$\sigma < E\varepsilon$。根据式（3-51）可知，此时由于σ-ε存在相位差，反复加卸载后形成椭圆形滞回曲线，如图3-34所示。

现在来研究简谐运动中滞回曲线的形状。令

$$\varepsilon=\varepsilon_0 \mathrm{e}^{\mathrm{i}\omega t} = \varepsilon_0(\cos\omega t + \mathrm{i}\sin\omega t) \tag{3-112}$$

把式（3-112）代入式（3-111），得到应力的表达式为

$$\sigma = E\varepsilon_0 \mathrm{e}^{\mathrm{i}\omega t} + b\varepsilon_0 \omega \mathrm{e}^{\mathrm{i}\left(\omega t+\frac{\pi}{2}\right)} \tag{3-113}$$

由此两式的实部或虚部中消去t，便得滞回曲线方程：

$$\sigma = E\varepsilon \pm r_0\sqrt{1-\left(\frac{\varepsilon}{\varepsilon_0}\right)^2} \tag{3-114}$$

其中，正号对应滞回曲线的上支；负号对应滞回曲线的下支；而$r_0 = b\varepsilon_0\omega$为阻尼应力的幅值。式（3-114）为一椭圆方程（如图 3-34），其面积为体系一个振动周期内的耗散能：

$$\Delta U = \pi\varepsilon_0 r_0 = \pi b\omega\varepsilon_0^2$$

根据式（3-110），得到体系的耗散系数公式：

$$\psi = \frac{\Delta U}{U_0} = \frac{\pi b\omega\varepsilon_0^2}{\frac{1}{2}E\varepsilon_0^2} = \frac{2\pi b}{E}\omega \tag{3-115}$$

其中，ΔU 即为一个振动周期内阻尼力所做的功。

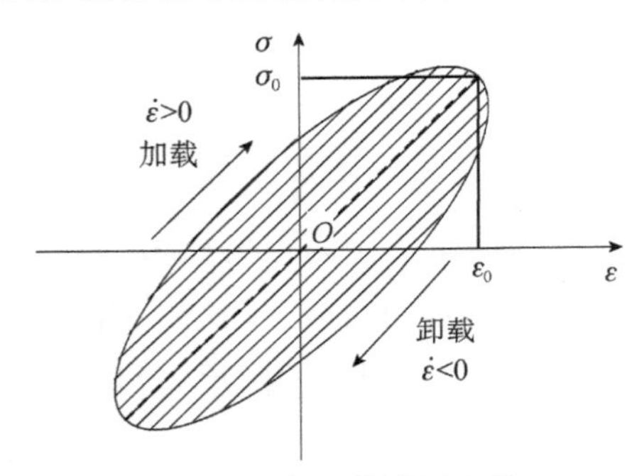

图 3-34　加卸载滞回曲线

基于黏滞阻尼理论给出的运动方程，形式为线性微分方程，应用简便，因此，这个最早提出的阻尼理论经过修正后，迄今在工程结构动力分析领域仍得到广泛应用。

3.9.3　等效黏滞阻尼

黏滞阻尼是一种理想化的阻尼模型，具有简单和便于分析计算的优点。实际结构体系中的阻尼源于多方面，情况要复杂得多，具体工程结构分析时可以将复杂阻尼依据能量等效原则转换成等效黏滞阻尼。

由于单自由度体系在简谐荷载作用下的位移解为$u(t) = \rho \cdot \sin(\omega t - \phi)$，则阻尼力可作如下转换：

$$\begin{aligned} f_{\mathrm{D}} &= c\dot{u}(t) = c\omega\rho\cos(\omega t - \phi) \\ &= \pm c\omega \cdot \sqrt{\rho^2 - [\rho\sin(\omega t - \phi)]^2} \\ &= \pm c\omega \cdot \sqrt{\rho^2 - u^2(t)} \end{aligned}$$

两端取平方，转换得如下各种方程形式

$$f_{\mathrm{D}}^2 = c^2\omega^2\left[\rho^2 - u^2(t)\right] \tag{3-116a}$$

$$\frac{f_{\mathrm{D}}^2}{c^2\omega^2} + u^2(t) = \rho^2 \tag{3-116b}$$

$$\left(\frac{u}{\rho}\right)^2 + \left(\frac{f_{\mathrm{D}}}{c\omega\rho}\right)^2 = 1 \tag{3-116c}$$

所以，阻尼力的滞回曲线（f_{D}-u 曲线）为椭圆，具体如图 3-35（a）所示；阻尼力和弹性恢复力在实际测量的时候往往同时测得，阻尼力和弹性力总和与位移构成的滞回曲线为倾侧的椭圆，具体如图 3-35（b）所示。

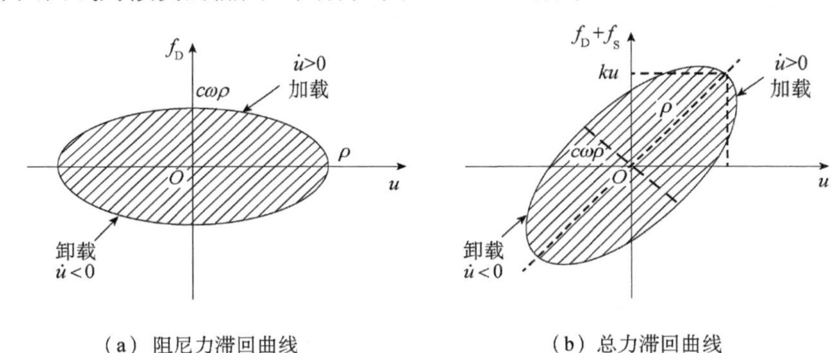

（a）阻尼力滞回曲线　　（b）总力滞回曲线

图 3-35　滞回曲线

由式（3-116c）可知，黏滞阻尼力模型所对应的滞回曲线包围的椭圆面积为

$$S_{\mathrm{D}} = \pi ad = \pi(c\omega\rho)\cdot\rho = \pi c\omega\rho^2 = E_{\mathrm{D}} \tag{3-117}$$

阻尼力所做的功在实际测量时，所得滞回曲线形状如图 3-36（a）所示为非规则的类椭圆形封闭曲线。依据能量等效的原则，即在一个振动循环内让等效黏性阻尼做的功等于实际阻尼所做的功，得到面积相等的椭圆曲线如图 3-36（b）所示，即弹性力做功为零。

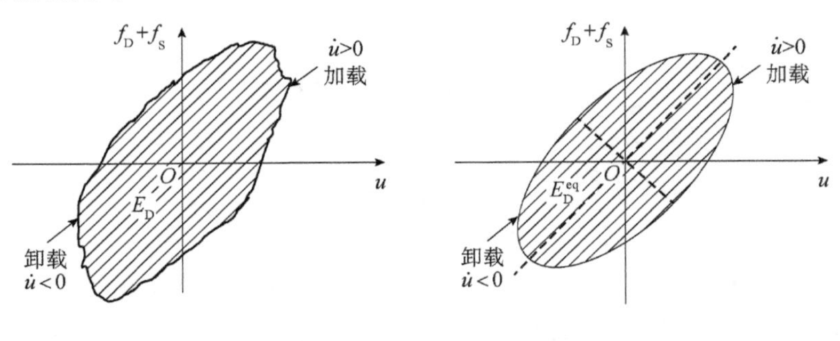

（a）实测总力滞回曲线　　（b）理想化模型总力滞回曲线

图 3-36　等效滞回曲线

令 $E_D = E_D^{eq}$，进而利用式（3-117）得到等效黏滞阻尼比

$$\xi_{eq} = \frac{E_D}{2\pi(\omega / \omega_n)k\rho^2} \tag{3-118a}$$

在实测中，共振时结构响应明显，易于量测。令 $\omega/\omega_n = 1$ 代入式（3-118a）得

$$\xi_{eq} = \frac{E_D}{2\pi k\rho^2} \tag{3-118b}$$

体系的最大弹性应变能为 $E_{S0} = \frac{1}{2}k\rho^2$，代入式（3-118b）得 $\xi_{eq} = \frac{E_D}{4\pi E_{S0}}$。因此，实际测量中也可以利用体系最大弹性应变能和体系所耗散的能量之比来间接得到体系的等效阻尼比。

3.9.4　滞变阻尼理论

在进行理论和实验研究后，T. Theodorsen 和 I. E. Garrick 于 1940 年提出了线性滞变阻尼理论，又称为复阻尼理论，基本假定为：阻尼应力与弹性应力成正比，而与应变率 $\dot{\varepsilon}$ 同相。基于复阻尼理论，在稳态简谐运动中，动应变用复数形式表示为

$$\varepsilon=\varepsilon_0 e^{i\omega t} = \varepsilon_0(\cos\omega t + i\sin\omega t)$$

应变率为

$$\dot{\varepsilon} = i\omega\varepsilon_0 e^{i\omega t} = \theta\varepsilon_0 e^{i\left(\omega t+\frac{\pi}{2}\right)}$$

从以上表达式可见，应变率的相位超越应变（或位移）的相位 90°。因而，运用胡克定律以及滞变阻尼理论中关于阻尼应力的基本假定，可给出弹性应力和阻尼应力的表达式分别为

$$\sigma_E = E\varepsilon_0 e^{i\omega t} = E\varepsilon$$

$$\sigma_D = \eta E\varepsilon_0 e^{i\left(\omega t+\frac{\pi}{2}\right)} = i\eta E\varepsilon$$

其中，η 为滞变阻尼系数。

从而得总应力（弹性应力与阻尼应力之和）为

$$\sigma = (1+i\eta)E\varepsilon \tag{3-119}$$

这相当于结构具有复刚度，因而在列运动方程时只需在刚度系数出现处乘以复数 $(1+i\eta)$，即得考虑复阻尼时的运动方程。现在再来研究式（3-119）所代表的滞回曲线的形式。在稳态简谐振动中，

$$\varepsilon = \varepsilon_0 e^{i\omega t}$$

$$\sigma = E\varepsilon_0 e^{i\omega t} + \eta E\varepsilon_0 \omega e^{i\left(\omega t + \frac{\pi}{2}\right)}$$

根据以上两式，变换得到

$$\sigma = E\varepsilon \pm \eta E\varepsilon_0 \sqrt{1 - \left(\frac{\varepsilon}{\varepsilon_0}\right)^2} \tag{3-120}$$

与式（3-114）比较，可以看出两者是很相似的（都是如图 3-36 所示的椭圆），区别仅在于此处阻尼应力的幅值 $r_0 = \eta E\varepsilon_0$ 是个常数，与频率无关，而前者的阻尼应力的幅值 $r_0 = b\varepsilon_0\omega$ 与频率成正比。因此，这两种理论在阻尼与频率之间的关系上将有本质的区别。

按所得滞回曲线，得耗散系数与滞变阻尼系数之间的关系式：

$$\psi = 2\pi\eta \tag{3-121}$$

1952 年，N. O. Myklestad 提出了一个新的假定：假设应变的相位总是落后于应力的相位角度 φ，φ 值可近似地看作一个常数。这样，应变表示为变频率及变幅值的形式，即

$$\varepsilon(t) = \varepsilon_0(t) e^{i\omega t}$$

则应力为

$$\sigma(t) = E\varepsilon_0(t) e^{i(\omega t + \varphi)}$$

从而得出应力-应变关系

$$\sigma = e^{i\varphi} E\varepsilon \tag{3-122}$$

在稳态简谐振动 $\varepsilon = \varepsilon_0 e^{i\omega t}$ 中，式（3-122）实部和虚部的滞回曲线方程均为

$$\sigma = E\varepsilon\cos\varphi \pm E\varepsilon_0 \sin\varphi \sqrt{1 - \left(\frac{\varepsilon}{\varepsilon_0}\right)^2} \tag{3-123}$$

利用实部或虚部均可得一个周期循环中单位体积材料耗散的能量为

$$\Delta U = \int \sigma d\varepsilon = \int_0^{\frac{2\pi}{\omega}} \sigma\dot{\varepsilon} dt = E\varepsilon_0^2 \pi \sin\varphi$$

除以 $U_0 = \dfrac{1}{2} E\varepsilon_0^2$，根据式（3-110）即得基于滞变阻尼理论的耗散系数：

$$\psi = 2\pi\sin\varphi \tag{3-124}$$

参数 η 或 φ 都是要靠实验来确定的，由于 φ 值很小，可近似取 $\cos\varphi \approx 1$，$\sin\varphi \approx \varphi$；则式（3-124）将转化为式（3-121）。因此，根据这两个假定得出的计算结果在数值上是很接近的。

根据黏滞阻尼理论和滞变阻尼理论所得出的单自由度体系自由衰减振动的规律是相似的，唯一的区别表现在对数衰减率和频率的关系上。按照滞变阻尼理论，又称复阻尼理论，对数衰减率为

$$\delta = 2\pi \tan\frac{\eta}{2} = \pi\eta \tag{3-125}$$

只取决于结构的阻尼参数η，与周期无关。但按照黏滞阻尼理论，对数衰减率为

$$\delta = 2\pi\frac{\xi\cdot\omega_{\mathrm{n}}}{\omega_{\mathrm{D}}} = \frac{2\pi}{\sqrt{\left(\frac{1}{\xi}\right)^2 - 1}} \tag{3-126}$$

1913 年，P. E. Rowelt 已用实践证明，在很大范围内改变结构的自振周期时，对数衰减率几乎没有变化。近代大量实验也一致证明了这个结论。

黏滞阻尼理论中的阻尼比近似表达为

$$\xi \approx \frac{\eta}{2} \tag{3-127}$$

则两种阻尼理论将给出完全相同的单自由度体系自由衰减振动。因此，目前采用黏滞阻尼理论时均以阻尼比ξ代表结构的阻尼参数。这样，黏滞阻尼理论中的阻尼比在数值上等于复阻尼理论的阻尼参数η的一半。

应该说明的是，复阻尼理论还存在一些缺点，例如，该理论基本上是从稳态简谐振动中推导出来的，推广到瞬态响应的理论依据还不够充分。此外，在求解具有复系数的强迫振动微分方程时，在数学上也还存在困难。若采用基于守恒原理的积分方程理论推导出弹性体系自由振动和强迫振动的一般规律后，再把任意荷载的作用转化为一系列瞬间荷载脉冲作用下自由振动的总和，则不需要把真实荷载转化为复荷载。这样得出的结果，和采用等效黏滞阻尼所得的结果是相似的。对此感兴趣的读者可以再进一步查阅相关文献。

总之，黏滞阻尼理论和滞变阻尼理论各有优缺点，目前在应用时必须作某些近似处理，以求得尽量符合结构实际振动规律的简便的分析模型计算方法。

3.9.5 等效滞变阻尼

根据式（3-71），体系每个振动周期内阻尼力所引起的能量耗散为

$$E_{\mathrm{D}} = T\cdot P_{\mathrm{avg}} = \left(\frac{2\pi}{\omega}\right)\cdot P_{\mathrm{avg}} = 2\pi\xi m\omega_{\mathrm{n}}\omega\rho^2 \tag{3-128}$$

式(3-128)所示的能量耗散E_D是依赖于激振频率的，并与激振频率ω成正比，这与实际测得的结果不符。试验结果表明：阻尼耗散与激振频率几乎是无关的。为了消除该矛盾，引入滞变阻尼，即阻尼力大小与位移幅值成正比而与速度同相。可以给出三种形式的滞变阻尼力表达式，具体如下：

$$f_D = \eta k \left| u(t) \right| \frac{\dot{u}(t)}{\left| \dot{u}(t) \right|} \tag{3-129a}$$

$$f_D = \mathrm{i}\eta k u(t) \tag{3-129b}$$

$$f_D = \frac{\eta k}{\omega} \cdot \dot{u}(t) \tag{3-129c}$$

以上三种表达式中，第一种是以滞变阻尼力的定义式给出的，第二种为复数形式的阻尼力，第三种是以构造频率无关阻尼力的形式给出。上述三种表达形式的滞变阻尼力在复数域完全等价。设位移解的复数表达形式$u(t)=u_0 e^{\mathrm{i}\omega t}$，则阻尼力的最终表达式转化为

$$f_D = \mathrm{i}\eta k u(t)$$

不同的阻尼力对应的阻尼耗散能量表达式有所不同，对于第一种和第三种表达式，一个振动周期内的能量耗散，利用式（3-129a）得能量耗散为

$$E_{D1} = \int f_D \mathrm{d}u = \int_0^{2\pi/\omega} \eta k \left| u(t) \right| \cdot \frac{\dot{u}(t)}{\left| \dot{u}(t) \right|} \mathrm{d}t = 2\eta k \rho^2$$

利用式（3-129c）得能量耗散为

$$E_{D3} = \int f_D \mathrm{d}u = \int_0^{2\pi/\omega} \frac{\eta k}{\omega} \dot{u}(t) \dot{u}(t) \mathrm{d}t = \pi \eta k \rho^2$$

因此，两种阻尼表达式对应的阻尼力在一个周期内的能量消耗的数值差别明显。把E_{D3}代入式（3-118）得等效阻尼比为

$$\xi_{eq} = \frac{\pi \eta k \rho^2}{2\pi(\omega/\omega_n) k \rho^2}$$

所以，

$$\xi_{eq} = \frac{1}{2(\omega/\omega_n)} \eta$$

当体系发生共振，即$\omega=\omega_n$时，得到$\eta = 2\xi_{eq}$。

滞变阻尼的耗能E_{D3}与激振频率ω无关，黏性阻尼与外力频率较低时，E_D值的真实值偏低；当外力频率较高时，E_D值的真实值偏高。两者的关系如图3-37所示。

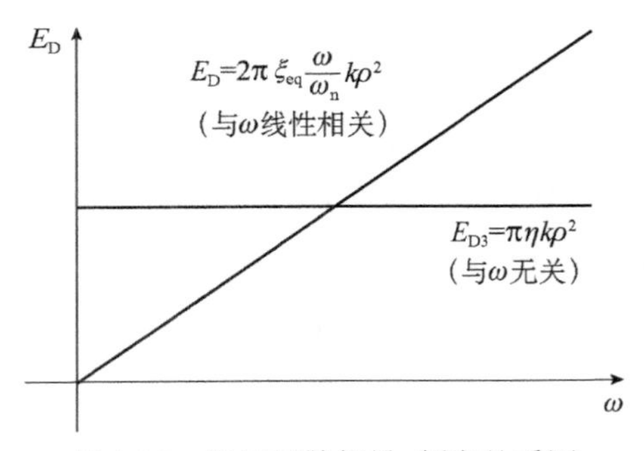

图 3-37 阻尼耗散能量-频率关系图

利用式（3-129b），将阻尼力与弹性恢复力合在一起，由此形成复刚度，具体表达式为

$$f_D+f_S=(1+\mathrm{i}\eta)ku(t)=\hat{k}\cdot u(t)$$

复数形式的简谐荷载作用下质点的运动方程为

$$m\ddot{u}+\hat{k}u=p_0\mathrm{e}^{\mathrm{i}\omega t}$$

令稳态解 $u(t)=\rho\mathrm{e}^{\mathrm{i}\omega t}$，则 $\ddot{u}(t)=-\omega^2\rho\mathrm{e}^{\mathrm{i}\omega t}$，代入上式得

$$[-m\omega^2+\hat{k}]\rho\mathrm{e}^{\mathrm{i}\omega t}=p_0\mathrm{e}^{\mathrm{i}\omega t}$$

解此方程得

$$\rho=\frac{p_0}{k}\frac{[1-(\omega/\omega_n)^2]-\mathrm{i}\eta}{[1-(\omega/\omega_n)^2]^2+\eta^2}$$

则位移解为

$$u(t)=\frac{p_0}{k}\frac{[1-(\omega/\omega_n)^2]-\mathrm{i}\eta}{[1-(\omega/\omega_n)^2]^2+\eta^2}\mathrm{e}^{\mathrm{i}\omega t}$$

写成复数形式：

$$u(t)=u_0\mathrm{e}^{\mathrm{i}(\omega t-\phi)}$$

其中，$u_0=\frac{p_0}{k}\frac{1}{[1-(\omega/\omega_n)^2]^2+\eta^2}$，$\phi=\arctan\frac{\eta}{1-(\omega/\omega_n)^2}$。

可以证明，采用复阻尼时，在每一振动周期中，阻尼耗散的能量为

$$E_{D2}=\pi\eta m\omega_n^2u_0^2=\pi\eta ku_0^2 \tag{3-130}$$

与式（3-129c）阻尼推导过程相同，每周期耗散的能量不依赖于激振频率 ω。复阻尼理论与实验结果相符，已经广泛应用于频域分析中。

思　考　题

1. 试简述自由振动为简谐振动的数学推导。
2. 试简述自由振动为实振动的物理含义。
3. 试简述实阻尼与复阻尼的概念区别。
4. 试简述振动过程中的能量损耗与阻尼之间的联系与区别。
5. 强迫振动是否具有叠加性质，在什么时候满足？

习　　题

3-1　假设如图 3-38 所示单自由度体系，质量和刚度为：$m=3.5\times10^5$kg，$k=7000$kN・m^{-1}。如果体系在初始位移 $u(0)=$ 1.7cm，初始速度 $\dot{u}(0)=14.22$cm・s^{-1} 时产生自由振动，试求 t =1s 时的位移及速度。假设阻尼条件分别为：（a）$c=0$（无阻尼体系）；（b）$c=490$kN・s・m^{-1}。

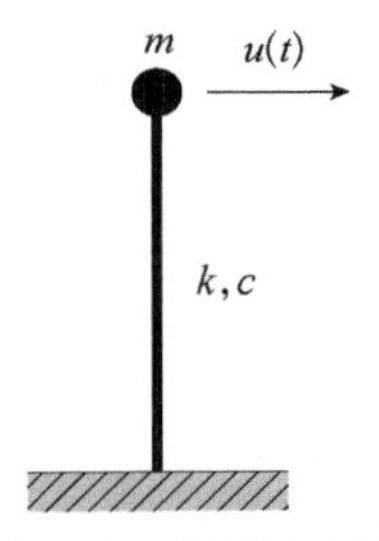

图 3-38　习题 3-1 图

3-2　一个安装有精密仪器的支架放置在实验室的地板上，而地板以 20Hz 的频率做竖向振动，振幅为 0.07cm。如果支架的重量为 3500N，试确定为使支架的竖向运动振幅减小到 0.01cm 所需隔振系统的刚度。

3-3　一个重 30kN 的筛分机，当满载运行时，将在其支承上产生 12Hz、3.5kN 的谐振力。当把机器安装在弹簧式隔振器上后，作用于支承上的谐振力幅值减小到 0.2kN。试确定隔振装置的刚度系数 k 。

3-4　图 3-39（a）所示的结构可理想化为单自由度等效体系。为了确定这个数学模型的 c 和 k 值，对混凝土柱进行了谐振荷载试验，当试验频率为 $\omega=10$rad・s^{-1} 时，得到如图 3-39（b）所示的力–变位（滞变）曲线，其中，E_S 为 15N・m，E_D 为 12kN・m，u_H 为 3mm，p_V 为 5kN。

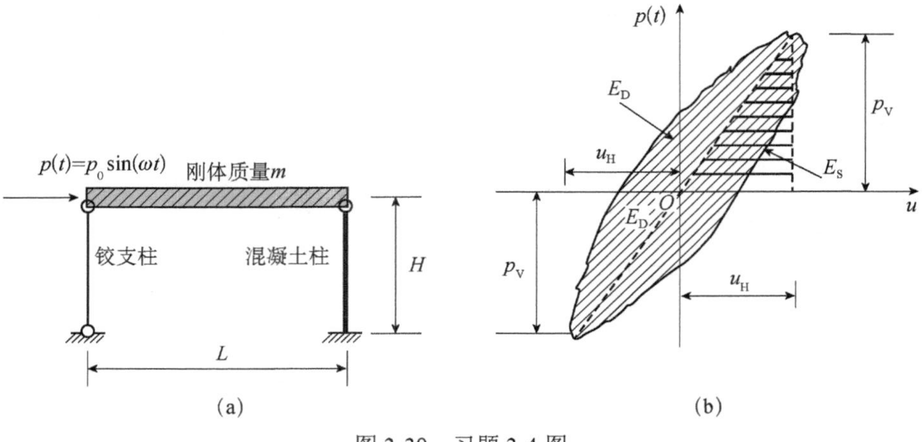

图 3-39 习题 3-4 图

根据这些数据：

（a）确定刚度 k；

（b）假定为黏滞阻尼机理，试确定名义黏滞阻尼比 ξ 和阻尼系数 c；

（c）假定为滞变阻尼机理，试确定名义滞变阻尼系数 ξ。

3-5 从零线性增大到峰值的三角形脉冲可用 $p(t)=p_0(t/t_1)$ 表示 $(0<t<t_1)$，

（a）试推导在此荷载作用下从“静止”条件开始的单自由度结构反应的表达式；

（b）如果 $t_1=3\pi/\omega$，试确定由此荷载引起的最大反应比：

$$R_{\max}=\frac{u_{\max}}{p_0/k}$$

3-6 如图 3-40 所示，跨中支承质量 m_1，均质等截面梁，单位长度质量为 $\bar{m}$，抗弯刚度为 EI，试用瑞利法计算该均质简支梁的振动周期，考察如下两种情况：（a）$m_1=0$；（b）$m_1=3\bar{m}L$。采用跨中荷载（即在 $x=L/2$ 对称处）引起的静挠度作为假设形状，亦即 $v(x)=px(3L^2-4x^2)/48EI$ $(0\leqslant x\leqslant L/2)$。

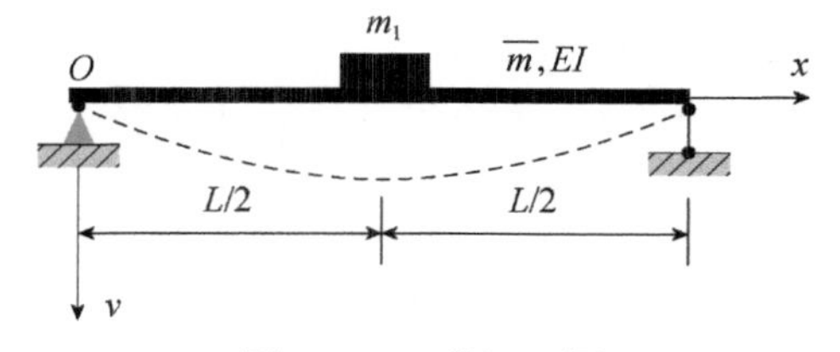

图 3-40 习题 3-6 图

第 4 章　多自由度体系

4.1　运 动 方 程

4.1.1　三自由度体系

多自由度系统，即在任意时刻需要两个或更多的广义坐标才能完全确定其位置的系统。框架结构是土木工程中常见的多自由度结构体系，由于结构高度一般远大于结构横向尺寸，所以体系的运动一般以横向自由度为主。根据横向连接结构件（如梁、板）刚度的不同，可以分为剪切型振动框架和弯曲型振动框架。当梁、板的抗弯刚度为有限值的时候，横向振动表现为弯曲型，如图 4-1 所示；当梁板的抗弯刚度可假定为无穷大的时候，横向振动表现为剪切型，如图 4-2 所示。这两种动力体系对应的动力自由度数是相同的，但是，结构刚度矩阵的分布特点是不同的，弯曲型体系的刚度矩阵为满阵，剪切型体系的刚度矩阵为带状稀疏矩阵。

假设框架满足小位移、弹性变形假定，且质量集中于各楼层，质点只有水平位移，下面以三层框架为例，分别用刚度法和柔度法给出结构体系的刚度矩阵和柔度矩阵。

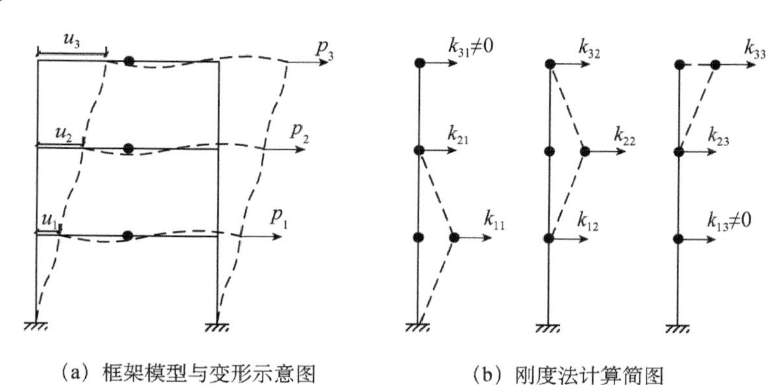

(a) 框架模型与变形示意图　　(b) 刚度法计算简图

图 4-1　弯曲型振动三层框架

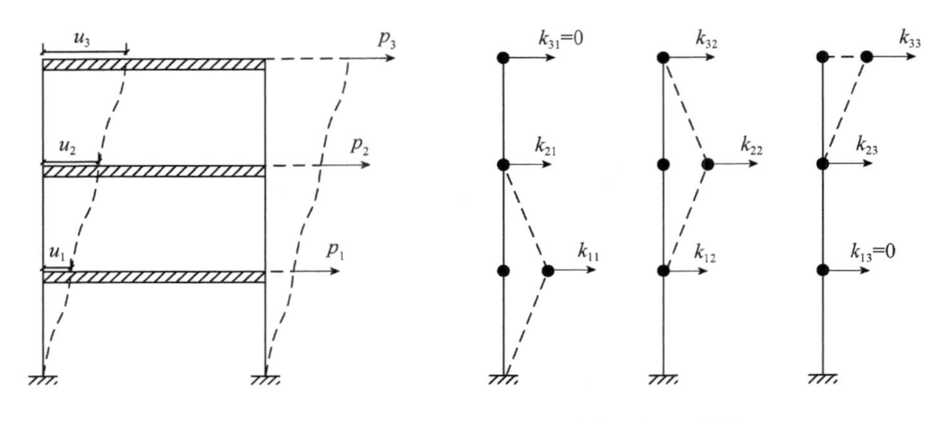

(a) 框架模型与变形示意图　　(b) 刚度法计算简图

图 4-2　剪切型振动三层框架

对于节点位移列向量，按照不同的自由度分量，可以表示为如下三项矢量之和：

$$\begin{Bmatrix} u_1 \\ u_2 \\ u_3 \end{Bmatrix} = \begin{Bmatrix} 1 \\ 0 \\ 0 \end{Bmatrix} u_1 + \begin{Bmatrix} 0 \\ 1 \\ 0 \end{Bmatrix} u_2 + \begin{Bmatrix} 0 \\ 0 \\ 1 \end{Bmatrix} u_3 \tag{4-1}$$

对于荷载列向量，同样按照不同的自由度分量，可以表示为如下三项矢量之和：

$$\begin{Bmatrix} p_1 \\ p_2 \\ p_3 \end{Bmatrix} = \begin{Bmatrix} k_{11} \\ k_{21} \\ k_{31} \end{Bmatrix} u_1 + \begin{Bmatrix} k_{12} \\ k_{22} \\ k_{32} \end{Bmatrix} u_2 + \begin{Bmatrix} k_{13} \\ k_{23} \\ k_{33} \end{Bmatrix} u_3 \tag{4-2}$$

其中，k_{ij} 为刚阵元素值，其物理意义为使体系（施加约束后的基本结构）仅在 j 自由度发生单位位移时，需在 i 自由度上施加的力，具体如图 4-1（b）和图 4-2（b）所示。显然，当每个节点对应唯一自由度时，节点序号与自由度序号一致。当然，实际结构的节点和自由度编号并不一定都满足该一致性规律。式（4-2）用矩阵表达为

$$\boldsymbol{P}=\boldsymbol{K}\boldsymbol{U} \tag{4-3}$$

其中，刚度矩阵（stiffness matrix）$\boldsymbol{K}$ 的总体矩阵形式为

$$\boldsymbol{K}=\begin{bmatrix} k_{11} & k_{12} & k_{13} \\ k_{21} & k_{22} & k_{23} \\ k_{31} & k_{32} & k_{33} \end{bmatrix} \tag{4-4}$$

同样，也可以采用柔度法给出体系的柔度矩阵，假设分别在节点 1、2、3 上

施加单位力，计算各个节点对应的位移，具体如图 4-3 所示。

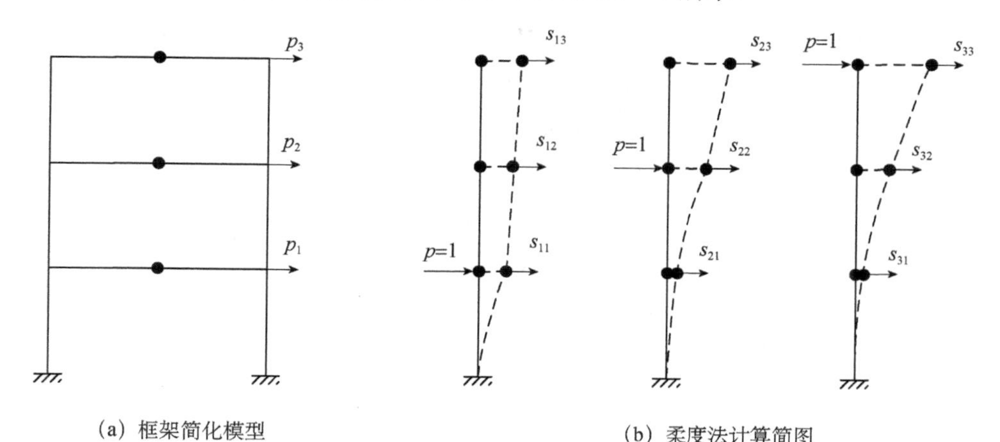

(a) 框架简化模型　　(b) 柔度法计算简图

图 4-3　三层框架及其柔度法计算简图

对于荷载列向量，同样按照不同的自由度分量，可以表示为如下三项矢量之和：

$$\begin{Bmatrix} p_1 \\ p_2 \\ p_3 \end{Bmatrix} = \begin{Bmatrix} 1 \\ 0 \\ 0 \end{Bmatrix} \times p_1 + \begin{Bmatrix} 0 \\ 1 \\ 0 \end{Bmatrix} \times p_2 + \begin{Bmatrix} 0 \\ 0 \\ 1 \end{Bmatrix} \times p_3 \tag{4-5}$$

对于节点位移列向量，按照不同的自由度分量，可以表示为如下三项矢量之和：

$$\begin{Bmatrix} u_1 \\ u_2 \\ u_3 \end{Bmatrix} = \begin{Bmatrix} s_{11} \\ s_{21} \\ s_{31} \end{Bmatrix} \times p_1 + \begin{Bmatrix} s_{12} \\ s_{22} \\ s_{32} \end{Bmatrix} \times p_2 + \begin{Bmatrix} s_{13} \\ s_{23} \\ s_{33} \end{Bmatrix} \times p_3 \tag{4-6}$$

其中，s_{ij} 为柔度矩阵元素值，其物理意义为使体系（原结构）仅在 j 自由度施加单位荷载时，在 i 自由度上产生的位移。用矩阵表达为

$$\boldsymbol{U} = \boldsymbol{SP} \tag{4-7}$$

其中，柔度矩阵（flexibility matrix）$\boldsymbol{S}$ 的具体展开式为

$$\boldsymbol{S} = \begin{bmatrix} s_{11} & s_{12} & s_{13} \\ s_{21} & s_{22} & s_{23} \\ s_{31} & s_{32} & s_{33} \end{bmatrix} \tag{4-8}$$

对于层剪切型框架模型（即横梁刚度为无穷大，节点仅发生侧移不发生转角），当某一层发生层间位移时，仅在该楼层产生层剪力。对于普通框架模型（节点发生侧移和转角），当某一层发生层间位移时，在几乎所有的楼层都会产生层剪力。对于层剪切型框架模型，刚度矩阵 $\boldsymbol{K}$ 为三角阵，柔度矩阵 $\boldsymbol{S}$ 为满阵，且互为逆矩

阵；对于弯曲型框架模型，刚度矩阵 $\boldsymbol{K}$ 与柔度矩阵 $\boldsymbol{S}$ 均为满阵，且仍互为逆矩阵。

运用达朗贝尔原理列运动方程，各质点除了承受外荷载 $\boldsymbol{P}$ 外，还“承受”惯性力 $\boldsymbol{F}_{\mathrm{I}i}=-m_i\ddot{u}_i$，各质点处的惯性力组成惯性力列向量 $\boldsymbol{F}_{\mathrm{I}}$，则动平衡方程可表达为

$$\boldsymbol{P}+\boldsymbol{F}_{\mathrm{I}}=\boldsymbol{KU} \tag{4-9}$$

用矩阵分项式表达为

$$\begin{bmatrix} m_1 & 0 & 0 \\ 0 & m_2 & 0 \\ 0 & 0 & m_3 \end{bmatrix}\begin{Bmatrix} \ddot{u}_1 \\ \ddot{u}_2 \\ \ddot{u}_3 \end{Bmatrix}+\begin{bmatrix} k_{11} & k_{12} & k_{13} \\ k_{21} & k_{22} & k_{23} \\ k_{31} & k_{32} & k_{33} \end{bmatrix}\begin{Bmatrix} u_1 \\ u_2 \\ u_3 \end{Bmatrix}=\begin{Bmatrix} p_1 \\ p_2 \\ p_3 \end{Bmatrix} \tag{4-10}$$

用矩阵向量式表达为

$$\boldsymbol{M\ddot{U}}+\boldsymbol{KU}=\boldsymbol{P}(t) \tag{4-11}$$

对于层剪切型框架模型的运动方程，矩阵分项式表达形式为

$$\begin{bmatrix} m_1 & 0 & 0 \\ 0 & m_1 & 0 \\ 0 & 0 & m_1 \end{bmatrix}\begin{Bmatrix} \ddot{u}_1 \\ \ddot{u}_2 \\ \ddot{u}_3 \end{Bmatrix}+\begin{bmatrix} k_1+k_2 & -k_2 & 0 \\ -k_2 & k_2+k_3 & -k_3 \\ 0 & -k_3 & k_3 \end{bmatrix}\begin{Bmatrix} u_1 \\ u_2 \\ u_3 \end{Bmatrix}=\begin{Bmatrix} p_1 \\ p_2 \\ p_3 \end{Bmatrix} \tag{4-12}$$

其中，k_1、k_2、k_3 分别表示三层框架中 1 层、2 层和 3 层的层剪切刚度系数，因此，$k_1+k_2=k_{11}$，$k_2+k_3=k_{22}$，$k_2=-k_{12}=-k_{21}$，$k_3=-k_{23}=-k_{32}=k_{33}$。

4.1.2 一般多自由度体系

针对一般意义上的多自由度体系，运用达朗贝尔原理列运动方程，则任一自由度的动平衡方程可表达为

$$f_{\mathrm{I}i}+f_{\mathrm{D}i}+f_{\mathrm{S}i}=p_i(t),\quad i=1,2,\cdots,N \tag{4-13}$$

把所有的自由度上的动平衡方程整合在一起，用矩阵向量形式表达为

$$\boldsymbol{F}_{\mathrm{I}}+\boldsymbol{F}_{\mathrm{D}}+\boldsymbol{F}_{\mathrm{S}}=\boldsymbol{P}(t) \tag{4-14}$$

对于弹性恢复力，可以用矩阵形式表达：

$$\boldsymbol{F}_{\mathrm{S}}=\begin{Bmatrix} f_{\mathrm{S}1} \\ f_{\mathrm{S}2} \\ \vdots \\ f_{\mathrm{S}N} \end{Bmatrix}=\begin{bmatrix} k_{11} & k_{12} & \cdots & k_{1N} \\ k_{21} & k_{22} & \cdots & k_{2N} \\ \vdots & \vdots & & \vdots \\ k_{N1} & k_{N2} & \cdots & k_{NN} \end{bmatrix}\begin{Bmatrix} u_1 \\ u_2 \\ \vdots \\ u_N \end{Bmatrix}=\boldsymbol{KU} \tag{4-15}$$

下面以剪切型框架结构为例介绍各个元素的物理意义。弹性恢复力 $f_{\mathrm{S}i}$ 对于剪切型框架结构，可以用层间刚度或单元刚度来表示，任一刚度元素系数 k_{ij} 称为刚度影

响系数，简称刚度系数，其物理意义是由第 j 自由度的单位位移所引起的第 i 自由度的力，即 j 自由度给定一个单位位移，而其余自由度都保持不动，所需要的力（即为其余自由度产生的反力）如图 4-4 所示。

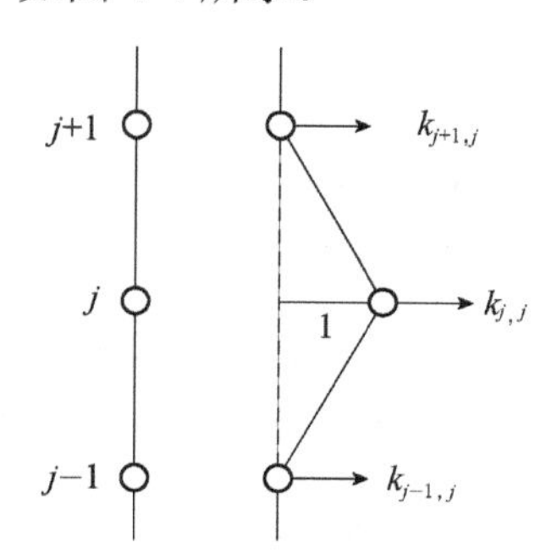

图 4-4　剪切型框架刚度系数的意义及计算简图

对于惯性力，也可以用矩阵形式表达：

$$\boldsymbol{F}_{\mathrm{I}}=\begin{Bmatrix} f_{\mathrm{I}1} \\ f_{\mathrm{I}2} \\ \vdots \\ f_{\mathrm{I}N} \end{Bmatrix}=\begin{bmatrix} m_{11} & m_{12} & \cdots & m_{1N} \\ m_{21} & m_{22} & \cdots & m_{2N} \\ \vdots & \vdots & & \vdots \\ m_{N1} & m_{N2} & \cdots & m_{NN} \end{bmatrix}\begin{Bmatrix} \ddot{u}_1 \\ \ddot{u}_2 \\ \vdots \\ \ddot{u}_N \end{Bmatrix}=\boldsymbol{M}\ddot{\boldsymbol{U}} \tag{4-16}$$

其中，$\boldsymbol{F}_{\mathrm{I}}$ 称为惯性力向量；$\boldsymbol{M}$ 称为质量矩阵；$\ddot{\boldsymbol{U}}$ 为加速度向量。

质量矩阵中的系数 m_{ij} 为质量影响系数，简称质量系数，其物理意义是由第 j 自由度的单位加速度在基本结构上引起的第 i 自由度的惯性力，即给定 j 自由度一个单位加速度，产生了惯性力，其余自由度加速度为零时，其余自由度上所需要的反力，如图 4-5 所示。如果柱的质量不能忽略，则 $\boldsymbol{M}$ 的非对角线元素将不恒为零，为满阵形式。柱引起的质量系数的物理含义如图 4-5 所示，其中，$\bar{m}$ 为柱的质量线密度。

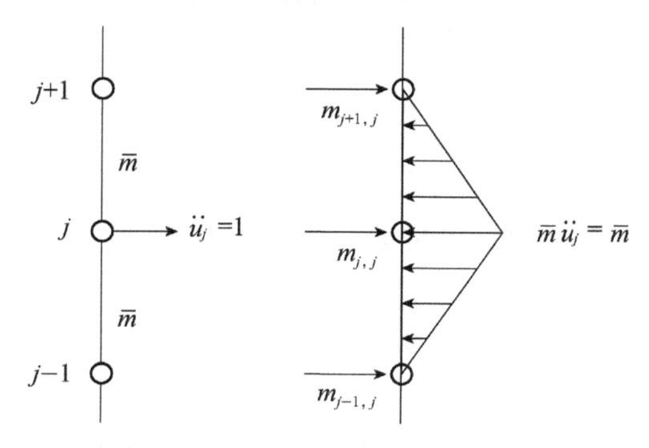

图 4-5　剪切型框架质量系数的意义及计算简图

若采用黏滞阻尼假设，运用与弹性力相似的方法可建立如下阻尼力向量的计算公式：

$$\boldsymbol{F}_{\mathrm{D}}=\begin{Bmatrix} f_{\mathrm{D}1} \\ f_{\mathrm{D}2} \\ \vdots \\ f_{\mathrm{D}N} \end{Bmatrix}=\begin{bmatrix} c_{11} & c_{12} & \cdots & c_{1N} \\ c_{21} & c_{22} & \cdots & c_{2N} \\ \vdots & \vdots & & \vdots \\ c_{N1} & c_{N2} & \cdots & c_{NN} \end{bmatrix}\begin{Bmatrix} \dot{u}_1 \\ \dot{u}_2 \\ \vdots \\ \dot{u}_N \end{Bmatrix}=\boldsymbol{C}\dot{\boldsymbol{U}} \tag{4-17}$$

其中，$\boldsymbol{F}_{\mathrm{D}}$ 称为阻尼力向量；$\boldsymbol{C}$ 称为阻尼矩阵；$\dot{\boldsymbol{U}}$ 为速度向量。系数 c_{ij} 称为阻尼影响系数，简称阻尼系数，其物理意义是在第 j 自由度施加单位速度，在基本结构上引起的相应于第 i 自由度的反力。结构阻尼矩阵的计算很难，一般都给予一定的假设，例如，与刚度矩阵或质量矩阵成比例等。

作用于层节点的外荷载向量可表达为

$$\boldsymbol{P}=\begin{Bmatrix} p_1 \\ p_2 \\ \vdots \\ p_N \end{Bmatrix} \tag{4-18}$$

其中，p_i 为作用于第 i 自由度的外荷载。

把式（4-15）～式（4-17）代入动平衡方程式（4-14），得到结构体系的总体运动方程，并用矩阵向量形式表示为

$$\boldsymbol{M}\ddot{\boldsymbol{U}}+\boldsymbol{C}\dot{\boldsymbol{U}}+\boldsymbol{K}\boldsymbol{U}=\boldsymbol{P} \tag{4-19}$$

其中，$\boldsymbol{M}$ 为质量矩阵；$\boldsymbol{C}$ 为阻尼矩阵；$\boldsymbol{K}$ 为刚度矩阵；$\boldsymbol{P}$ 为外荷载列向量。

4.2 振动模态分析

4.2.1 三自由度体系

对于如图 4-2 所示的层剪切型框架三自由度结构体系，令外荷载向量为零，得其无阻尼自由振动方程为

$$\begin{bmatrix} m_1 & 0 & 0 \\ 0 & m_1 & 0 \\ 0 & 0 & m_1 \end{bmatrix}\begin{Bmatrix} \ddot{u}_1 \\ \ddot{u}_2 \\ \ddot{u}_3 \end{Bmatrix}+\begin{bmatrix} k_1+k_2 & -k_2 & 0 \\ -k_2 & k_2+k_3 & -k_3 \\ 0 & -k_3 & k_3 \end{bmatrix}\begin{Bmatrix} u_1 \\ u_2 \\ u_3 \end{Bmatrix}=\begin{Bmatrix} 0 \\ 0 \\ 0 \end{Bmatrix} \tag{4-20}$$

假设所有质点均做简谐运动，并且保持相同频率ω和同一相位θ，只是节点之间的相对幅值不同。该假设条件对于比例阻尼体系都是成立的，因为存在相互独立的（又称为正交的）主振型，后续章节将有具体和详细的介绍。则对于三自由度体系中的每一质点的位移，可表达为

$$\begin{cases} u_1 = \phi_1 \sin(\omega t + \theta) \\ u_2 = \phi_2 \sin(\omega t + \theta) \\ u_3 = \phi_3 \sin(\omega t + \theta) \end{cases} \tag{4-21a}$$

其中，ϕ_1为第一质点简谐振动的位移幅值，其余类同。式（4-21a）的两端对时间t求两阶导数，得每一质点的加速度表达式为

$$\begin{cases} \ddot{u}_1 = -\phi_1 \omega^2 \sin(\omega t + \theta) \\ \ddot{u}_2 = -\phi_2 \omega^2 \sin(\omega t + \theta) \\ \ddot{u}_3 = -\phi_3 \omega^2 \sin(\omega t + \theta) \end{cases} \tag{4-21b}$$

把式（4-21a）和式（4-21b）代入无阻尼自由振动的方程式（4-20），得到

$$\begin{cases} [-m_1\omega^2\phi_1 + (k_1 + k_2)\phi_1 - k_2\phi_2] \cdot \sin(\omega t + \theta) = 0 \\ [-m_2\omega^2\phi_2 - k_2\phi_1 + (k_2 + k_3)\phi_2 - k_3\phi_3] \cdot \sin(\omega t + \theta) = 0 \\ (-m_3\omega^2\phi_3 - k_3\phi_2 + k_3\phi_3) \cdot \sin(\omega t + \theta) = 0 \end{cases} \tag{4-22}$$

由于式（4-22）对于任意时间t都成立，所以，

$$\begin{cases} -m_1\omega^2\phi_1 + (k_1 + k_2)\phi_1 - k_2\phi_2 = 0 \\ -m_2\omega^2\phi_2 - k_2\phi_1 + (k_2 + k_3)\phi_2 - k_3\phi_3 = 0 \\ -m_3\omega^2\phi_3 - k_3\phi_2 + k_3\phi_3 = 0 \end{cases} \tag{4-23}$$

令方程式（4-23）的系数行列式为零，即

$$\begin{vmatrix} (k_1 + k_2) - \omega^2 m_1 & -k_2 & 0 \\ -k_2 & (k_2 + k_3) - \omega^2 m_2 & -k_3 \\ 0 & -k_3 & k_3 - \omega^2 m_3 \end{vmatrix} = 0 \tag{4-24}$$

该式即为体系的动力特征方程（dynamic characteristic-equation），展开成代数方程形式：

$$\begin{aligned} & m_1 m_2 m_3 \omega^6 - [m_2 m_3 (k_1 + k_2) + m_1 m_3 (k_2 + k_3) + m_1 m_2 k_3]\omega^4 \\ & + [k_1 k_2 m_3 + k_1 k_3 m_2 + k_2 k_3 m_1 + k_1 k_3 m_3 + k_2 k_3 m_2 + k_2 k_3 m_3]\omega^2 - k_1 k_2 k_3 = 0 \end{aligned} \tag{4-25}$$

为了简化，令

$$a = m_1 m_2 m_3$$

$$b = -[m_2 m_3(k_1 + k_2) + m_1 m_3(k_2 + k_3) + m_1 m_2 k_3]$$

$$c = k_1 k_2 m_3 + k_1 k_3 m_2 + k_2 k_3 m_1 + k_1 k_3 m_3 + k_2 k_3 m_2 + k_2 k_3 m_3, \quad d = -k_1 k_2 k_3, \quad \bar{\omega} = \omega^2$$

则方程式（4-25）可简化表达为

$$a\bar{\omega}^3 + b\bar{\omega}^2 + c\bar{\omega} + d = 0 \tag{4-26}$$

该特征方程是关于 $\bar{\omega}$ 的一元三次方程，关于一元三次方程求解意大利学者卡尔达诺（G. Cardano）给出了缺少二次方项的一元三次方程 $x^3 + px + q = 0$（$p,q \in \mathbf{R}$）的求根公式（卡尔达诺公式）。对标准型的一元三次方程 $ax^3 + bx^2 + cx + d = 0$（$a,b,c,d \in \mathbf{R}$，$a \neq 0$），可做变量代换，转化为方程形式 $x^3 + px + q = 0$ 进行求根。下面给出在 Mathematica 符号计算软件中得到的解：

$$\bar{\omega}_1 = \frac{-b}{3a} - \frac{2^{1/3}(-b^2+3ac)}{3a\left(-2b^3+9abc-27a^2d+\sqrt{4(-b^2+3ac)^3+(-2b^3+9abc-27a^2d)^2}\right)^{1/3}} + \frac{\left(-2b^3+9abc-27a^2d+\sqrt{4(-b^2+3ac)^3+(-2b^3+9abc-27a^2d)^2}\right)^{1/3}}{32^{1/3}a}$$

$$\bar{\omega}_2 = \frac{-b}{3a} + \frac{(1+\mathrm{i}\sqrt{3})(-b^2+3ac)}{32^{2/3}a\left(-2b^3+9abc-27a^2d+\sqrt{4(-b^2+3ac)^3+(-2b^3+9abc-27a^2d)^2}\right)^{1/3}} - \frac{(1-\mathrm{i}\sqrt{3})\left(-2b^3+9abc-27a^2d+\sqrt{4(-b^2+3ac)^3+(-2b^3+9abc-27a^2d)^2}\right)^{1/3}}{62^{1/3}a}$$

$$\bar{\omega}_3 = \frac{-b}{3a} + \frac{(1-\mathrm{i}\sqrt{3})(-b^2+3ac)}{32^{2/3}a\left(-2b^3+9abc-27a^2d+\sqrt{4(-b^2+3ac)^3+(-2b^3+9abc-27a^2d)^2}\right)^{1/3}} - \frac{(1+\mathrm{i}\sqrt{3})\left(-2b^3+9abc-27a^2d+\sqrt{4(-b^2+3ac)^3+(-2b^3+9abc-27a^2d)^2}\right)^{1/3}}{62^{1/3}a}$$

当体系以某一频率 ω 振动时，通过假定某一相对性条件，解得的振动形式即为振型。体系的振型与发生振动的初始条件无关，而仅与体系本身的刚度和质量分布有关，故称为固有振型。

对于 $m_1 = m_2 = m_3 = m$，$k_1 = k_2 = k_3 = k$ 的特殊情况，该三自由度体系的特征方程为

$$\omega^2(-m^3\omega^4 + 4km^2\omega^2 - 3k^2m) = 0$$

方程的解如下：$\omega_1 = 0$，$\omega_2 = \pm\sqrt{\dfrac{3k}{m}}$，$\omega_3 = \pm\sqrt{\dfrac{k}{m}}$。三个解对应该系统的前三阶

固有频率，每一个特征根对应一个特征向量，表示对应模态下该系统的振型。

如果预先设定了 ϕ_{1i} 值，就可以求出任一特征根下 ϕ_{2i} 和 ϕ_{3i} 的值。假设 $\phi_{1i}=1$，则各阶固有频率及其模态向量分别为：一阶模态，$\omega_1=0$，$\boldsymbol{\varphi}_1=[1\quad 1\quad 1]^{\mathrm{T}}$；二阶模态，$\omega_2=\frac{3k}{m}$，$\boldsymbol{\varphi}_2=[1\quad 0\quad -1]^{\mathrm{T}}$；三阶模态，$\omega_3=\frac{k}{m}$，$\boldsymbol{\varphi}_3=[1\quad -2\quad 1]^{\mathrm{T}}$。

振型是体系按某一频率所做的简谐振动的幅值分布。对于简谐振动，位移和惯性力同时达到峰值（幅值）。

4.2.2　一般多自由度体系

比例阻尼对于一般多自由度体系的自振特性没有影响，为了简化起见，这里针对无阻尼多自由度体系进行自振特性的分析。无阻尼多自由度体系的自由振动对应的方程为

$$\boldsymbol{M\ddot{U}}+\boldsymbol{KU}=\boldsymbol{0} \tag{4-27}$$

假设各质点在振动过程中体系保持一定的振动形态，位移解具有如下形式：

$$\boldsymbol{U}=\boldsymbol{\varphi}\mathrm{e}^{\mathrm{i}\omega t} \tag{4-28a}$$

其中，$\boldsymbol{\varphi}$ 为振幅列向量，式（4-28a）两边对时间 t 进行两次求导，得到

$$\boldsymbol{\ddot{U}}=-\omega^2\boldsymbol{\varphi}\mathrm{e}^{\mathrm{i}\omega t} \tag{4-28b}$$

把式（4-28a）和式（4-28b）代入式（4-27），整理得

$$(-\omega^2\boldsymbol{M}+\boldsymbol{K})\boldsymbol{\varphi}\mathrm{e}^{\mathrm{i}\omega t}=\boldsymbol{0} \tag{4-29}$$

由于对于任意时间 t，式（4-29）都成立，因此

$$(\boldsymbol{K}-\omega^2\boldsymbol{M})\boldsymbol{\varphi}=\boldsymbol{0} \tag{4-30}$$

对于 N 个自由度体系，式（4-30）可确定 N 个特征值（即固有频率），对应存在 N 个特征矢量（即固有振型），又称广义特征值问题。若 $\boldsymbol{K}$、$\boldsymbol{M}$ 为对称矩阵，而 $\boldsymbol{K}$ 又是正定的，则特征值和特征矢量全是实数；若 $\boldsymbol{M}$ 也是正定的，则特征值全都为正，则 N 阶固有频率根据大小排序如下

$$\omega_1<\omega_2<\cdots<\omega_N$$

把求得的固有频率代入式（4-20），通过假设任一分量值为 1，求得第 j 阶固有振型（为 N 维列向量）为

$$\boldsymbol{\varphi}_j=[\varphi_{1j}\quad \varphi_{2j}\quad \cdots\quad \varphi_{Nj}]^{\mathrm{T}},\quad j=1,2,\cdots,N$$

其中，φ_{1j} 为第 j 阶固有振型中对应第 1 自由度的系数，其余类同。则由 N 阶固有

振型组成模态矩阵为

$$\boldsymbol{\Phi}=\begin{bmatrix}\boldsymbol{\varphi}_1 & \boldsymbol{\varphi}_2 & \cdots & \boldsymbol{\varphi}_N\end{bmatrix}=\begin{bmatrix}\varphi_{11} & \varphi_{12} & \cdots & \varphi_{1N}\\ \varphi_{21} & \varphi_{22} & \cdots & \varphi_{2N}\\ \vdots & \vdots & \vdots & \vdots\\ \varphi_{N1} & \varphi_{N2} & \cdots & \varphi_{NN}\end{bmatrix}$$

以所有的 N 阶固有频率的平方为对角元素组成谱矩阵表达式为

$$\boldsymbol{\Omega}^2=\begin{bmatrix}\omega_1^{\ 2} & & & \\ & \omega_2^{\ 2} & & \\ & & \ddots & \\ & & & \omega_N^{\ 2}\end{bmatrix}$$

对应于体系的自振频率，特征向量表示体系各质点相对位移之间的比例关系。由于特征向量对应于体系的振型向量，不能唯一确定，只有相对解，因此，往往采用归一化的方法进行振型向量的处理，便于进行振动分析。归一化方法主要有：①使最大元素的值为 1；②使某一个元素的值为 1；③令 $\overline{\boldsymbol{\varphi}}_s=\boldsymbol{\varphi}_s\Big/\sqrt{\sum_{i=1}^{N}m_i(\boldsymbol{\varphi}_{is})^2}$ ，则满足 $(\overline{\boldsymbol{\varphi}}_s)^{\mathrm{T}}\boldsymbol{M}(\overline{\boldsymbol{\varphi}}_s)=1$ 。

4.2.3 振型矩阵的正交性

振型向量的正交性，以及基于振型向量的展开定理是多自由体系重要的特性，下面进行详细分析。对于任意 r、s 两阶振型，由振型方程（4-30）可得

$$-\omega_s^2\boldsymbol{M}\boldsymbol{\varphi}_s+\boldsymbol{K}\boldsymbol{\varphi}_s=\boldsymbol{0} \tag{4-31a}$$

$$-\omega_r^2\boldsymbol{M}\boldsymbol{\varphi}_r+\boldsymbol{K}\boldsymbol{\varphi}_r=\boldsymbol{0} \tag{4-31b}$$

式（4-31a）左乘 $(\boldsymbol{\varphi}_r)^{\mathrm{T}}$，式（4-31b）转置后右乘 $\boldsymbol{\varphi}_s$，再相减得

$$(\omega_s^2-\omega_r^2)(\boldsymbol{\varphi}_r)^{\mathrm{T}}\boldsymbol{M}\boldsymbol{\varphi}_s=0$$

由于 $\omega_s^2\neq\omega_r^2$，所以，

$$(\boldsymbol{\varphi}_r)^{\mathrm{T}}\boldsymbol{M}\boldsymbol{\varphi}_s=0,\quad r\neq s$$

上式反映了振型向量关于质量矩阵的正交性，当 $r=s$ 时，令 $M_s=(\boldsymbol{\varphi}_s)^{\mathrm{T}}\boldsymbol{M}\boldsymbol{\varphi}_s\neq 0$，即为对应于体系第 s 阶模态的模态质量。同理可得

$$(\boldsymbol{\varphi}_r)^{\mathrm{T}}\boldsymbol{K}\boldsymbol{\varphi}_s=0,\quad r\neq s$$

上式反映了振型向量关于刚度矩阵的正交性，当 $r=s$ 时，令 $K_s=(\boldsymbol{\varphi}_s)^{\mathrm{T}}\boldsymbol{K}\boldsymbol{\varphi}_s\neq 0$，即为对应于体系第 s 阶模态的模态刚度。因此，根据两组正交性条件可知，N 自

由度体系具有 N 个相互独立的 N 维特征向量。描述体系在任意运动状态的 N 维位移向量 $\boldsymbol{U}$ ，可表示为 N 个特征向量的线性组合，又称为展开定理。即

$$\boldsymbol{U}=\sum_{i=1}^{N} q_i \boldsymbol{\varphi}_i \tag{4-32}$$

利用特征向量的正交性，可求得无量纲的权重系数 q_i 为

$$q_i=\frac{(\boldsymbol{\varphi}_i)^{\mathrm{T}}\boldsymbol{MU}}{(\boldsymbol{\varphi}_i)^{\mathrm{T}}\boldsymbol{M\varphi}_i}=\frac{(\boldsymbol{\varphi}_i)^{\mathrm{T}}\boldsymbol{MU}}{M_i} \tag{4-33}$$

其中， $M_i=(\boldsymbol{\varphi}_i)^{\mathrm{T}}\boldsymbol{M\varphi}_i$ 为对应于体系第 i 阶模态的模态质量，反映了体系的物理质量在第 i 阶振动模态的参与程度，根据定义式可知，模态质量与物理质量的单位相同，但是物理意义截然不同；权重系数 q_i 实质上就是多自由度体系的广义坐标，或称为振型坐标。

4.3　自由振动响应分析

4.3.1　无阻尼自由振动

多自由体系中的耦联是指必须求解两个联立方程才能得到未知量的情形，包括动力耦联（又称为质量耦联或加速度耦联）、静力耦联（又称为刚度耦联或位移耦联）、阻尼耦联（又称为速度耦联），矩阵方程表现出来的形式即为，质量矩阵 $\boldsymbol{M}$ 、刚度矩阵 $\boldsymbol{K}$ 、阻尼矩阵 $\boldsymbol{C}$ 为非对角阵。解耦的方法一般采用位移展开定理如式(4-32)，利用正则坐标转换方法，把方程组变换为非耦联的独立的 N 个单自由度方程。例如，对于两自由度体系的位移，基于正则坐标（又称为主振型坐标或模态坐标）转换的位移表达式为

$$\begin{Bmatrix} u_1 \\ u_2 \end{Bmatrix}=q_1\begin{Bmatrix} \varphi_{11} \\ \varphi_{21} \end{Bmatrix}+q_2\begin{Bmatrix} \varphi_{12} \\ \varphi_{22} \end{Bmatrix}$$

假设任一质点 i 的运动满足如下通解式：

$$u_i=\varphi_{i1}\sin(\omega_1 t+\theta_1)+\varphi_{i2}\sin(\omega_2 t+\theta_2)$$

把该解式代入正则坐标转换关系式，得到

$$\begin{Bmatrix} \varphi_{11} \\ \varphi_{21} \end{Bmatrix}\sin(\omega_1 t+\theta_1)+\begin{Bmatrix} \varphi_{12} \\ \varphi_{22} \end{Bmatrix}\sin(\omega_2 t+\theta_2)=q_1\begin{Bmatrix} \varphi_{11} \\ \varphi_{21} \end{Bmatrix}+q_2\begin{Bmatrix} \varphi_{12} \\ \varphi_{22} \end{Bmatrix}$$

通过比较，得到广义坐标参数为

$$\begin{cases} q_1 = \sin(\omega_1 t + \theta_1) \\ q_2 = \sin(\omega_2 t + \theta_2) \end{cases}$$

显然，由上式两边对时间 t 进行两次求导可得

$$\begin{cases} \ddot{q}_1 + \omega_1^2 q_1 = 0 \\ \ddot{q}_2 + \omega_2^2 q_2 = 0 \end{cases}$$

因此，该体系通过正则坐标变换使得方程组既无动力耦联又无静力耦联，实现了运动方程组的解耦。对于一般的多自由度的无阻尼体系，在已知初位移 $\boldsymbol{U}_0$，初速度 $\dot{\boldsymbol{U}}_0$ 时的自由振动响应，由展开定理可知

$$\begin{aligned} \boldsymbol{U} &= q_1\boldsymbol{\varphi}_1 + q_2\boldsymbol{\varphi}_2 + \cdots + q_n\boldsymbol{\varphi}_N \\ &= \sum_{s=1}^{N} q_s\boldsymbol{\varphi}_s = \boldsymbol{q}^{\mathrm{T}}[\boldsymbol{\varphi}_1 \quad \boldsymbol{\varphi}_2 \quad \cdots \quad \boldsymbol{\varphi}_N] = \boldsymbol{q}^{\mathrm{T}}\boldsymbol{\Phi} \end{aligned} \tag{4-34}$$

将运动方程的位移解，通过线性变换关系，转换到以振型向量为基向量的广义坐标系中。把式（4-34）代入自由振动微分方程（4-27），得

$$\sum_{s=1}^{N}(\boldsymbol{M}\boldsymbol{\varphi}_s\ddot{q}_s + \boldsymbol{K}\boldsymbol{\varphi}_s q_s) = \boldsymbol{0} \tag{4-35a}$$

上式左乘 $(\boldsymbol{\varphi}_s)^{\mathrm{T}}$，并利用振型向量的正交性，可得

$$(\boldsymbol{\varphi}_s)^{\mathrm{T}}\boldsymbol{M}\boldsymbol{\varphi}_s\ddot{q}_s + (\boldsymbol{\varphi}_s)^{\mathrm{T}}\boldsymbol{K}\boldsymbol{\varphi}_s q_s = 0 \tag{4-35b}$$

即，

$$M_s\ddot{q}_s + K_s q_s = 0 \quad (s = 1,2,\cdots,N) \tag{4-35c}$$

通过转换，把 N 元微分方程组转换为 N 个独立的单自由度体系的一元微分方程。其中，M_s 为广义质量，K_s 为广义刚度。令 $\omega_s^2 = K_s / M_s$，代入式（4-35c）得

$$\ddot{q}_s + \omega_s^2 q_s = 0 \quad (s = 1,2,\cdots,N) \tag{4-36}$$

通过振型分解将初始位移和速度条件按振型展开：

$$\boldsymbol{U}_0 = \sum_{s=1}^{N}\boldsymbol{\varphi}_s q_{s0} \tag{4-37a}$$

$$\dot{\boldsymbol{U}}_0 = \sum_{s=1}^{N}\boldsymbol{\varphi}_s \dot{q}_{s0} \tag{4-37b}$$

其中，q_{s_0} 和 $\dot{q}_{s_0}$ 是第 s 阶模态的初始位移和初始速度条件，根据展开定理式（4-33），可得具体表达式为

$$q_{s_0} = \frac{(\boldsymbol{\varphi}_s)^{\mathrm{T}}\boldsymbol{M}\boldsymbol{U}_0}{(\boldsymbol{\varphi}_s)^{\mathrm{T}}\boldsymbol{M}\boldsymbol{\varphi}_s} \tag{4-38a}$$

$$\dot{q}_{s_0}=\frac{(\boldsymbol{\varphi}_s)^{\mathrm{T}}\boldsymbol{M}\dot{\boldsymbol{U}}_0}{(\boldsymbol{\varphi}_s)^{\mathrm{T}}\boldsymbol{M}\boldsymbol{\varphi}_s} \tag{4-38b}$$

则根据单自由度体系自由振动解的公式求解方程式（4-36），得到的解式代入式（4-32），得到自由度体系的自由振动的解为

$$\boldsymbol{U}=\sum_{s=1}^{N}\boldsymbol{\varphi}_s\left(q_{s0}\cdot\cos\omega_s t+\frac{\dot{q}_{s_0}}{\omega_s}\cdot\sin\omega_s t\right) \tag{4-39}$$

针对多自由度体系的动力响应分析，一般可根据 4.2 节的模态信息，采用振型叠加法或振型分解法进行求解，其主要思想是：依据展开定理、振型正交性和线性叠加原理，将线性定常系统振动的微分方程组由物理坐标系变换为模态坐标（主振型坐标）系，使运动方程组解耦，成为一组以模态坐标及模态参数描述的独立方程，以便求出体系的动力响应。其中，基于线性空间理论的展开定理即可求解系统任一瞬时的响应，都可以表示为各阶振型的线性组合，从而运动方程可以实现物理空间与模态空间的转换。模态正交性反映了模态振型对于质量矩阵、刚度矩阵的正交，从而保证模态空间中的运动方程是解耦的，满足线性叠加原理，即系统模态空间中的总响应等于各单自由度响应之和，从而可以独立求解各振型方程，再叠加得到系统在物理坐标系中的总响应。

4.3.2　有阻尼自由振动

质量矩阵和刚度矩阵关于主振型向量的正交性是自然得到满足的，但是，阻尼矩阵一般不具备这个性质。为获得具有正交性的阻尼矩阵，通常可以采用瑞利阻尼矩阵的构造形式（质量矩阵与刚度矩阵的线性组合），即

$$\boldsymbol{C}=a_0\boldsymbol{M}+a_1\boldsymbol{K}$$

其中，a_0、a_1 为由实验测定的任意两阶振型阻尼比确定的经验系数。

假设阻尼矩阵 $\boldsymbol{C}$ 满足比例阻尼条件，体系的振型将与无阻尼体系相同。黏性阻尼体系自由振动的运动方程为

$$\boldsymbol{M}\ddot{\boldsymbol{U}}+\boldsymbol{C}\dot{\boldsymbol{U}}+\boldsymbol{K}\boldsymbol{U}=\boldsymbol{0} \tag{4-40}$$

根据位移展开定理（4-32），令

$$\boldsymbol{U}=\sum_{s=1}^{N}\boldsymbol{\varphi}_s q_s=\boldsymbol{q}^{\mathrm{T}}\boldsymbol{\Phi} \tag{4-41}$$

把式（4-41）代入自由振动方程（4-40），并左乘 $(\boldsymbol{\varphi}_s)^{\mathrm{T}}$，利用正交性得 N 个独立的

微分方程：

$$M_s\ddot{q}_s + C_s\dot{q}_s + K_s q_s = 0 \quad (s=1,\cdots,N) \tag{4-42}$$

其中，$M_s=(\boldsymbol{\varphi}_s)^{\mathrm{T}}\boldsymbol{M}\boldsymbol{\varphi}_s$，$K_s=(\boldsymbol{\varphi}_s)^{\mathrm{T}}\boldsymbol{K}\boldsymbol{\varphi}_s=\omega_s^2\cdot M_s$，$C_s=(\boldsymbol{\varphi}_s)^{\mathrm{T}}\boldsymbol{C}\boldsymbol{\varphi}_s$ 分别为第 s 阶广义质量、广义刚度、广义阻尼。并且，

$$C_s = 2\xi_s\omega_s M_s \tag{4-43}$$

则运动微分方程（4-42）可改写为

$$\ddot{q}_s + 2\xi_s\omega_s\dot{q}_s + \omega_s^2 q_s = 0 \quad (s=1,\cdots,N) \tag{4-44}$$

第 s 阶比例阻尼比 ξ_s 可表示为

$$\begin{aligned}\xi_s &= \frac{C_s}{2\omega_s A_s} = \frac{1}{2\omega_s}\sum_{j=0}^{N-1} a_j\omega_s^{2j} \\ &= \frac{1}{2}\left(\frac{a_0}{\omega_s} + a_1\omega_s + a_2\omega_s^3 + \cdots + a_{N-i}\omega_s^{2N-3}\right)\end{aligned} \tag{4-45a}$$

则比例阻尼比的特例——瑞利阻尼比可表示为

$$\xi_s = \frac{1}{2}\left(\frac{a_0}{\omega_s} + a_1\omega_s\right) \tag{4-45b}$$

4.4 强迫振动响应分析

4.4.1 无阻尼体系的强迫振动

首先简单回顾一下单自由度系统的受迫振动的复数描述形式。运动方程为

$$m\ddot{u} + c\dot{u} + ku = p_0\mathrm{e}^{\mathrm{i}\omega t} \tag{4-46}$$

其中，基本未知量 u 为复数变量，分别与 $p_0\cos\omega t$ 和 $p_0\sin\omega t$ 相对应。设位移解的形式为

$$u = \bar{u}\mathrm{e}^{\mathrm{i}\omega t}$$

其中，位移幅值 $\bar{u}$ 可描述为外荷载幅值 p_0 与复频响应函数 $H(\mathrm{i}\omega)$ 的乘积，即

$$\bar{u} = H(\mathrm{i}\omega)p_0$$

引入中间变量，令

$$\beta = \frac{\omega}{\omega_0},\quad \xi = \frac{c}{2\sqrt{km}},\quad \gamma = \frac{1}{\sqrt{(1-\beta^2)^2 + (2\xi\beta)^2}},\quad \theta = \arctan\frac{2\xi\beta}{1-\beta^2}$$

则体系复频响应函数的表达式为

$$H(\mathrm{i}\omega)=\frac{1}{k}\left[\frac{1-\beta^2-2\xi\beta\mathrm{i}}{(1-\beta^2)^2+(2\xi\beta)^2}\right]=\frac{1}{k}\gamma\mathrm{e}^{-\mathrm{i}\theta} \tag{4-47}$$

多自由度系统受到外部简谐激励所产生的运动为受迫运动。设 n 自由度系统沿各个广义坐标均受到频率和相位相同的广义简谐力的激励作用，系统的受迫振动方程为

$$\boldsymbol{M}\ddot{\boldsymbol{U}}+\boldsymbol{K}\boldsymbol{U}=\boldsymbol{P}_0\mathrm{e}^{\mathrm{i}\omega t} \tag{4-48}$$

其中，质量矩阵和刚度矩阵为实矩阵，即 $\boldsymbol{M},\boldsymbol{K}\in\mathbf{R}^{N\times N}$；荷载幅值向量为实数列向量，即 $\boldsymbol{P}_0\in\mathbf{R}^N$；$\boldsymbol{U}$ 为复数列阵，实部和虚部分别为余弦或正旋激励的响应；$\boldsymbol{\omega}$ 为外部简谐激励荷载的频率；$\boldsymbol{P}_0$ 为广义激励力的幅值列阵：

$$\boldsymbol{P}_0=[P_{01}\quad P_{02}\quad\cdots\quad P_{0N}]^{\mathrm{T}}$$

令式（4-48）的稳态解为

$$\boldsymbol{U}=\bar{\boldsymbol{U}}\mathrm{e}^{\mathrm{i}\omega t} \tag{4-49a}$$

其中，体系的振幅列向量为实数列向量，即 $\bar{\boldsymbol{U}}\in\mathbf{R}^n$，可表示为

$$\bar{\boldsymbol{U}}=[\bar{U}_1\quad\bar{U}_2\quad\cdots\quad\bar{U}_N]^{\mathrm{T}}$$

把稳态解（4-49a）代入式（4-48），比较方程两边，得到如下方程：

$$(\boldsymbol{K}-\omega^2\boldsymbol{M})\bar{\boldsymbol{U}}=\boldsymbol{P}_0$$

则

$$\bar{\boldsymbol{U}}=(\boldsymbol{K}-\omega^2\boldsymbol{M})^{-1}\boldsymbol{P}_0$$

令 $\boldsymbol{H}(\omega)=[\boldsymbol{K}-\omega^2\boldsymbol{M}]^{-1}$，即为多自由度系统的幅频响应矩阵。则上式表示为

$$\bar{\boldsymbol{U}}=\boldsymbol{H}(\omega)\boldsymbol{P}_0$$

把上式代入稳态解（4-49a），得稳态解为

$$\boldsymbol{U}=\boldsymbol{H}(\omega)\boldsymbol{P}_0\mathrm{e}^{\mathrm{i}\omega t} \tag{4-49b}$$

简谐激励下，系统稳态响应也为简谐响应，并且振动频率与外部激励的频率相同，但是各个自由度上的振幅各不相同。工程中，特别是在机械工程领域，常把 $(\boldsymbol{K}-\omega^2\boldsymbol{M})$ 称为阻抗矩阵，把 $\boldsymbol{H}(\omega)=[\boldsymbol{K}-\omega^2\boldsymbol{M}]^{-1}$ 称为导纳矩阵。

对于稳态解的解形 $\boldsymbol{U}=\boldsymbol{H}(\omega)\boldsymbol{P}_0\mathrm{e}^{\mathrm{i}\omega t}$，幅值表达式 $\bar{\boldsymbol{U}}=\boldsymbol{H}(\omega)\boldsymbol{P}_0$，即

$$\bar{\boldsymbol{U}}_i=\sum_{j=1}^{N}\boldsymbol{H}_{ij}P_{0j}$$

因此，$\bar{\boldsymbol{U}}_i$ 的物理意义可理解为沿着第 i 动力自由度位移分量的投影式；$\boldsymbol{H}_{ij}(\omega)$ 的

物理意义为：仅沿第 j 动力自由度位移分量方向作用频率为 ω 的单位幅值简谐力时，沿第 i 自由度分量所引起的受迫振动的复振幅。所以，

$$\boldsymbol{H}(\omega)=[\boldsymbol{K}-\omega^2\boldsymbol{M}]^{-1}=\frac{\mathrm{adj}(\boldsymbol{K}-\omega^2\boldsymbol{M})}{|\boldsymbol{K}-\omega^2\boldsymbol{M}|} \tag{4-50}$$

系统的特征方程满足

$$|\boldsymbol{K}-\omega^2\boldsymbol{M}|=0$$

由于 $\boldsymbol{H}(\omega)$ 含有 $|\boldsymbol{K}-\omega^2\boldsymbol{M}|^{-1}$，因此，当外部激励频率 ω 接近系统的任意一阶固有频率时，都会使受迫振动的振幅无限增大，引起共振。

4.4.2　经典阻尼体系的强迫振动

1. 对一般外力作用的响应

简谐荷载是非常特殊的外力荷载形式，实际结构体系所受到的动载外力往往是非简谐的形式，直接作用于各质点上时体系的运动方程组可用矩阵向量表示为

$$\boldsymbol{M}\ddot{\boldsymbol{U}}+\boldsymbol{C}\dot{\boldsymbol{U}}+\boldsymbol{K}\boldsymbol{U}=\boldsymbol{P} \tag{4-51}$$

假设 $\boldsymbol{C}$ 为比例阻尼矩阵，则该方程的解可表示为无阻尼体系各阶振型的线性组合：

$$\boldsymbol{U}=\sum_{s=1}^{N}\boldsymbol{\varphi}_s q_s=\boldsymbol{q}^{\mathrm{T}}\boldsymbol{\Phi} \tag{4-52}$$

把式（4-52）代入式（4-51）并左乘 $(\boldsymbol{\varphi}_s)^{\mathrm{T}}$，利用正交性，可得到关于 $q_s(t)$ 的 N 个独立的非齐次微分方程：

$$M_s\ddot{q}_s+C_s\dot{q}_s+K_s q_s=F_s\quad(s=1,2,\cdots,N) \tag{4-53a}$$

其中，$M_s=(\boldsymbol{\varphi}_s)^{\mathrm{T}}\boldsymbol{M}\boldsymbol{\varphi}_s$；$K_s=(\boldsymbol{\varphi}_s)^{\mathrm{T}}\boldsymbol{K}\boldsymbol{\varphi}_s=\omega_s^2 M_s$；$C_s=(\boldsymbol{\varphi}_s)^{\mathrm{T}}\boldsymbol{C}\boldsymbol{\varphi}_s$；广义外力 $F_s=(\boldsymbol{\varphi}_s)^{\mathrm{T}}$ $\boldsymbol{F}(t)=\sum_{i=1}^{N}\varphi_{is}\cdot\boldsymbol{F}_i(t)$，则

$$\ddot{q}_s+2\xi_s\omega_s\dot{q}_s+\omega_s^2 q_s=\frac{F_s}{M_s} \tag{4-53b}$$

对于非简谐荷载的动响应求解，需要采用基于主振型的模态分解法进行解耦，然后转换到单自由度体系内求解。例如式（4-35c)，把多自由度体系化简为 N 个非耦联的单自由度体系的强迫振动分析，可以用单自由度的分析方法进行求解。以上方法即为振型叠加法或振型分解法（mode superposition method)。对于等效的单自由度体系，可以采用第 3 章所介绍的时域分析方法和频域分析方法。采用时域分析法（Duhamel 积分法）得方程式（4-53b）的基本解式为

$$q_s(t)=\frac{1}{M_s\omega_s}\int_0^t p_s(\tau)\sin[\omega_s(t-\tau)]\mathrm{d}\tau$$

$$=\int_0^t p_s(\tau)\sin[\omega_s(t-\tau)]\mathrm{d}\tau=h_s(t-\tau)=\frac{1}{M_s\omega_s}\mathrm{e}^{-\xi\omega_s(t-\tau)}\sin[\omega_{\mathrm{D}s}(t-\tau)]$$

所以，体系的总响应即为

$$\boldsymbol{U}=\boldsymbol{q}^{\mathrm{T}}\boldsymbol{\varphi} \tag{4-54}$$

2. 对地震动作用的响应

地震作用是一种特殊形式的外部激励形式，通过基底的振动加速度输入，引起结构上部质点体系的动力响应。地震加速度激励作用时体系的运动方程组可表示为

$$\boldsymbol{M}\ddot{\boldsymbol{U}}+\boldsymbol{C}\dot{\boldsymbol{U}}+\boldsymbol{K}\boldsymbol{U}=-\boldsymbol{M}\{1\}\ddot{u}_{\mathrm{g}} \tag{4-55a}$$

令 $\boldsymbol{U}=\sum_{s=1}^{N}\varphi_s\cdot q_s=\boldsymbol{q}^{\mathrm{T}}\boldsymbol{\Phi}$，则

$$\ddot{q}_s+2\xi_s\omega_s\dot{q}_s+\omega_s^2 q_s=-\beta_s\ddot{u}_{\mathrm{g}}\quad(s=1,2,\cdots,N) \tag{4-55b}$$

其中，参与系数 β_s 相当于将地震动加速度分布的 N 维单位列向量 $\{1\}$ 按振型展开的权重系数，例如

$$\{1\}=\beta_1\boldsymbol{\varphi}_1+\beta_2\boldsymbol{\varphi}_2+\cdots+\beta_N\boldsymbol{\varphi}_N=\sum_{s=1}^{N}\beta_s\boldsymbol{\varphi}_s \tag{4-56}$$

根据展开定理可知

$$\beta_s=\frac{(\boldsymbol{\varphi}_s)^{\mathrm{T}}\boldsymbol{M}\{1\}}{(\boldsymbol{\varphi}_s)^{\mathrm{T}}\boldsymbol{M}\boldsymbol{\varphi}_s}=\frac{\sum_{i=1}^{N}m_i\varphi_{is}}{\sum_{i=1}^{N}m_i(\varphi_{is})^2} \tag{4-57}$$

这里，$\beta_s\boldsymbol{\varphi}_s$ 称为参与向量，相当于将向量 $\{1\}$ 按振型展开后的 s 阶分量。根据式(4-56)可知，各阶振型的参与向量对应于该楼层的元素和为 1，即

$$\sum_{s=1}^{N}\beta_s\varphi_{is}=1\quad(i=1,2,\cdots,N) \tag{4-58}$$

地面运动 $\ddot{u}_{\mathrm{g}}$ 作用下各阶模态响应为 $q_{s0}(t)$，即满足方程：

$$\ddot{q}_{s0}+2\xi_{si}\omega_s\dot{q}_{s0}+c_s^2 q_{s0}=-\ddot{u}_{\mathrm{g}} \tag{4-59a}$$

参考体系运动方程的标准形式（4-55b），得到

$$q_s(t)=\beta_s q_{s0} \tag{4-59b}$$

所以，体系的总响应可表示为

$$\boldsymbol{U}=\sum_{s=1}^{N}\beta_s\boldsymbol{\varphi}_s q_{s0} \tag{4-59c}$$

即体系的总响应可表示为地面运动 $\ddot{u}_{\mathrm{g}}$ 作用下各阶模态响应 $q_{s0}(t)$ 的组合，其中 β_s 为组合系数。

对地震动作用的响应计算过程如下：

（1）首先根据各阶模态的 ω_s、ξ_s 确定各阶模态对应的单自由度体系对地震动 $\ddot{u}_{\mathrm{g}}$ 的响应 q_{s0}；

（2）将这些响应乘以参与向量 $\beta_s\boldsymbol{\varphi}_s$，然后叠加，即可得到原多自由度体系的位移、速度和加速度响应。

结构的基底剪力等于各楼层剪力总和，可按振型分解：

$$\begin{aligned}V_{\mathrm{B}}&=\sum_{i=1}^{N}m_i(\ddot{u}_i+\ddot{u}_{\mathrm{g}})=\sum_{i=1}^{N}m_i\sum_{s=1}^{N}\beta_s\varphi_{is}(\ddot{q}_{s0}+\ddot{u}_{\mathrm{g}})n\\&=\sum_{s=1}^{N}\left(\sum_{i=1}^{N}m_i\varphi_{is}\beta_s\right)\cdot(\ddot{q}_{s0}+\ddot{u}_{\mathrm{g}})=\sum_{s=1}^{N}\bar{M}_s(\ddot{q}_{s0}+\ddot{u}_{\mathrm{g}})\end{aligned} \tag{4-60}$$

其中，

$$\bar{M}_s=\frac{\left(\sum\limits_{i=1}^{N}m_i\varphi_{is}\right)^2}{\sum\limits_{i=1}^{N}m_i(\varphi_{is})^2}=\beta_s^2M_s=\beta_s(\boldsymbol{\varphi}_s)^{\mathrm{T}}\boldsymbol{M}\beta_s\boldsymbol{\varphi}_s \tag{4-61}$$

基底剪力 V_{B} 可表示为各阶模态对应单自由度体系对地面运动绝对加速度 $\ddot{q}_{s0}+\ddot{u}_{\mathrm{g}}$ 与该振型的等效质量系数 $\bar{M}_s$ 乘积之和。

由 $\bar{M}_s$ 的表达式可见，$\bar{M}_s$ 相当于以参与向量 $\beta_s\cdot\boldsymbol{\varphi}^{(s)}$ 为振型向量的广义质量，因此

$$\begin{aligned}\sum_{i=1}^{N}m_i&=\{1\}^{\mathrm{T}}\boldsymbol{M}\{1\}=\{1\}^{\mathrm{T}}\boldsymbol{M}\sum_{s=1}^{N}\beta_s\boldsymbol{\varphi}_s\\&=\sum_{s=1}^{N}\{1\}^{\mathrm{T}}\boldsymbol{M}\beta_s\boldsymbol{\varphi}_s=\sum_{s=1}^{N}\beta_s(\boldsymbol{\varphi}_s)^{\mathrm{T}}\boldsymbol{M}\beta_s\boldsymbol{\varphi}_s=\sum_{s=1}^{N}M_s\end{aligned} \tag{4-62}$$

结构的倾覆力矩 M_{B}，按振型分解如下：

$$M_{\mathrm{B}}=\sum_{i=1}^{N}m_i(\ddot{u}_i+\ddot{u}_{\mathrm{g}})H_i=\sum_{i=1}^{N}m_iH_i\sum_{s=1}^{N}\beta_s\varphi_{is}(\ddot{q}_{s0}+\ddot{u}_{\mathrm{g}})=\sum_{s=1}^{N}M_s\bar{H}_s(\ddot{q}_s+\ddot{u}_{\mathrm{g}}) \tag{4-63}$$

其中，

$$\bar{H}_s=\frac{\left(\sum_{i=1}^{H}m_i\varphi_{is}H_i\right)\beta_s}{\bar{M}_s}=\frac{\sum_{i=1}^{N}m_i\varphi_{is}H_i}{\sum_{i=1}^{N}m_i\varphi_{is}}$$

所以，

$$\begin{aligned}\sum_{i=1}^{N}m_iH_i&=\boldsymbol{H}_i\boldsymbol{M}\{1\}=\sum_{s=1}^{N}\boldsymbol{H}_i\boldsymbol{M}\boldsymbol{\varphi}_s\beta_s\\&=\sum_{s=1}^{N}\left(\sum_{i=1}^{N}m_iH_i\varphi_{is}\right)\beta_s=\bar{M}_s\bar{H}_s\end{aligned}\tag{4-64}$$

3. 振型分解反应谱法

通过各阶模态对应单自由度体系的时程响应，叠加求和得到多自由度体系的时程响应（仅适用于线弹性结构），称为振型叠加法或振型分解法。

实际工作中只关心结构的最大响应，对时程响应并不在意，则可根据本书 3.8 节的内容，利用反应谱法（针对单自由度体系）确定各阶模态响应的最大值，再以此为基础估算多自由度体系的最大响应。该方法称为振型分解反应谱法。

（1）绝对值之和（absolute sum，ABS）。

最大响应取各阶模态最大反应的绝对值之和，具体表达式为

$$|u_i|_{\max}\approx\sum_{s=1}^{N}|\beta_s\varphi_{is}S_{ps}(T_s,\xi_s)|\tag{4-65}$$

（2）平方和开平方根（square root of sum of squares，SRSS）。

最大响应取各阶模态最大反应的平方和，再求二次根，具体表达式为

$$|U_i|_{\max}\approx\sqrt{\sum_{s=1}^{N}|\beta_s\varphi_{is}S_{\mathrm{Ds}}|^2}\tag{4-66}$$

计算层间位移响应的最大值时，需要使用各阶模态的层间位移，表达式如下：

$$|\delta_i|_{\max}\approx\sqrt{\sum_{s=1}^{N}|\beta_s(\varphi_{is}-\varphi_{i-1,s})S_{\mathrm{Ds}}|^2}\tag{4-67}$$

（3）一般地，设第 s 阶位移反应谱值为 1 时，第 i 层楼的 s 阶模态响应为 α_{is}，α_{is} 可为位移、速度、加速度、内力、应力、应变等。其值可通过 s 阶振型参与向量所表示的位移分布 $\beta_s\boldsymbol{\varphi}_s$、速度分布 $\beta_s\omega_s\boldsymbol{\varphi}_s$ 来确定，则多自由度体系的第 i 楼层的相应的最大响应为

$$|\alpha_i|_{\max} \approx \sqrt{\sum_{s=1}^{N}|\alpha_{is}S_{\Delta S}|^2} \leqslant \sum_{s=1}^{M}|\alpha_{is}S_{Ds}| \tag{4-68}$$

在结构的地震动响应中，高阶模态的影响一般较小，因此，在模态分析中仅需对少量前几阶模态的响应进行组合。

4.5 阻尼矩阵的构造

4.5.1 构造比例阻尼矩阵

为了求解方便，往往假设体系阻尼矩阵 $\boldsymbol{C}$ 满足比例阻尼条件，Caughey 提出了比例阻尼矩阵的一般表达式为

$$\begin{aligned}\boldsymbol{C} &= \boldsymbol{M}\cdot\{a_0 + a_1\boldsymbol{M}^{-1}\boldsymbol{K} + a_2(\boldsymbol{M}^{-1}\boldsymbol{K})^2 \\ &\quad + \cdots + a_{N-1}(\boldsymbol{M}^{-1}\boldsymbol{K})^{N-1}\} \\ &= \boldsymbol{M}\cdot\left\{\sum_{j=0}^{N-1}a_j(\boldsymbol{M}^{-1}\boldsymbol{K})^j\right\}\end{aligned} \tag{4-69}$$

上式为形成比例阻尼 $\boldsymbol{C}$ 的充要条件，含 N 个特定项，瑞利阻尼即为该式的前两项。比例阻尼矩阵关于无阻尼体系的振型 $\boldsymbol{\varphi}_s$ 具有正交性。

阻尼的机理和模型表达一直是结构动力学中的难点，对于单一连续介质问题，采用材料阻尼系数可以满足分析要求；但对于构造和连接都复杂多样的结构中的阻尼问题，除材料本身外，构件的摩擦也是阻尼的重要来源。分析中的结构阻尼或阻尼比的选取一般需要通过实测得到。而实测一般仅能得到结构的振型阻尼比，并且仅可用于线弹性结构，对于非线性问题，仅有 ξ_s 就不能满足动力分析的需要了。下面详细讨论比例阻尼中的瑞利阻尼及其阻尼矩阵的构造方法。

1. 瑞利阻尼

瑞利阻尼为一类特殊比例阻尼，通常根据 1、2 阶（或任意前 2 阶）模态的阻尼比构造瑞利阻尼矩阵。具体表达式为

$$\boldsymbol{C} = \alpha_0\boldsymbol{M} + \alpha_1\boldsymbol{K} \tag{4-70}$$

式中，α_0、α_1 为待定系数。

若仅依赖某一阶振型的阻尼矩阵，例如刚度比例型，可按该 l 阶模态的阻尼比

和刚度矩阵来构造阻尼矩阵，即

$$\boldsymbol{C}=\frac{2\xi_l}{\omega_l}\boldsymbol{K}\ （即\boldsymbol{C}=\alpha_1\boldsymbol{K}） \tag{4-71}$$

显然，对于刚度比例型阻尼矩阵，高阶模态的阻尼比随频率的增大而等比例增大。

对于式（4-70）两端分别左乘第 s 阶模态向量的转置 $(\boldsymbol{\varphi}_s)^{\mathrm{T}}$，右乘 $\boldsymbol{\varphi}_s$ 得

$$(\boldsymbol{\varphi}_s)^{\mathrm{T}}\boldsymbol{C}\boldsymbol{\varphi}_s=\alpha_0(\boldsymbol{\varphi}_s)^{\mathrm{T}}\boldsymbol{M}\boldsymbol{\varphi}_s+\alpha_1(\boldsymbol{\varphi}_s)^{\mathrm{T}}\boldsymbol{K}\boldsymbol{\varphi}_s$$

令 $C_s=(\boldsymbol{\varphi}_s)^{\mathrm{T}}\boldsymbol{C}\boldsymbol{\varphi}_s$， $M_s=(\boldsymbol{\varphi}_s)^{\mathrm{T}}\boldsymbol{M}\boldsymbol{\varphi}_s$， $K_s=(\boldsymbol{\varphi}_s)^{\mathrm{T}}\boldsymbol{K}\boldsymbol{\varphi}_s$，则

$$C_s=\alpha_0 M_s+\alpha_1 K_s \tag{4-72}$$

所以，多自由体系的运动方程可以转化为

$$M_s\ddot{u}+C_s\dot{u}+K_s u=P_s \tag{4-73a}$$

即

$$\ddot{u}+2\xi_s\omega_s\dot{u}+\omega_s^2 u=\frac{P_s}{M_s} \tag{4-73b}$$

其中，

$$\omega_s^2=\frac{K_s}{M_n},\quad C_s=2\xi_s\omega_s M_s$$

把瑞利阻尼的表达式（4-72）代入上式，得

$$2\xi_s\omega_s M_s=\alpha_0 M_s+\alpha_1 K_s$$

所以，

$$\xi_s=\frac{\alpha_0}{2\omega_s}+\frac{\alpha_1\omega_s}{2}=\xi_M+\xi_K \tag{4-74}$$

其中，ξ_M 为与质量成正比，与 ω_s 成反比的阻尼比系数；ξ_K 为与刚度成正比，与 ω_s 成正比的阻尼比系数。给定任意两阶振型的阻尼比 ξ_i 、 ξ_j，代入式（4-74），则可得 α_0、 α_1，瑞利阻尼也即可确定，即

$$\begin{cases}\dfrac{\alpha_0}{2\omega_i}+\dfrac{\alpha_1\omega_i}{2}=\xi_i\\[2ex]\dfrac{\alpha_0}{2\omega_j}+\dfrac{\alpha_1\omega_j}{2}=\xi_j\end{cases} \tag{4-75a}$$

其矩阵形式为

$$\frac{1}{2}\begin{bmatrix}\frac{1}{\omega_i} & \omega_i \\ \frac{1}{\omega_j} & \omega_j\end{bmatrix}\begin{Bmatrix}\alpha_0 \\ \alpha_1\end{Bmatrix}=\begin{Bmatrix}\xi_i \\ \xi_j\end{Bmatrix} \tag{4-75b}$$

解得

$$\begin{Bmatrix}\alpha_0 \\ \alpha_1\end{Bmatrix}=\frac{2\omega_i\omega_j}{\omega_j^2-\omega_i^2}\begin{bmatrix}\omega_j & -\omega_i \\ -\frac{1}{\omega_j} & \frac{1}{\omega_i}\end{bmatrix}\begin{Bmatrix}\xi_i \\ \xi_j\end{Bmatrix} \tag{4-76}$$

展开得

$$\alpha_0=\frac{2\omega_1\omega_2(\xi_1\omega_2-\xi_2\omega_1)}{\omega_2^2-\omega_1^2},\quad \alpha_1=\frac{2(\xi_2\omega_2-\xi_1\omega_1)}{\omega_2^2-\omega_1^2}$$

当$\xi_i=\xi_j=\xi$时，即两个振型的阻尼比相同，式（4-76）变换为

$$\begin{Bmatrix}\alpha_0 \\ \alpha_1\end{Bmatrix}=\frac{2\omega_i\omega_j\xi}{\omega_j^2-\omega_i^2}\begin{bmatrix}\omega_j & -\omega_i \\ -\frac{1}{\omega_j} & \frac{1}{\omega_i}\end{bmatrix}\begin{Bmatrix}1 \\ 1\end{Bmatrix}=\frac{2\xi}{\omega_i+\omega_j}\begin{Bmatrix}\omega_i\omega_j \\ 1\end{Bmatrix} \tag{4-77}$$

所以，根据式（4-74）可以求得阻尼比ξ。由式（4-74）可得阻尼比ξ的函数关系曲线，如图 4-6 所示。

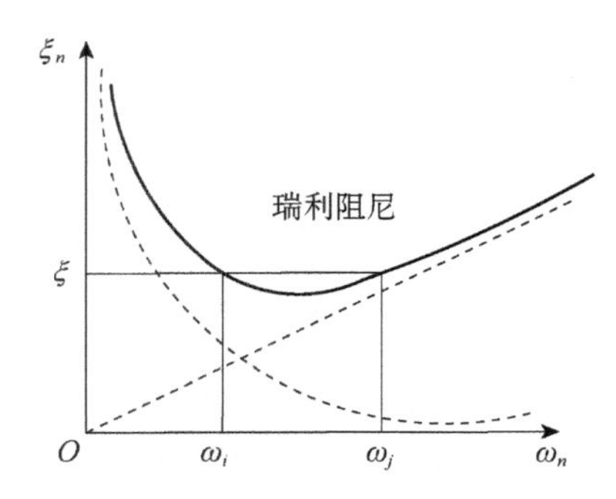

图 4-6　瑞利阻尼比与自振频率关系曲线

当结构的振动频率ω在$[\omega_i,\omega_j]$区间时，阻尼比ξ_s将小于给定的阻尼比ξ；而当频率在这一区间之外时，其阻尼比大于给定的阻尼比。因此，从保守的角度考虑，ω_i、ω_j覆盖结构分析中感兴趣的频段。

2. 扩展的瑞利阻尼

瑞利阻尼仅可能在两个自振频率点上满足给定的阻尼比，若希望在更多的频

率点上满足，则要构造更多的线性组合。即

$$\boldsymbol{C}=a_0\boldsymbol{M}+a_1\boldsymbol{K}+a_2\boldsymbol{M}^{-1}\boldsymbol{M}\boldsymbol{K}+\cdots=\boldsymbol{M}\sum_{l=0}^{L-1}a_l(\boldsymbol{M}^{-1}\boldsymbol{K})^l \tag{4-78}$$

对式（4-78）左乘$(\boldsymbol{\varphi}_s)^{\mathrm{T}}$，右乘$\boldsymbol{\varphi}_s$，并利用振型方程

$$(\boldsymbol{K}-\omega_s^2\boldsymbol{M})\boldsymbol{\varphi}_s=\boldsymbol{0}$$

以及

$$\boldsymbol{M}^{-1}\boldsymbol{K}\boldsymbol{\varphi}_s=\omega_s^2\boldsymbol{\varphi}_s$$

得到

$$(\boldsymbol{\varphi}_s)^{\mathrm{T}}\boldsymbol{C}\boldsymbol{\varphi}_s=(\boldsymbol{\varphi}_s)^{\mathrm{T}}\boldsymbol{M}\sum_{l=0}^{L-1}a_l(\boldsymbol{M}^{-1}\boldsymbol{K})^l\boldsymbol{\varphi}_s=(\boldsymbol{\varphi}_s)^{\mathrm{T}}\boldsymbol{M}\sum_{l=0}^{L-1}a_l\omega_n^{2l}\boldsymbol{\varphi}_s$$

所以，

$$2\xi_s\omega_s=\sum_{l=0}^{L-1}a_l\omega_s^{2l}$$

即

$$\xi_s=\frac{1}{2}\sum_{l=0}^{L-1}a_l\omega_s^{2l-1} \tag{4-79}$$

根据L个振型阻尼比ξ和自振频率ω_s，可得L个待定系数。阻尼表达式在L个点上都满足，等于给定阻尼比条件。对于多阶次扩展瑞利阻尼，各阶阻尼比均已知的情况，将比例阻尼比的表达式（4-79）变化为矩阵形式：

$$\begin{bmatrix}1 & \omega_1^2 & \cdots & \omega_1^{2(N-1)}\\ 1 & \omega_2^2 & \cdots & \omega_2^{2(N-1)}\\ \vdots & \vdots & \vdots & \vdots\\ 1 & \omega_N^2 & \cdots & \omega_N^{2(N-1)}\end{bmatrix}\begin{Bmatrix}\alpha_0\\ \alpha_1\\ \vdots\\ \alpha_{N-1}\end{Bmatrix}=\begin{Bmatrix}2\xi_1\cdot\omega_1\\ 2\xi_2\cdot\omega_2\\ \vdots\\ 2\xi_N\omega_N\end{Bmatrix} \tag{4-80}$$

当ω_s均不相等时，行列式的值不为零，a_j可唯一确定。联立方程组求得a_j，可构造比例阻尼矩阵$\boldsymbol{C}$。

3. 阻尼矩阵的计算

对于比例阻尼，阻尼矩阵关于任一阶的振型向量满足关系式

$$(\boldsymbol{\varphi}_s)^{\mathrm{T}}\boldsymbol{C}\boldsymbol{\varphi}_s=C_s=2\xi_s\omega_sM_s\quad(s=1,2,\cdots,N) \tag{4-81}$$

把所有各阶振型向量集合成为对角矩阵形式

$$\boldsymbol{\Phi}^{\mathrm{T}}\boldsymbol{C}\boldsymbol{\Phi}=\boldsymbol{C}_s$$

所以，

$$\boldsymbol{C}=(\boldsymbol{\Phi}^{\mathrm{T}})^{-1}\boldsymbol{C}_s\boldsymbol{\Phi}^{-1} \tag{4-82}$$

对振型矩阵的两个求逆运算，计算量巨大，则可利用振型质量阵的对角性质得到 $\boldsymbol{\Phi}^{\mathrm{T}}$ 与 $\boldsymbol{\Phi}$ 的逆来简化计算量。由于

$$\boldsymbol{\Phi}^{\mathrm{T}}\boldsymbol{M}\boldsymbol{\Phi}=\boldsymbol{M}_s$$

对式（4-82）两边左乘 $\boldsymbol{M}_s^{-1}$，右乘 $\boldsymbol{\Phi}^{-1}$，得到

$$\boldsymbol{M}_s^{-1}\boldsymbol{\Phi}^{\mathrm{T}}\boldsymbol{M}\boldsymbol{\Phi}\boldsymbol{\Phi}^{-1}=\boldsymbol{M}_s^{-1}\boldsymbol{M}_s\boldsymbol{\Phi}^{-1}$$

所以，

$$\boldsymbol{M}_s^{-1}\boldsymbol{\Phi}^{\mathrm{T}}\boldsymbol{M}=\boldsymbol{\Phi}^{-1} \tag{4-83}$$

对式（4-82）两边左乘 $(\boldsymbol{\Phi}^{\mathrm{T}})^{-1}$，右乘 $\boldsymbol{M}_s^{-1}$，得到

$$(\boldsymbol{\Phi}^{\mathrm{T}})^{-1}\boldsymbol{\Phi}^{\mathrm{T}}\boldsymbol{M}\boldsymbol{\Phi}\boldsymbol{M}_s^{-1}=(\boldsymbol{\Phi}^{\mathrm{T}})^{-1}\boldsymbol{M}_s\boldsymbol{M}_s^{-1}$$

所以，

$$\boldsymbol{M}\boldsymbol{\Phi}\boldsymbol{M}_s^{-1}=(\boldsymbol{\Phi}^{\mathrm{T}})^{-1} \tag{4-84}$$

把式（4-83）和式（4-84）代入式（4-82），得到

$$\boldsymbol{C}=\boldsymbol{M}\boldsymbol{\Phi}\boldsymbol{M}_s^{-1}\cdot\boldsymbol{C}_s\cdot\boldsymbol{M}_s^{-1}\boldsymbol{\Phi}^{\mathrm{T}}\boldsymbol{M}=\boldsymbol{M}\left[\sum_{s=1}^{N}\frac{2\xi_s\omega_s}{m_s}\boldsymbol{\varphi}^{(s)}(\boldsymbol{\varphi}^{(s)})^{\mathrm{T}}\right]\boldsymbol{M} \tag{4-85}$$

4.5.2 非经典阻尼矩阵的构造

实际上，上部结构体系的振动在相当宽的频率范围内具有振型阻尼比保持不变的特性，而地下结构以及动力机器的大块基础等，其阻尼比则随频率的增加而增加，这也符合黏滞阻尼的规律。阻尼是结构动力分析的基本参数，对结构动力分析结果的可靠性和精度有很大的影响，阻尼又是一个十分复杂的问题。目前公认可靠的结论是：由于振型阻尼比常常处于某一范围，常规结构的阻尼通常采用经典阻尼。我国规范《钢结构设计标准》（GB50017）规定，一般钢结构振型阻尼比取为 0.01～0.02，混凝土结构振型阻尼比取为 0.03～0.05。复杂结构、非常规结构的阻尼不再满足比例阻尼的条件，一般为非经典阻尼，如何确定阻尼比以及阻尼矩阵，仍然是非常困难的事情，但是对于结构的动力响应分析是必不可少的。随着结构动力分析理论和计算机技术的发展，时程分析方法得到了越来越广泛的应用，迫切要求能有效确定非经典阻尼矩阵的合适方法。

经典的结构阻尼模型是根据金属结构稳态简谐振动试验中所发现的一种现象提出的，即阻尼力在相当宽频带内变化缓慢且与振动速度反相位，也称作非频变结构阻尼模型。到目前为止，讨论的结构动力学问题都基于经典阻尼。结构系统在其振动过程中，阻尼的产生有多种原因，有介质阻尼、材料阻尼、摩擦阻尼，以及结构阻尼等。不同类型的阻尼是由不同的机理产生的，难以用一个简单的统一规律作综合描述。而且，它们的阻尼机理也都比较复杂，作用在不同的结构系统有不相同的定量规律。这样，阻尼的分析不可能像刚度与惯性那样通过分析来建立它的特性矩阵，目前只能对具体结构系统做试验实测，给出它的定量结果。从运动角度看，一般情况下阻尼起阻碍运动的作用，阻尼力的方向是与运动方向相反的。阻尼力大小的规律受多种因素影响，需要针对具体的结构类型和振动特性做分析，由于前文所述的阻尼机理的复杂性，一般只能针对某一类重点关注的因素进行模型分析或实验测定。从能量角度看，一般情况下阻尼消耗结构系统的能量，其量值可用它在振动一周内所耗散的能量来度量。由于阻尼机理的复杂性，缺乏统一规律性，在工程上只能采用简单模型用能量等价的方法作简化处理。

经典阻尼结构系统即具有比例阻尼特性的系统，根据模态分析理论，体系特征方程解出的特征值在小阻尼情况下是成对的共轭复根，称为复频率。其实部给出阻尼的度量，表示衰减率；其虚部给出振荡频率，表示等时性。从物理意义上来讲，频率不存在复数概念，这仅是一种相似性的称呼。由于阻尼分布情况的不同，阻尼结构系统出现有两种不同性质的振动模态。若阻尼矩阵与刚度矩阵和质量矩阵具有正比例或级数关系，则简称为比例阻尼，它的振动模态与无阻尼的固有模态相一致。比例阻尼条件的存在沟通了阻尼结构系统与无阻尼结构系统之间的内在联系，其中核心的一条是阻尼结构系统的特征向量就是固有模态向量，从而可在由固有模态向量张成的固有模态空间内来分析结构系统的动力学行为。比例阻尼是基于瑞利阻尼以及扩展瑞利阻尼（又称为 Caughey 阻尼）模型所给出的，由于它的模态向量是实向量，故称为实模态理论（real modal theory）。

非经典阻尼结构系统是指具有非比例阻尼特性的结构系统。由于阻尼分布的任意性，它的振动模态呈现为复共轭形式，各个自由度上的位移之间不仅幅值不同，而且其相位差也是不同的。在这种情况下，不仅特征值是复共轭的，它的特征向量值以及它的模态量也都是复共轭的，即全部模态参数是复共轭的，故称为复模态理论（complex modal theory）。

阻尼是反映结构体系振动过程中能量耗散特征的参数。实际结构振动时耗能是多方面的，具体形式相当复杂，而且耗能不像构件尺寸、结构质量、刚度等有明确的、直接的测量手段和相应的分析方法，这使得阻尼问题难以采用精细的理论分析方法，而主要是采用宏观总体表达的方法。结构振动时耗能因素较多，但影响程度有所不同。一般认为振动过程中的耗能因素有：①结构材料内摩擦；②连接处干摩擦；③空气阻尼；④地基与基础的内摩擦；⑤地基中波的辐射耗能，等等。当结构体系进入弹塑性状态时，结构构件的塑性耗能将远大于上述各项耗能，一般分析中不将塑性耗能纳入阻尼耗能，而是单独考虑。地基土产生塑性变形时亦将耗散较多的机械能，是否作为阻尼考虑则视情况不同而定。对于大多数建筑结构而言，阻尼效应仅仅以考虑上部结构的阻尼为主，忽略下部基础的阻尼，计算结果偏于保守。

对于结构体系为非经典阻尼时，不能像经典阻尼那样对整个结构体系建立阻尼矩阵。可以先将结构体系分为几个子结构，每个子结构的阻尼特性相同，采用经典阻尼，建立各自的阻尼矩阵；最后，把几个子结构的阻尼矩阵组装成结构的总体阻尼阵。对于基础-结构相互作用，耦合结构体系的刚度矩阵、质量矩阵和非经典阻尼矩阵可分块组合，如图 4-7 所示。

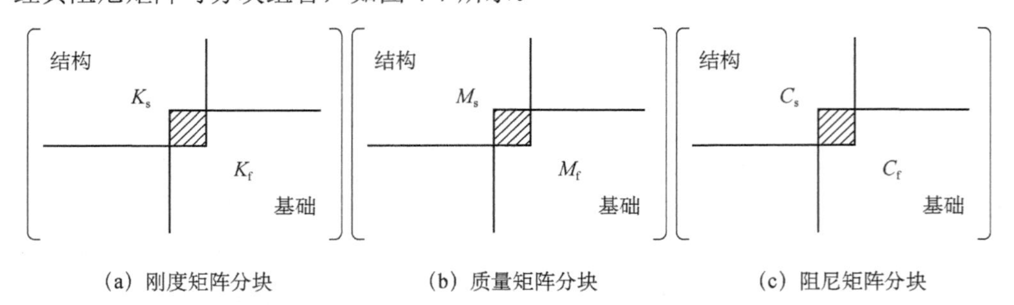

(a) 刚度矩阵分块　(b) 质量矩阵分块　(c) 阻尼矩阵分块

图 4-7　结构-基础耦合作用导致的非经典阻尼

对于上部结构建立经典阻尼矩阵 $\boldsymbol{C}_s = a_0\boldsymbol{M}_s + a_1\boldsymbol{K}_s$，对于下部基础建立经典阻尼矩阵 $\boldsymbol{C}_f = a_{0f}\boldsymbol{M}_f + a_{1f}\boldsymbol{K}_f$，通过叠加形成耦合结构体系的非经典阻尼矩阵 $\boldsymbol{C}$。

4.6　非经典阻尼体系的振动响应

4.6.1　修改的振型叠加法

当结构的振型不满足关于阻尼阵的正交条件时，用振型叠加法有问题，因为通过振型坐标变换后得到的方程仍为耦合的运动方程。若仅采用前有限阶（取为 L 阶）振型展开，则可以采用降阶处理方法，把 N 个多自由度的动力问题转化为用更少振型坐标表示的小自由度问题。令

$$\boldsymbol{U}=\sum_{s=1}^{L}\boldsymbol{\varphi}_s q_s \tag{4-86}$$

用振型坐标展开后的运动方程为

$$\boldsymbol{M}\ddot{\boldsymbol{U}}+\boldsymbol{C}\dot{\boldsymbol{U}}+\boldsymbol{K}\boldsymbol{U}=\boldsymbol{P} \tag{4-87}$$

对于前 L 阶运动方程，通过振型叠加法得到

$$\sum_{s=1}^{L}(\boldsymbol{M}\boldsymbol{\varphi}_s\ddot{q}_s+\boldsymbol{C}\boldsymbol{\varphi}_s\dot{q}_s+\boldsymbol{K}\boldsymbol{\varphi}_s q_s)=\boldsymbol{P} \tag{4-88}$$

用 $(\boldsymbol{\varphi}_s)^{\mathrm{T}}(s=1,2,\cdots,L)$ 左乘式（4-88），根据 $\boldsymbol{M}$ 、$\boldsymbol{K}$ 关于 $\boldsymbol{\varphi}_s$ 的正交性，得

$$\begin{bmatrix} M_{11} & 0 & 0 & 0 \\ 0 & M_{22} & 0 & 0 \\ 0 & 0 & \ddots & 0 \\ 0 & 0 & 0 & M_{LL} \end{bmatrix}\begin{Bmatrix} \ddot{q}_1 \\ \ddot{q}_2 \\ \vdots \\ \ddot{q}_L \end{Bmatrix}+\begin{bmatrix} C_{11} & C_{12} & \cdots & C_{1L} \\ C_{21} & C_{22} & \cdots & C_{2L} \\ \vdots & \vdots & \ddots & \vdots \\ C_{L1} & C_{L2} & \cdots & C_{LL} \end{bmatrix}\begin{Bmatrix} \dot{q}_1 \\ \dot{q}_2 \\ \vdots \\ \dot{q}_L \end{Bmatrix}$$

$$+\begin{bmatrix} K_{11} & 0 & 0 & 0 \\ 0 & K_{22} & 0 & 0 \\ 0 & 0 & \ddots & 0 \\ 0 & 0 & 0 & K_{LL} \end{bmatrix}\begin{Bmatrix} q_1 \\ q_2 \\ \vdots \\ q_L \end{Bmatrix}=\begin{Bmatrix} P_{s1} \\ P_{s2} \\ \vdots \\ P_{sL} \end{Bmatrix}$$

由此得到一个虽然还是耦联，但大幅降阶的运动方程。通过方程形式转换，即

$$M_{ss}\ddot{q}_s+K_{ss}q_s(t)=P_s-\sum_{r=1}^{L}C_{sr}\dot{q}_r \quad (s=1,2,\cdots,L) \tag{4-89}$$

其中，缩减后的模态质量矩阵、模态刚度矩阵和模态阻尼矩阵的元素值分别为 $M_{ss}=(\boldsymbol{\varphi}_s)^{\mathrm{T}}\boldsymbol{M}\boldsymbol{\varphi}_s$ ， $K_{ss}=(\boldsymbol{\varphi}_s)^{\mathrm{T}}\boldsymbol{K}\boldsymbol{\varphi}_s$ ， $C_{sr}=(\boldsymbol{\varphi}_s)^{\mathrm{T}}\boldsymbol{C}\boldsymbol{\varphi}_r$ ， $P_s(t)=(\boldsymbol{\varphi}_s)^{\mathrm{T}}\boldsymbol{P}$ ， 这里 $r,s=1,2,\cdots,L$ 。

缩减规模以后的方程（4-89）可采用适用于经典阻尼体系的频域分析方法（傅里叶变换）或时域逐步积分法求解，在每一时间步中，采用迭代法，避免了求解联立方程组。

4.6.2 复模态分析法

实际结构振动时，由于阻尼的分散性，阻尼矩阵不满足正交性条件，各点的振动除了振幅不同，相位也不同，这就使得系统的特征频率和特征向量成为复数，从而形成所谓的“复模态”。另一种解决阻尼矩阵不满足正交条件的方法是复模态（complex modal）分析法，即将运动方程变换为状态方程（equation of state）。当结构各个部分的阻尼特性不同时，例如，地基和上部结构同时考虑，或者是不同材料构件组成的混合结构，都只能采用非比例阻尼（non-proportional damping）。对于存在非比例阻尼的动力体系，只能采用复模态理论，此时的频率和振型都是复数，而非前述的实模态中的实数。福斯（K. A. Foss）于 1958 年首先提出了复模态分析方法。复模态分析方法的基本思路仍是基于复模态振型的正交性对运动方程解耦，与通常的实模态分析方法不同之处在于，复模态分析的解耦在状态空间中进行，即通过将原来耦合的方程作一次 Foss 变换，得到解耦的运动方程，从而可求得结构的动力响应，下面给出详细解析。

通过引入状态变量，即用来描述体系状态的一组变量，把两阶微分方程（组）降为一阶微分方程（组）。对于一般的线性动力系统，其任一时刻的状态可用该时刻的位移和速度来表示。对于 N 自由度有阻尼体系的自由振动方程

$$\boldsymbol{M}\ddot{\boldsymbol{U}} + \boldsymbol{C}\dot{\boldsymbol{U}} + \boldsymbol{K}\boldsymbol{U} = \boldsymbol{0} \tag{4-90}$$

令 $\boldsymbol{U} = \boldsymbol{\varphi}\mathrm{e}^{\lambda t}$，并引入 $2N$ 维状态变量

$$\boldsymbol{x} = \begin{Bmatrix} \dot{\boldsymbol{U}} \\ \boldsymbol{U} \end{Bmatrix} = \begin{Bmatrix} \lambda\boldsymbol{\varphi} \\ \boldsymbol{\varphi} \end{Bmatrix} \mathrm{e}^{\lambda t} \tag{4-91}$$

状态变量对时间的导数为

$$\dot{\boldsymbol{x}} = \begin{Bmatrix} \ddot{\boldsymbol{U}} \\ \dot{\boldsymbol{U}} \end{Bmatrix} \tag{4-92}$$

则存在恒等关系式：

$$\boldsymbol{M}\dot{\boldsymbol{U}} - \boldsymbol{M}\dot{\boldsymbol{U}} = \boldsymbol{0} \tag{4-93}$$

通过把式（4-90）与式（4-93）组合，得到有阻尼体系的运动方程（组）：

$$\begin{bmatrix} \mathbf{0} & \boldsymbol{M} \\ \boldsymbol{M} & \boldsymbol{C} \end{bmatrix} \begin{Bmatrix} \ddot{\boldsymbol{U}} \\ \dot{\boldsymbol{U}} \end{Bmatrix} + \begin{bmatrix} -\boldsymbol{M} & \mathbf{0} \\ \mathbf{0} & \boldsymbol{K} \end{bmatrix} \begin{Bmatrix} \dot{\boldsymbol{U}} \\ \boldsymbol{U} \end{Bmatrix} = \mathbf{0} \tag{4-94}$$

令

$$\tilde{\boldsymbol{M}} = \begin{bmatrix} \mathbf{0} & \boldsymbol{M} \\ \boldsymbol{M} & \boldsymbol{C} \end{bmatrix},\quad \tilde{\boldsymbol{K}} = \begin{bmatrix} -\boldsymbol{M} & \mathbf{0} \\ \mathbf{0} & \boldsymbol{K} \end{bmatrix}$$

则式（4-94）可表达为

$$\tilde{\boldsymbol{M}}\dot{\boldsymbol{x}} + \tilde{\boldsymbol{K}}\boldsymbol{x} = \mathbf{0} \tag{4-95}$$

式（4-95）即为典型的一阶齐次常微分方程，对该式可分析其特征值和特征向量，特征方程为关于λ的$2N$次方程，又称频率方程。可以确定$2N$个复特征值和特征向量，即得到体系的自振频率和振型。而振型亦满足关于$\tilde{\boldsymbol{M}}$、$\tilde{\boldsymbol{K}}$的正交性条件，则可以采用比例阻尼体系适用的振型叠加法，把体系运动方程解耦为$2N$个独立方程。当然，新的质量矩阵$\tilde{\boldsymbol{M}}$和刚度矩阵$\tilde{\boldsymbol{K}}$的维数扩大了一倍，为$2N$阶矩阵，计算更费时；而且，此时的自振频率和振型（模态）都将是复数。对于比例阻尼，特征向量为实数；对于非比例阻尼，特征向量$\boldsymbol{\varphi}$则可能为复数。当体系按照某一模态振动时，如果体系具有比例阻尼，则体系各处均按相同的相位振动；如果体系具有非比例阻尼，则在同一模态中的不同部位（质点）的振动也会存在相位差。

当特征值λ是共轭复数时，表示阻尼运动，相应的特征向量$\boldsymbol{x}$也为共轭复数。当λ为负实数时，表示过阻尼运动，相应的特征向量$\boldsymbol{x}$亦为实数。当λ是实部为负的共轭复数时，s阶模态的复特征值λ_s可表示为s阶模态的自振频率ω_s和阻尼比ξ_s的函数：

$$\lambda_s = \lambda_s^{\mathrm{R}} + \lambda_s^{\mathrm{I}} i = -\xi_s\omega_s + \omega_s\sqrt{1-\xi_s^2}\,\mathrm{i} \tag{4-96}$$

所以，

$$\omega_s = \sqrt{(\lambda_s^{\mathrm{R}})^2 + (\lambda_s^{\mathrm{I}})^2} = |\lambda_s| \tag{4-97a}$$

$$\xi_s = -\frac{\lambda_s^{\mathrm{R}}}{\sqrt{(\lambda_s^{\mathrm{R}})^2 + (\lambda_s^{\mathrm{I}})^2}} = -\mathrm{Re}\left(\frac{\lambda_s}{|\lambda_s|}\right) \tag{4-97b}$$

由式（4-91）可知，状态方程（4-95）对应的模态向量可表示为

$$\boldsymbol{x}_s=\begin{Bmatrix}\lambda_s\boldsymbol{\varphi}_s\\ \boldsymbol{\varphi}_s\end{Bmatrix}\quad (s=1,2,\cdots,N) \tag{4-98}$$

根据矩阵 $\tilde{\boldsymbol{M}}$ 、 $\tilde{\boldsymbol{K}}$ 的对称性和特征向量 $\boldsymbol{x}$ 的定义式可知，特征向量 $\boldsymbol{x}$ 关于矩阵 $\tilde{\boldsymbol{M}}$ 、 $\boldsymbol{B}$ 也满足正交性条件：

$$\begin{cases}\boldsymbol{x}_r^{\mathrm{T}}\tilde{\boldsymbol{M}}\boldsymbol{x}_s=\boldsymbol{0} & (r\neq s)\\ \boldsymbol{x}_r^{\mathrm{T}}\tilde{\boldsymbol{K}}\boldsymbol{x}_s=\boldsymbol{0} & (r\neq s)\end{cases} \tag{4-99}$$

用 $\boldsymbol{M}$ 、 $\boldsymbol{C}$ 、 $\boldsymbol{K}$ 矩阵表示为

$$\begin{cases}\begin{Bmatrix}\lambda_r\boldsymbol{\varphi}_r\\ \boldsymbol{\varphi}_r\end{Bmatrix}^{\mathrm{T}}\begin{bmatrix}\boldsymbol{O} & \boldsymbol{M}\\ \boldsymbol{M} & \boldsymbol{C}\end{bmatrix}\begin{Bmatrix}\lambda_s\boldsymbol{\varphi}_s\\ \boldsymbol{\varphi}_s\end{Bmatrix}=0\\ \begin{Bmatrix}\lambda_r\boldsymbol{\varphi}_r\\ \boldsymbol{\varphi}_r\end{Bmatrix}^{\mathrm{T}}\begin{bmatrix}-\boldsymbol{M} & \boldsymbol{O}\\ \boldsymbol{O} & \boldsymbol{K}\end{bmatrix}\begin{Bmatrix}\lambda_s\boldsymbol{\varphi}_s\\ \boldsymbol{\varphi}_s\end{Bmatrix}=0\end{cases} \tag{4-100}$$

即

$$\begin{cases}(\lambda_r+\lambda_s)\cdot(\boldsymbol{\varphi}_r)^{\mathrm{T}}\boldsymbol{M}\boldsymbol{\varphi}_s+(\boldsymbol{\varphi}_r)^{\mathrm{T}}\boldsymbol{C}\boldsymbol{\varphi}_s=0\\ -\lambda_r\lambda_s(\boldsymbol{\varphi}_r)^{\mathrm{T}}\boldsymbol{M}\boldsymbol{\varphi}_s+(\boldsymbol{\varphi}_r)^{\mathrm{T}}\boldsymbol{K}\boldsymbol{\varphi}_s=0\end{cases} \tag{4-101}$$

对于特征值为共轭复数的共轭复数模态可表示为

$$\lambda_r=\lambda_s^* \tag{4-102a}$$

$$\boldsymbol{\varphi}_r=\boldsymbol{\varphi}_s^* \tag{4-102b}$$

根据式（4-98b）和式（4-98c）可知，模态阻尼比和频率可分别表示为

$$\xi_s=\frac{1}{2\omega_s}\cdot\frac{(\boldsymbol{\varphi}_s^*)^{\mathrm{T}}\boldsymbol{C}\boldsymbol{\varphi}_s}{(\boldsymbol{\varphi}_s^*)^{\mathrm{T}}\boldsymbol{M}\boldsymbol{\varphi}_s} \tag{4-103a}$$

$$\omega_s^2=\frac{(\boldsymbol{\varphi}_s^*)^{\mathrm{T}}\boldsymbol{K}\boldsymbol{\varphi}_s}{(\boldsymbol{\varphi}_s^*)^{\mathrm{T}}\boldsymbol{M}\boldsymbol{\varphi}_s} \tag{4-103b}$$

根据共轭复数的性质可知，二者均为实数。初始位移和初始速度分别为 $\boldsymbol{U}_0$ 、 $\dot{\boldsymbol{U}}_0$ 的自由振动响应，根据展开定理，可表示为各阶模态响应的叠加。可设

$$\boldsymbol{x}=\sum_{s=1}^{2N}\boldsymbol{x}_s\gamma_s\mathrm{e}^{\lambda_s t}$$

其中， γ_s 为组合系数，或称为权重系数。同理，初始条件可表示为

$$\boldsymbol{x}_0=\begin{Bmatrix}\dot{\boldsymbol{U}}_0\\ \boldsymbol{U}_0\end{Bmatrix}=\sum_{s=1}^{2N}\boldsymbol{x}_s\gamma_{s0} \tag{4-104}$$

式（4-104）左乘 $\boldsymbol{x}_s^{\mathrm{T}}\tilde{\boldsymbol{M}}$ ，并考虑正交性条件，把式（4-98）代入可得

$$\gamma_{s0}=\frac{\boldsymbol{x}_s^{\mathrm{T}}\tilde{\boldsymbol{M}}\boldsymbol{x}_0}{\boldsymbol{x}_s^{\mathrm{T}}\tilde{\boldsymbol{M}}\boldsymbol{x}_s}=\frac{(\boldsymbol{\varphi}_s)^{\mathrm{T}}\boldsymbol{M}\dot{\boldsymbol{U}}_0+\lambda_s(\boldsymbol{\varphi}_s)^{\mathrm{T}}\boldsymbol{M}\boldsymbol{U}_0+(\boldsymbol{\varphi}_s)^{\mathrm{T}}\boldsymbol{C}\boldsymbol{U}_0}{2\lambda_s(\boldsymbol{\varphi}_s)^{\mathrm{T}}\boldsymbol{M}\boldsymbol{\varphi}_s+(\boldsymbol{\varphi}_s)^{\mathrm{T}}\boldsymbol{C}\boldsymbol{\varphi}_s} \tag{4-105}$$

若 λ 为共轭复数，令 $\boldsymbol{a}_s=2\mathrm{Re}[\boldsymbol{\varphi}_s\gamma_{s0}]$，$\boldsymbol{b}_s=-2\mathrm{Im}[\boldsymbol{\varphi}_s\gamma_{s0}]$，则体系的位移响应为

$$\boldsymbol{U}=2\sum_{s=1}^{N}\mathrm{Re}[\boldsymbol{\varphi}_s\gamma_{s0}\mathrm{e}^{\lambda_s t}]=\sum_{s=1}^{N}\mathrm{e}^{-\xi_s\omega_s t}(\boldsymbol{a}_s\cos\omega_s' t+\boldsymbol{b}_s\sin\omega_s' t) \tag{4-106}$$

其中，$\omega_s'=\sqrt{1-\xi_s^2}\cdot\omega_s$。

4.7　振型降阶处理

4.7.1　静力凝聚法

多自由度体系的动力响应问题，有时候会遇到质点质量可以忽略不计的情形，此时，体系的质量矩阵即为半正定矩阵，采用传统结构动力学分析方法都会遇到问题，因为质量矩阵的逆不存在。忽略某些惯性效应不大的动力自由度方向的动力方程可表示为

$$\begin{bmatrix}\boldsymbol{M}_a & \\ & 0\end{bmatrix}\begin{Bmatrix}\ddot{\boldsymbol{U}}_a\\ \ddot{\boldsymbol{U}}_b\end{Bmatrix}+\begin{bmatrix}\boldsymbol{K}_{aa} & \boldsymbol{K}_{ab}\\ \boldsymbol{K}_{ba} & \boldsymbol{K}_{bb}\end{bmatrix}\begin{Bmatrix}\boldsymbol{U}_a\\ \boldsymbol{U}_b\end{Bmatrix}=\begin{Bmatrix}\boldsymbol{P}_a\\ 0\end{Bmatrix} \tag{4-107}$$

把分块矩阵展开为

$$\boldsymbol{M}_a\ddot{\boldsymbol{U}}_a+\boldsymbol{K}_{aa}\boldsymbol{U}_a+\boldsymbol{K}_{ab}\boldsymbol{U}_b=\boldsymbol{P}_a \tag{4-108a}$$

$$\boldsymbol{K}_{aa}\boldsymbol{U}_a+\boldsymbol{K}_{bb}\boldsymbol{U}_b=\{0\} \tag{4-108b}$$

根据式（4-108b）得到

$$\boldsymbol{U}_b=-\boldsymbol{K}_{bb}{}^{-1}\boldsymbol{K}_{ba}\boldsymbol{u}_a$$

把上式代入式（4-108a），得到缩减后的运动方程：

$$\boldsymbol{M}_a\ddot{\boldsymbol{U}}_a+(\boldsymbol{K}_{aa}-\boldsymbol{K}_{ab}\boldsymbol{K}_{bb}{}^{-1}\boldsymbol{K}_{ba})\boldsymbol{U}_a=\boldsymbol{P}_a \tag{4-109a}$$

$$\boldsymbol{M}_a\ddot{\boldsymbol{U}}_a+\bar{\boldsymbol{K}}\boldsymbol{U}_a=\boldsymbol{P}_a \tag{4-109b}$$

其中，$\bar{\boldsymbol{K}}$=$(\boldsymbol{K}_{aa}-\boldsymbol{K}_{ab}\boldsymbol{K}_{bb}{}^{-1}\boldsymbol{K}_{ba})$为经过缩减后的刚度矩阵，保持正定对称；质量矩阵转化为正定的质量矩阵 $\boldsymbol{M}_a$。

4.7.2 静力修正法

采用振型叠加法时，由于计算能量的限制，仅能采用有限阶振型，所以必须忽略高阶项的影响。为了减小由忽略高阶振型影响而产生的误差，人们发展出了静力修正法和振型加速度法。简而言之，静力修正法是利用高阶振型相应的振型坐标下的响应来简化原来的运动方程。把位移向量用模态向量表达：

$$\boldsymbol{U}=\boldsymbol{q}^{\mathrm{T}}\boldsymbol{\varphi}$$

则运动方程转化为振型坐标系中的方程形式：

$$M_s\ddot{q}_s+C_s\dot{q}_s+K_sq_s=P_s\quad(s=1,2,\cdots,N)$$

其中，

$$K_s=(\boldsymbol{\varphi}_s)^{\mathrm{T}}\boldsymbol{K}\boldsymbol{\varphi}_s,\quad P_s=(\boldsymbol{\varphi}_s)^{\mathrm{T}}\boldsymbol{P}$$

对于多自由度体系的高阶振型，即 $\omega_s=\sqrt{\dfrac{K_s}{M_s}}$ 较大，所以 K_s 也较大，对应的是一个等效的比较“刚”的单自由度体系，这时结构中的惯性力和阻尼力的影响相对较小，可以忽略，则体系在振型坐标系中的方程化简为

$$K_sq_s\approx P_s \tag{4-110}$$

所以，

$$q_s=P_s/K_s$$

$$\boldsymbol{U}=\sum_{s=1}^{N_\mathrm{d}}\boldsymbol{\varphi}_sq_s+\sum_{s=N_\mathrm{d}+1}^{N}\boldsymbol{\varphi}_sq_s=\sum_{s=1}^{N_\mathrm{d}}\boldsymbol{\varphi}_sq_s+\sum_{s=N_\mathrm{d}+1}^{N}\boldsymbol{\varphi}_s\frac{P_s}{K_s}$$

到目前为止仍需计算结构所有的 N 阶振型。对等效静力响应 $\bar{\boldsymbol{U}}_R$，满足

$$\boldsymbol{K}\bar{\boldsymbol{U}}_R=\boldsymbol{P}$$

所以，

$$\bar{\boldsymbol{U}}_R=\boldsymbol{K}^{-1}\boldsymbol{P}$$

仍采用振型分解法

$$\bar{\boldsymbol{U}}_R=\sum_{s=1}^{N}\boldsymbol{\varphi}_sq_s$$

由于 $K_s\cdot q_s=P_s$，所以，

$$\bar{\boldsymbol{U}}_R=\sum_{s=1}^{N}\boldsymbol{\varphi}_s\frac{P_s}{K_s}=\boldsymbol{K}^{-1}\boldsymbol{P}-\sum_{s=1}^{N_\mathrm{d}}\boldsymbol{\varphi}_s\frac{P_s}{K_s}$$

则

$$\begin{aligned}\boldsymbol{U}&=\sum_{s=1}^{N_\mathrm{d}}\boldsymbol{\varphi}_s q_s+\sum_{s=N_\mathrm{d}+1}^{N}\boldsymbol{\varphi}_s\frac{P_s}{K_s}\\&=\sum_{s=1}^{N_\mathrm{d}}\boldsymbol{\varphi}_s q_s+\boldsymbol{K}^{-1}\boldsymbol{P}-\sum_{s=1}^{N}\boldsymbol{\varphi}_s\frac{P_s}{K_s}\\&=\sum_{s=1}^{N_\mathrm{d}}\boldsymbol{\varphi}_s q_s+\left[\boldsymbol{K}^{-1}-\sum_{s=1}^{N_\mathrm{d}}\frac{1}{K_s}\boldsymbol{\varphi}_s(\boldsymbol{\varphi}_s)^\mathrm{T}\right]\boldsymbol{P}\end{aligned}\tag{4-111}$$

式（4-110）最后一项中，方括号中的部分 $\boldsymbol{K}^{-1}-\sum_{s=1}^{N_\mathrm{d}}\frac{1}{K_s}\boldsymbol{\varphi}_s(\boldsymbol{\varphi}_s)^\mathrm{T}$ 为常量矩阵，仅需对前 N_d 阶求解。假设外荷载向量 $\boldsymbol{P}$ 按一定的分布形式呈比例变化，令

$$\boldsymbol{P}(t)=\boldsymbol{E}P(t)$$

其中，标量函数 $\boldsymbol{E}$ 为常向量，表示外部动力荷载在质点体系中的空间分布，则对于振型坐标中的第 n 阶模态的动力方程为

$$\boldsymbol{M}_n\ddot{q}_n+\boldsymbol{C}_n\dot{q}_n+\boldsymbol{K}_n q_n=(\boldsymbol{\varphi}_s)^\mathrm{T}\boldsymbol{E}P$$

所以，

$$\boldsymbol{U}=\sum_{s=1}^{N_\mathrm{d}}\boldsymbol{\varphi}_s q_s+\left(\boldsymbol{K}^{-1}-\sum_{s=1}^{N_\mathrm{d}}\frac{1}{K_s}\boldsymbol{\varphi}_s(\boldsymbol{\varphi}_s)^\mathrm{T}\right)\boldsymbol{E}P\tag{4-112}$$

当必须采用很多高阶振型以反映特殊的外荷载分布形式 $\boldsymbol{E}$ 时，仅仅有 N_d 个低阶振型坐标 $q_n(t)$ 对应的荷载 $P(t)$ 的动力响应有明显的放大，则静力修正法具有明显的效果和计算效率。

若时间函数 $P(t)$ 是一个离散信号，如地震记录，则静力修正法由于避免采用数值时域逐步积分法求解高阶振型反应而可节省计算时间。因为时域法在计算高阶振型时，须有更小的时间步长，更费时。

4.7.3　振型加速度法

采用振型叠加法时，忽略高阶项的影响的另一种方法为振型加速度法。静力修正法和振型加速度法在本质上是相同的，即均为简化高阶振型的影响。静力加速度法是利用高阶振型相应的振型加速度反应来简化原来的运动方程，忽略高阶振型带来的截断误差，加快收敛速度。对于振型坐标中的第 s 阶模态的运动方程

$$M_s\ddot{q}_s+C_s\dot{q}_s+K_s q_s=P_s$$

即

$$\ddot{q}_s+2\xi_s\omega_s\dot{q}_s+\omega_s^2 q_s=\frac{P_s}{M_s}$$

把加速度和速度项移到方程右端，得到

$$q_s=\frac{P_s}{K_s}-\frac{1}{\omega_s^2}\ddot{q}_s-\frac{2\xi_s}{\omega_s}\dot{q}_s$$

把上式代入振型叠加法计算公式（4-86），得到

$$\boldsymbol{U}(t)=\sum_{s=1}^{N}\boldsymbol{\varphi}_s q_s=\sum_{s=1}^{N}\boldsymbol{\varphi}_s\frac{P_s(t)}{K_s}-\sum_{s=1}^{N}\boldsymbol{\varphi}_s\left[\frac{\ddot{q}_s}{\omega_s^2}+\frac{2\xi_s}{\omega_s}\dot{q}_s\right] \tag{4-113}$$

忽略高阶振型响应，相应的系数可变得更小，为加快收敛速度，简化得到

$$\boldsymbol{U}(t)=\boldsymbol{K}^{-1}\boldsymbol{P}-\sum_{s=1}^{N_{\mathrm{d}}}\boldsymbol{\varphi}_s\left[\frac{\ddot{q}_s}{\omega_s^2}+\frac{2\xi_s}{\omega_s}\dot{q}_s\right] \tag{4-114}$$

前 N_{d} 阶振型的运动方程，利用振型方程的变换形式：

$$q_s-\frac{P_s}{K_s}=-\frac{1}{\omega_s^2}\ddot{q}_s-\frac{2\xi_s}{\omega_s}\dot{q}_s$$

式（4-114）可以变换为

$$\begin{aligned}\boldsymbol{U}(t)&=\sum_{s=1}^{N_{\mathrm{d}}}\boldsymbol{\varphi}_s q_s+\left[\boldsymbol{K}^{-1}-\sum_{s=1}^{N_{\mathrm{d}}}\frac{1}{K_s}\boldsymbol{\varphi}_s(\boldsymbol{\varphi}_s)^{\mathrm{T}}\right]\boldsymbol{P}\\&=\boldsymbol{K}^{-1}\boldsymbol{P}+\sum_{s=1}^{N_{\mathrm{d}}}\boldsymbol{\varphi}_s\left[q_s-\frac{(\boldsymbol{\varphi}_s)^{\mathrm{T}}\boldsymbol{P}}{K_s}\right]\\&=\boldsymbol{K}^{-1}\boldsymbol{P}+\sum_{s=1}^{N_{\mathrm{d}}}\boldsymbol{\varphi}_s\left[q_s-\frac{P_s}{K_s}\right]\end{aligned} \tag{4-115}$$

式（4-115）与静力修正法的简化计算公式（4-111）相同，静力修正法与振型加速度法本质上相同，计算公式可以等价变换。

4.8 吸振器原理

考虑如图 4-8 所示的两自由度无阻尼体系，当激振频率 ω 接近体系的固有频率 ω_0 时，质量 m_1（主系统）的运动幅值将变得很大（共振）。为减少主质量 m_1 的运动幅值，这里在主质量 m_1 上附加一个弹簧-质量体系 m_2（称为吸振器），构成两自由度动力体系。该两自由度体系的简化模型如图 4-9 所示。

该两自由度体系的运动方程为

$$\begin{bmatrix}m_1&0\\0&m_2\end{bmatrix}\begin{Bmatrix}\ddot{u}_1\\\ddot{u}_2\end{Bmatrix}+\begin{bmatrix}k_1+k_2&-k_2\\-k_2&k_2\end{bmatrix}\begin{Bmatrix}u_1\\u_2\end{Bmatrix}=\begin{Bmatrix}p_0\\0\end{Bmatrix}\sin\omega t$$

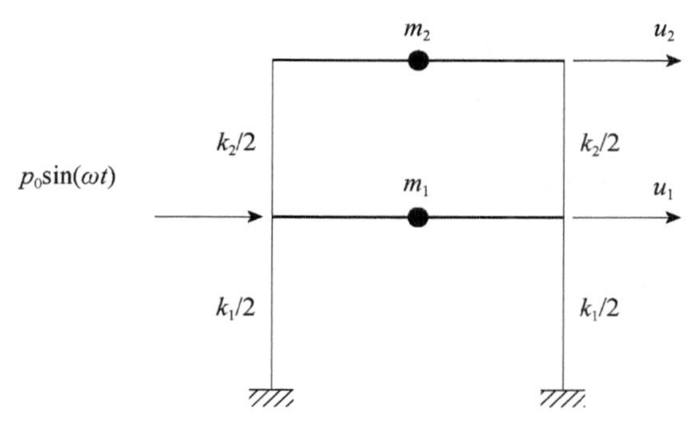

图 4-8　两自由度剪切型振动体系

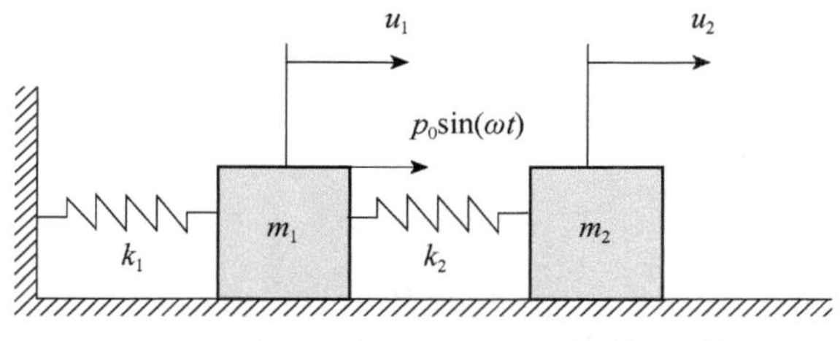

图 4-9　简化后的两自由度弹簧质量体系

考虑此体系的稳态运动，即可设稳态解的表达形式：

$$\begin{Bmatrix} u_1 \\ u_2 \end{Bmatrix} = \begin{Bmatrix} u_{10} \\ u_{20} \end{Bmatrix} \sin \omega t$$

将其代入控制方程，得到

$$\begin{bmatrix} k_1 + k_2 - m_1\omega^2 & -k_2 \\ -k_2 & k_2 - m_2\omega^2 \end{bmatrix} \begin{Bmatrix} u_{10} \\ u_{20} \end{Bmatrix} \sin \omega t = \begin{Bmatrix} p_0 \\ 0 \end{Bmatrix} \sin \omega t$$

即

$$\left[\boldsymbol{k} - \omega^2 \boldsymbol{m}\right] \begin{Bmatrix} u_{10} \\ u_{20} \end{Bmatrix} = \begin{Bmatrix} p_0 \\ 0 \end{Bmatrix}$$

该两自由度体系稳态振动的幅值解为

$$\begin{Bmatrix} u_{10} \\ u_{20} \end{Bmatrix} = [\boldsymbol{k} - \omega^2 \boldsymbol{m}]^{-1} \begin{Bmatrix} p_0 \\ 0 \end{Bmatrix} = \frac{1}{\det[\boldsymbol{k} - \omega^2 \boldsymbol{m}]} \mathrm{adj}[\boldsymbol{k} - \omega^2 \boldsymbol{m}] \begin{Bmatrix} p_0 \\ 0 \end{Bmatrix} \tag{4-116}$$

其中， $\det[\bullet]$ 和 $\mathrm{adj}[\bullet]$ 分别表示矩阵的行列式和伴随矩阵。

$$\det[\boldsymbol{k} - \omega^2 \boldsymbol{m}] = \begin{vmatrix} k_1 + k_2 - m_1\omega^2 & -k_2 \\ -k_2 & k_2 - m_2\omega^2 \end{vmatrix}$$

$$=m_1m_2\omega^4-(m_2(k_1+k_2)+m_1k_2)\omega^2+k_1k_2$$
$$=m_1m_2(\omega^2-\omega_1^2)(\omega^2-\omega_2^2)$$

$$\operatorname{adj}[\boldsymbol{k}-\omega^2\boldsymbol{m}]=\begin{bmatrix}k_2-m_2\omega^2 & k_2\\ k_2 & k_1+k_2-m_1\omega^2\end{bmatrix}$$

其中，ω_1 和 ω_2 为体系的固有频率，则把行列式和伴随矩阵的展开式代入式(4-116)，变换得到

$$\begin{Bmatrix}u_{10}\\ u_{20}\end{Bmatrix}=\frac{1}{m_1m_2(\omega^2-\omega_1^2)(\omega^2-\omega_2^2)}\begin{bmatrix}k_2-m_2\omega^2 & k_2\\ k_2 & k_1+k_2-m_1\omega^2\end{bmatrix}\begin{Bmatrix}p_0\\ 0\end{Bmatrix}$$

展开得

$$u_{10}=\frac{(k_2-m_2\omega^2)p_0}{m_1m_2(\omega^2-\omega_1^2)(\omega^2-\omega_2^2)},\quad u_{20}=\frac{k_2p_0}{m_1m_2(\omega^2-\omega_1^2)(\omega^2-\omega_2^2)}$$

整理得

$$\begin{aligned}u_{10}&=\frac{p_0}{k_1}\frac{1-(\omega/\omega_2^*)^2}{[1+\mu(\omega_2^*/\omega_1^*)^2-(\omega/\omega_1^*)^2][1-(\omega/\omega_2^*)^2]-\mu(\omega_2^*/\omega_1^*)^2}\\ u_{20}&=\frac{p_0}{k_2}\frac{1}{[1+\mu(\omega_2^*/\omega_1^*)^2-(\omega/\omega_1^*)^2][1-(\omega/\omega_2^*)^2]-\mu(\omega_2^*/\omega_1^*)^2}\end{aligned}\tag{4-117}$$

其中，

$$\omega_1^*=\sqrt{\frac{k_1}{m_1}},\quad \omega_2^*=\sqrt{\frac{k_2}{m_2}},\quad \mu=\frac{m_1}{m_2}$$

令 $(u_{1\mathrm{st}})_0=\dfrac{p_0}{k_1}, (u_{2\mathrm{st}})_0=\dfrac{p_0}{k_2}$，则式（4-117）的两函数式给出的 $u_{10}/(u_{1\mathrm{st}})_0$ - ω/ω_1 以及 $u_{20}/(u_{2\mathrm{st}})_0$ - ω/ω_1 关系曲线图分别如图 4-10 和图 4-11 所示。

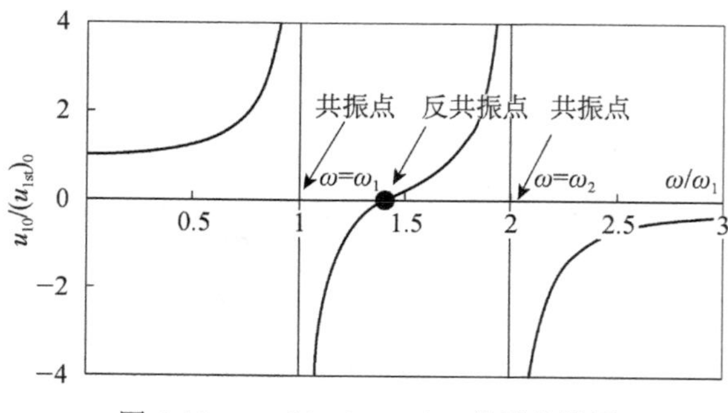

图 4-10 $u_{10}/(u_{1\mathrm{st}})_0$ - ω/ω_1 关系曲线图

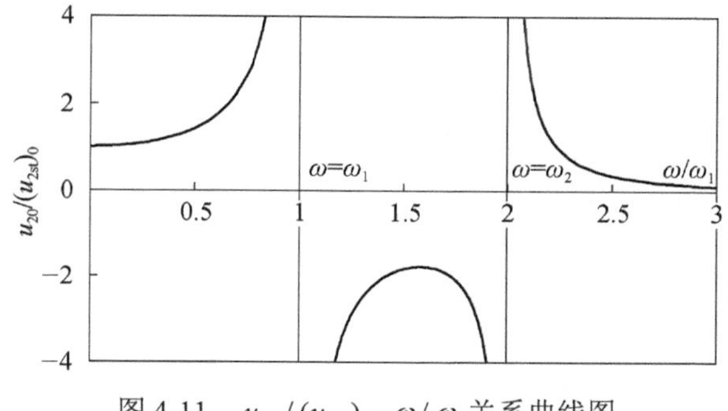

图 4-11　$u_{20}/(u_{2st})_0$ - ω/ω_1 关系曲线图

可见，当 $\omega=\omega_2^*$ 时，主质量 m_1 的振幅为零。为减少在主质量 m_1 固有频率 ω_1^* 附近的 m_2 振动幅值，可令 $\omega_2^*=\omega_1^*$，即附加吸振器的固有频率被调谐到主系统的原固有频率。

思　考　题

1. 试简述多自由度体系振动的振动形态与振动模态之间的区别与联系。
2. 试简述多自由度体系的自由振动为简谐振动和实振动的物理含义。
3. 试简述多自由度体系中的共振点分布与特点。
4. 试简述隔振与吸振的联系与区别。
5. 试简述多自由度体系的强迫振动是否具有叠加性质，在什么时候满足？

习　　题

4-1　试建立如图 4-12 所示的结构体系的运动方程。

4-2　如图 4-13 所示的一座三层剪切型建筑物，其结构特性如图 4-13 所示，假定该建筑物的全部质量集中于刚性横梁上：

（a）解行列式方程，求该结构的无阻尼振动频率；

（b）按算得的频率求相应的振型，并以顶层振幅为 1 进行规格化；

（c）用数值说明所得的振型满足按质量和刚度的正交条件。

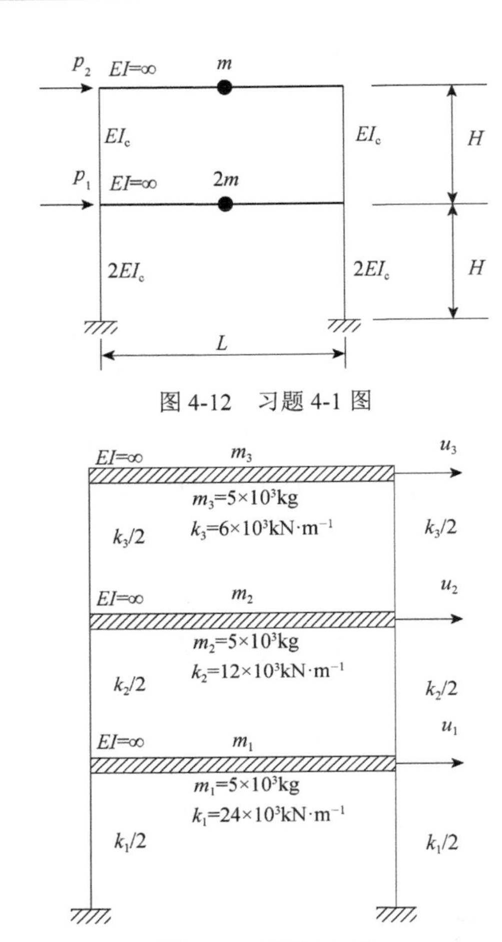

图 4-12　习题 4-1 图

图 4-13　习题 4-2 图

4-3　在图 4-13 中给出了一座三层剪切型建筑物的质量和刚度特性，以及它的无阻尼振动的振型和频率。设楼面移位了 $u_1 = 0.760\text{cm}$ 、 $u_2 = -2.000\text{m}$ 和 $u_3 = 0.760\text{cm}$ ，然后再在 $t = 0$ 时突然释放形成结构的自由振动。试确定时间 $t = 2\pi / \omega_1$ 的位移形状：

（a）假定无阻尼；

（b）假定每一振型的阻尼比为 $\xi = 10\%$ 。

$$\boldsymbol{\Phi} = \begin{bmatrix} 1.000 & 1.000 & 1.000 \\ 0.548 & -1.522 & -6.260 \\ 0.198 & -0.872 & 12.100 \end{bmatrix}, \quad \boldsymbol{\omega} = \begin{Bmatrix} 11.62 \\ 27.50 \\ 45.90 \end{Bmatrix} \text{rad} \cdot \text{s}^{-1}$$

4-4　如图 4-14 所示的一根支承三个相等集中质量 $m = 400\text{kg}$ 的悬臂梁，并列出了它的无阻尼振型 $\boldsymbol{\Phi}$ 和振动频率 $\boldsymbol{\omega}$ 。在质量 m_2 上施加一个 $p(t)=36\text{kN}$ 的阶跃荷载（即在 $t=0$ 时突然施加 36kN 并永久保留在结构上），试写出不计阻尼时该体系质量 m_3 包括所有三个振型在内的动力反应表达式，画出时段 $0<t<T_1$ 中反应 $u_3(t)$ 的时程曲线，其中 $T_1=2\pi/\omega_1=2\pi/3.61$。

$$\boldsymbol{\Phi}=\begin{bmatrix}0.054 & 0.283 & 0.957\\0.406 & 0.870 & -0.281\\0.913 & -0.402 & 0.068\end{bmatrix},\quad \boldsymbol{\omega}=\begin{Bmatrix}3.61\\24.2\\77.7\end{Bmatrix}\text{rad}\cdot\text{s}^{-1}$$

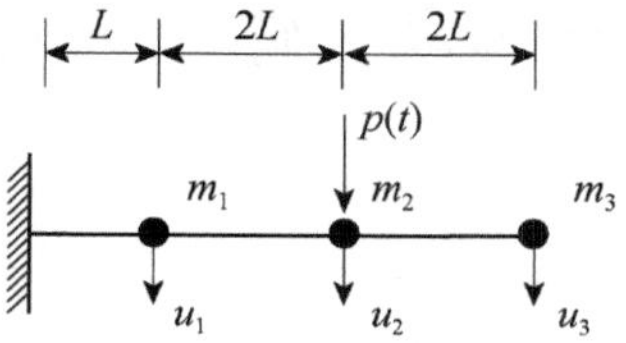

图 4-14　习题 4-4 图

第 5 章　动力分析的数值方法

5.1　基本动力体系及其方程

动力系统运动方程以二阶微分方程（组）的形式给出：

$$M\ddot{U}(t)+C\dot{U}(t)+KU(t)=P(t) \tag{5-1}$$

对于多自由度体系，可以采用第 4 章介绍的振型叠加法（mode superposition method）。振型叠加法就是利用系统的固有振型将方程组转换为 N 个互不耦合的方程，对这些单自由度方程给出解析解或数值积分解，相当于单自由度体系的振动响应解，即得到每个振型的响应，然后依据展开定理将各振型的响应按一定方式叠加，即得到系统的总响应；但是，该方法仅适用于线弹性结构，也不适用于大规模结构的通用数值计算，因此，很难作为一般意义上的多自由度体系的数值分析方法。

式（5-1）是二阶常微分方程组，也可以采用求解常微分方程组的标准数值计算方法，如分段解析法、中心差分法、龙格-库塔（Runge-Kutta）法等来求解。但是在大型结构动力分析中，由于自由度很大，矩阵的阶数也很高，用这些标准算法一般是不经济的，因而在大型动力有限元分析中，一般只有少数算法有效，这也是动力计算比较困难的原因。这些数值算法大致可以分为两类：差分类方法（difference method）和直接积分法（direct integration）。

在介绍这些数值算法之前，应该先把数值计算的基本概念了解清楚。

（1）收敛性。$\Delta t\to 0$ 时，数值解应收敛于精确解。

（2）计算精度。即截断误差（模型误差）与时间步长的关系。误差 $\varepsilon\propto O(\Delta t^N)$，则称该方法具有 N 阶精度。

（3）稳定性。随着计算步数的增大，数值解是否会变得无穷大或漂移。

（4）计算效率。达到一定精度计算结果所花费的计算时间，应尽可能少。

分段解析法的基本思想是把荷载离散化为一系列的线性分布荷载，以前一段荷载的计算结果作为初始条件，计算下一阶段线性荷载的解析解，逐步分段求解，然后，给出体系的总体响应。这个方法的缺点是，系统误差是随着计算时间线性累积的，不适合于大型结构体系的动力分析。

差分类方法主要有中心差分法、Houbolt 法等。时域积分类方法主要有平均常加速度法、线性加速度法、Newmark - β 法、Wilson-θ 法等。按是否需要联立求解耦联方程组，逐步积分算法（动力数值方法）又分为两大类。

1. 隐式方法

需解联立方程组。计算工作量大，增加的工作量至少与自由度的平方成正比，如 Newmark-β 法、Wilson-θ 法。

2. 显式方法

无须解联立方程组。计算工作量小，增加的工作量与自由度呈线性关系，如中心差分法。

如何选择显式或隐式方法？应该根据动力问题的不同性质进行选择，如超短周期的冲击问题一般采用显式动力分析方法，长周期的动力问题一般采用隐式分析方法。对于时域逐步积分法，又可分为两类：单步法和多步法。单步法，通过前一时刻（一个时间步）的状态量，即可求解当前时刻的动力状态；多步法，通过之前多个时刻（多个时间步）的状态量，方可求解当前时刻的动力状态。

5.2　中心差分法

中心差分法的基本思想是用有限差分代替位移对时间的导数（速度、加速度）。对于如式（5-1）的微分方程组左端的一阶和二阶微分项，用有限差分格式。为了简便起见，这里采用等时间步长来介绍中心差分法。假设等时间步长 $\Delta t_i = \Delta t$，如图 5-1 所示。

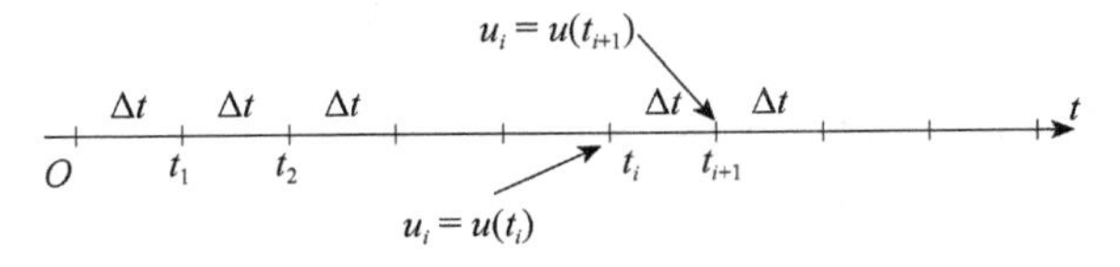

图 5-1　时间域离散示意图

则一阶和二阶时间导数的差分表达式为

$$\dot{u}_i = \frac{u_{i+1} - u_{i-1}}{2\Delta t} \tag{5-2a}$$

$$\ddot{u}_i = \frac{u_{i+1} - u_i}{\Delta t} - \frac{u_i - u_{i-1}}{\Delta t} = \frac{u_{i+1} - 2u_i + u_{i-1}}{\Delta t^2} \tag{5-2b}$$

把式（5-2a）和式（5-2b）代入式（5-1），得到

$$m\frac{u_{i+1} - 2u_i + u_{i-1}}{\Delta t^2} + c\frac{u_{i+1} - u_{i-1}}{2\Delta t} + ku_i = p_i$$

其中，$p_i = p(t_i)$。运动变量移项，得

$$\left(\frac{m}{\Delta t^2} + \frac{c}{2\Delta t}\right)u_{i+1} = p_i - \left(k - \frac{2m}{\Delta t^2}\right)u_i - \left(\frac{m}{\Delta t^2} - \frac{c}{2\Delta t}\right)u_{i-1} \tag{5-3}$$

对于多自由度体系，即为

$$\left(-\frac{1}{\Delta t^2}\boldsymbol{M} + \frac{1}{2\Delta t}\boldsymbol{C}\right)\boldsymbol{U}_{i+1} = \boldsymbol{P}_i - \left(\boldsymbol{K} - \frac{2}{\Delta t^2}\boldsymbol{M}\right)\boldsymbol{U}_i - \left(\frac{1}{\Delta t^2}\boldsymbol{M} - \frac{1}{2\Delta t}\boldsymbol{C}\right)\boldsymbol{U}_{i-1} \tag{5-4a}$$

或

$$\hat{\boldsymbol{M}}\boldsymbol{U}_{i+1} = \boldsymbol{P}_i - \hat{\boldsymbol{K}}\boldsymbol{U}_i + \hat{\boldsymbol{M}}\boldsymbol{U}_{i-1} \tag{5-4b}$$

其中，$\hat{\boldsymbol{M}} = -\frac{1}{\Delta t^2}\boldsymbol{M} + \frac{1}{2\Delta t}\boldsymbol{C}$，$\hat{\boldsymbol{K}} = \boldsymbol{K} - \frac{2}{\Delta t^2}\boldsymbol{M}$。

对于零初始条件，可直接开始迭代计算。对于非零初始条件，需要先计算 u_{-1}。由 $u_0 = u(0), \dot{u}_0 = \dot{u}(0)$，即

$$\dot{u}_0 = \frac{u_1 - u_{-1}}{2\Delta t}, \quad \ddot{u}_0 = \frac{u_1 - 2u_0 + u_{-1}}{\Delta t^2}$$

$$u_{-1} = u_0 - \Delta t \cdot \dot{u}_0 + \frac{\Delta t^2}{2}\ddot{u}_0$$

根据零时刻运动方程

$$m\ddot{u}_0 + c\dot{u}_0 + ku_0 = p_0$$

得到

$$\ddot{u}_0 = \frac{1}{m}(p_0 - c\dot{u}_0 - ku_0)$$

则非零初始条件 u_0, u_{-1} 均可求出，u_1 就可以求出，中心差分法启动迭代计算，中心差分法属于两步法。具体计算步骤如下所述。

（1）基本数据准备和初始条件计算：

$$\ddot{u}_0 = \frac{1}{m}(p_0 - c\dot{u}_0 - ku_0)$$

$$u_{-1} = u_0 - \Delta t \cdot \dot{u}_0 + \frac{\Delta t^2}{2}\ddot{u}_0$$

（2）计算中心差分法的各个系数：

$$\begin{cases} \hat{k} = \dfrac{m}{\Delta t^2} + \dfrac{c}{2\Delta t} \\ a = k - \dfrac{2m}{\Delta t^2} \\ b = \dfrac{m}{\Delta t^2} - \dfrac{c}{2\Delta t} \end{cases}$$

（3）计算 t_{i+1} 时刻：

$$\hat{p}_i = p_i - a \cdot u_i - bu_{i-1}$$

$$u_{i+1} = \frac{\hat{p}_i}{\hat{k}}$$

（4）转到步骤（3）继续迭代计算下一个时间步，$i+1 \Rightarrow i+2$。

下面对中心差分法的稳定性条件进行分析，为了简化，令体系的阻尼 $c=0$，外荷载 $p=0$。

1. *方法一*

中心差分法的递推公式（5-3）化简为

$$\left(\frac{m}{\Delta t^2} + \frac{c}{2\Delta t}\right)u_{i+1} = p_i - \left(k - \frac{2m}{\Delta t^2}\right)u_i - \left(\frac{m}{\Delta t^2} - \frac{c}{2\Delta t}\right) \cdot u_{i-1}$$

$$\frac{m}{\Delta t^2} \cdot u_{i+1} = \left(\frac{2m}{\Delta t^2} - k\right)u_i - \frac{m}{\Delta t^2} \cdot u_{i-1}$$

$$u_{i+1} = \left(2 - \frac{k}{m} \cdot \Delta t^2\right)u_i - u_{i-1}$$

令 $\boldsymbol{\Omega} = \Delta t \cdot \omega_{\mathrm{n}}$，则

$$u_{i+1} = (2 - \boldsymbol{\Omega}^2)u_i - u_{i-1} \tag{5-5}$$

当 $|2-\boldsymbol{\Omega}^2| = 2$ 时，满足线性插值。因此，如要保证 $t \to \infty$，u 收敛到有限值，满足稳定性条件，则必须满足

$$|2 - \boldsymbol{\Omega}^2| \leqslant 2$$

所以

$$-2 \leqslant 2 - \boldsymbol{\Omega}^2 \leqslant 2$$

解得

$$\Omega \leqslant 2$$

即

$$\Delta t \leqslant \frac{2}{\omega_{\mathrm{n}}} = \frac{T_{\mathrm{n}}}{\pi} \tag{5-6}$$

2. 方法二

令离散方程的解式为$u_i = \lambda^i$（λ为待定常数），所以

$$\lambda^{i+1} = (2 - \Omega^2)\lambda^i - \lambda^{i-1} \tag{5-7}$$

式（5-7）两边同除λ^{i-1}，得

$$\lambda^2 = (2 - \Omega^2)\lambda + 1 = 0$$

解得

$$\lambda = \frac{1}{2}\left[2 - \Omega^2 \pm \sqrt{\Omega^2(\Omega^2 - 4)}\right]$$

由指数函数的特征，为保证$i \to \infty$时（$f \to \infty$），u_i有界，则须$|\lambda| \leqslant 1$，即

$$\Omega^2 \leqslant 4$$

$$\Delta t \leqslant \frac{2}{\omega_{\mathrm{n}}} = \frac{T_{\mathrm{n}}}{\pi}$$

因此，得到中心差分法的稳定性条件为

$$\frac{\Delta t}{T_{\mathrm{n}}} \leqslant \frac{1}{\pi} = 0.318 \tag{5-8}$$

得到的结果与方法一相同。一般情况下，逐步积分法的稳定性可以通过逐步积分公式中传递矩阵的特征值的分析获得。即

$$\begin{Bmatrix} u_{i+1} \\ \dot{u}_{i+1} \end{Bmatrix} = \boldsymbol{A} \begin{Bmatrix} u_i \\ \dot{u}_i \end{Bmatrix} + \boldsymbol{B}\boldsymbol{P}_i \tag{5-9}$$

则稳定条件为$\rho(\boldsymbol{A}) \leqslant 1$。其中，$\rho$为传递矩阵$\boldsymbol{A}$的谱半径，即为传递矩阵的特征值的模的最大值。

5.3 Houbolt 法

在前面的讨论中，关于时间的二阶常微分运动方程，我们用有限差分法等在时间域进行离散，得到了时刻$t + \Delta t$的运动量和时刻t、$t - \Delta t$及$t - 2\Delta t$等的运动

量之间的递推关系。实际上完全可以在时间维也采用类似于有限元空间离散方法中采用的拉格朗日离散法，建立运动方程的求解方程，根据插值点的个数可以分为多种离散插值格式。侯博特法（Houbolt 法）是四点格式，即用 $t-2\Delta t$ 、$t-\Delta t$ 、t 和 $t+\Delta t$ 时刻的位移来近似表达 $t+\Delta t$ 时刻的速度和加速度，如图 5-2 所示。

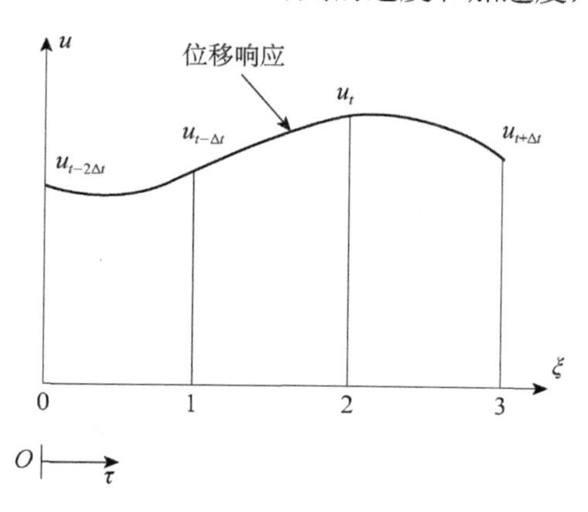

图 5-2　拉格朗日插值示意图

利用拉格朗日差值多项式表示任意点 ξ 的位移 $u(\xi)$ ：

$$u(\xi)=\sum_{i=1}^{4} N_i u_i = N_1 u_{t+\Delta t} + N_2 u_t + N_3 u_{t-\Delta t} + N_4 u_{t-2\Delta t} \tag{5-10}$$

其中，

$$N_i=\prod_{\substack{j=1\\ j\neq i}}^{4}\frac{\xi-\xi_j}{\xi_i-\xi_j},\quad \xi=\frac{\tau-t+2\Delta t}{\Delta t}\qquad (0\leqslant\xi\leqslant 3) \tag{5-11}$$

式（5-10）可展开为

$$u(\xi)=\frac{1}{6}\xi(\xi-1)(\xi-2)u_{t+\Delta t}+\frac{1}{2}\xi(\xi-2)(\xi-3)u_{t-\Delta t}-\frac{1}{6}(\xi-1)(\xi-2)(\xi-3)u_{t-2\Delta t} \tag{5-12}$$

将 $u(\xi)$ 对 ξ 求一阶导数后，并取 $\xi=3$ ，即可得到 $t+\Delta t$ 时刻的速度：

$$\dot{u}_{t+\Delta t}=\frac{1}{6\Delta t}(11u_{t+\Delta t}-18u_t+9u_{t-\Delta t}-2u_{t-2\Delta t}) \tag{5-13}$$

将 $u(\xi)$ 对 ξ 求二阶导数后，并取 $\xi=3$ ，即可得到 $t+\Delta t$ 时刻的加速度：

$$\ddot{u}_{t+\Delta t}=\frac{1}{\Delta t^2}(2u_{t+\Delta t}-5u_t+4u_{t-\Delta t}-u_{t-2\Delta t}) \tag{5-14}$$

Houbolt 法和中心差分法均具有二阶精度。

为了求解时刻 $t+\Delta t$ 的位移，把 $t+\Delta t$ 时刻的速度式（5-13）和加速度式（5-14）

代入 $t+\Delta t$ 时刻的运动方程：

$$m\ddot{u}_{t+\Delta t}+c\dot{u}_{t+\Delta t}+ku_{t+\Delta t}=p_{t+\Delta t} \tag{5-15a}$$

对于多自由度体系，用矢量表达的运动方程组形式为

$$\boldsymbol{M}\ddot{\boldsymbol{U}}_{t+\Delta t}+\boldsymbol{C}\dot{\boldsymbol{U}}_{t+\Delta t}+\boldsymbol{K}\boldsymbol{U}_{t+\Delta t}=\boldsymbol{P}_{t+\Delta t} \tag{5-15b}$$

得

$$\hat{\boldsymbol{K}}\boldsymbol{U}_{t+\Delta t}=\hat{\boldsymbol{P}}_{t+\Delta t} \tag{5-16}$$

其中，

$$\hat{\boldsymbol{K}}=\left(\frac{2}{\Delta t^2}\boldsymbol{M}+\frac{11}{6\Delta t}\boldsymbol{C}+\boldsymbol{K}\right) \tag{5-17}$$

$$\hat{\boldsymbol{P}}_{t+\Delta t}=\boldsymbol{P}_{t+\Delta t}+\left(\frac{5}{\Delta t^2}\boldsymbol{M}+\frac{3}{\Delta t}\boldsymbol{C}\right)\boldsymbol{U}_t-\left(\frac{4}{\Delta t^2}\boldsymbol{M}+\frac{3}{2\Delta t}\boldsymbol{C}\right)\boldsymbol{U}_{t-\Delta t}+\left(\frac{1}{\Delta t^2}\boldsymbol{M}+\frac{1}{3\Delta t}\boldsymbol{C}\right)\boldsymbol{U}_{t-2\Delta t} \tag{5-18}$$

求解 $\boldsymbol{U}_{t+\Delta t}$ 时，需要已知前三步的位移 $\boldsymbol{U}_t$ 、 $\boldsymbol{U}_{t-\Delta t}$ 和 $\boldsymbol{U}_{t-2\Delta t}$ ，故 Houbolt 法是三步法。由式（5-16）可见，如果只给定初值 $\boldsymbol{U}_0$ 和 $\dot{\boldsymbol{U}}_0$ ，则无法求得 $\boldsymbol{U}_{\Delta t}$ 和 $\boldsymbol{U}_{2\Delta t}$ ，因此，需要用其他方法起步。可以采用中心差分法计算 $\boldsymbol{U}_{\Delta t}$ 和 $\boldsymbol{U}_{2\Delta t}$ 。

在求解 $t+\Delta t$ 时刻的位移 $\boldsymbol{U}_{t+\Delta t}$ 时用的是 $t+\Delta t$ 时刻的平衡方程，$\boldsymbol{K}$ 矩阵出现在递推公式（5-16）的左端，在求解 $\boldsymbol{U}_{t+\Delta t}$ 时需要对 $\hat{\boldsymbol{K}}$ 求逆，因此 Houbolt 法是隐式积分格式。对线性问题只需对 $\hat{\boldsymbol{K}}$ 分解一次，但对于非线性问题，$\boldsymbol{K}$ 矩阵是随时间变化的，因此在每个时间步上都需对 $\hat{\boldsymbol{K}}$ 进行分解。

在 Houbolt 法中当 $\boldsymbol{M}=\boldsymbol{C}=0$ 时递推方程（5-16）化为静力方程，因此可用来求解载荷随时间变化时的静态解。在中心差分法中当 $\boldsymbol{M}=\boldsymbol{C}=0$ 时，由式（5-4）可知，中心差分法中的有效质量阵 $\hat{\boldsymbol{M}}=0$，因此中心差分法不能用来求解静态解。

Houbolt 法的求解过程可以归纳为如下所述。

1）初始计算

（1）形成刚度矩阵 $\boldsymbol{K}$ 、质量阵 $\boldsymbol{M}$ 和阻尼阵 $\boldsymbol{C}$ ；

（2）给定 $\boldsymbol{U}_0$ 、 $\dot{\boldsymbol{U}}_0$ ，并计算 $\ddot{\boldsymbol{U}}_0$ ；

（3）选择时间步长并计算积分常数，

$$c_0=\frac{2}{\Delta t^2},\quad c_1=\frac{11}{6\Delta t},\quad c_2=\frac{5}{\Delta t^2},\quad c_3=\frac{3}{\Delta t}$$

$$c_4=-2c_0,\quad c_5=-\frac{c_3}{2},\quad c_6=\frac{c_0}{2},\quad c_7=\frac{c_3}{9}$$

（4）使用其他起步算法计算 $\boldsymbol{U}_{\Delta t}$ 和 $\boldsymbol{U}_{2\Delta t}$ ；

（5）计算有效刚度矩阵（effective stiffness matrix），$\hat{\boldsymbol{K}} = \boldsymbol{K} + c_0\boldsymbol{M} + c_1\boldsymbol{C}$；

（6）对 $\hat{\boldsymbol{K}}$ 进行三角化，$\hat{\boldsymbol{K}} = \boldsymbol{LDL}^{\mathrm{T}}$。

2）对每一个时间步

（1）计算 $t+\Delta t$ 时刻的有效载荷（effective load），

$$\hat{\boldsymbol{Q}}_{t+\Delta t} = \boldsymbol{Q}_{t+\Delta t} + \boldsymbol{M}(c_2\boldsymbol{U}_t + c_4\boldsymbol{U}_{t-\Delta t} + c_6\boldsymbol{U}_{t-2\Delta t}) + \boldsymbol{C}(c_3\boldsymbol{U}_t + c_5\boldsymbol{U}_{t-\Delta t} + c_7\boldsymbol{U}_{t-2\Delta t}) \tag{5-19}$$

（2）求解 $t+\Delta t$ 时刻的位移 $\boldsymbol{U}_{t+\Delta t}$，

$$\boldsymbol{LDL}^{\mathrm{T}}\boldsymbol{U}_{t+\Delta t} = \hat{\boldsymbol{Q}}_{t+\Delta t} \tag{5-20}$$

（3）根据需要计算 $t+\Delta t$ 时刻的加速度和速度，

$$\ddot{\boldsymbol{U}}_{t+\Delta t} = c_0\boldsymbol{U}_{t+\Delta t} - c_2\boldsymbol{U}_t - c_4\boldsymbol{U}_{t-\Delta t} - c_6\boldsymbol{U}_{t-2\Delta t}$$

$$\dot{\boldsymbol{U}}_{t+\Delta t} = c_1\boldsymbol{U}_{t+\Delta t} - c_3\boldsymbol{U}_t - c_5\boldsymbol{U}_{t-\Delta t} - c_7\boldsymbol{U}_{t-2\Delta t}$$

下面讨论 Houbolt 法的稳定性。将 Houbolt 法的加速度近似式（5-14）代入 $t+\Delta t$ 时刻单自由度无阻尼系统运动方程式中，得

$$(2+\omega^2\Delta t^2)x_{t+\Delta t} - 5x_t + 4x_{t-\Delta t} - x_{t-2\Delta t} = 0 \tag{5-21}$$

将式（5-21）与恒等式 $x_t = x_t$ 和 $x_{t-\Delta t} = x_{t-\Delta t}$ 联立，写成迭代的形式，有

$$\boldsymbol{X}_{t+\Delta t} = \boldsymbol{T}\boldsymbol{X}_t \tag{5-22}$$

其中，

$$\boldsymbol{X}_{t+\Delta t} = \begin{bmatrix} x_{t+\Delta t} & x_t & x_{t-\Delta t} \end{bmatrix}^{\mathrm{T}}$$

$$\boldsymbol{X}_t = \begin{bmatrix} x_t & x_{t-\Delta t} & x_{t-2\Delta t} \end{bmatrix}^{\mathrm{T}}$$

$$\boldsymbol{T} = \begin{bmatrix} \dfrac{5}{2+\omega^2\Delta t^2} & \dfrac{-4}{2+\omega^2\Delta t^2} & \dfrac{1}{2+\omega^2\Delta t^2} \\ 1 & 0 & 0 \\ 0 & 1 & 0 \end{bmatrix}$$

矩阵 $\boldsymbol{T}$ 的特征方程为

$$p(\lambda) = |\boldsymbol{T} - \lambda\boldsymbol{I}| = (2+\omega^2\Delta t^2)\lambda^3 - 5\lambda^2 + 4\lambda - 1 = 0 \tag{5-23}$$

若谱半径 $\rho(\boldsymbol{T}) = \max\limits_i |\lambda_i| \leqslant 1$，则算法是稳定的，这表示方程（5-23）的三个根在 λ 平面上不能落在单位圆外（图 5-3（a））。引入坐标变换

$$\lambda = \frac{1+z}{1-z} \tag{5-24}$$

该变换把 λ 平面的单位圆变换到 z 平面的左半平面 $z_{\mathrm{R}} \leqslant 0$（图 5-3（b））。其中，$\lambda_{\mathrm{I}}$ 和 λ_{R} 分别为特征值 λ 的虚部和实部；z_{I} 和 z_{R} 分别为变量 z 的虚部和实部。

把坐标变换式（5-24）代入特征方程（5-23）得

$$(2+\omega^2\Delta t^2)(1+z)^3-5(1+z)^2(1-z)+4(1+z)(1-z)^2-(1-z)^3=0 \tag{5-25}$$

把式（5-25）整理得

$$(12+\omega^2\Delta t^2)z^3+(4+3\omega^2\Delta t^2)z^2+(3\omega^2\Delta t^2)z+\omega^2\Delta t^2=0 \tag{5-26}$$

如果上述方程的根满足 $z_{\mathrm{R}}\leqslant 0$，则有 $|\lambda|\leqslant 1$。由劳斯-赫尔维茨（Routh-Hurwitz）判据可知，若

$$\begin{cases}a_0=12+\omega^2\Delta t^2>0\\ a_1=4+3\omega^2\Delta t^2>0\\ a_1a_2-a_0a_3=8\omega^4\Delta t^4>0\end{cases}$$

则方程（5-26）的根具有负实部。显然不论 Δt 取何值，以上条件总是满足的。不论 Δt 取多大，在计算中 Houbolt 法的舍入误差都不会越来越大，因此，Houbolt 法是无条件稳定的。

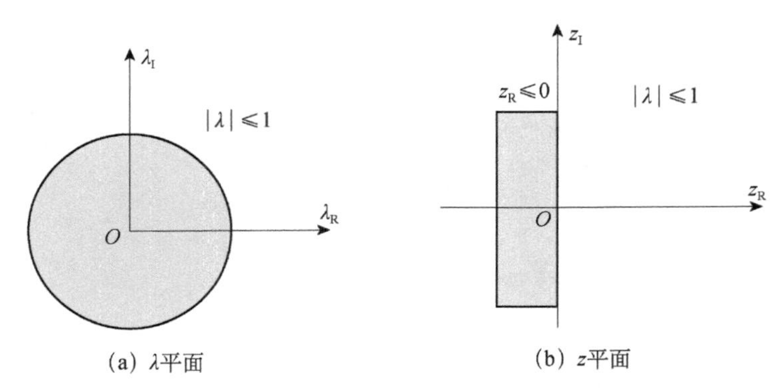

(a) λ平面　　(b) z平面

图 5-3　稳定区域

5.4 加速度法

5.4.1 Newmark - β 法

积分类方法与差分类方法推导的思路是不同的，差分类方法是以位移为基本未知量，通过差分运算格式代替微分运算；而积分类方法是在假设最高阶次未知量，即加速度的基本模式基础上，通过积分运算推导速度和位移的计算格式。通过对加速度分布模式的不同假设，可以有不同类型的积分类数值计算方法，如图

5-4 所示。Newmark - β 法是目前应用比较成功的一类积分类数值计算方法。

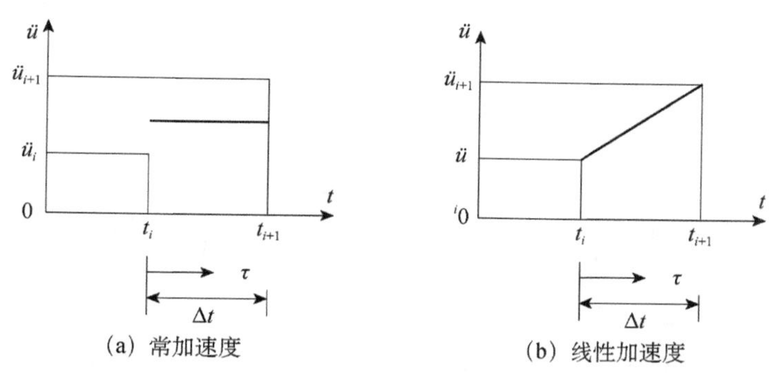

(a) 常加速度　　(b) 线性加速度

图 5-4　加速度法基本假定

假设在时间段 $t_i \sim t_{i+1}$，任一时刻的加速度为一常量 a，则

$$a = (1-\gamma)\ddot{u}_i + \gamma\ddot{u}_{i+1} \quad (0 \leqslant \gamma \leqslant 1) \tag{5-27a}$$

或者

$$a = (1-2\beta)\ddot{u}_i + 2\beta\ddot{u}_{i+1} \quad \left(0 \leqslant \beta \leqslant \frac{1}{2}\right) \tag{5-27b}$$

通过对 $t_i \sim t_{i+1}$ 时段上的加速度 a 积分，可得

$$\begin{cases} \dot{u}_{i+1} = \dot{u}_i + \int_{t_i}^{t_{i+1}} a\mathrm{d}t = \dot{u}_i + a \cdot \Delta t \\ u_{i+1} = u_i + \int_{t_i}^{t_{i+1}} \dot{u}_{i+1}\mathrm{d}t = u_i + \dot{u}_i \cdot \Delta t + \frac{1}{2}\Delta t^2 \cdot a \end{cases}$$

把式（5-27a）和式（5-27b）分别代入以上两式，得

$$\dot{u}_{i+1} = \dot{u}_i + (1-\gamma)\Delta t \cdot \ddot{u}_i + \gamma \cdot \Delta t \cdot \ddot{u}_{i+1} \tag{5-28a}$$

$$u_{i+1} = u_i + \Delta t \cdot \dot{u}_i + \left(\frac{1}{2} - \beta\right)4t^2 \cdot \ddot{u}_i + \beta \cdot \Delta t^2 \cdot \ddot{u}_{i+1} \tag{5-28b}$$

由式（5-28b）得到 $\ddot{u}_{i+1}$，代入式（5-28a）得到 $\dot{u}_{i+1}$，整理得

$$\begin{cases} \ddot{u}_{i+1} = \dfrac{1}{\beta\Delta t^2}(u_{i+1} - u_i) - \dfrac{1}{\beta\Delta t}\dot{u}_i - \left(\dfrac{1}{2\beta} - 1\right)\ddot{u}_i \\ \dot{u}_{i+1} = \dfrac{\gamma}{\beta\Delta t}(u_{i+1} - u_i) + \left(1 - \dfrac{\gamma}{\beta}\right)\dot{u}_i + \left(1 - \dfrac{\gamma}{2\beta}\right)\ddot{u}_i \cdot \Delta t \end{cases} \tag{5-29}$$

显然，参系数 γ 控制了在 t_i 、 t_{i+1} 时刻加速度对速度改变的影响权重；参系数 β 控制了在 t_i 、 t_{i+1} 时刻加速度对位移改变的影响权重。对于 t_{i+1} 时刻的运动方程

$$m\ddot{u}_{i+1} + c\dot{u}_{i+1} + ku_{i+1} = p_{i+1} \tag{5-30}$$

把式（5-29）代入式（5-30），整理得到

$$\hat{k}\cdot u_{i+1}=\hat{p}_{i+1}$$

其中，

$$\hat{k}=k+\frac{1}{\beta\Delta t^2}m+\frac{\gamma}{\beta\Delta t}c$$

$$\hat{p}_{i+1}=p_{i+1}+\left[\frac{1}{\beta\Delta t^2}u_i+\frac{1}{\beta\Delta t}\dot{u}_i+\left(\frac{1}{2\beta}-1\right)\ddot{u}_i\right]m+\left[\frac{\gamma}{\beta\Delta t}u_i+\left(\frac{\gamma}{\beta}-1\right)\dot{u}_i+\frac{\Delta t}{2}\left(\frac{\gamma}{\beta}-2\right)\ddot{u}_i\right]c$$

对多自由体系的计算，仅需要把变量k、m、c代替为矩阵$\boldsymbol{K}$、$\boldsymbol{M}$、$\boldsymbol{C}$。

当$\gamma=1/2,\beta=1/4$时，该格式为平均常加速度法，为无条件稳定算法；当$\gamma=1/2,\beta=1/6$时，该格式为线性加速度法，为条件稳定算法，需满足$\Delta t\leqslant\frac{\sqrt{3}}{\pi}\cdot T_{\mathrm{n}}$。

Newmark - β法是有条件稳定的，稳定性需要满足的条件为

$$\Delta t\leqslant\frac{1}{\pi\sqrt{2}}\cdot\frac{1}{\sqrt{\gamma-2\beta}}T_{\mathrm{n}}$$

Newmark - β法为加速度法的一种，属于单步法，亦是自动起步方法，基本求解过程如下所述。

（1）基本数据准备和初始条件。

A. 选择时间步长Δt、参数β和γ，并计算积分常数，

$$a_0=\frac{1}{\beta\Delta t^2},\quad a_1=\frac{\gamma}{\beta\Delta t},\quad a_2=\frac{1}{\beta\Delta t},\quad a_3=\frac{1}{2\beta}-1$$

$$a_4=\frac{\gamma}{\beta}-1,\quad a_5=\frac{\Delta t}{2}\left(\frac{\gamma}{\beta}-2\right),\quad a_6=\Delta t(1-\gamma),\quad a_7=\gamma\cdot\Delta t$$

B. 确定运动的初始值$\boldsymbol{U}_0$、$\dot{\boldsymbol{U}}_0$、$\ddot{\boldsymbol{U}}_0$。

（2）形成刚阵$\boldsymbol{K}$、质量阵$\boldsymbol{M}$、阻尼阵$\boldsymbol{C}$。

（3）形成等效刚度阵$\hat{\boldsymbol{K}}$，即

$$\hat{\boldsymbol{K}}=\boldsymbol{K}+a_0\boldsymbol{M}+a_1\boldsymbol{C}$$

（4）计算t_{i+1}时刻的等效荷载，

$$\hat{\boldsymbol{P}}_{i+1}=\hat{\boldsymbol{P}}_{i+1}+\boldsymbol{M}(a_0\boldsymbol{U}_i+a_2\dot{\boldsymbol{U}}_i+a_3\ddot{\boldsymbol{U}}_i)+\boldsymbol{C}(a_1\boldsymbol{U}_i+a_4\dot{\boldsymbol{U}}_i+a_5\ddot{\boldsymbol{U}}_i)$$

（5）求解t_{i+1}时刻的位移、速度和加速度，

$$\hat{\boldsymbol{K}}\boldsymbol{U}_{i+1}=\hat{\boldsymbol{P}}_{i+1}$$

$$\ddot{\boldsymbol{U}}_{i+1}=a_0(\boldsymbol{U}_{i+1}-\boldsymbol{U}_i)-a_2\dot{\boldsymbol{U}}_i-a_3\ddot{\boldsymbol{U}}_i$$

$$\dot{\boldsymbol{U}}_{i+1}=\dot{\boldsymbol{U}}_i+a_6\ddot{\boldsymbol{U}}_i+a_7\ddot{\boldsymbol{U}}_{i+1}$$

（6）循环进入第（4）步；对于非线性问题，循环进入第（2）步。

5.4.2　Wilson -θ 法

Wilson -θ 法是线性加速度法的扩展，其基本思路为：假设加速度在时间段 $[t_i,t_i+\theta\Delta t]$ 内线性变换，且 $\theta\geqslant 1$。由于内插计算有助于提高算法的稳定性，因此当 θ 足够大时，Wilson -θ 法可以成为稳定性良好的分析方法。通过分析可知，当 $\theta>1.37$ 时 Wilson -θ 法无条件稳定的。

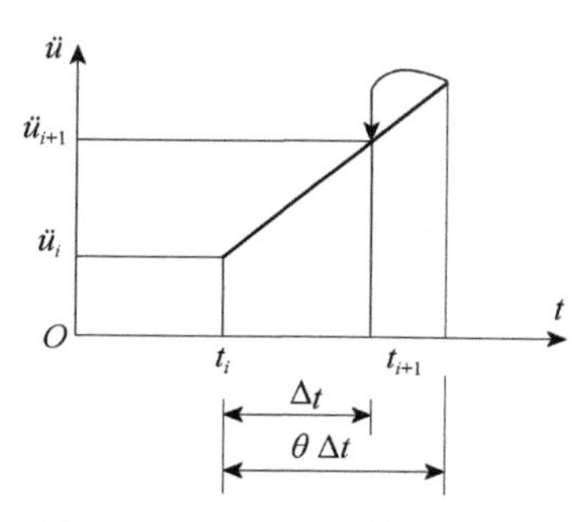

图 5-5　Wilson -θ 法基本假定

根据 Wilson -θ 法关于加速度分布的基本假定（图 5-5），可知时间段 $[t_i,t_i+\theta\Delta t]$ 内任一时刻的加速度为

$$a(\tau)=\ddot{u}(\tau)=\ddot{u}(t_1)+\frac{\tau}{\theta\Delta t}[\ddot{u}(t_i+\theta\Delta t)-\ddot{u}(t_i)] \tag{5-31}$$

对 τ 积分一次，得

$$\dot{u}(t_i+\tau)=\dot{u}(t_i)+\int_{t_i}^{t_i+\tau}a(\tau)\mathrm{d}\tau=\dot{u}(t_i)+\tau\ddot{u}(t_i)+\frac{\tau^2}{2\theta\Delta t}[\ddot{u}(t_i+\theta\Delta t)-\ddot{u}(t_i)]$$

再对 τ 积分一次，得

$$\begin{aligned}u(\tau_i+\tau)&=u(t_i)+\int_{t_i}^{t_i+\tau}\dot{u}(t_i+\tau)\mathrm{d}\tau\\&=u(t_i)+\tau\dot{u}(t_i)+\frac{\tau^2}{2}\ddot{u}(t_i)+\frac{\tau^3}{3\theta\Delta t}[\ddot{u}(t_i+\theta\Delta t)-\ddot{u}(t_i)]\end{aligned}$$

当 $\tau=\theta\Delta t$ 时，

$$\begin{cases}\dot{u}(t_i+\theta\Delta t)=\dot{u}(t_i)+\theta\Delta t\ddot{u}(t_i)+\dfrac{\theta\Delta t}{2}[\ddot{u}(t_i+\theta\Delta t)-\ddot{u}(t_i)]\\u(t_i+\theta\Delta t)=u(t_i)+\theta\Delta t\dot{u}(t_i)+\dfrac{(\theta\Delta t)^2}{6}[\ddot{u}(t_i+\theta\Delta t)+2\ddot{u}(t_i)]\end{cases} \tag{5-32}$$

由式（5-32）可解得

$$\begin{cases}\ddot{u}(t_i+\theta\Delta t)=\dfrac{6}{(\theta\Delta t)^2}[u(t_i+\theta\Delta t)-u(t_i)]-\dfrac{6}{\theta\Delta t}\dot{u}(t_i)-2\ddot{u}(t_i)\\ \dot{u}(t_i+\theta\Delta t)=\dfrac{3}{\theta\Delta t}[u(t_i+\theta\Delta t)-u(t_i)]-2\dot{u}(t_i)-\dfrac{\theta\Delta t}{2}\ddot{u}(t_i)\end{cases} \tag{5-33}$$

而 $t_i+\theta\Delta t$ 时刻满足运动方程

$$m\ddot{u}(t_i+\theta\Delta t)+c\dot{u}(t_i+\theta\Delta t)+ku(t_i+\theta\Delta t)=p(t_i+\theta\Delta t)$$

其中，荷载根据线性插值可表示为

$$p(t_i+\theta\Delta t)=p(t_i)+\theta[p(t_i+\Delta t)-p(t_i)]$$

所以，

$$\hat{k}\cdot u(t_i+\theta\Delta t)=\hat{p}(t_i+\theta\Delta t) \tag{5-34}$$

其中，

$$\hat{k}=k+\frac{\sigma}{(\theta\Delta t)^2}m+\frac{3}{\theta\Delta t}c$$

$$\hat{p}(t_i+\theta\Delta t)=p(t_i)+\theta(p_{i+1}-p_i)+\left[\frac{6}{(\theta\Delta t)^2}u_i+\frac{6}{\theta\Delta t}\dot{u}_i+2\ddot{u}_i\right]m+\left[\frac{3}{\theta\Delta t}u_i+2\dot{u}_i+\frac{\theta\Delta t}{2}\ddot{u}_i\right]c$$

5.5 广义 α 法

“广义 α 法”于 1993 年被首次提出，用于求解结构力学的二阶微分方程，即具有二阶时间导数的系统，目前在结构动力学数值计算领域该方法应用广泛。广义 α 法（generalized α method）也是一积分类数值计算方法，速度与加速度的近似格式与 Newmark 法类似，由式（5-30）给出，但在求解 $t+\Delta t$ 时刻的位移时，不是利用 $t+\Delta t$ 时刻的运动方程式，而是利用如下方程：

$$\boldsymbol{M}\left[(1-\alpha_{\mathrm{m}})\ddot{\boldsymbol{U}}_{t+\Delta t}+\alpha_{\mathrm{m}}\ddot{\boldsymbol{U}}_t\right]+\boldsymbol{C}[(1-\alpha_{\mathrm{f}})\dot{\boldsymbol{U}}_{t+\Delta t}+\alpha_{\mathrm{f}}\dot{\boldsymbol{U}}_t]+\boldsymbol{K}[(1-\alpha_{\mathrm{f}})\boldsymbol{U}_{t+\Delta t}+\alpha_{\mathrm{f}}\boldsymbol{U}_t]=\boldsymbol{Q}_{t+(1-\alpha_{\mathrm{f}})\Delta t} \tag{5-35}$$

其中，α_{m} 和 α_{f} 是待定系数。式（5-35）综合了系统在 t 时刻和 $t+\Delta t$ 时刻的运动方程。将式（5-29）代入式（5-35）中，得

$$\hat{\boldsymbol{K}}\boldsymbol{U}_{t+\Delta t}=\hat{\boldsymbol{Q}}_{t+\Delta t} \tag{5-36}$$

其中，

$$\hat{\boldsymbol{K}}=c_k\boldsymbol{K}+c_0\boldsymbol{M}+c_1\boldsymbol{C} \tag{5-37}$$

$$\hat{\boldsymbol{Q}}_{t+\Delta t}=\boldsymbol{Q}_{t+(1-\alpha_{\mathrm{f}})\Delta t}-\alpha_{\mathrm{f}}\boldsymbol{K}\boldsymbol{U}_t+\boldsymbol{M}(c_0\boldsymbol{U}_t+c_2\dot{\boldsymbol{U}}_t+c_3\ddot{\boldsymbol{U}}_t)+\boldsymbol{C}(c_1\boldsymbol{U}_t+c_4\dot{\boldsymbol{U}}_t+c_5\ddot{\boldsymbol{U}}_t)\tag{5-38}$$

式中，常数 $c_0\sim c_6$ 为

$$c_k=1-\alpha_{\mathrm{f}},\quad c_0=\frac{1-\alpha_{\mathrm{m}}}{\beta\Delta t^2},\quad c_1=\frac{c_k\gamma}{\beta\Delta t}$$

$$c_2=\Delta t c_0,\quad c_3=\frac{c_2\Delta t}{2}-1,\quad c_4=c_k\frac{\gamma}{\beta}-1$$

$$c_5=c_k\left(\frac{\gamma}{2\beta}-1\right)\Delta t$$

当 $\alpha_{\mathrm{m}}=\alpha_{\mathrm{f}}=0$ 时，广义 α 法退化为 Newmark 法，可见 Newmark 法是广义 α 法的一种特例，广义 α 法的程序实现过程与 Newmark 法类似。

下面来讨论广义 α 法的稳定性问题。对于单自由度无阻尼系统，广义 α 法的运动方程为

$$(1-\alpha_{\mathrm{m}})\ddot{x}_{t+\Delta t}+\alpha_{\mathrm{m}}\ddot{x}_t+\omega^2[(1-\alpha_{\mathrm{f}})x_{t+\Delta t}+\alpha_{\mathrm{f}}x_t]=0\tag{5-39}$$

将式（5-30）和式（5-39）写成矩阵形式为

$$\begin{bmatrix}\dfrac{1}{\beta\Delta t^2} & 0 & -1\\ \dfrac{\gamma}{\beta\Delta t} & -1 & 0\\ \omega^2(1-\alpha_{\mathrm{f}}) & 0 & 1-\alpha_{\mathrm{m}}\end{bmatrix}\begin{Bmatrix}u_{t+\Delta t}\\ \dot{u}_{t+\Delta t}\\ \ddot{u}_{t+\Delta t}\end{Bmatrix}=\begin{bmatrix}\dfrac{1}{\beta\Delta t^2} & \dfrac{1}{\beta\Delta t} & \dfrac{1}{2\beta}-1\\ \dfrac{\gamma}{\beta\Delta t} & \dfrac{\gamma}{\beta}-1 & \left(\dfrac{\gamma}{2\beta}-1\right)\Delta t\\ -\omega^2\alpha_{\mathrm{f}} & 0 & \alpha_{\mathrm{m}}\end{bmatrix}\begin{Bmatrix}u_t\\ \dot{u}_t\\ \ddot{u}_t\end{Bmatrix}\tag{5-40}$$

将式（5-40）写成递推形式，并用矩阵形式表达为

$$\boldsymbol{X}_{t+\Delta t}=\boldsymbol{D}\boldsymbol{X}_t\tag{5-41}$$

其中，

$$\boldsymbol{X}_{t+\Delta t}=[x_{t+\Delta t}\quad \Delta t\dot{x}_{t+\Delta t}\quad \Delta t^2\ddot{x}_{t+\Delta t}]^{\mathrm{T}}$$

$$\boldsymbol{X}_t=[x_t\quad \Delta t\dot{x}_t\quad \Delta t^2\ddot{x}_t]^{\mathrm{T}}$$

$$\boldsymbol{D}=\frac{1}{b_{\mathrm{f}}\beta\theta^2+b_{\mathrm{m}}}\times\begin{bmatrix}-\alpha_{\mathrm{f}}\beta\theta^2 & b_{\mathrm{m}} & \dfrac{1}{2}b_{\mathrm{m}}-\beta\\ -\gamma\theta^2 & -(\gamma-\beta)b_{\mathrm{f}}\theta^2+b_{\mathrm{m}} & -\left(\dfrac{\gamma}{2}-\beta\right)b_{\mathrm{f}}\theta^2-\gamma+b_{\mathrm{m}}\\ -\theta^2 & -b_{\mathrm{f}}\theta^2 & -\left(\dfrac{1}{2}-\beta\right)b_{\mathrm{f}}\theta^2-a_{\mathrm{m}}\end{bmatrix}$$

式中，$\theta=\omega\Delta t$，$b_{\mathrm{f}}=1-\alpha_{\mathrm{f}}$，$b_{\mathrm{m}}=1-\alpha_{\mathrm{m}}$。广义 α 法的精度取决于它的局部截断误

差τ：

$$\tau = \Delta t^{-2}\sum_{i=0}^{3}(-1)^i D_i x(t_{n+1-i}) \tag{5-42}$$

其中，$D_0=1$；D_1为矩阵$\boldsymbol{D}$的迹；D_2是矩阵$\boldsymbol{D}$的主子式之和；D_3是矩阵$\boldsymbol{D}$的行列式。如果$\tau=O(\Delta t^k)$，则该算法具有k阶精度。当满足如下条件时，广义α法具有二阶精度：

$$\gamma=\frac{1}{2}-\alpha_{\mathrm{m}}+\alpha_{\mathrm{f}} \tag{5-43}$$

由5.2节可知，如果无论Δt取多大，矩阵$\boldsymbol{D}$的谱半径$\rho(\boldsymbol{D})$均小于等于1（若矩阵$\boldsymbol{D}$存在实重根，则该重根的模必须严格小于1），则算法是无条件稳定的。由此条件可知，当广义α法满足

$$\alpha_{\mathrm{m}}\leqslant\alpha_{\mathrm{f}}\leqslant\frac{1}{2},\quad \beta\geqslant\frac{1}{4}+\frac{1}{2}(\alpha_{\mathrm{f}}-\alpha_{\mathrm{m}}) \tag{5-44}$$

时，无条件稳定。

通常在结构动力学问题中，系统的高频响应分量一般很小，且受离散化的影响，有限元系统的高阶振型是不准确的，因而需要在直接积分法中引入可控的数值阻尼以滤除系统响应中的虚假高频分量，同时应最大限度地保留响应的低频分量。因而，直接积分法的谱半径在低频域应尽可能接近1，而随着Δt的增大，谱半径的值应光滑减小，以达到数值阻尼逐渐增大的目的。当满足条件

$$\beta=\frac{(1-\alpha_{\mathrm{m}}+\alpha_{\mathrm{f}})^2}{4} \tag{5-45}$$

时，$\lim\limits_{\theta\to\infty}\lambda_{1,2}$为实数，广义$\alpha$法对高频衰减最大。

考虑$\omega\Delta t\to\infty$的情况，矩阵$\boldsymbol{D}$的极限为

$$\lim_{\theta\to\infty}\boldsymbol{D}=\begin{bmatrix} -\dfrac{\alpha_{\mathrm{f}}}{1-\alpha_{\mathrm{f}}} & 0 & 0 \\ -\dfrac{\gamma}{(1-\alpha_f)\beta} & 1-\dfrac{\gamma}{\beta} & 1-\dfrac{\gamma}{2\beta} \\ -\dfrac{1}{(1-\alpha_f)\beta} & -\dfrac{1}{\beta} & 1-\dfrac{1}{2\beta} \end{bmatrix} \tag{5-46}$$

矩阵$\lim\limits_{\theta\to\infty}\boldsymbol{D}$的特征值为

$$\lambda_{1,2}^{\infty}=\frac{\alpha_{\mathrm{f}}-\alpha_{\mathrm{m}}-1}{\alpha_{\mathrm{f}}-\alpha_{\mathrm{m}}+1},\quad \lambda_3^{\infty}=\frac{\alpha_{\mathrm{f}}}{\alpha_{\mathrm{f}}-1} \tag{5-47}$$

由于$|\lambda_3^\infty| \leqslant |\lambda_{1,2}^\infty|$，矩阵$\lim\limits_{\theta\to\infty} D$的谱半径为$\rho_\infty = |\lambda_{1,2}^\infty|$，可以通过设计参数$\alpha_\mathrm{f}$和$\alpha_\mathrm{m}$，使得算法在高频段具有所需的谱半径$\rho_\infty$。例如，在 HHT-$\alpha$ 法中，取

$$\alpha_\mathrm{m} = 0, \quad \alpha_\mathrm{f} = \frac{1-\rho_\infty}{1+\rho_\infty}$$

其中，$1/2 \leqslant \rho_\infty \leqslant 1$。在 WBZ-$\alpha$ 法中，取

$$\alpha_\mathrm{f} = 0, \quad \alpha_\mathrm{m} = \frac{\rho_\infty - 1}{1+\rho_\infty}$$

其中，$0 \leqslant \rho_\infty \leqslant 1$。

对于给定的ρ_∞，为了尽可能减少算法在低频段的数值阻尼，应使$\lambda_3^\infty = \lambda_{1,2}^\infty$。此时可解得

$$\alpha_\mathrm{f} = \frac{1+\alpha_\mathrm{m}}{3}$$

将此关系式代入式（5-47），得

$$\alpha_\mathrm{f} = \frac{\rho_\infty}{\rho_\infty + 1}, \quad \alpha_\mathrm{m} = \frac{2\rho_\infty - 1}{\rho_\infty + 1} \tag{5-48}$$

通过调节ρ_∞可以使得算法在高频段具有所需的数值阻尼，而在低频段的数值阻尼最小。当广义α法的参数满足式（5-43）、式（5-45）和式（5-48）时，算法具有二阶精度，且无条件稳定，并能在有效地滤掉高频响应的同时，对低频响应的衰减最小。在 Newmark 法等方法中，如果$\Delta t / T_\mathrm{n}$（T_n是系统的最小周期）过大，则在计算初始阶段解答可能会远超过真实值，而广义α法不会出现这种现象。

5.6　精细积分法

前面讨论的时域直接积分方法都是基于拉格朗日体系下的二阶运动方程，利用泰勒展开和差分的思想，假定位移、速度和加速度等力学量的近似形式，建立离散时间点上的递推方程。实际上，也可以将运动方程转入哈密顿（Hamilton）体系，此时方程中对时间的最高阶导数是一次的，可以在时域上给出以积分形式表达的半解析解，如果能够合理处理该解答中的积分和矩阵指数函数，则可以建立一种高精度和高效的时域求解方案。

从前面得到的空间离散后运动方程

$$\boldsymbol{M\ddot{U}}+\boldsymbol{C\dot{U}}+\boldsymbol{KU}=\boldsymbol{P} \tag{5-49}$$

出发，引入对偶变量

$$\boldsymbol{x}=\begin{Bmatrix}\boldsymbol{U}\\ \boldsymbol{Q}\end{Bmatrix},\quad \boldsymbol{Q}=\boldsymbol{M\dot{U}}+\boldsymbol{CU}/2 \tag{5-50}$$

可得到 Hamilton 体系下的动力学方程

$$\dot{\boldsymbol{x}}=\boldsymbol{Hx}+\boldsymbol{R} \tag{5-51}$$

式中，

$$\boldsymbol{H}=\begin{bmatrix}\boldsymbol{A}_1 & \boldsymbol{A}_4\\ \boldsymbol{A}_2 & \boldsymbol{A}_3\end{bmatrix},\quad \boldsymbol{R}=\begin{Bmatrix}\boldsymbol{0}\\ \boldsymbol{P}\end{Bmatrix} \tag{5-52}$$

$$\boldsymbol{A}_1=-\boldsymbol{M}^{-1}\boldsymbol{C}/2,\quad \boldsymbol{A}_2=\boldsymbol{CM}^{-1}\boldsymbol{C}/4-\boldsymbol{K}$$

$$\boldsymbol{A}_3=-\boldsymbol{CM}^{-1}/2,\quad \boldsymbol{A}_4=\boldsymbol{M}^{-1}$$

先不考虑式（5-51）的右端非齐次项 $\boldsymbol{R}$，此时该方程可在时间域上精确积分：

$$\boldsymbol{X}(t)=\mathrm{e}^{\boldsymbol{H}(t-t_0)}\boldsymbol{X}_0 \tag{5-53}$$

其中，$\boldsymbol{X}_0$ 可由初始条件 $\boldsymbol{U}_0$ 和 $\dot{\boldsymbol{U}}_0$ 通过式（50-50a）确定。若将时间域均匀离散，步长为 Δt，则可递推求得各时刻的解：

$$\boldsymbol{X}_1=\boldsymbol{TX}_0,\quad \boldsymbol{X}_2=\boldsymbol{TX}_1,\quad \cdots,\quad \boldsymbol{X}_{k+1}=\boldsymbol{TX}_k,\cdots \tag{5-54}$$

其中，$\boldsymbol{T}=\mathrm{e}^{\boldsymbol{H}\Delta t}$ 为指数矩阵。注意到，此时在时间域上的解答是精确的，并未引入任何近似，因此称为精细积分法。

当存在非齐次项时，由一阶常微分方程理论，可给出积分形式的解：

$$\boldsymbol{X}(t)=\mathrm{e}^{\boldsymbol{H}(t-t_0)}\boldsymbol{X}_0+\int_{t_0}^{t}\mathrm{e}^{\boldsymbol{H}(t-\xi)}\boldsymbol{R}(\xi)\mathrm{d}\xi \tag{5-55}$$

时域积分是步进的，即在计算 t_{k+1} 时刻解时，t_k 及以前各时刻解答均已得到。在式（5-55）中令 $t=t_{k+1}$，得

$$\boldsymbol{X}_{k+1}=\mathrm{e}^{\boldsymbol{H}(t_{k+1}-t_0)}\boldsymbol{X}_0+\int_{t_0}^{t_{k+1}}\mathrm{e}^{\boldsymbol{H}(t_{k+1}-\xi)}\boldsymbol{R}(\xi)\mathrm{d}\xi=\boldsymbol{TX}_k+\int_{t_0}^{t_{k+1}}\mathrm{e}^{\boldsymbol{H}(t_{k+1}-\xi)}\boldsymbol{R}(\xi)\mathrm{d}\xi \tag{5-56}$$

可见在计算 $\boldsymbol{x}_{k+1}$ 时，只需计算 t_k 到 t_{k+1} 时刻的积分。对于任意形式的载荷 $\boldsymbol{R}(t)$，无法对式（5-56）进行显式积分，但考虑到每一离散时间段 $[t_k,t_{k+1}]$ 已经很短，用线性函数近似载荷项

$$\boldsymbol{R}(t)=\boldsymbol{R}_0+\boldsymbol{R}_t(t-t_k) \tag{5-57}$$

应该不会引起显著的误差，其中 $\boldsymbol{R}_0$ 和 $\boldsymbol{R}_t$ 为常向量。实际计算中，可以利用泰勒展开和 t_k，以及前面各时刻已经求得的 $\boldsymbol{x}$，更精确地计算载荷项，这没有原则上的困难，且时域精细积分仍然保持为显式算法。将式（5-57）代入递推式（5-56）并

积分，可得

$$\boldsymbol{X}_{k+1}=\boldsymbol{T}[\boldsymbol{X}_k+\boldsymbol{H}^{-1}(\boldsymbol{R}_0+\boldsymbol{H}^{-1}\boldsymbol{R}_1)]-\boldsymbol{H}^{-1}(\boldsymbol{R}_0+\boldsymbol{H}^{-1}\boldsymbol{R}_1+\boldsymbol{R}_1\Delta t) \tag{5-58}$$

此式即为时域精细积分的步进公式。容易得到，时域精细积分中涉及大量的矩阵运算，特别是出现了矩阵的指数运算，如何有效地处理这些运算，在精细积分算法中起着至关重要的作用。为精确而高效地计算指数矩阵 $\boldsymbol{T}$，这里将其改写为

$$\boldsymbol{T}=\exp(\boldsymbol{H}\Delta t)=[\exp(\boldsymbol{H}\Delta t/m)]^m \tag{5-59}$$

其中，m 为任意正整数，这里选择 $m=2^N$，如选择 $N=20$，则 $m=1048576$，$\Delta\tau=\Delta t/m$ 为非常小的时间步长，利用泰勒展开有

$$\exp(\boldsymbol{H}\Delta\tau)=\boldsymbol{I}+\boldsymbol{H}\Delta\tau+\frac{(\boldsymbol{H}\Delta\tau)^2}{2!}+\frac{(\boldsymbol{H}\Delta\tau)^3}{3!}+\frac{(\boldsymbol{H}\Delta\tau)^4}{4!}+\cdots\approx\boldsymbol{I}+\boldsymbol{T}_\alpha \tag{5-60}$$

其中，

$$\boldsymbol{T}_\alpha=\boldsymbol{H}\Delta\tau+\frac{(\boldsymbol{H}\Delta\tau)^2}{2}\left[\boldsymbol{I}+\frac{\boldsymbol{H}\Delta\tau}{3}+\frac{(\boldsymbol{H}\Delta\tau)^2}{12}\right] \tag{5-61}$$

当 $\Delta\tau$ 非常小时，保留到四阶项已经足够准确了。$\boldsymbol{T}_\alpha$ 为小量矩阵，与单位矩阵 $\boldsymbol{I}$ 相加后会成为尾数。如果直接计算式（5-60），则由于计算机的舍入误差，矩阵 $\boldsymbol{T}$ 的计算会产生很大的误差，因此尽量对 $\boldsymbol{T}_\alpha$ 本身操作，避免对 $\exp(\boldsymbol{H}\Delta\tau)$ 整体的操作。为了达到这个目的，将 $\boldsymbol{T}$ 阵作分解：

$$\begin{aligned}\boldsymbol{T}&=(\boldsymbol{I}+\boldsymbol{T}_\alpha)^m=(\boldsymbol{I}+\boldsymbol{T}_\alpha)^{2^N}=(\boldsymbol{I}+\boldsymbol{T}_\alpha)^{2^{N-1}}\times(\boldsymbol{I}+\boldsymbol{T}_\alpha)^{2^{N-1}}\\&=[(\boldsymbol{I}+\boldsymbol{T}_\alpha)^{2^{N-2}}\times(\boldsymbol{I}+\boldsymbol{T}_\alpha)^{2^{N-2}}]\times[(\boldsymbol{I}+\boldsymbol{T}_\alpha)^{2^{N-2}}\times(\boldsymbol{I}+\boldsymbol{T}_\alpha)^{2^{N-2}}]\\&=\cdots\end{aligned} \tag{5-62}$$

这样的分解共有 N 次。由于

$$(\boldsymbol{I}+\boldsymbol{T}_\alpha)\times(\boldsymbol{I}+\boldsymbol{T}_\alpha)=\boldsymbol{I}+(2\boldsymbol{T}_\alpha+\boldsymbol{T}_\alpha\times\boldsymbol{T}_\alpha) \tag{5-63}$$

那么，如果先计算式（5-63）右端括号里面的表达式，再与单位矩阵相加，应该比直接计算式（5-63）左端更利于避免舍入误差的影响。考虑到式（5-63）右端括号里表达式仍为小量，且处于 $\boldsymbol{T}_\text{n}$ 的位置，因此展开式（5-62）中的 N 次乘法可以改为先循环计算增量矩阵：

$$\boldsymbol{T}_\alpha=2\boldsymbol{T}_\alpha+\boldsymbol{T}_\alpha\times\boldsymbol{T}_\alpha \tag{5-64}$$

然后再计算：

$$\boldsymbol{T}=\boldsymbol{I}+\boldsymbol{T}_\alpha \tag{5-65}$$

由此最大限度地避免产生舍入误差，这就是指数矩阵的精细计算方法。$\boldsymbol{T}$ 矩阵可

以在时间步进前算好，然后由式（5-58）和初始条件计算各离散时间点上的解答。

上面的推导过程都是针对线性动力学方程的，实际上时域精细积分法完全可以拓展到非线性的情况，其基本思想是将非线性项并入载荷项。关于动力非线性方面的内容，读者可以参阅相关文献。

5.7　结构非线性动力响应

结构的非线性效应指结构的恢复力与位移向量不再满足常比例关系，即 $f_s \neq k_0 u$，而是随着结构的运动位移状态的变化而变化，主要包括几何非线性和材料非线性。有的几何非线性是伴随着“几何软化”，即刚度随着变形的增大而变小，如框架结构的大变形；有的几何非线性是伴随着“几何刚化”，即刚度随着变形的增大而增大，如张力索结构的大变形。对于几何非线性恢复力与线性恢复力的变化曲线对比关系，如图 5-6 所示。

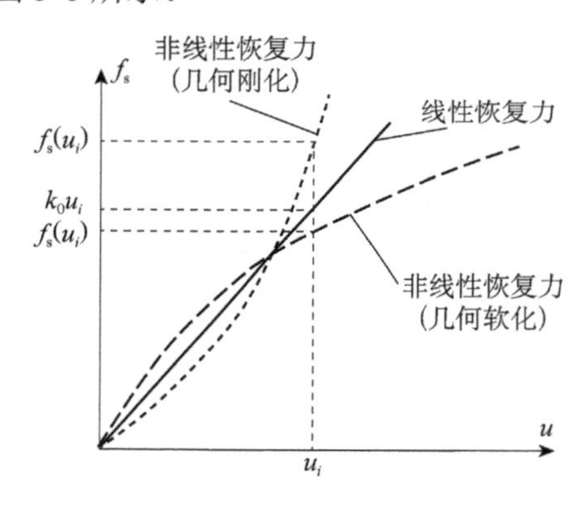

图 5-6　非线性恢复力模型

结构的非线性恢复力可表示为

$$f_s = f_s(u) \tag{5-66}$$

对于中心差分法，恢复力项更换前后的计算格式分别为

$$\left(\frac{m}{\Delta t^2}+\frac{c}{2\Delta t}\right)u_{i+1} = p_i - \left(k-\frac{2m}{\Delta t^2}\right)u_i - \left(\frac{m}{\Delta t^2}-\frac{c}{2\Delta t}\right)u_{i-1} \tag{5-67a}$$

$$\left(\frac{m}{\Delta t^2}+\frac{c}{2\Delta t}\right)u_{i+1} = p_i - (f_s)_i + \frac{2m}{\Delta t^2}u_i - \left(\frac{m}{\Delta t^2}-\frac{c}{2\Delta t}\right)u_{i-1} \tag{5-67b}$$

由于结构随荷载的增加或变化，一般表现为刚度软化，即随变形的增加而刚度降低，结构体系“变软”，但质量不变，则结构体系的自振周期 T_n 变长，对于数值计算来说，由数值稳定性的条件可知数值计算的稳定性变好。

若采用 Newmark - β 法等积分类数值算法，则采用“增量”平衡才较合适。对于 t_i 时刻，满足运动方程：

$$m\ddot{u}_i + c\dot{u}_i + (f_s)_i = p_i \tag{5-68}$$

对于 t_{i+1} 时刻，满足运动方程：

$$m\ddot{u}_{i+1} + c\dot{u}_{i+1} + (f_s)_{i+1} = p_{i+1} \tag{5-69}$$

由 t_{i+1} 减去 t_i 时刻的运动方程，得

$$m\Delta\ddot{u}_i + c\Delta\dot{u}_i + (\Delta f_s)_i = \Delta p_i \tag{5-70}$$

其中，

$$\Delta u_i = u_{i+1} - u_i,\quad \Delta\dot{u}_i = \dot{u}_{i+1} - \dot{u}_i,\quad \Delta\ddot{u}_i = \ddot{u}_{i+1} - \ddot{u}_i$$
$$(\Delta f_s)_i = (f_s)_{i+1} - (f_s)_i,\quad \Delta p_i = p_{i+1} - p_i$$

只要时间步长 Δt 足够小，可认为 $[t_i, t_{i+1}]$ 内结构的弹性恢复力为线弹性，即 $(\Delta f_s)_i = k_i^s \Delta u_i$（$k_i^s$ 为 i 和 $i+1$ 点之间的割线刚度）。但由于 u_{i+1} 未知待求，k_i^s 不能预先准确给出，可用 i 点的切线刚度 k_i 代替，即

$$(\Delta f_s)_i \doteq k_i \Delta u_i \tag{5-71}$$

所以增量形式的运动方程变换为

$$m\Delta\ddot{u}_i + c\Delta\dot{u}_i + k_i\Delta u_i = \Delta p_i \tag{5-72}$$

根据传统 Newmark - β 法的两个基本递推公式，可以得到增量形式的递推公式：

$$\begin{cases} \Delta\ddot{u}_i = \dfrac{1}{\beta\Delta t^2}\Delta u_i - \dfrac{1}{\beta\Delta t}\dot{u}_i - \dfrac{1}{2\beta}\ddot{u}_i \\ \Delta\dot{u}_i = \dfrac{\gamma}{\beta\Delta t}\Delta u_i - \dfrac{\gamma}{\beta}\dot{u}_i + \left(1 - \dfrac{\gamma}{2\beta}\right)\ddot{u}_i\Delta t \end{cases} \tag{5-73}$$

把式（5-78）代入增量形式的运动方程式，得

$$\hat{k}_i\Delta u_i = \Delta\hat{p} \tag{5-74}$$

其中，

$$\hat{k}_i = k_i + \frac{1}{\beta\Delta t^2}m + \frac{\gamma}{\beta\Delta t}c \tag{5-75a}$$

$$\Delta\hat{p}_i = \Delta p_i + \left(\frac{1}{\beta\Delta t}\dot{u}_i + \frac{1}{2\beta}\ddot{u}_i\right)m + \left[\frac{\gamma}{\beta}\dot{u}_i + \frac{\Delta t}{2}\left(\frac{8}{\beta} - 2\right)\ddot{u}_i\right]c \tag{5-75b}$$

由于 $u_{i+1}=u_i+\Delta u_i$，再利用传统 Newmark - β 法的两个基本递推公式求 $\ddot{u}_{i+1}$、$\dot{u}_{i+1}$。在每一时间步内可采用牛顿-拉弗森（Newton-Raphson）或修正的牛顿-拉弗森方法迭代求解。

5.8 振动模态分析方法

结构动力数值分析方法，除了对结构的动力响应进行分析之外，对结构的动力特性，即结构的振型和频率进行模态分析，是结构响应分析中采用振型叠加法的基础，也是分析结构动力属性及结构动力安全性指标的重要判据。实际结构工程的动力自由度往往非常大，对应的动力特征值问题的计算规模也是非常大，单依靠行列式方程的解法根本无法满足要求。因此，专门针对结构动力特征值问题的数值分析历史上发展了几种近似解法以及迭代求解方法，本章给出了几种常用分析方法的介绍。

5.8.1 瑞利法和瑞利-里茨法

1. 瑞利法（Rayleigh method）

瑞利法是基于能量守恒原理的近似计算方法。无论对于连续体系还是离散多自由度体系，都可以利用振动过程中的最大应变能和最大动能相等的原则，运用瑞利法求解结构的基频。

根据展开定理，令多自由度结构体系的位移向量用假设的振型向量和广义坐标来表示，即

$$\boldsymbol{U}=\tilde{\boldsymbol{\varphi}}q=\tilde{\boldsymbol{\varphi}}q_0\sin\omega t \tag{5-76}$$

其中，$\tilde{\boldsymbol{\varphi}}$ 为假定的振型向量张成的矩阵；$q=q_0\sin\omega t$ 为广义坐标，可以假设为简谐函数。则结构的速度向量可表示为

$$\dot{\boldsymbol{U}}=\tilde{\boldsymbol{\varphi}}q=\tilde{\boldsymbol{\varphi}}\omega q_0\cos\omega t \tag{5-77}$$

为了简化，关于时间的向量表示省略括弧以及时间 t。体系的动能和势能分别表示为

$$T=\frac{1}{2}\dot{\boldsymbol{U}}^{\mathrm{T}}\boldsymbol{M}\dot{\boldsymbol{U}}=\frac{1}{2}q_0^2\omega^2\tilde{\boldsymbol{\varphi}}^{\mathrm{T}}\boldsymbol{M}\tilde{\boldsymbol{\varphi}}\cos^2\omega t$$

$$V=\frac{1}{2}\boldsymbol{U}^{\mathrm{T}}\boldsymbol{K}\boldsymbol{U}=\frac{1}{2}q_0^2\tilde{\boldsymbol{\varphi}}^{\mathrm{T}}\boldsymbol{K}\tilde{\boldsymbol{\varphi}}\sin^2\omega t$$

所以，

最大动能：$T_{\max}=\frac{1}{2}\dot{\boldsymbol{U}}_{\max}^{\mathrm{T}}\boldsymbol{M}\dot{\boldsymbol{U}}_{\max}=\frac{1}{2}q_0^2\omega^2\tilde{\boldsymbol{\varphi}}^{\mathrm{T}}\boldsymbol{M}\tilde{\boldsymbol{\varphi}}$；

最大势能：$V_{\max}=\frac{1}{2}\boldsymbol{U}_{\max}^{\mathrm{T}}\boldsymbol{K}\boldsymbol{U}_{\max}=\frac{1}{2}q_0^2\tilde{\boldsymbol{\varphi}}^{\mathrm{T}}\boldsymbol{K}\tilde{\boldsymbol{\varphi}}$。

根据体系振动过程中，机械能保持守恒，即 $T_{\max}=V_{\max}$，有

$$\omega^2=\frac{\tilde{\boldsymbol{\varphi}}^{\mathrm{T}}\boldsymbol{K}\tilde{\boldsymbol{\varphi}}}{\tilde{\boldsymbol{\varphi}}^{\mathrm{T}}\boldsymbol{M}\tilde{\boldsymbol{\varphi}}}=\frac{K^*}{M^*}$$

上式称为瑞利商，用于求解与假设振型向量相应的频率，其中，K^*、M^* 分别为假设振型对应的振型刚度和振型质量。如果假设振型为结构的基本振型，也最容易依据工程经验给出，那么根据瑞利商求得的频率即为体系的基频。但是，在实践中能够给出某一振型是非常困难的。

2. 瑞利-里茨法（Rayleigh-Ritz method）

由于瑞利法只能求得体系的基频近似解，并且计算精度依赖于提前假设的基本振型的精度，该方法的局限性比较大。基于里茨（Ritz）扩展向量的瑞利法，又称瑞利-里茨法，可以克服上述缺点。该方法通过假设一组 r 个振型列向量，同样根据能量原理，给出瑞利商的改进形式，求得体系的前 r 阶振型，具体推导过程如下所述。

假设 r 个振型列向量为 $\tilde{\boldsymbol{\varphi}}_1,\tilde{\boldsymbol{\varphi}}_2,\cdots,\tilde{\boldsymbol{\varphi}}_r$，并且 $r<n$，则这一组列向量组成的 $n\times r$ 阶矩阵为 $\tilde{\boldsymbol{\Phi}}$，则根据展开定理得 Ritz 扩展公式，Ritz 法的基本假设是用一组假设的形状函数 $\tilde{\boldsymbol{\varphi}}_i$ 和权重函数 q_i（时间的函数）来表示位移向量，体系的位移列向量 $\boldsymbol{u}(t)$ 可用假设的 r 个振型表示为

$$\boldsymbol{U}=\sum_{i=1}^{r}\tilde{\boldsymbol{\varphi}}_i q_i=\tilde{\boldsymbol{\Phi}}\boldsymbol{q}^{\mathrm{T}} \tag{5-78}$$

根据体系的最大动能等于最大势能，即 $T_{\max}=V_{\max}$，得到

$$\frac{1}{2}\omega^2\boldsymbol{q}\tilde{\boldsymbol{\Phi}}^{\mathrm{T}}\boldsymbol{M}\tilde{\boldsymbol{\Phi}}\boldsymbol{q}^{\mathrm{T}}=\frac{1}{2}\boldsymbol{q}\tilde{\boldsymbol{\Phi}}^{\mathrm{T}}\boldsymbol{K}\tilde{\boldsymbol{\Phi}}\boldsymbol{q}^{\mathrm{T}} \tag{5-79}$$

所以，

$$\omega^2=\frac{\boldsymbol{q}\tilde{\boldsymbol{\Phi}}^{\mathrm{T}}\boldsymbol{K}\tilde{\boldsymbol{\Phi}}\boldsymbol{q}^{\mathrm{T}}}{\boldsymbol{q}\tilde{\boldsymbol{\Phi}}^{\mathrm{T}}\boldsymbol{M}\tilde{\boldsymbol{\Phi}}\boldsymbol{q}^{\mathrm{T}}}$$

由于瑞利分析提供振动频率的上限，令 $\dfrac{\partial \omega^2}{\partial q_i}=0\ (i=1,\cdots,r)$，得

$$(\tilde{\boldsymbol{K}}-\omega^2\tilde{\boldsymbol{M}})\hat{\boldsymbol{\varphi}}=0 \tag{5-80}$$

其中，$\tilde{\boldsymbol{K}}=\tilde{\boldsymbol{\Phi}}^{\mathrm{T}}\boldsymbol{K}\tilde{\boldsymbol{\Phi}}$，$\tilde{\boldsymbol{M}}=\tilde{\boldsymbol{\Phi}}^{\mathrm{T}}\boldsymbol{M}\tilde{\boldsymbol{\Phi}}$，$\tilde{\boldsymbol{K}}$，$\tilde{\boldsymbol{M}}$ 均为 r 阶方阵；$\hat{\boldsymbol{\varphi}}$ 为满足降阶特征方程的特征向量，由式（5-80）可知，原体系的特征值问题转化为 r 阶方程组的特征值问题也达到了降阶的效果。

5.8.2　幂法和反幂法

1. 幂法（power method）

广义特征值问题求解方法的选择取决于系统自由度大小、矩阵的稀疏性、所求解特征值的个数及其在特征值谱上的位置。幂法是传统的求解矩阵特征值问题的方法，可以求得矩阵的最高阶频率和振型。结构动力学中的广义特征值问题，其一般特征方程形式为

$$\boldsymbol{K}\boldsymbol{\varphi}=\omega^2\boldsymbol{M}\boldsymbol{\varphi} \tag{5-81}$$

式（5-81）两端同乘以 $\boldsymbol{M}^{-1}$，变换得到

$$\boldsymbol{M}^{-1}\boldsymbol{K}\boldsymbol{\varphi}=\omega^2\boldsymbol{\varphi}$$

令 $\boldsymbol{S}=\boldsymbol{M}^{-1}\boldsymbol{K}$，$\upsilon=\omega^2$，则得到矩阵的迭代计算格式：

$$\boldsymbol{S}\boldsymbol{\varphi}=\upsilon\boldsymbol{\varphi} \tag{5-82a}$$

$$\boldsymbol{S}\boldsymbol{\varphi}^{(i)}=\upsilon^{(i+1)}\boldsymbol{\varphi}^{(i+1)} \tag{5-82b}$$

其中，上角标 i 表示第 i 次迭代次数，其余类推。在迭代过程中，需要预先给定初始迭代向量 $\boldsymbol{\varphi}^{(0)}$，以此为基础进行迭代求解。$\boldsymbol{\varphi}^{(i+1)}$ 为经过 $i+1$ 次迭代后的振型向量，并作正则化处理。经过多次迭代后，$\upsilon^{(i+1)}$ 收敛于结构的最高阶频率 ω_N^2，正则化向量 $\boldsymbol{\varphi}^{(i+1)}$ 收敛于结构的最低阶模态向量 $\boldsymbol{\varphi}_1$。因此，幂法又被称为正迭代法。下面给出幂法收敛性的简单证明。

令初始迭代向量为前几阶振型向量的线性组合：$\boldsymbol{\varphi}^{(0)}=\alpha_1\boldsymbol{\varphi}_1+\alpha_2\boldsymbol{\varphi}_2+\alpha_3\boldsymbol{\varphi}_3+\cdots$，对应的特征频率满足关系式：$\omega_1<\omega_2<\omega_3<\cdots$，把初始迭代向量代入式（5-82b）得到

$$\begin{aligned}\boldsymbol{S}\boldsymbol{\varphi}^{(0)}&=\boldsymbol{S}\left(\alpha_1\boldsymbol{\varphi}_1+\alpha_2\boldsymbol{\varphi}_2+\alpha_3\boldsymbol{\varphi}_3\right)+\cdots\\&=\alpha_1\boldsymbol{S}\boldsymbol{\varphi}_1+\alpha_2\boldsymbol{S}\boldsymbol{\varphi}_2+\alpha_3\boldsymbol{S}\boldsymbol{\varphi}_3+\cdots\\&=\alpha_1\omega_1^2\boldsymbol{\varphi}_1+\alpha_2\omega_2^2\boldsymbol{\varphi}_2+\alpha_3\omega_3^2\boldsymbol{\varphi}_3+\cdots\\&=\overline{\boldsymbol{\varphi}}^{(1)}\end{aligned}$$

令 $c_1=\max(\bar{\boldsymbol{\varphi}}^{(1)})$，即 $\bar{\boldsymbol{\varphi}}^{(1)}$ 中的最大元素，则得到规格化的振型向量为

$$\boldsymbol{\varphi}^{(1)}=\frac{1}{c_1}\bar{\boldsymbol{\varphi}}^{(1)}=\frac{\alpha_1}{c_1}\omega_1^2\boldsymbol{\varphi}_1+\frac{\alpha_2}{c_1}\omega_2^2\boldsymbol{\varphi}_2+\frac{\alpha_3}{c_1}\omega_3^2\boldsymbol{\varphi}_3+\cdots$$

所以，

$$\begin{aligned}\boldsymbol{S}\boldsymbol{\varphi}^{(1)}&=\boldsymbol{S}\left(\frac{\alpha_1}{c_1}\omega_1^2\boldsymbol{\varphi}_1+\frac{\alpha_2}{c_1}\omega_2^2\boldsymbol{\varphi}_2+\frac{\alpha_3}{c_1}\omega_3^2\boldsymbol{\varphi}_3\right)+\cdots\\&=\frac{\alpha_1}{c_1}\omega_1^2\boldsymbol{S}\boldsymbol{\varphi}_1+\frac{\alpha_2}{c_1}\omega_2^2\boldsymbol{S}\boldsymbol{\varphi}_2+\frac{\alpha_3}{c_1}\omega_3^2\boldsymbol{S}\boldsymbol{\varphi}_3+\cdots\\&=\frac{\alpha_1}{c_1}\omega_1^2\omega_1^2\boldsymbol{\varphi}_1+\frac{\alpha_2}{c_1}\omega_2^2\omega_2^2\boldsymbol{\varphi}_2+\frac{\alpha_3}{c_1}\omega_3^2\omega_3^2\boldsymbol{\varphi}_3+\cdots\\&=\bar{\boldsymbol{\varphi}}^{(2)}\end{aligned}$$

规格化处理：

$$c_2=\max(\bar{\boldsymbol{\varphi}}^{(2)})$$

$$\boldsymbol{\varphi}^{(2)}=\frac{1}{c_2}\bar{\boldsymbol{\varphi}}^{(2)}=\frac{\alpha_1(\omega_1^2)^2}{c_1\cdot c_2}\boldsymbol{\varphi}_1+\frac{\alpha_2(\omega_2^2)^2}{c_1\cdot c_2}\boldsymbol{\varphi}_2+\frac{\alpha_3(\omega_3^2)^2}{c_1\cdot c_2}\boldsymbol{\varphi}_3+\cdots$$

依次类推：

$$\boldsymbol{\varphi}^{(k)}=\frac{\alpha_1(\omega_1^2)^k}{c_1\cdot c_2\cdot\ \cdots\ \cdot c_k}\boldsymbol{\varphi}_1+\frac{\alpha_2(\omega_2^2)^k}{c_1\cdot c_2\cdot\ \cdots\ \cdot c_k}\boldsymbol{\varphi}_2+\frac{\alpha_3(\omega_3^2)^k}{c_1\cdot c_2\cdot\ \cdots\ \cdot c_k}\boldsymbol{\varphi}_3+\cdots$$

即

$$\boldsymbol{\varphi}^{(k)}=\beta_1\boldsymbol{\varphi}_1+\beta_2\boldsymbol{\varphi}_2+\beta_3\boldsymbol{\varphi}_3+\cdots$$

由于 $\omega_1<\omega_2<\omega_3<\cdots$，所以，经过足够次数的迭代后 $\boldsymbol{\varphi}^{(k)}\approx\beta_N\boldsymbol{\varphi}_N$。

2. 幂法（inverse power method）

在求解系统动力响应时，系统低阶固有频率及相应的主振型占有重要的地位，为计算它们而采用逆迭代法是比较简单的。反幂法，又称为逆迭代法（inverse iteration method），也是传统的求解矩阵特征值问题的方法，可以求得矩阵的最低阶频率和振型。

对式（5-81），两端同乘以 $\boldsymbol{K}^{-1}$，变换得到

$$\boldsymbol{K}^{-1}\boldsymbol{M}\boldsymbol{\varphi}=\frac{1}{\omega^2}\boldsymbol{\varphi}$$

令 $\lambda=\dfrac{1}{\omega^2}$，$\boldsymbol{T}=\boldsymbol{K}^{-1}\boldsymbol{M}$，则得到矩阵的迭代计算格式如下：

$$\boldsymbol{T}\boldsymbol{\varphi}=\lambda\boldsymbol{\varphi} \tag{5-83a}$$

$$\boldsymbol{T}\boldsymbol{\varphi}^{(i)} = \lambda^{(i+1)}\boldsymbol{\varphi}^{(i+1)} \tag{5-83b}$$

逆迭代法同样需要预先给定 $\boldsymbol{\varphi}^{(0)}$，以式（5-83b）为基础进行迭代求解。$\boldsymbol{\varphi}^{(i+1)}$ 为经过正则化处理的向量。经过多次迭代后，$\lambda^{(i+1)}$ 收敛于结构的基频 $\dfrac{1}{\omega_1^2}$，规格化的向量 $\boldsymbol{\varphi}^{(i+1)}$ 收敛于结构的最低阶模态向量 $\boldsymbol{\varphi}_1$。

3. 反幂法（逆迭代法）收敛性证明与计算过程

将 $\lambda = \lambda_i$，$\boldsymbol{\varphi} = \boldsymbol{\varphi}_i$ 代入式（5-83a）中，得

$$\boldsymbol{T}\boldsymbol{\varphi}_i = \lambda_i \boldsymbol{\varphi}_i \tag{5-84}$$

若将式（5-84）左端看作新列阵，则式（5-84）表示：对于精确的主振型，新列阵 $\boldsymbol{T}\boldsymbol{\varphi}_i$ 与原来的列阵 $\boldsymbol{\varphi}_i$ 的各个对应元素之间都相差同一常倍数，这个常倍数即特征值 λ_1。

记 $\boldsymbol{\varphi}^{(0)}$ 为初始迭代列阵，由展开定理，$\boldsymbol{\varphi}^{(0)}$ 可以表示为

$$\boldsymbol{\varphi}^{(0)} = a_1\boldsymbol{\varphi}_1 + a_2\boldsymbol{\varphi}_2 + \cdots + a_N\boldsymbol{\varphi}_N \tag{5-85}$$

同理，经过 $r-1$ 次迭代后的结果为

$$\boldsymbol{\varphi}^{(r)} = T\boldsymbol{\varphi}^{(r-1)} = \lambda_1^{(r-1)}\left[a_1\boldsymbol{\varphi}_1 + a_2\left(\frac{\lambda_2}{\lambda_1}\right)^{(r-1)}\boldsymbol{\varphi}_2 + \cdots + a_N\left(\frac{\lambda_N}{\lambda_1}\right)^{(r-1)}\boldsymbol{\varphi}_N\right] \tag{5-86}$$

可见随着次数的增加，第一阶主振型的优势越来越扩大，当迭代次数充分大时，由式（5-86）近似得到

$$\boldsymbol{\varphi}^{(r)} \approx \lambda_1^{(r-1)} a_1 \boldsymbol{\varphi}_1 \tag{5-87}$$

再经过一次迭代，得

$$\boldsymbol{\varphi}^{(r+1)} = T\boldsymbol{\varphi}^{(r)} = \lambda_1 \boldsymbol{\varphi}^{(r)} \tag{5-88}$$

由此看到，迭代后的新列阵 $\boldsymbol{\varphi}^{(r+1)}$ 与原来列阵 $\boldsymbol{\varphi}^{(r)}$ 的各个对应元素之间都仅相差一倍数 λ_1，所以 $\boldsymbol{\varphi}^{(r)}$ 或 $\boldsymbol{\varphi}^{(r+1)}$ 就是对应于 λ_1 的第一阶主振型，而特征值 λ_1 可由下式算出：

$$\lambda_i = \frac{(\boldsymbol{\varphi}^{(r+1)})_i}{(\boldsymbol{\varphi}^{(r)})_i} \quad (i = 1, 2, \cdots, n) \tag{5-89}$$

其中，$(\boldsymbol{\varphi}^{(r)})_i$ 表示列阵 $\boldsymbol{\varphi}^{(r)}$ 的第 i 个元素。为防止迭代过程中迭代列阵的元素变得过大或过小，每次迭代后需要使列阵归一化，例如，使它最后一个元素成为 1。下面是实用的矩阵迭代法的计算步骤。

（1）选取初始迭代列阵 $\boldsymbol{\varphi}^{(0)}$，使其最后一个元素为 1；

（2）对 $\boldsymbol{\varphi}^{(0)}$ 作矩阵迭代，并使新列阵 $\overline{\boldsymbol{\varphi}}^{(0)}$ 归一化，即

$$\overline{\boldsymbol{\varphi}}^{(0)}=\boldsymbol{T}\boldsymbol{\varphi}^{(0)},\qquad \boldsymbol{\varphi}^{(1)}=\frac{1}{(\overline{\boldsymbol{\varphi}}^{(0)})_N}\boldsymbol{\varphi}_1^{(0)} \tag{5-90}$$

（3）重复步骤（2），第 r 次的迭代结果为

$$\overline{\boldsymbol{\varphi}}^{(r)}=\boldsymbol{T}\boldsymbol{\varphi}^{(r)},\qquad \boldsymbol{\varphi}^{(r+1)}=\frac{1}{\left(\overline{\boldsymbol{\varphi}}^{(r)}\right)_N}\overline{\boldsymbol{\varphi}}^{(r)} \tag{5-91}$$

（4）若在允许的误差范围内有 $\boldsymbol{\varphi}^{(r+1)}\approx\boldsymbol{\varphi}^{(r)}$，则将 $\boldsymbol{\varphi}^{(r)}$ 取作第一阶主振型 $\boldsymbol{\varphi}_1$，由式（5-89）得知

$$\lambda_1=\frac{(\overline{\boldsymbol{\varphi}}^{(r)})_N}{(\boldsymbol{\varphi}^{(r)})_N}=\frac{(\overline{\boldsymbol{\varphi}}^{(r)})_N}{1} \tag{5-92}$$

因而第一阶固有频率为

$$\omega_1=\frac{1}{\sqrt{(\overline{\boldsymbol{\varphi}}^{(r)})_N}} \tag{5-93}$$

由式（5-86）看出，矩阵迭代法计算 $\boldsymbol{\varphi}_1$ 及 ω_1 收敛速度取决于比值 $\frac{\lambda_2}{\lambda_1}=\left(\frac{\omega_1}{\omega_2}\right)^2$，$\frac{\omega_1}{\omega_2}$ 越小，逆迭代法收敛得越快。

4. 移轴（shifting）

移轴技术，又称移频，或**谱变换**（spectrum transformation），或移位，相当于在频率谱上对频率做了一维移动，从而加速待求的特征值和特征向量的收敛速度。移频最早由 Bathe 在 20 世纪 70 年代提出，后来随着求解特征模态个数的增加，才广泛应用到特征值问题解法中。由式（5-81）得到特征值求解的矩阵逆迭代法的基本公式如下

$$\boldsymbol{K}\frac{1}{\omega^2}\boldsymbol{\varphi}^{(i+1)}=\boldsymbol{M}\boldsymbol{\varphi}^{(i)} \tag{5-94}$$

逆迭代法的收敛速度取决于第二阶以上的各阶频率与基本频率的比值，$\zeta=\left(\frac{\omega_i}{\omega_1}\right)^2$，$(i=2,3,\cdots,n)$，$\zeta$ 越大，收敛速度越快。通过移动参考基频的位置来调整逆迭代法的收敛速度，是移轴技术的基本原理。对于式（5-94a），两端同时减去 $\overline{\omega}_1^2\boldsymbol{M}\boldsymbol{\varphi}$，得到

$$\boldsymbol{K\varphi} - \bar{\omega}_1^2 \boldsymbol{M\varphi} = \omega^2 \boldsymbol{M\varphi} - \bar{\omega}_1^2 \boldsymbol{M\varphi}$$

对上式移项整理得

$$(\boldsymbol{K} - \bar{\omega}_1^2 \boldsymbol{M})\boldsymbol{\varphi} = (\bar{\omega}^2 - \bar{\omega}_1^2)\boldsymbol{M\varphi}$$

所以，

$$(\boldsymbol{K} - \bar{\omega}_1^2 \boldsymbol{M})\frac{1}{\omega^2 - \bar{\omega}_1^2}\boldsymbol{\varphi}^{(i+1)} = \boldsymbol{M\varphi}^{(i)}$$

令 $\tilde{\boldsymbol{K}} = (\boldsymbol{K} - \bar{\omega}_1^2 \boldsymbol{M})$， $\tilde{\lambda} = \omega^2 - \bar{\omega}_1^2$，则上式变为

$$\tilde{\boldsymbol{K}}\boldsymbol{\varphi} = \tilde{\lambda}\boldsymbol{M\varphi} \tag{5-95}$$

式（5-95）即为新的特征值问题，特征值的平方数为 $\omega_1^2 - \bar{\omega}_1^2, \omega_2^2 - \bar{\omega}_1^2, \omega_3^2 - \bar{\omega}_1^2, \cdots$。因此，广义特征值问题的收敛速度取决于新的收敛比 $\tilde{\xi} = \left|\dfrac{\omega_i^2 - \bar{\omega}_1^2}{\omega_1^2 - \bar{\omega}_1^2}\right|$， $i = 2,3,\cdots,N$。通过选择尽量接近于 ω_1 的移轴量 $\bar{\omega}_1$，能够使得收敛比 $\tilde{\xi}$ 变大，因此移轴后的逆迭代法的收敛速度也更快。

5. 高阶振型分析

幂法迭代可以得到结构体系的最高阶振型和频率，反幂法（逆迭代法）可以得到最低阶的振型和频率，但是，如何得到中间某一阶的频率和振型，也是工程中经常遇到的技术问题。主要思路是采用格拉姆-施密特（Gram-Schmidt）正交化方法，在基本的逆迭代法过程中，通过消除已经获得的低阶模态分量，最终使得假设的初始模态向量迭代收敛于高阶模态向量。

利用正交性条件从任意假设的第二阶振型（或其他高阶振型）中消除第一振型分量，其基本方法和过程如下所述。假设一个接近二阶振型的初始试形状为

$$\boldsymbol{\varphi}_2^{(0)} = \alpha_1\boldsymbol{\varphi}_1 + \alpha_2\boldsymbol{\varphi}_2 + \alpha_3\boldsymbol{\varphi}_3 + \cdots = \tilde{\boldsymbol{\Phi}} \cdot \tilde{\boldsymbol{\alpha}} \tag{5-96}$$

用 $\boldsymbol{\varphi}_1^{\mathrm{T}} M$ 左乘式（5-96），并利用正交性条件得

$$\boldsymbol{\varphi}_1^{\mathrm{T}}\boldsymbol{M}\boldsymbol{\varphi}_2^{(0)} = \boldsymbol{\varphi}_1^{\mathrm{T}}\boldsymbol{M}\boldsymbol{\varphi}_1\alpha_1 + \boldsymbol{\varphi}_1^{\mathrm{T}}\boldsymbol{M}\boldsymbol{\varphi}_2\alpha_2 + \boldsymbol{\varphi}_1^{\mathrm{T}}\boldsymbol{M}\boldsymbol{\varphi}_3\alpha_3 + \cdots = \boldsymbol{\varphi}_1^{\mathrm{T}}\boldsymbol{M}\boldsymbol{\varphi}_1\alpha_1$$

所以，

$$\alpha_1 = \frac{\boldsymbol{\varphi}_1^{\mathrm{T}}\boldsymbol{M}\boldsymbol{\varphi}_2^{(0)}}{\boldsymbol{\varphi}_1^{\mathrm{T}}\boldsymbol{M}\boldsymbol{\varphi}_1} \tag{5-97}$$

利用格拉姆-施密特正交化条件，从假定的形状中消去第一阶分量：

$$\tilde{\boldsymbol{\varphi}}_2^{(0)} = \boldsymbol{\varphi}_2^{(0)} - \alpha_1\boldsymbol{\varphi}_1$$

用 $\tilde{\boldsymbol{\varphi}}_2^{(0)}$ 进行迭代，迭代过程将收敛于第二振型。

依次类推，对于更高阶振型，采用如下初始试形状：

$$\tilde{\boldsymbol{\varphi}}_3^{(0)} = \boldsymbol{\varphi}_3^{(0)} - \alpha_1\boldsymbol{\varphi}_1 - \alpha_2\boldsymbol{\varphi}_2$$

依次类推，假设第 $n-1$ 阶振型已经得到，由式（5-83b）可知，求解第 n 阶振型的迭代计算公式为

$$\boldsymbol{T}\boldsymbol{\varphi}_n^{(i)} = \lambda^{(i+1)}\boldsymbol{\varphi}_n^{(i+1)} \tag{5-98}$$

可见高阶模态的迭代计算公式与基本模态的迭代计算公式相同，不同之处在于每一次迭代中，需要消除已获得的低阶模态分量，即消除 $\boldsymbol{\varphi}_1, \boldsymbol{\varphi}_2, \cdots, \boldsymbol{\varphi}_{n-1}$。

5.8.3　子空间迭代法

广义特征值问题求解方法的选择取决于系统自由度大小、矩阵的稀疏性、所求解特征值的个数及其在特征值谱上的位置。在结构动力学中需要求解 $\boldsymbol{K\varphi} = \lambda\boldsymbol{M\varphi}$ 的 p 个低阶特征值与特征向量 $(\lambda_i, \boldsymbol{\varphi}_i)$，$i = 1, 2, \cdots, p$。其中，刚度矩阵 $\boldsymbol{K}$ 为稀疏的对称正定矩阵，质量矩阵 $\boldsymbol{M}$ 一般为半正定的对角矩阵。但矩阵束正定，即对任意的正数 μ，矩阵 $\boldsymbol{K} + \mu\boldsymbol{M}$ 正定。在实际工程计算中，矩阵 $\boldsymbol{K}$ 和 $\boldsymbol{M}$ 的阶数可以从几十到几百万。

若 $\boldsymbol{K}$ 和 $\boldsymbol{M}$ 规模比较大，例如，矩阵阶数超过 1000 的大型特征值问题，则子空间迭代法（subspace iteration method）无疑是最受青睐的方法之一。许多有限元软件，例如 ABAQUS、ADINA、ANSYS 和 NASTRAN，早已把子空间迭代法作为它们的广义特征值问题求解器。与迭代兰乔斯（Lanczos）法和迭代 Ritz 向量法相比，子空间迭代法的速度慢一些，但稳定性要好很多，并且算法易于实现。

子空间迭代法从提出到至今，人们一直都在研究和改进它，发展了超松弛因子（over relaxation）、移频（shifting）、切比雪夫多项式（Chebyshev polynomials）、选择性二次逆迭代（selective repeated inverse iteration）等很多加速方案。近十年来，在这些加速方案的基础上又发展了许多改进方案，主要有矩阵幂迭代、自适应多重逆迭代、超松弛幂迭代、大移频等。

子空间迭代法是反幂法的推广。反幂法的矩阵迭代每次只计算一个特征值和特征向量，从最低阶特征值开始，逐渐推进到高阶特征值。后来开始用多个向量同时迭代（simultaneous iteration），并引入了格拉姆-施密特（Gram-Schmidt）过程来正交化向量，能同时求出几个特征值和特征向量。20 世纪 70 年代初，在其中加入了子空间上的瑞利-里茨过程[1]，明显改善了收敛速度。

子空间迭代法本质上是瑞利-里茨法的改进。为了获得前 p 阶振型和频率，要求开始时所取的试探向量数 q 比 p 要大一些：

$$q=\min\{2p, p+8\} \tag{5-99}$$

子空间迭代法假设 q 个线性无关的初始向量同时进行迭代，求得前 p 个特征值和特征向量。传统上，$q=\min(2p, p+8)$，用两次迭代之间的特征值的相对误差来控制收敛，tol 通常取 10^{-6}。

$$\mathrm{tol}_i^{(k+1)}=\frac{|\lambda_i^{(k+1)}-\lambda_i^{(k)}|}{\lambda_i^{(k+1)}}<\mathrm{tol},\quad i=1,2,\cdots,p \tag{5-100}$$

子空间迭代法自 20 世纪 70 年代提出就得到了广泛的应用，并在相当长的时间内成为有限元分析的首选特征值问题解法。当时，需要求解的特征值个数较少（少于 20 个），但在现今应用中，中国抗震规范要求的振型个数一般取振型参与质量达到总质量 90%所需的振型数，对于大型结构经常要取几十甚至几百个振型。

当求解的模态数较多（大于 40）时，用传统上两次迭代之间的特征值的相对误差来控制收敛，不能很好地控制高阶特征向量的收敛，需要用模态误差

$$\frac{|\boldsymbol{K}\boldsymbol{\varphi}_i^{(k+1)}-\lambda_i^{(k)}\boldsymbol{M}\boldsymbol{\varphi}_i^{(k)}|_2}{|\boldsymbol{K}\boldsymbol{\varphi}_i^{(k)}|_2}<\varepsilon_\varphi \tag{5-101}$$

来控制收敛。这里，上角标（k）代表迭代的次数，ε_φ 可取 10^{-3} 或 10^{-4}，对于矩阵阶数比较大且求解模态数比较多时可取 10^{-4}。

传统的移轴方案只用来加速数轴上其右侧模态的收敛速度，因为它左侧的模态已经收敛。**大移频**（large shifting）是将移频位移到下两个待收敛特征值之间，即

$$\mu=\frac{\tilde{\lambda}_{s+1}+\tilde{\lambda}_{s+2}}{2} \tag{5-102}$$

子空间迭代法的收敛速度慢、运算量大、误差累积大等缺点一直很难克服。大移频技术可以显著改善其迭代计算的收敛速度，大移频移位方案比传统的移频方案平均快 17%。

5.8.4 兰乔斯法

另一种更高效的基于迭代求解特征值问题的方法是兰乔斯法。兰乔斯法（Lanczos method）以 20 世纪匈牙利数学家 Cornelius Lanczos 的名字命名。利用三

项递推关系产生一组正交规范的特征向量，同时将原矩阵约化成三对角阵，将问题转化为三对角阵的特征问题的求解，Lanczos 法实际上是阿尔诺迪（Arnoldi）算法对于对称矩阵的特殊形式，可应用于对称矩阵线性方程组求解的克雷洛夫（Krylov）子空间方法以及对称矩阵的特征值问题。Lanczos 法目前被认为是求解大型矩阵特征值问题的最有效方法，与子空间迭代法相比，其计算量要少得多。Lanczos 法用于标准特征值问题时称为标准 Lanczos 法，用于广义特征值问题时称为广义 Lanczos 法。

首先，对于结构动力学特征值问题，$\boldsymbol{A}=\boldsymbol{K}^{-1}\boldsymbol{M}$。Lanczos 考虑对称矩阵（$\boldsymbol{A}^{\mathrm{T}}=\boldsymbol{A}$），来求解特征多项式方程：

$$G(\mu)=\det(\boldsymbol{A}-\mu\boldsymbol{I})=0 \tag{5-103}$$

特征问题的标准方程为

$$\boldsymbol{A\varphi}=\mu\boldsymbol{\varphi} \tag{5-104}$$

其中，$\boldsymbol{\varphi}$ 称为特征向量；而 μ 是相应于矩阵 $\boldsymbol{A}$ 的特征值，等于体系自阵频率平方的倒数。

Lanczos 解特征多项式的方法是通过生成一系列的尝试向量来生成一组前后依次相关的多项式。该尝试向量序列，首先从一个随机选取的向量 $\boldsymbol{b}_0$ 开始，下一个新生成的向量 $\boldsymbol{b}_1$ 是选 $\boldsymbol{b}_0$ 和 $\boldsymbol{Ab}_0$ 的一个线性组合，具体表达式为

$$\boldsymbol{b}_1=\boldsymbol{Ab}_0-\alpha_0\boldsymbol{b}_0 \tag{5-105}$$

参数 α_0 的值是使 $\boldsymbol{b}_1$ 与自身的内积

$$\boldsymbol{b}_1^2=(\boldsymbol{Ab}_0-\alpha_0\boldsymbol{b}_0)^2 \tag{5-106}$$

尽可能地小，经运算得到

$$a_0=\frac{(\boldsymbol{Ab}_0)\boldsymbol{b}_0}{\boldsymbol{b}_0^2} \tag{5-107}$$

新的向量 $\boldsymbol{b}_1$ 和原来的向量 $\boldsymbol{b}_0$ 是正交的，这个性质很重要，即

$$\boldsymbol{b}_1\boldsymbol{b}_0=0 \tag{5-108}$$

继续这个过程，选取线性组合

$$\boldsymbol{b}_2=\boldsymbol{Ab}_1-\alpha_1\boldsymbol{b}_1-\beta_0\boldsymbol{b}_0 \tag{5-109}$$

可以得到向量 $\boldsymbol{b}_2$，同样地，这些系数要使 $\boldsymbol{b}_2^2$ 最小，通过运算可得

$$\alpha_1=\frac{(\boldsymbol{Ab}_1)\boldsymbol{b}_1}{\boldsymbol{b}_1^2},\quad \beta_0=\frac{(\boldsymbol{Ab}_1)\boldsymbol{b}_2}{\boldsymbol{b}_0^2} \tag{5-110}$$

因为

$$(\boldsymbol{Ab}_1)\boldsymbol{b}_0 = \boldsymbol{b}_1(\boldsymbol{Ab}_0) = \boldsymbol{b}_1^2 \tag{5-111}$$

新的向量 $\boldsymbol{b}_2$ 同时正交 $\boldsymbol{b}_0$ 和 $\boldsymbol{b}_1$，再继续这个过程，需要计算

$$\boldsymbol{b}_3 = \boldsymbol{Ab}_2 - \alpha_2\boldsymbol{b}_2 - \beta_1\boldsymbol{b}_1 - \gamma_0\boldsymbol{b}_0 \tag{5-112}$$

然而，由 $\boldsymbol{b}_2$ 与前面两个向量正交（orthogonality）可以得到

$$\gamma_0 = \frac{(\boldsymbol{Ab}_2)\boldsymbol{b}_0}{\boldsymbol{b}_0^2} = \frac{\boldsymbol{b}_2(\boldsymbol{Ab}_0)}{\boldsymbol{b}_0^2} = 0 \tag{5-113}$$

每一步迭代只需要两个修正项，这就是著名的 Lanczos 三项递归式。其递归迭代计算步骤汇总如下：

随机选取初始向量 $\boldsymbol{b}_0$，则

$$\begin{aligned}
\boldsymbol{b}_1 &= (\boldsymbol{A} - \alpha_0\boldsymbol{I})\boldsymbol{b}_0 \\
\boldsymbol{b}_2 &= (\boldsymbol{A} - \alpha_1\boldsymbol{I})\boldsymbol{b}_1 - \beta_0\boldsymbol{b}_0 \\
\boldsymbol{b}_3 &= (\boldsymbol{A} - a_2\boldsymbol{I})\boldsymbol{b}_2 - \beta_1\boldsymbol{b}_1 \\
&\cdots\cdots \\
\boldsymbol{b}_m &= (\boldsymbol{A} - a_{m-1}\boldsymbol{I})\boldsymbol{b}_{m-1} - \beta_{m-2}\boldsymbol{b}_m - 2 = 0
\end{aligned}$$

当出现第 m 次递归式等于零时，意味着到了最后一步。Lanczos 认为此时达到了最小多项式的秩（order）。这里 $m \leqslant n$，n 是方阵 $\boldsymbol{A}$ 的阶。但是，在有限精度运算情况下，这一过程可能在得到最小多项式的秩之前，β_k 已经非常小，且 $k < m$。在 20 世纪 60 年代，人们对这一现象尚未充分地理解，致使当时 Lanczos 法在数值计算领域上没有太大的进展。

当然，对于一般的特征值问题中，矩阵 $\boldsymbol{A}$ 并不一定是对称矩阵，为了拓展该方法的适用性，Lanczos 后来将此方法拓展到非对称矩阵，同时对矩阵 $\boldsymbol{A}$ 及其转置矩阵 $\boldsymbol{A}^{\mathrm{T}}$ 执行这个过程，从而得到两组双正交向量，这就是所谓的双正交过程（bi-orthogonal process）。这样处理的好处是显著提升了该方法的收敛速度，下面给出具体的迭代计算过程。从两个任选的初始向量（一个为行向量，另一个为列向量）$\boldsymbol{b}_0$ 和 $\boldsymbol{b}_0^*$ 开始（$\boldsymbol{b}_0^*$ 是另一个初始向量，且该向量不能是初始向量 $\boldsymbol{b}_0$ 的 Hermite 共轭装置，即 $\boldsymbol{b}_0^* \neq \boldsymbol{b}_0^H$），第一步生成

$$\boldsymbol{b}_1 = \boldsymbol{Ab}_0 - \alpha_0\boldsymbol{b}_0 \tag{5-114}$$

$$\boldsymbol{b}_1^* = \boldsymbol{A}^{\mathrm{T}}\boldsymbol{b}_0^* - \alpha_0\boldsymbol{b}_0^* \tag{5-115}$$

其中，α_0 满足双正交条件：

$$\alpha_0=\frac{(\boldsymbol{A}\boldsymbol{b}_0)\boldsymbol{b}_0^*}{\boldsymbol{b}_0\boldsymbol{b}_0^*}=\frac{(\boldsymbol{A}^2\boldsymbol{b}_0^*)\boldsymbol{b}_0}{\boldsymbol{b}_0^*\boldsymbol{b}_0} \tag{5-116}$$

第二步产生

$$\boldsymbol{b}_2=\boldsymbol{A}\boldsymbol{b}_1-\alpha_1\boldsymbol{b}_1-\beta_0\boldsymbol{b}_0 \tag{5-117}$$

$$\boldsymbol{b}_2^*=\boldsymbol{A}^{\mathrm{T}}\boldsymbol{b}_1^*-\alpha_1\boldsymbol{b}_1^*-\beta_0\boldsymbol{b}_0^* \tag{5-118}$$

其中，α_1和β_0满足

$$\alpha_1=\frac{(\boldsymbol{A}\boldsymbol{b}_1)\boldsymbol{b}_1^*}{\boldsymbol{b}_1\boldsymbol{b}_1^*}=\frac{(\boldsymbol{A}^*\boldsymbol{b}_1^*)\boldsymbol{b}_1}{\boldsymbol{b}_1^*\boldsymbol{b}_1} \tag{5-119}$$

$$\beta_0=\frac{(\boldsymbol{A}\boldsymbol{b}_1)\boldsymbol{b}_0^*}{\boldsymbol{b}_1\boldsymbol{b}_0^*}=\frac{(\boldsymbol{A}^{\mathrm{T}}\boldsymbol{b}_1^*)\boldsymbol{b}_0}{\boldsymbol{b}_0^*\boldsymbol{b}_0}=\frac{\boldsymbol{b}_1^*\boldsymbol{b}_1}{\boldsymbol{b}_0^*\boldsymbol{b}_0} \tag{5-120}$$

继续这一过程，得到如下多项式：

$$\begin{aligned}
&p_0(\mu)=1\\
&p_1(\mu)=\mu-\alpha_0\\
&p_2(\mu)=(\mu-\alpha_1)p_1(\mu)-\beta_0p_0(\mu)\\
&\qquad\cdots\cdots\\
&p_n(\mu)=(\mu-\alpha_{n-1})p_{n-1}(\mu)-\beta_{n-2}p_{n-2}
\end{aligned}$$

为了简便起见，假设所有的多项式直到n次都可由这一过程达到（没有任何一个β_i的值等于零），则p_n是$\boldsymbol{A}$的特征多项式，其根为$\boldsymbol{u}_i\ (i=1,2,\cdots,n)$。

Lanczos 使用上述特征多项式和双正交序列$\boldsymbol{b}_i$、$\boldsymbol{b}_i^*$来找用这些向量表示的特征向量。假设矩阵$\boldsymbol{A}$是满秩的，则向量$\boldsymbol{b}_i$可以表示为特征向量的线性组合：

$$\boldsymbol{b}_i=p_i(\mu_1)\boldsymbol{u}_1+p_i(\mu_2)\boldsymbol{u}_2+\cdots+p_i(\mu_n)\boldsymbol{u}_n \tag{5-121}$$

将$\boldsymbol{b}_i$和$\boldsymbol{u}_k^*$做内积，其中向量$\boldsymbol{u}_k^*$和向量$\boldsymbol{u}_i$是正交的，可以得到

$$\boldsymbol{b}_i\boldsymbol{u}_k^*=p_i(\mu_k)\boldsymbol{u}_k\boldsymbol{u}_k^* \tag{5-122}$$

因为其他的所有内积都为零。请注意$\boldsymbol{u}_k^*\neq\boldsymbol{u}_k^H$，它们只是分别作为两个同时生成的序列的第$k$次项。反过来，如果将向量$\boldsymbol{u}_i$用向量$\boldsymbol{b}_i$来表示，则有

$$\boldsymbol{u}_i=\alpha_{i,0}\boldsymbol{b}_0+\alpha_{i,1}\boldsymbol{b}_1+\cdots+\alpha_{i,n-1}\boldsymbol{b}_{n-1} \tag{5-123}$$

再次使用内积得到

$$\boldsymbol{u}_i\boldsymbol{b}_k^*=\alpha_{i,k}\boldsymbol{b}_k\boldsymbol{b}_k^* \tag{5-124}$$

或

$$\alpha_{i,k}=\frac{\boldsymbol{u}_i\boldsymbol{b}_k^*}{\boldsymbol{b}_k\boldsymbol{b}_k^*} \tag{5-125}$$

现在特征向量可展开为

$$\boldsymbol{u}_i = \frac{\boldsymbol{b}_0}{\boldsymbol{b}_0\boldsymbol{b}_0^*} + p_1(\mu_i)\frac{\boldsymbol{b}_1}{\boldsymbol{b}_1\boldsymbol{b}_1^*} + \cdots + p_{n-1}(\mu_i)\frac{\boldsymbol{b}_{n-1}}{\boldsymbol{b}_{n-1}\boldsymbol{b}_{n-1}^*} \tag{5-126}$$

通过类似的计算，可得到左特征向量：

$$\boldsymbol{u}_i^* = \frac{\boldsymbol{b}_0^*}{\boldsymbol{b}_0\boldsymbol{b}_0^*} + p_1(\mu_i)\frac{\boldsymbol{b}_1^*}{\boldsymbol{b}_1\boldsymbol{b}_1^*} + \cdots + p_{n-1}(\mu_i)\frac{\boldsymbol{b}_{n-1}^*}{\boldsymbol{b}_{n-1}\boldsymbol{b}_{n-1}^*} \tag{5-127}$$

如果是矩阵秩不足的情况，对于任何 $m \leqslant n$，这个展开式依然有效，这种方法的缺点是重复计算和估算特征多项式。容易看出，没有必要直接写出多项式公式，把 $\boldsymbol{A}$ 左乘 $\boldsymbol{B}^{*\mathrm{T}}$，右乘 $\boldsymbol{B}$ 得到

$$\boldsymbol{T} = \boldsymbol{B}^{*\mathrm{T}}\boldsymbol{A}\boldsymbol{B} \tag{5-128}$$

其中，

$$\boldsymbol{B} = [\boldsymbol{b}_0 \quad \boldsymbol{b}_1 \quad \cdots \quad \boldsymbol{b}_{n-1}] \tag{5-129}$$

$$\boldsymbol{B}^* = [\boldsymbol{b}_0^* \quad \boldsymbol{b}_1^* \quad \cdots \quad \boldsymbol{b}_{n-1}^*] \tag{5-130}$$

$$\boldsymbol{T} = \begin{bmatrix} \alpha_0 & \beta_0 & & & & \\ \beta_0 & \alpha_1 & \beta_1 & & & \\ & & \ddots & \ddots & \ddots & \\ & & & \beta_{n-2} & \alpha_{n-1} & \beta_{n-1} \\ & & & & \beta_{n-1} & \alpha_n \end{bmatrix} \tag{5-131}$$

由此可得到更有效的特征向量计算方法。通过适当地左乘和右乘非奇异矩阵，方程（5-104）化为

$$\boldsymbol{B}^{*\mathrm{T}}\boldsymbol{A}\boldsymbol{B}\boldsymbol{B}^{*\mathrm{T}}\boldsymbol{u} = \mu\boldsymbol{B}^{*\mathrm{T}}\boldsymbol{u} \tag{5-132}$$

利用向量 $\boldsymbol{b}$ 的双正交（bi-orthogonality）性质

$$\boldsymbol{B}\boldsymbol{B}^{*\mathrm{T}} = \boldsymbol{I} \tag{5-133}$$

得到

$$\boldsymbol{T}\boldsymbol{v} = \mu\boldsymbol{v} \tag{5-134}$$

其中，

$$\boldsymbol{v} = \boldsymbol{B}^{*\mathrm{T}}\boldsymbol{u}, \quad \boldsymbol{u} = \boldsymbol{B}\boldsymbol{v} \tag{5-135}$$

该算法通过先计算三对角矩阵 $\boldsymbol{T}$ 的特征向量 $\boldsymbol{v}$，然后左乘 Lanczos 向量，进而得到原矩阵的特征向量。Lanczos 方法仍是现今最常用的特征值问题求解算法，在很多有限元计算软件中，仍然是比较流行的算法。

思　考　题

1. 简述显式动力计算方法与隐式动力计算方法的区别，以及适用的情况有何不同。

2. 查阅文献，说明一下特征值问题的数值计算方法有哪些。

3. 简述动力响应数值计算方法的精度、稳定性、收敛性的概念区别。

习　　题

5-1　给定第一振型 ϕ_1 对角质量矩阵 $\boldsymbol{M}$，用矩阵迭代法计算如图 5-7 所示的剪切型建筑物的第二振型和频率。

$$\phi_1=\begin{bmatrix}1.098\\0.548\\1.000\end{bmatrix},\quad \boldsymbol{M}=\begin{bmatrix}5.465&0&0\\0&5.465&0\\0&0&5.465\end{bmatrix}\times10^5\,\text{kg}$$

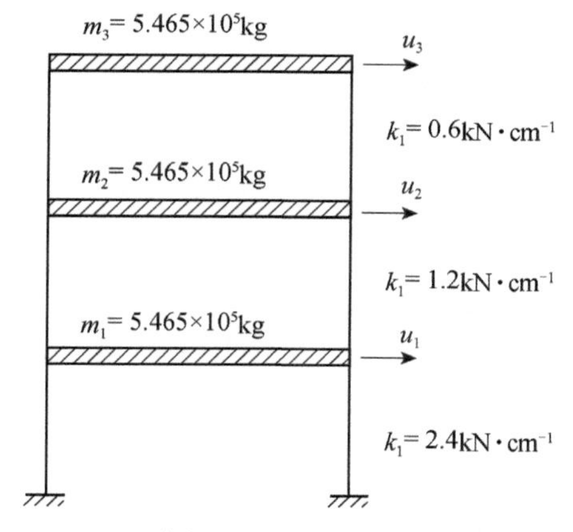

图 5-7　习题 5-1 图

5-2　用带移位的逆迭代重解习题 5-1。作为示例，此题移位取为：$\mu=98\%$（ω_2）^{2}，其中 $\omega_2=27.5\text{rad}\cdot\text{s}^{-1}$。

5-3　如图 5-8 所示四层剪切型框架，各刚性横梁上集中的质量 m 相同，各楼层间柱子的层间刚度 k 相同。由给出的线形和二次形状函数 ψ_1 和 ψ_2 作为广义坐标，用瑞利-里茨法计算前两个振型的近似形状和频率。

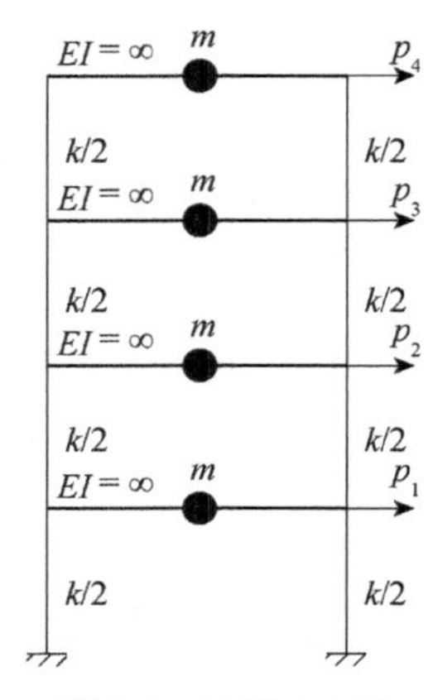

图 5-8　习题 5-3 图

$$[\psi_1,\ \psi_2]=\begin{bmatrix}1.00 & 1.00\\ 0.75 & 0.56\\ 0.50 & 0.25\\ 0.25 & 0.06\end{bmatrix}$$

5-4　试根据传统的 Newmark 方法，并引入速度和位移的差分关系式代替积分类关系式（5-28b），重新推导积分与差分混合后的 Newmark 方法的新格式，并分析其稳定性。

第 6 章　动力分布参数体系

6.1　直杆的轴向振动

单自由度系统和多自由度系统都属于离散动力学系统，通过有限数目质点的位移及其时间参量进行运动状态的描述，运动方程为常微分方程，其动力响应为典型的初值问题。然而，真实结构系统的质量、刚度和阻尼等动力学性质在其几何形状域内都是连续分布的，严格意义上，所有的结构单元和结构体系都是连续系统，又称为分布参数体系。分布参数体系一般是取微元体来描述体系中任一点的运动状态，将满足该微元体的运动微分方程作为描述分布参数体系运动状态的控制方程，因此，分布参数体系的运动方程为偏微分方程，需要体系的边界约束条件和运动初始条件共同决定体系的运动状态和动力响应，因此属于典型的初边值问题。根据描述分布参数体系运动状态的独立参数建立坐标系，进行各类分布参数体系动力特性和运动响应分析。本章分别针对直杆、细长直梁、薄板等典型分布参数体系的振动进行分析。

等截面均匀连续杆是分布参数体系里面的一维单元，只需要一个独立位移参数就可以描述任一微元体的状态，在实际工程中撞击杆、预制桩都是直杆轴向振动的具体应用。下面以等截面均匀直杆为对象分析杆的轴向振动，直杆分布参数体系的坐标描述，以及微元体分析如图 6-1 所示，其中，杆件的弹性模量 E 、横截面积 A 和单位长度的质量密度 ρ 均为常数。

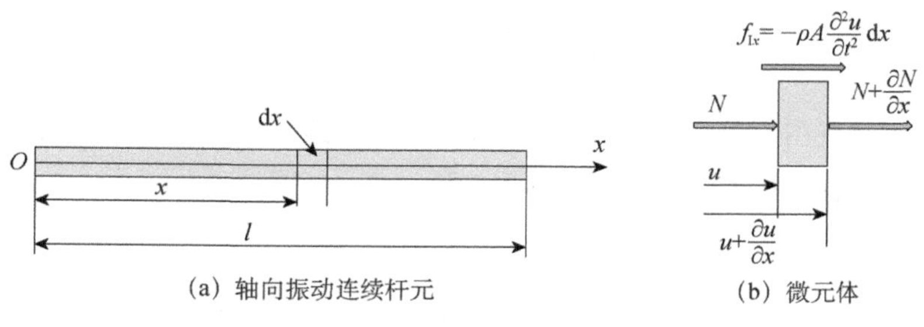

（a）轴向振动连续杆元　　（b）微元体

图 6-1　直杆轴向振动与微元体示意图

对于轴向振动的直杆单元，只有沿轴向的位移 $u(x,t)$，为了简化表达，在本章的推导过程中，省略参数(x,t)。因此，微元体的应变只有轴向正应变，根据材料力学中关于微元体协调条件和物理条件的应用，可以给出坐标 x 位置处连续杆的轴力为

$$N = EA\varepsilon(x,t) = EA\frac{\partial u}{\partial x} \tag{6-1}$$

微元体的惯性力为

$$f_{\mathrm{I}x} = -\bar{m}\mathrm{d}x\ddot{u} = -\rho A\frac{\partial^2 u}{\partial t^2}\mathrm{d}x \tag{6-2}$$

根据达朗贝尔原理，针对微元体列轴向动平衡，即

$$f_{\mathrm{I}x} + \frac{\partial N}{\partial x}\mathrm{d}x + p(x,t)\mathrm{d}x = 0$$

把惯性力的表达式（6-2）代入上式，得

$$\rho A\frac{\partial^2 u}{\partial t^2} - \frac{\partial N}{\partial x} = p(x,t)$$

把轴力的表达式（6-1）代入上式，得

$$\rho A\frac{\partial^2 u}{\partial t^2} - EA\frac{\partial^2 u}{\partial x^2} = p(x,t) \tag{6-3}$$

当外部动力荷载为零时，即 $p(x,t) = 0$，体系的自由振动方程为

$$\frac{\partial^2 u}{\partial t^2} = c^2\frac{\partial^2 u}{\partial x^2} \tag{6-4}$$

其中，$c^2 = \dfrac{E}{\rho}$。该方程形式上为波动方程，c 为波速。采用分离变量法求解，令

$$u(x,t) = \varphi(x)q(t) \tag{6-5}$$

把式（6-5）代入式（6-4）得

$$\varphi(x)\frac{\partial^2 q}{\partial t^2} = c^2 q(t)\frac{\partial^2 \varphi}{\partial x^2}$$

由于 $\varphi(x)$、$q(t)$ 都是单变量函数，因此，可用直导符号表达为

$$\varphi(x)\frac{\mathrm{d}^2 q}{\mathrm{d}t^2} = c^2 q(t)\frac{\mathrm{d}^2 \varphi}{\mathrm{d}x^2}$$

移项整理，并且由于仅有坐标参数的函数项与仅有时间参数的函数项相等，可令这两部分函数表达式为一常量，具体形式为

$$\frac{1}{q}\frac{\mathrm{d}^2 q}{\mathrm{d}t^2} = c^2\frac{1}{\varphi}\frac{\mathrm{d}^2 \varphi}{\mathrm{d}x^2} \equiv -\omega^2$$

所以，

$$\frac{d^2q}{dt^2}+\omega^2 q=0 \tag{6-6a}$$

$$\frac{d^2\varphi}{dx^2}+\frac{\omega^2}{c^2}\varphi=0 \tag{6-6b}$$

由式（6-6a）可知，它与单自由度自由振动方程形式完全相同，可解得

$$q(t)=A_1\sin\omega t+A_2\cos\omega t \tag{6-7a}$$

或

$$q(t)=A\sin(\omega t+\theta) \tag{6-7b}$$

由 $t=0$ 时刻的运动初始条件，根据式（6-7）可求解待定参数 A_1、A_2 或 A、θ。令 $k=\frac{\omega}{c}$，式（6-6b）变为

$$\frac{d^2\varphi}{dx^2}+k^2\varphi=0$$

根据二阶标准微分方程的求解公式，解得

$$\varphi(x)=C_1\sin kx+C_2\cos kx \tag{6-8a}$$

或

$$\varphi(x)=C_1\sin\frac{\omega x}{c}+C_2\cos\frac{\omega x}{c} \tag{6-8b}$$

由 $x=0$、$x=l$ 处的约束条件（即微分方程的边界条件）确定参数 C_1、C_2。把式(6-7)、式（6-8）代入式（6-5），可得均匀直杆轴向自由振动方程（6-4）的解为

$$u(x,t)=\varphi(x)q(t)=(C_1\sin kx+C_2\cos kx)(A_1\sin\omega t+A_2\cos\omega t) \tag{6-9}$$

下面分别针对不同的杆端约束条件，分析直杆的轴向振动对应的自由振动解。

1. 两端固定

两端固定约束的轴向振动的直杆，如图 6-2 所示。两端的固定约束，相当于满足如下几何约束条件，即 $x=0,x=l$ 时，满足

$$u(0,t)=0,\quad u(l,t)=0$$

根据位移的表达式 $u(x,t)=\varphi(x)q(t)$，得到

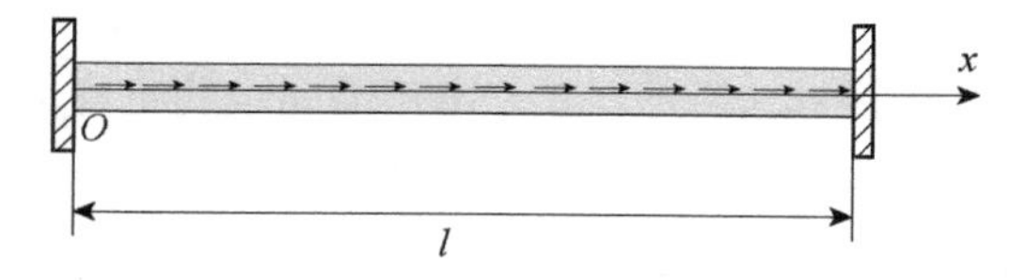

图 6-2　两端固定约束的轴向振动直杆示意图

$$\varphi(0)q(t)=0,\quad \varphi(l)q(t)=0$$

由于关于时间的函数项不恒等于零，即 $q(t)\neq 0$ ，所以，

$$\varphi(0)=0,\quad \varphi(l)=0$$

把以上两个关系式代入式（6-8b），得

$$C_1\sin\frac{\omega l}{c}=0,\quad C_2=0$$

由此，得到如下关于振动频率的关系式

$$\sin\frac{\omega l}{c}=0 \tag{6-10}$$

式（6-10）即为两端约束直杆纵向振动的频率方程，可解得各阶振动频率如下：

$$\omega_i=\frac{i\pi c}{l}\quad (i=0,1,2,\cdots,\infty) \tag{6-11a}$$

把式（6-11a）代入式（6-8），并令 $C_1=1$ 得模态函数如下

$$\varphi_i(x)=\sin\frac{i\pi x}{l}\quad (i=0,1,2,\cdots,\infty) \tag{6-11b}$$

由于 $i=0$ 时，频率 $\omega_0=0$ ，对应模态函数为零，相当于刚体位移模式，不满足该约束条件下的振动物理意义，因此，将零频率剔除。根据展开定理，任一位置处的自由振动响应可通过各阶模态的线性组合得到，具体表达式如下

$$u(x,t)=\sum_{i=1}^{\infty}u_i(x,t)=\sum_{i=1}^{\infty}a_i\varphi_i(x)\sin(\omega_i t+\theta_i)\quad (i=0,1,2,\cdots,\infty) \tag{6-12a}$$

其中， a_i 为权重系数。把式（6-11）代入式（6-12a）得

$$u(x,t)=\sum_{i=1}^{\infty}u_i(x,t)=\sum_{i=1}^{\infty}a_i\sin\frac{i\pi x}{l}\sin\left(\frac{i\pi c}{l}t+\theta_i\right)\quad (i=0,1,2,\cdots,\infty) \tag{6-12b}$$

求解两端固定直杆的轴向振动响应函数，只需要根据初始条件确定待定参数 a_i、θ_i 即可。对于 $t=0$ 时刻的振动条件表示为

$$\begin{cases}u(x,0)=u(x)\\ \dot{u}(x,0)=\dot{u}(x)\end{cases}$$

2. 两端自由

两端自由的直杆，如图 6-2 所示，可看作两端固定的直杆取消两端固定约束后的情形。对于两端自由直杆的轴向振动，杆端可以沿着轴向自由振动，而不受约束，即满足力学边界条件，对于 $x=0,x=l$ ，力学边界条件可表达为

$$N(0,t)=0,\quad N(l,t)=0$$

根据式（6-1），得对应的力学边界条件表达式为

$$EA\frac{\partial u(0,t)}{\partial x}=0,\quad EA\frac{\partial u(l,t)}{\partial x}=0$$

根据式（6-5），进一步得

$$\varphi'(0)q(t)=0,\quad \varphi'(l)q(t)=0$$

所以，

$$\varphi'(0)=0,\quad \varphi'(l)=0$$

根据式（6-8b），一次微分后得

$$\varphi'(x)=C_1\frac{\omega}{c}\cos\frac{\omega}{c}x-C_2\frac{\omega}{c}\sin\frac{\omega}{c}x \tag{6-13}$$

把 $x=0, x=l$ 分别代入式（6-13），并根据力学边界条件表达式，联立得到关于待定参数 C_1、C_2 的方程组，即

$$C_1=0,\quad -C_2\frac{\omega}{c}\sin\frac{\omega}{c}l=0$$

由此，解得自振频率为

$$\omega_i=\frac{i\pi c}{l}\quad (i=0,1,2,\cdots,\infty) \tag{6-14a}$$

式（6-14a）与式（6-11a）完全相同，说明两端固定与两端自由的轴向振动的直杆，其自振频率是相同的。由于振型函数仅具有相对数值，可令 $C_2=1$，根据式（6-8）得到

$$\varphi_i(x)=\cos\frac{i\pi}{l}x\quad (i=0,1,2,\cdots,\infty) \tag{6-14b}$$

其中，$i=0$ 时即为杆件的零固有频率，对应于杆件的常值模态，实质上为杆的纵向刚性位移模式。把式（6-14）代入式（6-12a），得直杆任一坐标位置处的响应为

$$u(x,t)=\sum_{i=1}^{\infty}u_i(x,t)=\sum_{i=1}^{\infty}a_i\cos\frac{i\pi x}{l}\sin\left(\frac{i\pi c}{l}t+\theta_i\right)$$

同理，只需要根据初始条件确定待定参数 a_i、θ_i 即可。

3. 一端固定、一端简支

一端固定、一端简支约束的轴向振动的直杆，如图 6-3 所示。对于左端 $x=0$，轴向自由，满足力学边界条件，因此杆件左端位置处的轴向应变为零；对于右端 $x=l$，轴向固定约束，满足几何边界条件，即轴向位移为零。即

$$\left.\frac{\partial u(x,t)}{\partial x}\right|_{x=0}=0,\quad u(l,t)=0$$

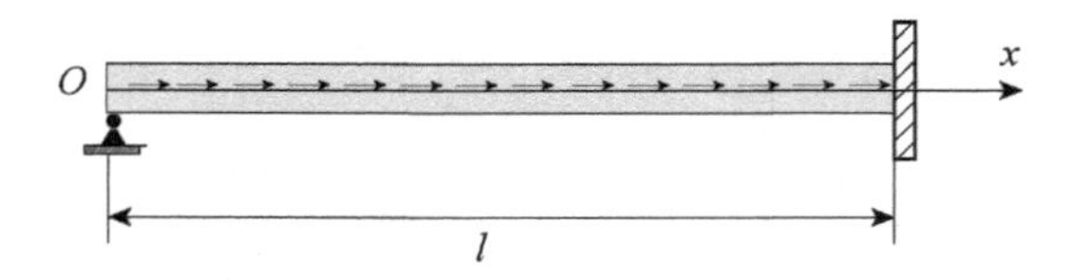

图 6-3　一端固定、一端简支约束的轴向振动直杆示意图

根据式（6-5）得

$$\left.\frac{\mathrm{d}\varphi(x)}{\mathrm{d}x}\right|_{x=0} q(t)=0, \quad \varphi(l)\cdot q(t)=0$$

由于 $q(t)\neq 0$，所以，

$$\left.\frac{\mathrm{d}\varphi(x)}{\mathrm{d}x}\right|_{x=0}=0, \quad \varphi(l)=0$$

根据式（6-8a），以及上面的左端边界条件，得 $C_1=0$。根据式（6-8a），以及右端边界条件，得到

$$\cos(kl)=0$$

解得

$$k_j=\frac{2j-1}{2l}\pi \qquad (j=1,2,3,\cdots)$$

由于 $k=\dfrac{\omega}{c}$，$c^2=\dfrac{E}{\rho}$，所以，

$$\omega_j=ck_j=\frac{2j-1}{2l}\pi c=\frac{(2j-1)\pi}{2l}\sqrt{\frac{E}{\rho}} \qquad (j=1,2,3,\cdots) \tag{6-15a}$$

式（6-15a）与式（6-14a）、式（6-11a）完全不同，说明一端固定、一端简支的轴向振动的直杆与两端自由、两端固定的轴向振动的直杆，其自振频率都是不同的。根据式（6-8）得，一端固定、一端简支约束直杆轴向振动的振型函数为

$$\varphi_j(x)=C_2\cos\left(\frac{2j-1}{2l}\pi x\right) \qquad (j=1,2,3,\cdots) \tag{6-15b}$$

4）一端固定、一端自由且自由端带附加质量

一端固定、一端自由的悬臂等截面直杆，杆长为 l，杆的弹性模量为 E，横截面面积为 A，单位长度的质量密度为 ρ，右端有附加质量 m_0，如图 6-4 所示。

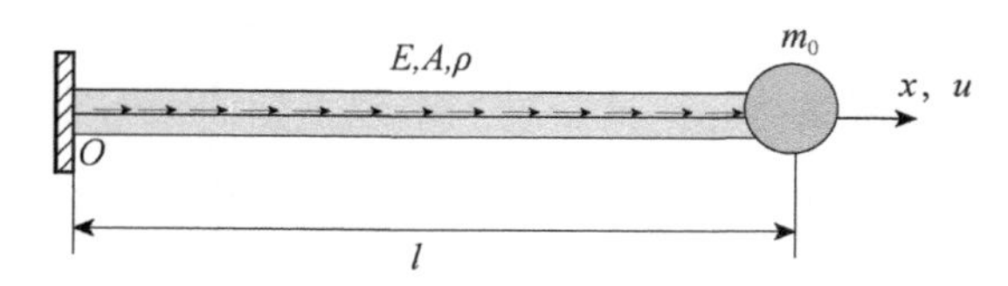

图 6-4　一端固定、一端自由且带集中质量直杆的轴向振动示意图

根据该杆件一端固定、一端自由的边界约束条件，直杆左端满足固定几何边界条件，即

$$x=0,\quad u(0,t)=0$$

直杆右端为自由端，满足力学平衡边界条件，右端轴向振动的惯性力为$F_{\mathrm{I}}=-m_0\ddot{u}(l,t)$，所以，

$$x=l,\quad N(l,t)=EA\left.\frac{\partial u(x,t)}{\partial x}\right|_{x=l}=m_0\left.\frac{\partial^2 u(x,t)}{\partial t^2}\right|_{x=l}=m_0\ddot{u}(l,t)$$

根据式（6-5），直杆左端$x=0$和右端$x=l$处的边界约束条件可分别表达为

$$\varphi(0)=0 \tag{6-16a}$$

$$EA\varphi'(l)=m_0\omega^2\varphi(l) \tag{6-16b}$$

由边界约束条件（6-16a），根据直杆轴向自由振动振型函数的通用表达式（6-8b），可得

$$C_2=0$$

所以，$\varphi(x)=C_1\sin\dfrac{\omega x}{c}$。再由边界约束条件（6-16b），得

$$EA\frac{\omega}{c}\cos\frac{\omega}{c}l=m_0\omega^2\sin\frac{\omega}{c}l$$

所以，

$$\frac{EA}{m_0c}=\omega\tan\frac{\omega}{c}l \tag{6-17}$$

变换得到

$$\frac{\omega l}{c}\tan\frac{\omega l}{c}=\frac{EAl}{m_0c^2}=\frac{E\rho Al}{\rho c^2m_0}=\frac{Em}{\rho\dfrac{E}{\rho}m_0}=\frac{m}{m_0}$$

其中，m为杆件的总质量。令$\beta=\dfrac{m}{m_0}$，即为杆件质量和端部集中质量比，所以频率方程（6-17）变换为

$$\frac{\omega l}{c}\tan\frac{\omega l}{c}=\beta \tag{6-18}$$

这是一超越方程，无法给出解析式，只能通过求数值解得到各阶频率ω_i。此处不再赘述。解出各阶频率后，进一步得到各阶振型函数为

$$\varphi_i(x)=C_1\sin\frac{\omega_i x}{c}\quad (i=1,2,\cdots,n)$$

6.2 直杆的扭转振动

直杆的扭转振动是机械工程中常见的振动现象。在土木工程中，有时也会碰到，例如非对称结构的地震响应，会表现出显著的空间扭转振动，此时的梁柱构件的振动都会出现扭振成分，对其扭振响应的求解方法与本节即将介绍的直杆扭振类似。为了简化模型，重点介绍动力学的分析方法，本节以圆形直杆的扭转振动为例进行分析。

假定圆形直杆的横截面在扭振过程中，始终保持为平面（即满足平截面假定），同一截面上各个点的扭转角度相同。取圆形截面直杆的纵轴为 x 轴，如图 6-5 所示。直杆材料密度为 ρ ，剪切模量为 G ，直杆任一横截面作用有扭矩 T ，直杆横截面的极惯性矩为 I_{p} ，横截面的转动惯量为 J 。取距离直杆端点 x 位置处的微元（微段）进行受力分析，微段长度为 $\mathrm{d}x$ 。

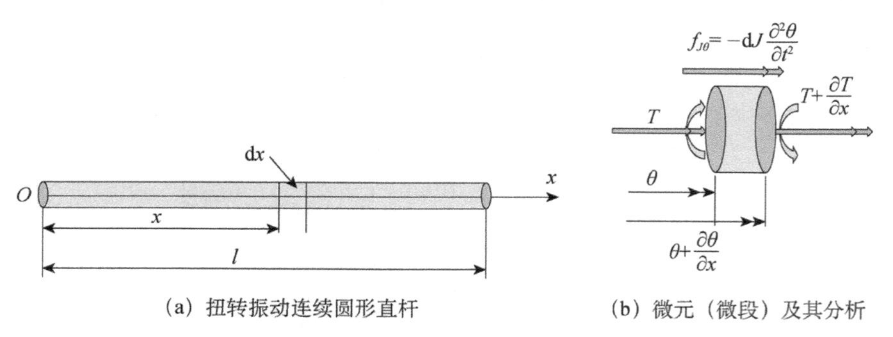

(a) 扭转振动连续圆形直杆　　(b) 微元（微段）及其分析

图 6-5　直杆扭转振动与微元体示意图

令 $\theta(x,t)$ 为直杆上距离原点 O 为 x 处截面（微段的左侧）在时刻 t 的角位移，为了简化表达，在本章的推导过程中，$\theta(x,t)$ 省略参数 (x,t) ，下同。则距离原点 O 为 $x+\mathrm{d}x$ 处截面（微段的右侧）在时刻 t 的角位移可表示为 $\theta+\frac{\partial\theta}{\partial x}\mathrm{d}x$ 。根据材料力学的相关知识，可知单位长度的扭转角为

$$\overline{\varphi}(x,t)=\frac{\partial\theta}{\partial x}$$

因此，位置 x 截面处的扭矩与单位长度的扭转角的关系为

$$T(x,t)=GI_{\mathrm{t}}\overline{\varphi}(x,t)=GI_{\mathrm{t}}\frac{\partial\theta}{\partial x} \tag{6-19}$$

其中，GI_{t} 为截面的抗扭刚度，即为产生单位长度的扭转角所需要的扭矩；I_{t} 为截面的抗扭常数，反映了剪应力因扭转剪切变形而在横截面内的不均匀性，对于圆形截面，$I_{\mathrm{t}}=\frac{\pi}{32}d^4$。

分析如图 6-5（b）所示微段的运动情况，微段左端的角位移为 $\theta(x,t)$，则其角加速度为 $\ddot{\theta}(x,t)$，由于微段长度 dx 很小，可以认为整个微段的角加速度为 $\ddot{\theta}(x,t)$，则该微段的转动惯量为

$$\mathrm{d}J=I_{\mathrm{p}}\rho\mathrm{d}x=\frac{\pi d^4}{32}\rho\mathrm{d}x \tag{6-20}$$

其中，I_{p} 为截面的极惯性矩，对于圆形截面 $I_{\mathrm{p}}=\frac{\pi}{32}d^4$；$d$ 为圆形截面的直径。虽然对于圆形截面的 I_{p} 和 I_{t} 的表达式完全相同，但是，注意其物理意义完全不同。

根据达朗贝尔原理，针对微段列扭转振动的动平衡方程：

$$\mathrm{d}J\ddot{\theta}+T-\left(T+\frac{\partial T}{\partial x}\mathrm{d}x\right)=0$$

其中，$\ddot{\theta}$ 表示对时间 t 的导数，其余类同。把式（6-19）、式（6-20）代入上式得

$$\rho I_{\mathrm{p}}\frac{\partial^2\theta}{\partial t^2}=GI_{\mathrm{t}}\frac{\partial}{\partial x}\left(\frac{\partial\theta}{\partial x}\right)$$

整理得到

$$\frac{\partial^2\theta}{\partial t^2}=c^2\frac{\partial^2\theta}{\partial x^2} \tag{6-21}$$

该式即为圆截面直杆的一维扭转振动方程（注意：其亦为波动方程形式），其扭转振动的传播速度为 $c=\sqrt{\frac{G}{\rho}}$。

6.3　直杆的横向剪切振动

当直杆的长度接近截面尺寸时，或者长细比较小时（又称为短杆），直杆的横向振动主要引起剪切变形。在振动过程中，直杆的横截面始终保持平面，且沿平行 y 轴的方向振动，称为剪切振动。实际工程中，这种类型的振动还是比较常见的，例如当一个多层框架的各层楼板刚度很大时，在风载或地震载荷作用下的柱

子的水平振动，可近似看作直杆的剪切振动。

假定连续直杆的横截面在横向剪切振动过程中始终保持为平面。取杆的纵轴为x轴，横轴为y轴，如图 6-6 所示。连续直杆的材料密度为ρ，剪切模量为G，横截面上剪力为Q，直杆的抗剪横截面面积为A。取直杆距原点O距离为x位置处，长度为$\mathrm{d}x$的微段，进行受力分析。

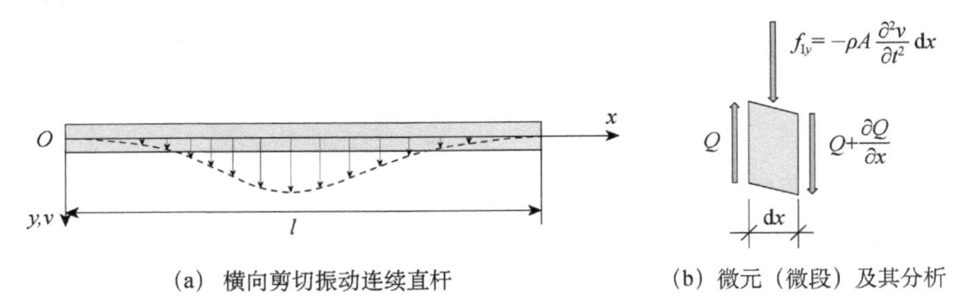

(a) 横向剪切振动连续直杆　　(b) 微元（微段）及其分析

图 6-6　直杆横向剪切振动与微元体示意图

令$v(x,t)$为杆上距原点O距离为x处截面在时刻t的横向剪切变形，为了简化表达，在本章的推导过程中，$v(x,t)$省略参数(x,t)，下同。则该截面的剪应变表达式为$\gamma=\frac{\partial v}{\partial x}$，进而该截面上的剪力表达式为

$$Q=\frac{GA}{\mu}\frac{\partial v}{\partial x}$$

其中，μ为横向剪切截面形状系数，反映了剪应力沿横向剪切方向的分布不均匀性。对于图 6-6（b）所示微段，依据达朗贝尔原理列横向的剪切振动的动平衡方程，得

$$-\rho A\mathrm{d}x\frac{\partial^2 v}{\partial t^2}-Q+\left(Q+\frac{\partial Q}{\partial x}\mathrm{d}x\right)=0$$

把剪力的表达式代入上式，得到

$$\rho A\frac{\partial^2 v}{\partial t^2}=\frac{GA}{\mu}\frac{\partial}{\partial x}\left(\frac{\partial v}{\partial x}\right)$$

进一步整理得

$$\frac{\partial^2 v}{\partial t^2}=c^2\frac{\partial^2 v}{\partial x^2} \tag{6-22}$$

该式即为直杆的一维剪切振动方程（注意：其亦为波动方程形式），沿直杆横截面剪切振动的传播速度为$c=\sqrt{\frac{G}{\mu\rho}}$。

6.4　弦（索）的横向振动

弦（索）是一类特殊类型的直杆，只能承受拉力，不能承受压力、弯矩和剪力，作为连续体系的振动，弦（索）的振动以横向振动为主。本节讨论两端固定的水平张紧的弦（索）的横向振动问题，不考虑索的垂度影响，弦（索）单元坐标选取，以及微元体如图 6-7 所示。

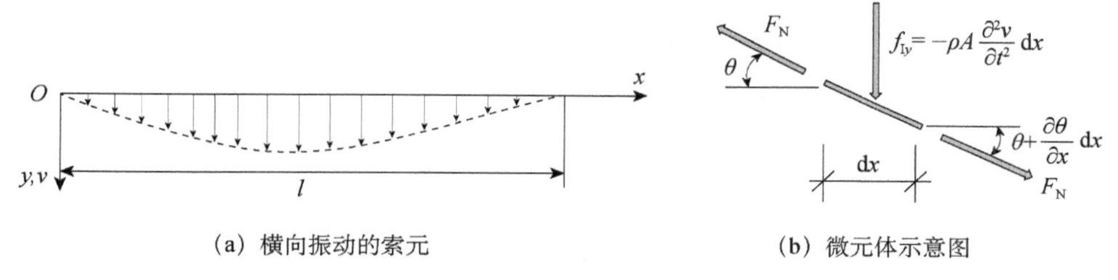

（a）横向振动的索元　　（b）微元体示意图

图 6-7　弦（索）的横向振动与微元体示意图

假设距原点 O 距离为 x 处的弦张力为 F_N，弦（索）的水平投影长度为 l，材料的质量密度为 ρ，弦（索）的横截面面积为 A。本节仅考虑小变形振动，认为弦（索）绷得很紧，因此，弦张力 F_N 可以认为变化很小，可视为常量，弦张力在弦（索）横向振动过程中仅方向有变化。

以变形前弦的方向为 x 轴，弦上距离原点 O 为 x 处截面在时刻 t 的横向位移为 $v(x,t)$。取位置 x 处的微段，进行微元体变形和受力分析。依据达朗贝尔原理，得动平衡方程式：

$$-\rho A\mathrm{d}x\frac{\partial^2 v}{\partial t^2}+F_N\sin\left(\theta+\frac{\partial\theta}{\partial x}\mathrm{d}x\right)-F_N\sin\theta=0$$

对于小变形假定，满足

$$\sin\theta\approx\theta,\quad \theta=\frac{\partial v}{\partial x}$$

把上式代入动平衡方程式，得

$$-\rho A\mathrm{d}x\frac{\partial^2 v}{\partial t^2}+F_N\theta+F_N\frac{\partial\theta}{\partial x}\mathrm{d}x-F_N\theta=0$$

整理得

$$\rho A\frac{\partial^2 v}{\partial t^2}=F_{\mathrm{N}}\frac{\partial}{\partial x}\left(\frac{\partial v}{\partial x}\right)$$

即

$$\frac{\partial^2 v}{\partial t^2}=c^2\frac{\partial^2 v}{\partial x^2} \tag{6-23}$$

该式即为弦（索）的一维横向振动方程（注意：其亦为波动方程形式），$c=\sqrt{\frac{F_{\mathrm{N}}}{\rho A}}$ 为弦（索）横向振动沿纵向的传播速度。

6.5 平面梁的横向振动

6.5.1 纯弯梁（欧拉梁）的横向振动方程

跨度远大于横截面尺寸的直线梁单元也是一类典型的一维分布参数体系，物理性质（如质量、刚度、阻尼等）和动力响应（如位移、速度、加速度等）用一个位置坐标即可描述，一般取沿梁元截面中心的纵向轴线作为局部坐标轴 x 轴，横向为 y 轴，如图 6-8（a）所示。本节介绍的平面梁元，指梁的变形和振动仅仅发生在一个平面内的情形，并以细长梁的横向弯曲振动为例。

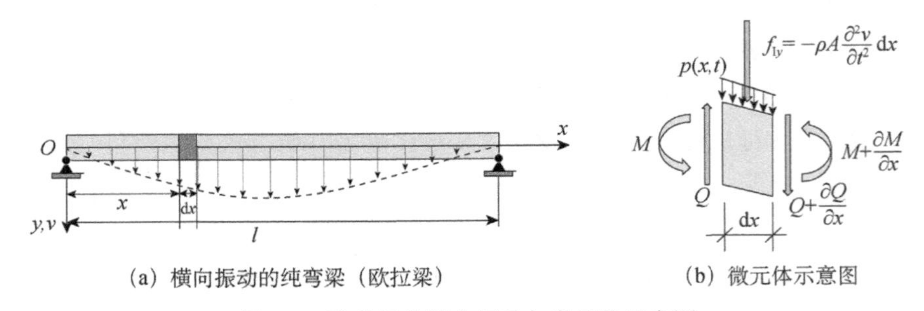

（a）横向振动的纯弯梁（欧拉梁）（b）微元体示意图

图 6-8 欧拉梁的横向振动与微元体示意图

假设：过直梁各截面的形心的纵轴在同一直线上、同一平面内，外载荷作用在该平面内，梁在该平面做横向振动（微振）时，梁的主要变形是弯曲变形，可以忽略剪切变形以及截面绕中性轴转动惯量的影响。假定连续直杆的横截面在横向剪切振动过程中，始终保持为平面。这种满足纯弯变形假定的梁称为欧拉梁（Euler beam），有时又称为欧拉-伯努利梁（Euler-Bernoulli beam）。由于实际工程中，梁的长细比一般大于 10，该类分布参数体系在土木工程中的应用范围非常广泛。

平面欧拉梁的微段，如图 6-8（b）所示。$\rho_l = \rho A(x)$ 为单位长度梁的质量；$I(x)$ 为截面对中性轴的惯性矩；$E(x)$ 为弹性模量；$A(x)$ 为梁的横截面积；$f(x,t)$ 为单位长度梁上分布的外部动力荷载。欧拉梁在横向振动过程中发生平面内弯曲，满足平截面假定。假定作用于该微段的惯性分布力为

$$f_{\mathrm{I}y}(x) = m(x)\frac{\partial^2 v}{\partial t^2}$$

依据达朗贝尔原理，列横向动平衡关系式：

$$Q - \left[p(x,t) - m(x)\frac{\partial^2 v}{\partial t^2}\right]\mathrm{d}x - \left(Q + \frac{\partial Q}{\partial x}\mathrm{d}x\right) = 0$$

整理得

$$\frac{\partial Q}{\partial x} = -p(x,t) + m(x)\frac{\partial^2 v}{\partial t^2} \tag{6-24a}$$

对微元体的右端面中点取矩，列力矩动平衡关系式：

$$M + Q\cdot\mathrm{d}x - \frac{1}{2}\left[p(x,t) - m(x)\frac{\partial^2 v}{\partial t^2}\right]\mathrm{d}x\mathrm{d}x - \left(M + \frac{\partial M}{\partial x}\mathrm{d}x\right) = 0$$

由于 $\frac{\partial M}{\partial x} = Q$，并利用式（6-24a），整理得

$$\frac{\partial^2 M}{\partial x^2} = -p(x,t) + m(x)\frac{\partial^2 v}{\partial t^2} \tag{6-24b}$$

由梁的纯弯变形理论可知，截面弯矩与截面曲率的关系满足

$$M = -EI\frac{\partial^2 v}{\partial x^2} \tag{6-25}$$

所以，把式（6-25）代入式（6-24b），整理得到

$$m(x)\frac{\partial^2 v}{\partial t^2} + EI\frac{\partial^4 v}{\partial x^4} = p(x,t) \tag{6-26}$$

式（6-26）即为平面纯弯梁（欧拉梁）的横向振动微分方程。

6.5.2　考虑轴力影响纯弯梁的弯曲振动方程

轴力对于纯弯梁的振动方程具有显著影响，下面给出考虑轴力影响的平面纯弯梁的动力微分方程，取微元（微段）受力分析，如图 6-9 所示。

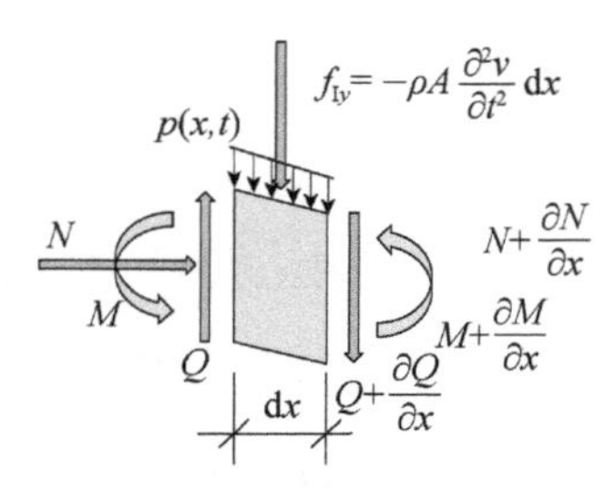

图 6-9　考虑轴力影响的纯弯梁的横向振动微元体

由于轴向力不影响横向平衡关系，类似于式（6-24a），针对微段列横向力平衡关系式：

$$Q-\left[p(x,t)-m(x)\frac{\partial^2 v}{\partial t^2}\right]\mathrm{d}x-\left(Q+\frac{\partial Q}{\partial x}\mathrm{d}x\right)=0$$

整理得到

$$\frac{\partial Q}{\partial x}=-p(x,t)+m(x)\frac{\partial^2 v}{\partial t^2} \tag{6-27a}$$

对微元体的右端面中点取矩，列力矩平衡关系式：

$$M+Q\cdot\mathrm{d}x-\frac{1}{2}\left[p(x,t)-m(x)\frac{\partial^2 v}{\partial t^2}\right]\mathrm{d}x\mathrm{d}x=-N\frac{\partial v}{\partial x}+\left(M+\frac{\partial M}{\partial x}\mathrm{d}x\right)$$

略去高阶项后，得到

$$\frac{\partial M}{\partial x}=Q+N\frac{\partial v}{\partial x}$$

上式两边再对 x 求偏导数，得到

$$\frac{\partial^2 M}{\partial x^2}=\frac{\partial Q}{\partial x}+N\frac{\partial^2 v}{\partial x^2} \tag{6-27b}$$

把式（6-27a）代入式（6-27b），得到

$$\frac{\partial^2 M}{\partial x^2}=-p(x,t)+m(x)\frac{\partial^2 v}{\partial t^2}+N\frac{\partial^2 v}{\partial x^2} \tag{6-28}$$

对于考虑轴力影响的纯弯梁，依然满足弯矩-曲率关系式（6-25），代入式（6-28）得到

$$m(x)\frac{\partial^2 v}{\partial t^2}+N\frac{\partial^2 v}{\partial x^2}+\frac{\partial^2}{\partial x^2}\left[EI(x)\frac{\partial^2 v}{\partial x^2}\right]=p(x,t) \tag{6-29}$$

式（6-29）即为考虑轴力影响纯弯梁的横向振动微分方程。

6.5.3　考虑转动惯量影响纯弯梁的横向振动

纯弯梁的横向变形中，一部分是由截面剪切变形引起的，一部分是由截面转动引起的，当由转动引起的变形起到显著作用时，其转动惯量对于微段动力平衡的影响不能忽略。下面给出考虑转动惯量影响的平面纯弯梁的动力微分方程，取微元（微段）受力分析，如图 6-10 所示。

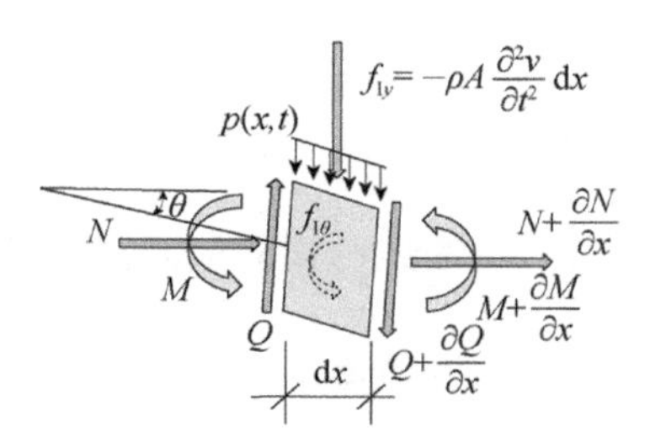

图 6-10　考虑转动惯量影响纯弯梁的横向振动微元体

梁在振动过程中产生横向变形 $v(x,t)$，其横截面不仅沿梁的横向做剪切平动而且同时发生转动。截面转角与横向变形的关系满足

$$\theta=\frac{\partial v}{\partial x}$$

因此，截面转动的角加速度为

$$\ddot{\theta}=\frac{\partial^2\theta}{\partial t^2}=\frac{\partial^3 v}{\partial x\partial t^2}$$

该角加速度使梁横截面的分布质量产生转动惯性，对于中性轴的转动惯性矩 $f_{I\theta}$，即为截面的质量惯性矩 J 与 $\ddot{\theta}$ 的乘积，则转动惯性矩的表达式为

$$f_{I\theta}=J\ddot{\theta}=\rho I(x)\frac{\partial^3 v}{\partial x\partial t^2}$$

其中，质量惯性矩 J 的表达式为

$$J=\int r^2\mathrm{d}m=\int r^2\rho\mathrm{d}s=\rho\int r^2\mathrm{d}s=\rho I(x)$$

依据达朗贝尔原理，针对微元体的横向动力平衡条件，得到

$$\frac{\partial Q}{\partial x}=-p(x,t)+m(x)\frac{\partial^2 v}{\partial t^2}\tag{6-30}$$

对微元体的右端面中点取矩，由力矩动平衡条件，得到

$$M+Q\mathrm{d}x-\frac{1}{2}\left[p(x,t)-m(x)\frac{\partial^2 v}{\partial t^2}\right]\mathrm{d}x\mathrm{d}x-\rho I(x)\frac{\partial^3 v}{\partial x\partial t^2}\mathrm{d}x-\left(M+\frac{\partial M}{\partial x}dx\right)=0$$

上式略去高阶项，得

$$\frac{\partial M}{\partial x}=Q-\rho I(x)\frac{\partial^3 v}{\partial x\partial t^2} \tag{6-31}$$

把式（6-30）代入式（6-31），整理得到

$$\frac{\partial^2 M}{\partial x^2}+\frac{\partial}{\partial x}\left[\rho I(x)\frac{\partial^3 v}{\partial x\partial t^2}\right]=-p(x,t)+m(x)\frac{\partial^2 v}{\partial t^2}$$

进一步整理得

$$m(x)\frac{\partial^2 v}{\partial t^2}-\frac{\partial}{\partial x}\left[\rho I(x)\frac{\partial^3 v}{\partial x\partial t^2}\right]+\frac{\partial^2}{\partial x^2}\left[EI(x)\frac{\partial^2 v}{\partial x^2}\right]=p(x,t) \tag{6-32}$$

式（6-32）即为考虑转动惯量影响的纯弯梁的横向振动微分方程。

6.5.4 考虑剪切变形和转动惯量影响的平面梁运动方程

对高跨比较大的梁，工程中又称为短深梁，其剪切变形和转动惯量的影响都不能忽略，对于考虑剪切变形和转动惯量梁，我们一般称为铁摩辛柯梁（Timoshenko beam），微元体模型如图 6-11 所示。

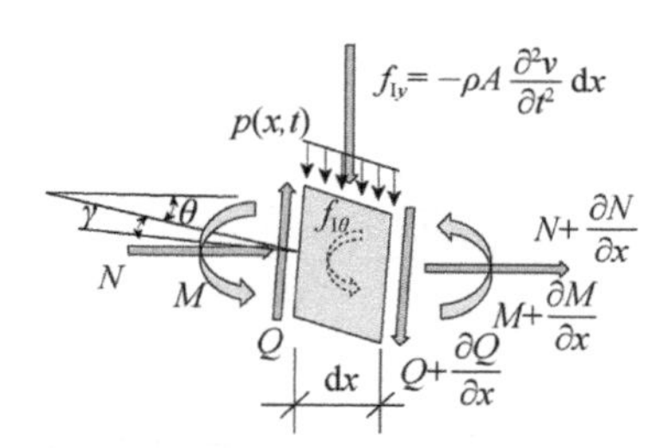

图 6-11　考虑转动惯量和剪切变形影响的梁的横向振动微元体

由于考虑剪切变形，该类梁的弯矩-曲率关系不再满足式（6-25），而需要重新考虑剪切变形造成的影响。考虑剪切变形的相关参数中，γ 为横截面的剪切角，θ 为梁的弯曲变形所导致的横截面转角，亦即微元体转角。因此，剪切角可表示为

$$\gamma=\frac{\partial v}{\partial x}-\theta$$

其中，$\frac{\partial v}{\partial x}$ 相当于梁弯曲变形后的中轴线对于 x 轴的转角。则横截面的角加速度为

$$\ddot{\theta}=\frac{\partial^2\theta(x,t)}{\partial t^2}$$

依据达朗贝尔原理，针对微元体列横向动力平衡条件（基于小挠度假设），得到

$$\frac{\partial Q}{\partial x}=-p(x,t)+m(x)\frac{\partial^2 v}{\partial t^2} \tag{6-33a}$$

对微元体的右端面中点取矩，列力矩动平衡条件，得到

$$M+Q\mathrm{d}x-\rho I(x)\frac{\partial^2\theta}{\partial t^2}\mathrm{d}x-\frac{1}{2}\left[p(x,t)-m(x)\frac{\partial^2 v}{\partial t^2}\right](\mathrm{d}x)^2-\left(M+\frac{\partial M}{\partial x}\mathrm{d}x\right)=0$$

上式略去高阶项，得到

$$\frac{\partial M}{\partial x}=Q-\rho I(x)\frac{\partial^2\theta}{\partial t^2} \tag{6-33b}$$

根据材料力学的知识，基于线弹性假设可知剪力 Q 与剪切角 γ 之间满足如下关系式：

$$Q=k'AG\gamma \tag{6-34}$$

其中，k' 为截面剪切系数；A 为横截面抗剪面积；G 为剪切模量。把式（6-34）代入式（6-33a），得到

$$\frac{\partial(k'AG\gamma)}{\partial x}=\frac{\partial}{\partial x}\left\{k'AG\left[\frac{\partial v}{\partial x}-\theta\right]\right\}=-p(x,t)+m(x)\frac{\partial^2 v}{\partial t^2} \tag{6-35a}$$

对于等截面直梁，梁截面参数 A、I 均为常量，因此，由式（6-35a）整理得

$$\frac{\partial\theta}{\partial x}=\frac{\partial^2 v}{\partial x^2}+\frac{1}{k'AG}\left[p(x,t)-m\frac{\partial^2 v}{\partial t^2}\right] \tag{6-35b}$$

由于 $M=-EI(x)\frac{\partial\theta}{\partial x}$，再把式（6-34）代入式（6-33b），得到

$$\frac{\partial}{\partial x}\left[EI(x)\frac{\partial\theta}{\partial x}\right]=-k'AG\gamma+\rho I(x)\frac{\partial^2\theta}{\partial t^2}$$

把横截面剪切角的表达式代入上式，得到

$$\frac{\partial}{\partial x}\left[EI(x)\frac{\partial\theta}{\partial x}\right]=-k'AG\left[\frac{\partial v}{\partial x}-\theta\right]+\rho I(x)\frac{\partial^2\theta}{\partial t^2} \tag{6-36a}$$

式（6-36a）两边对 x 求导，得

$$\frac{\partial^2}{\partial x^2}\left[EI\frac{\partial\theta}{\partial x}\right]=-\frac{\partial}{\partial x}\left[k'AG\left(\frac{\partial v}{\partial x}-\theta\right)\right]+\frac{\partial}{\partial x}\left[\rho I\frac{\partial^2\theta}{\partial t^2}\right] \tag{6-36b}$$

把式（6-35a）代入式（6-36b），得

$$\frac{\partial^2}{\partial x^2}\left[EI\frac{\partial\theta}{\partial x}\right]=\left[p(x,t)-m(x)\frac{\partial^2 v}{\partial t^2}\right]+\frac{\partial}{\partial x}\left[\rho I\frac{\partial^2\theta}{\partial t^2}\right] \tag{6-37}$$

把式（6-35b）代入式（6-37），进一步整理得

$$\left(m\frac{\partial^2 v}{\partial t^2}+EI\frac{\partial^4 v}{\partial x^4}-p\right)-\rho I\frac{\partial^4 v}{\partial x^2\partial t^2}+\frac{EI}{k'AG}\frac{\partial^2}{\partial x^2}\left(p-m\frac{\partial^2 v}{\partial t^2}\right)-\frac{\rho I}{k'AG}\frac{\partial^2}{\partial t^2}\left(p-m\frac{\partial^2 v}{\partial t^2}\right)=0$$

此式即为考虑转动惯量和剪切变形影响的平面梁横向振动微分方程。为了简化表达，方程中省略标记了参变量符号，例如，m 即为 $m(x)$，v 即为 $v(x,t)$，其余类同。

6.5.5 自振频率和振型分析

这里以纯弯梁的自由振动方程的解法为例，介绍分布参数体系中梁的分离变量解法，其他类型的梁的自由振动分析可以采用类似的方法。根据式（6-26），纯弯梁（欧拉梁）的自由振动方程如下：

$$m\frac{\partial^2 v}{\partial t^2}+EI\frac{\partial^4 v}{\partial x^4}=0 \tag{6-38a}$$

即

$$v''''+\frac{m}{EI}\ddot{v}=0 \tag{6-38b}$$

采用分离变量法，令 $v(x,t)=\phi(x)\cdot q(t)$，代入式（6-38b），得

$$\phi^{(4)}(x)q(t)=-\frac{m}{EI}\phi(x)\ddot{q}(t) \tag{6-39}$$

方程两边同除以 $\phi(x)q(t)$，得

$$\frac{\phi^{(4)}(x)}{\phi(x)}=-\frac{m}{EI}\frac{\ddot{q}(t)}{q(t)}\equiv a^4\text{（常数）}$$

由上式可得到两个独立的常微分方程：

$$\ddot{q}(t)+\omega^2 q(t)=0 \tag{6-40a}$$

$$\phi^{(4)}(x)-a^4\phi(x)=0 \tag{6-40b}$$

上标点符号表示对时间 t 的导数，上括号或者上角标撇符号表示对空间位置的偏导数。其余雷同。式中，$\omega^2=\dfrac{a^4 EI}{m}$。根据式（6-40a），$q(t)$ 可看作单自由度体系无阻尼自由振动的解。令 $q(t)=A_1\sin\omega t+B_1\cos\omega t$，根据初始条件可以确定待定参数，得到

$$q(t)=\frac{\dot{q}(0)}{\omega}\sin\omega t+q(0)\cos\omega t$$

另外，对于 $\phi(x)$ 的四阶常微分方程的求解，令 $\phi(x)=C\cdot \mathrm{e}^{sx}$，代入式（6-40b）得

$$(s^4-a^4)\cdot C\mathrm{e}^{sx}=0$$

解得该方程对应的四个特征根分别为

$$s_{1,2}=\pm a,\quad s_{3,4}=\pm \mathrm{i}a$$

所以，该四阶常微分方程的通解可表示为

$$\phi(x) = C_1 e^{iax} + C_2 e^{-iax} + C_3 e^{ax} + C_4 e^{-ax}$$

或

$$\phi(x) == A\sin ax + B\cos ax + C\sinh ax + D\cosh ax$$

利用梁端边界条件（位移、应变、弯矩或剪力在边界满足的约束条件），确定待定系数。对于简支梁，对应的边界约束条件为

$$\begin{cases} x=0, \quad \phi(0)=0, \quad M(0)=EI\ddot{\phi}(0)=0 \\ x=l, \quad \phi(l)=0, \quad M(l)=EI\ddot{\phi}(l)=0 \end{cases}$$

所以，根据 $x=0$ 位置边界条件，得

$$\phi(0) = A\sin 0 + B\cos 0 + C\sinh 0 + D\cosh 0 = B + D = 0$$

$$\phi''(0) = a^2(-A\sin 0 - B\cos 0 + C\sinh 0 + D\cosh 0) = a^2(-B + D) = 0$$

联立解得

$$B=0, \quad D=0$$

又根据 $x=l$ 位置边界条件，得

$$\begin{cases} A\sin al + C\sinh al = 0 \\ -A\sin al + C\sinh al = 0 \end{cases} \tag{6-41}$$

待定系数 A、C 不能同时为零，否则 $\phi(x)=0$，该梁体系就处于完全静止状态，无意义，因此，必存在关于 A、C 的方程系数行列式值为零，即

$$\begin{vmatrix} \sin al & \sinh al \\ -\sin al & \sinh al \end{vmatrix} = 0$$

展开，整理得

$$\sin al \cdot \sinh al = 0$$

而双曲正弦函数 $\sinh al \neq 0$，所以

$$\sin al = 0 \tag{6-42}$$

该方程即为两端简支欧拉梁的频率方程，解得

$$al = i\pi \quad (i=1,2,3,\cdots,n)$$

由于 $\omega^2 = \dfrac{a^4 EI}{m}$，所以

$$\omega_i = i^2\pi^2\sqrt{\frac{EI}{ml^4}} \quad (i=1,2,3,\cdots,n) \tag{6-43a}$$

把式（6-42）代入式（6-41）$x=l$ 位置边界条件，得到 $C=0$。所以，两端简支欧

拉梁对应的振型函数为

$$\phi_i(x)=A\cdot\sin\frac{i\pi x}{l}\quad(i=1,2,3,\cdots,n)\tag{6-43b}$$

以上分析中没有考虑剪切变形和截面转动惯量的影响，因此，以上有关纯弯梁的分析只适用于工程中的细长梁（一般指跨高比大于 5 的梁）。若梁为非细长梁，必须考虑剪切变形和截面转动惯量的影响，则应采用铁摩辛柯梁。考虑剪切变形使得梁的抗弯刚度降低，以及转动惯量使得梁的截面惯性增加，这两个因素都会使梁横向振动的固有频率降低。

对于其他类型约束条件的分布参数梁体系的自由振动分析，可以采用类似的方法，只是确定待定参数的边界约束条件发生变化。对于其他常见两端约束状况及其对应边界条件的表达式汇总如下所述。

（1）固定端（位移边界约束条件）：挠度和转角等于零，即

$$\begin{cases}v(x,t)=0\\v'(x,t)=0\end{cases}$$

根据自由振动的解式变换为

$$\begin{cases}\varphi(x)=0\\\varphi'(x)=0\end{cases}\quad(x=0或l)$$

（2）简支端（铰支）（位移、力混合约束条件）：挠度和弯矩等于零，即

$$\begin{cases}v(x,t)=0\\M(x,t)=0\end{cases}$$

根据弯矩与曲率的关系可得

$$\begin{cases}\varphi(x)=0\\EIv''(x)=0\end{cases}$$

即

$$\begin{cases}\varphi(x)=0\\\varphi''(x)=0\end{cases}\quad(x=0或l)$$

（3）自由端（力约束条件）：弯矩和剪力等于零，即

$$\begin{cases}M(x,t)=0\\Q(x,t)=0\end{cases}$$

根据弯矩、剪力与曲率的关系可得

$$\begin{cases}\varphi''(x)=0\\\varphi^{(3)}(x)=0\end{cases}\quad(x=0或l)$$

6.5.6　振型的正交性

这里以两端简支梁的自由振动模态来分析分布参数梁的振型正交性，实际上，对于具有分布参数的平面纯弯梁的横向弯曲振动，振型仍然具有正交关系。两端简支纯弯梁的任意两阶振型，例如第 i 阶和第 j 阶振型，如图 6-12 所示。

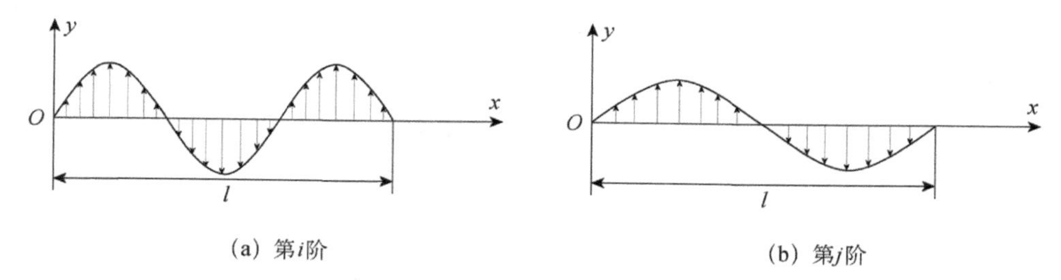

(a) 第i阶　　(b) 第j阶

图 6-12　两端简支梁的模态示意图

根据分布参数的自由振动位移解形式：$v(x,t)=\phi(x)q(t)$，则分布参数体系的第 i 阶和第 j 阶模态的分布惯性力可分别表示为

$$v_i(x,t)=\phi_i(x)q_i(t),\quad f_{1i}=m(x)\ddot{v}_i(x,t)=\omega_i^2\cdot m(x)\phi_i(x)q_i(t) \tag{6-44a}$$

$$v_j(x,t)=\phi_j(x)q_j(t),\quad f_{1j}=m(x)\ddot{v}_j(x)=\omega_j^2\cdot m(x)\phi_j(x)q_j(t) \tag{6-44b}$$

根据功的互等定理（贝蒂（Betti）定理），即第 i 阶振型的惯性力在第 j 阶振型的位移上所做的功等于第 j 阶振型的惯性力在第 i 阶振型的位移上所做的功，可得

$$\int_0^l f_{1i}(x)v_j(x)\mathrm{d}x=\int_0^l f_{1j}(x)v_i(x)\mathrm{d}x \tag{6-45}$$

把式（6-44a）和式（6-44b）代入式（6-45），得到

$$q_i(t)q_j(t)\omega_j^2\int_0^l \phi_i(x)m(x)\phi_j(x)\mathrm{d}x=q_j(t)q_i(t)\omega_i^2\int_0^l \phi_j(x)m(x)\phi_i(x)\mathrm{d}x$$

所以，

$$(\omega_i^2-\omega_j^2)\int_0^l \phi_i(x)m(x)\phi_j(x)\mathrm{d}x=0$$

对于两个不同阶次的频率，由于 $\omega_i\neq\omega_j$，所以，

$$\int_0^l \phi_i(x)m(x)\phi_j(x)\mathrm{d}x=0 \tag{6-46}$$

式（6-46）即为具有分布参数体系的平面纯弯梁的振型函数对于分布质量满足的正交性条件。

同理，可推导分布特性的纯弯梁对于刚度的正交性条件。纯弯梁的自由振动

方程为

$$\frac{\partial}{\partial x^2}\left[EI(x)\frac{\partial^2 u(x,t)}{\partial x^2}\right]+m(x)\frac{\partial^2 u(x,t)}{\partial t^2}=0 \tag{6-47}$$

令 $v_i(x,t)=\phi_i(x)\rho_i\cdot\sin(\omega_i t+\varphi_i)$，把该式代入式（6-47），得

$$\omega_i^2 m(x)\phi_i(x)=\frac{\partial^2}{\partial x^2}\left[EI(x)\frac{\partial^2\phi_i(x,t)}{\partial x^2}\right]$$

把上式代入正交性条件（6-46），得

$$(\omega_j^2-\omega_i^2)\int_0^l\phi_j(x)\frac{\mathrm{d}^2}{\mathrm{d}x^2}\left[EI(x)\frac{\mathrm{d}^2\phi_i(x)}{\mathrm{d}x^2}\right]\mathrm{d}x=0$$

对上式的左边进行分部积分两次，得

$$\phi_j(x)V_i(x)\big|_0^l-\phi_j'(x)M_i(x)\big|_0^l+\int_0^l\phi_j''(x)EI(x)\phi_i''(x)\mathrm{d}x=0$$

注意到，导出的前两项是关于边界条件的项，在任意典型边界支承条件下这两项的值均为零，即在梁的各类典型的简单边界约束中，总有挠度或剪力中的一项与转角或弯矩中的一项同时为零。对于简支梁，显然满足该条件，前两项亦为零。可以理解为：在第 i 阶振型对应的截面剪力在第 j 阶振型端部变形所做的功等于零；在第 i 阶振型对应的截面弯矩在第 j 阶振型端部变形所做的功等于零。所以，

$$\int_0^l\phi_j''(x)EI(x)\phi_i''(x)\mathrm{d}x=0 \tag{6-48}$$

当 $j=i$ 时，得到第 i 阶主质量为

$$M_{\mathrm{p}i}=\int_0^l m(x)[\phi_i(x)]^2\,\mathrm{d}x \tag{6-49a}$$

第 i 阶主刚度为

$$K_{\mathrm{p}i}=\int_0^l EI(x)[\phi_i''(x)]^2\,\mathrm{d}x \tag{6-49b}$$

因此，分布参数体系的第 i 阶自振频率可表达为

$$\omega_i=\sqrt{\frac{K_{\mathrm{p}i}}{M_{\mathrm{p}i}}} \tag{6-50}$$

6.5.7 振动响应分析

对于线弹性分布参数体系的振动响应，亦可采用模态叠加法获得。两端简支纯弯梁在承受分布外部动力荷载 $f(x,t)$ 作用下，纯弯梁的强迫振动方程可表示为

$$\frac{\partial^2}{\partial x^2}\left[EI\frac{\partial^2 v}{\partial x^2}\right]+m(x)\frac{\partial^2 v}{\partial t^2}=F(x,t) \tag{6-51}$$

根据分离变量解法，令位移响应函数为

$$v(x,t)=\sum_{j=1}^{\infty}\phi_j^*(x)q_j(t) \tag{6-52}$$

其中，$\phi_j^*(x)=\phi_j(x)/\sqrt{M_{\mathrm{p}_j}}$，为分布参数体系的正则模态函数。把位移响应函数（6-52）代入纯弯梁的强迫振动方程（6-51），得

$$\sum_{j=1}^{\infty}m(x)\phi_j^*(x)\ddot{q}_j(t)+\sum_{j=1}^{\infty}[EI\phi_j^{*(2)}(x)]^{(2)}q_j(t)=F(x,t) \tag{6-53}$$

式（6-52）两边各项同乘以$\varphi_i^*(x)$后，沿梁长l积分，利用振型正交性和分部积分结果，得到完全解耦的方程形式，第i个正则坐标方程表示为

$$\ddot{q}_i(t)+\omega_i^2 q_i(t)=Q_i(t) \tag{6-54}$$

其中，第i个正则坐标方程对应的广义力为

$$Q_i(t)=\int_0^l F(x,t)\varphi_i^*(x)\mathrm{d}x$$

根据振型函数（6-43b），式（6-54）中的参数

$$\omega_i^2=EI\sum_{j=1}^{\infty}[\phi_j^{*(4)}(x)\phi_i^*]=EI\left(\frac{i\pi}{l}\right)^4$$

根据位移响应函数的分离变量表示形式，纯弯梁振动的初始条件$v(x,0),\dot{v}(x,0)$可表示为

$$v(x,0)=\sum_{i=1}^{\infty}\varphi_i^*(x)q_i(0)$$

$$\dot{v}(x,0)=\sum_{i=1}^{\infty}\varphi_i^*(x)\dot{q}_i(0)$$

以上两方程两端分别乘以$m(x)\varphi_i^*(x)$，并沿梁长积分，利用正交性条件可得

$$q_i(0)=\int_0^l m(x)v(x,0)\varphi_i^*(x)\mathrm{d}x$$

$$\dot{q}_i(0)=\int_0^l m(x)\dot{v}(x,0)\varphi_i^*(x)\mathrm{d}x$$

第i个正则模态响应为

$$q_i(t)=q_i(0)\cos\omega_i t+\frac{\dot{q}_i(0)}{\omega_i}\sin\omega_i t+\frac{1}{\omega_i}\int_0^t Q_i(\tau)\sin\omega_i(t-\tau)\mathrm{d}\tau$$

得到$q_i(t)$后，即可得到梁的响应$v(x,t)$：

$$v(x,t)=\sum_{i=1}^{\infty}\varphi_i^*(x)q_i(t) \tag{6-55}$$

例 6-1 如果作用在梁上的载荷不是分布力或分布力矩，而是集中力或集中力矩，如图 6-13 所示，则广义力的表达式不同。下面给出对应的广义力的表达式。对于集中作用的力和力矩，可利用 $\delta(t)$ 函数来表达，具体形式可表示为

$$\begin{cases}F(x,t)=F_0(t)\delta(x-x_1)\\M(x,t)=M_0(t)\delta(x-x_2)\end{cases} \tag{6-56}$$

因此，根据广义力的表达式得到

$$Q_i(t)=\int_0^l[F(x,t)\varphi_i^*(x)+M(x,t)\varphi_i^*(x)]\mathrm{d}x \tag{6-57}$$

由于 $\int_0^t f(t)\delta(t-\tau)\mathrm{d}t=f(\tau)$，因此，

$$\begin{aligned}Q_i(t)&=\int_0^l[F_0(t)\delta(x-x_1)\varphi_i^*(x)+M_0(t)\delta(x-x_2)\varphi_i^*(x)]\mathrm{d}x\\&=F_0(t)\varphi_i^*(x_1)+M_0(t)\varphi_i^*(x_2)\end{aligned}$$

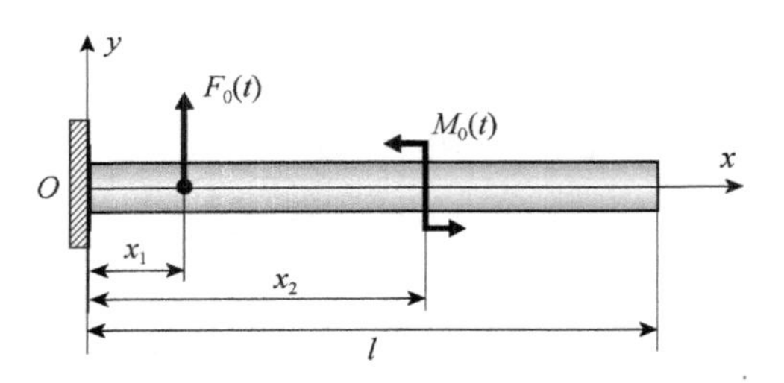

图 6-13 悬臂梁上作用的集中力和集中力矩

例 6-2 如图 6-14 所示的悬臂梁自由端作用有正弦力 $P\sin\omega t$。求该悬臂梁的稳态强迫振动，以及梁自由端的响应。

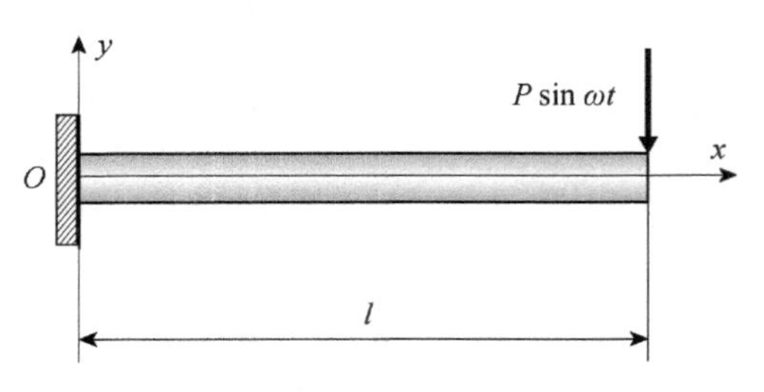

图 6-14 悬臂梁端部作用简谐集中力

解 根据题意，给出强迫振动方程：

$$EI\frac{\partial^4 v}{\partial x^4}+m\frac{\partial^2 v}{\partial t^2}=P\delta(x-l)\sin\omega t \tag{6-58}$$

根据分离变量法，假设位移解为

$$v(x,t)=\sum_{i=1}^{\infty}\varphi_i(x)q_i(t)$$

根据前述解微分方程的方法，给出对应的模态函数为

$$\varphi_i(x)=\cos\beta_i x-\cosh\beta_i x+\xi_i(\sin\beta_i x-\sinh\beta_i x)\quad (i=1,2,\cdots)\tag{6-59}$$

其中，

$$\xi_i=\frac{\cos\beta_i l+\cosh\beta_i l}{\sin\beta_i l+\sinh\beta_i l}\quad (i=1,2,\cdots),\quad \beta^4=\frac{\omega^2}{a_0^2},\quad a_0^2=\frac{EI}{\rho S}$$

把模态函数（6-59）和位移解式代入振动方程（6-58），得

$$\sum_{i=1}^{\infty}(EIq_i\varphi_i''''+m\ddot{q}_i\varphi_i)=P\delta(x-l)\sin\omega t$$

上式两边同乘以 φ_j 并沿梁长对 x 积分，得到

$$\sum_{i=1}^{\infty}\left(q_i\int_0^l EI\varphi_i''''\varphi_j\mathrm{d}x+\ddot{q}_i\int_0^l m\varphi_i\varphi_j\mathrm{d}x\right)=P\sin\omega t\int_0^l\delta(x-l)\varphi_j\mathrm{d}x$$

利用正则模态的正交性条件，得到解耦后的运动方程：

$$\ddot{q}_i+\omega_i^2q_i=P\varphi_i(l)\sin\omega t$$

模态的稳态解为

$$q_i=\frac{P\varphi_i(l)}{\omega_i^2[1-(\omega/\omega_i)^2]}\sin\omega t,\quad i=1,2,\cdots$$

因此，梁的响应解为

$$v(x,t)=\sum_{i=1}^{\infty}\varphi_i(x)q_i(t)=P\sin\omega t\sum_{i=1}^{\infty}\frac{\varphi_i(l)\varphi_i(x)}{\omega_i^2[1-(\omega/\omega_i)^2]},\quad i=1,2,\cdots$$

令 $x=l$，则梁自由端的响应为

$$v(l,t)=P\sin\omega t\sum_{i=1}^{\infty}\frac{\varphi_i^2(l)}{\omega_i^2[1-(\omega/\omega_i)^2]},\quad i=1,2,\cdots$$

其中，

$$\varphi_i(x)|_{x=l}=\cos\beta_i l-\cosh\beta_i l+\frac{\cos\beta_i l+\cosh\beta_i l}{\sin\beta_i l+\sinh\beta_i l}(\sin\beta_i l-\sinh\beta_i l),\quad i=1,2,\cdots$$

由于，

$$\beta_1 l=1.875,\quad \beta_2 l=4.694,\quad \beta_3 l=7.855,\quad \beta_i l\approx\frac{2i-1}{2}\pi,\quad i=3,4,\cdots$$

则梁自由端的响应可表示为

$$v(l,t)=\frac{4Pl^3}{EI}\left[\frac{\eta_1}{(1.875)^4}+\frac{\eta_2}{(4.694)^4}+\frac{\eta_3}{(7.855)^4}+\cdots\right]\sin\omega t \tag{6-60}$$

其中，

$$\eta_i=\frac{1}{1-(\omega/\omega_i)^2},\quad i=1,2,\cdots$$

6.5.8 简支梁在移动荷载下的动力响应

结构在移动荷载作用下的耦合振动，最典型的例子是公路桥和铁路桥，根据达朗贝尔原理，当运动质点，即运动车辆或者列车的质量与桥梁质量相当时，外部作用的动力效应就不可忽略，动力问题就变为更加复杂的耦合振动问题，将会涉及车辆的悬挂系统与桥梁的动力属性以及其相互作用问题。此时，移动荷载所引起的结构动力响应可能要比相同静止荷载所引起的静力响应大得多。

另外，对于有人活动的结构，在结构上施加的人体运动荷载引起的动力响应也是一个很重要的移动荷载耦合振动问题，特别是对于质量和刚度比较小的轻柔结构体系，这种现象更明显。众所周知，当人流行走或跑步通过一座桥时，可能产生很大的振动响应，列队行走的队伍通过一座桥梁时尽量避免齐步走，而是采用碎步行进，就是这个原理。在日常生活中，人的走动会引起轻质楼板的振动，干扰建筑中的住户；舞厅或者体育馆内大量人群以节奏一致的步伐舞蹈或运动，也会导致楼板产生很大的振动，有时会产生严重的安全事故。这些问题，都是移动荷载作用下的耦合振动问题，需要运用耦合振动的理论在结构设计或日常运维中进行细致考虑。

公路和铁路桥有相当部分是简支梁式，研究简支梁在移动荷载下的动力响应，有助于理解桥梁结构在移动荷载作用下的动力特性。首先，考虑一个大小保持不变的力在梁上匀速运动，具体作用形式如图 6-15（a）所示，对于梁的作用力可以视作连续的脉冲作用，脉冲作用力 $p(x,t)$ 可以表示为作用在微段 Δx 上的分布力 $p(Vt)$，在 $\Delta x\to 0$ 时，$p(Vt)\Delta x\to F$，如图 6-15（b）所示。

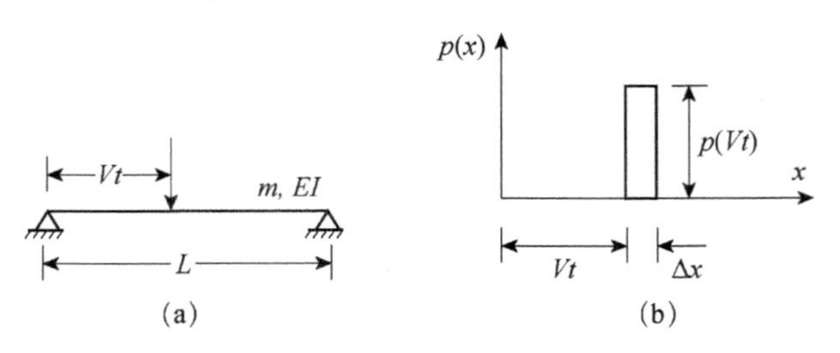

图 6-15　一个保持恒定的力在梁上移动

梁在移动荷载作用下的运动方程，在广义坐标下的表达形式可写为

$$\ddot{Y}_n(t)+\omega_n^2Y_n(t)=Q_n(t)/M_n,\quad n=1,2,\cdots,\infty \tag{6-61}$$

其中，

$$Q_n(t)=\int_0^L\phi_n(x)p(x,t)\mathrm{d}x \tag{6-62a}$$

$$M_n=m\int_0^L\phi_n^2(x)\mathrm{d}x \tag{6-62b}$$

假设简支梁的模态函数为

$$\phi_n(x)=C_1\sin(n\pi x/L) \tag{6-63}$$

把式（6-63）代入积分计算（6-62a），得到广义力：

$$Q_n(t)=FC_1\sin(npVt/L) \tag{6-64a}$$

把式（6-63）代入积分计算（6-62b），得到广义质量：

$$M_n=m\int_0^L C_1^2\sin^2(npx/L)\mathrm{d}x=(mL/2)C_1^2 \tag{6-64b}$$

对于任意常数 C_1，我们取幅值为 1，并将式(6-64a)和式(6-64b)代入式(6-61)中得到

$$\ddot{Y}_n(t)+w_n^2Y_n(t)=\frac{2F}{mL}\sin(npVt/L),\quad n=1,2,\cdots,\infty \tag{6-65}$$

显然，式（6-65）的右端项为一圆频率为 $\varOmega=n\pi V/L$ 的周期函数，这些方程与第 2 章提到的在力函数为 $\sin\varOmega t$ 作用下的单自由度系统运动方程是一样的。式（6-65）的解，包括强迫振动项和自由振动项，强迫振动项可以根据第 2 章单自由度体系中无阻尼强迫振动的解式得到

$$Y_n(t)=\frac{2F}{mL}\frac{\sin(n\pi Vt/L)}{\omega_n^2-(n\pi V/L)^2} \tag{6-66a}$$

在第 2 章中已经提到，自由振动项会因阻尼作用而在几个循环之后消失。然而，对于桥梁上的移动荷载动力问题，自由振动项是不能忽略的，因为强迫振动项只作用很少几个循环，这时结构的最大响应还受到自由振动项的影响。因此，在忽略阻尼的情况下，式（6-63）的完整解式为

$$Y_n(t)=A\cos\omega_nt+B\sin\omega_nt+\frac{2F}{mL}\frac{\sin(n\pi Vt/L)}{\omega_n^2-(n\pi V/L)^2} \tag{6-66b}$$

零初始条件为（此时桥梁为静止的）

$$Y_n(0)=0,\quad \dot{Y}_n(0)=0$$

代入式（6-65b）得到

$$A=0,\quad B=-\frac{2F}{\omega mL}\frac{n\pi Vt}{L}\frac{1}{\omega_n^2-(n\pi V/L)^2} \tag{6-67}$$

根据动力响应的模态叠加方法，得到

$$v(x,t)=\sum_{n=1}^{\infty}\phi_n(x)Y_n(t)=\sum_{n=1}^{\infty}Y_n(t)\sin(n\pi x/L) \tag{6-68a}$$

最后，得到梁的动力总响应为

$$v(x,t)=\frac{2F}{mL}\sum_{n=1}^{\infty}\frac{\sin(npVx/L)}{w_n^2-(npV/L)^2}\times\left[\sin\left(\frac{npVt}{L}\right)-\frac{npV}{Lw}\sin\omega_n t\right] \tag{6-68b}$$

一般认为，忽略高阶模态的影响不会带来显著的动力响应分析的误差，现在我们来分析一下式（6-68b）中在 $n=1$ 时各项的相对重要性。根据分布参数体系的动力分析方法，可得简支梁的基频计算公式为：$\omega^2=p^4EI/(mL^4)$，则根据式(6-68b)可以得到简支梁跨中$\left(x=\dfrac{L}{2}\right)$位置处的动挠度表达式为

$$v_{\mathrm{c}}(t)=\frac{2FL^3}{\pi^4EI}\left\{\frac{\sin(\pi Vt/L)-[\pi V/(L\omega)]\sin\omega t}{1-[\pi V/(L\omega)]^2}\right\} \tag{6-69}$$

式（6-69）右端大括号中的第一项，可视为简支梁在移动荷载穿过梁时所引起的跨中位置的强迫振动项，是半正弦波的形式；第二项可视为由突加荷载作用引起的跨中位置的自由振动挠度响应，其振幅取决于速度，当速度很低，或 $\pi V/L$ 非常小时，由式（6-69）可得此种情形下简直支梁的跨中挠度表达式为

$$\delta_{\mathrm{c}}(t)=\frac{2FL^3}{\pi^4EI}\sin(\pi Vt/L) \tag{6-70}$$

注意到，当荷载移动速度很慢，且移动到跨中时，即 $Vt=L/2$ 时，跨中挠度表达式（6-70）非常接近于梁跨中施加静力作用的挠度 $\dfrac{FL^3}{48EI}$，即动力作用可以忽略不计，这也符合结构动力的基本概念。

例 6-3 汽车匀速过桥问题可简化为常集中力 F_0 沿梁匀速移动，如图 6-16 所示，试求初始静止条件（零初始条件）下梁在运动汽车荷载作用下的运动响应。

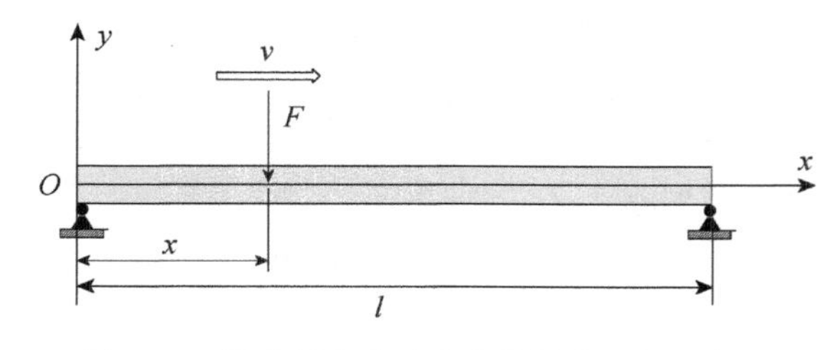

图 6-16　简支梁在移动集中作用力下的示意图

解　根据题意，外部移动荷载的表达式可用狄拉克函数表示为

$$F(x,t)=\begin{cases}-F_0\delta(x-Vt), & 0\leqslant t\leqslant \dfrac{l}{V}\\ 0, & t>\dfrac{l}{V}\end{cases}$$

根据式（6-43），可求出两端简支梁的分布参数体系的动力特性，自振频率和正则模态函数如下：

$$\omega_i=\left(\frac{i\pi}{l}\right)^2\sqrt{\frac{EI}{\rho}}$$

$$\varphi_i^*(x)=\sqrt{\frac{2}{M}}\sin\frac{i\pi}{l}x$$

则对应的集中移动荷载的广义力为

$$\begin{aligned}Q_i(t)&=\int_0^l f(x,t)\phi^*(x)\mathrm{d}x\\&=\int_0^l -F_0\delta(x-Vt)\sqrt{\frac{2}{M}}\sin\frac{i\pi}{l}x\mathrm{d}x\\&=-F_0\sqrt{\frac{2}{M}}\sin\frac{i\pi}{l}Vt,\quad 0\leqslant t\leqslant\frac{l}{V}\end{aligned}$$

根据模态叠加法，得到广义单自由度体系的广义解为

$$\begin{aligned}q_i(t)&=\frac{1}{\omega_i}\int_0^t Q_i(\tau)\sin\omega_i(t-\tau)\mathrm{d}\tau\\&=-\frac{F}{\omega_i}\sqrt{\frac{2}{M}}\int_0^t\sin\frac{i\pi V}{l}\tau\sin\omega_i(t-\tau)\mathrm{d}\tau\\&=\frac{F}{\omega_i}\sqrt{\frac{2}{M}}\frac{1}{(i\pi V/l)^2-\omega_i^2}\left(\omega_i\sin\frac{i\pi V}{l}t-\frac{i\pi V}{l}\sin\omega_i t\right)\end{aligned}$$

得到简支梁的总响应为

$$v(x,t)=\sum_{i=1}^{\infty}\frac{2F_0}{M\omega_i}\frac{1}{(i\pi V/l)^2-\omega_i^2}\left(\omega_i\sin\frac{i\pi V}{l}t-\frac{i\pi V}{l}\sin\omega_i t\right)\sin\frac{i\pi}{l}x$$

其中，

（1）第一项为车辆载荷激起的受迫振动响应，第二项为车重自由振动；

（2）当 $\omega_i=\dfrac{i\pi V}{l}$ 时，移动荷载作用下对简支梁产生第 i 阶共振；

（3）$t>\dfrac{l}{V}$ 后，集中力移动出简直梁的跨度范围，梁开始自由振动，则新的初始条

件为：令 $t=\dfrac{l}{V}$，求出自由振动的初始位移和初始速度条件为：$v(x,0)$，$\dot{v}(x,0)$。

例 6-4 一根跨度为 24.768m 的简支梁，其基频为 8Hz，有一个竖向荷载以 $166\text{m}\cdot\text{s}^{-1}$ 的速度穿过该梁，求当荷载经过跨中时梁跨中的动挠度，并将计算结果与挠度计算式（6-11）进行比较。

解 计算参数为：$f=8\text{Hz}$，$V=166\text{m}\cdot\text{s}^{-1}$，$L=24.768$，因此，$V/L=6.702$，$\omega=16\pi$，$\dfrac{\pi V}{L\omega}=0.419$，代入式（6-69）得到跨中挠度表达式：

$$v_{\text{c}}(t)=(\delta_{\text{c}})_{\max}\left[\frac{\sin(6.702\pi t)-0.419\sin(16\pi t)}{1-0.419^2}\right]$$

上述计算结果如图 6-17 所示，显然振动过程是一个围绕近似动挠度（图中虚线所示）的上下运动。

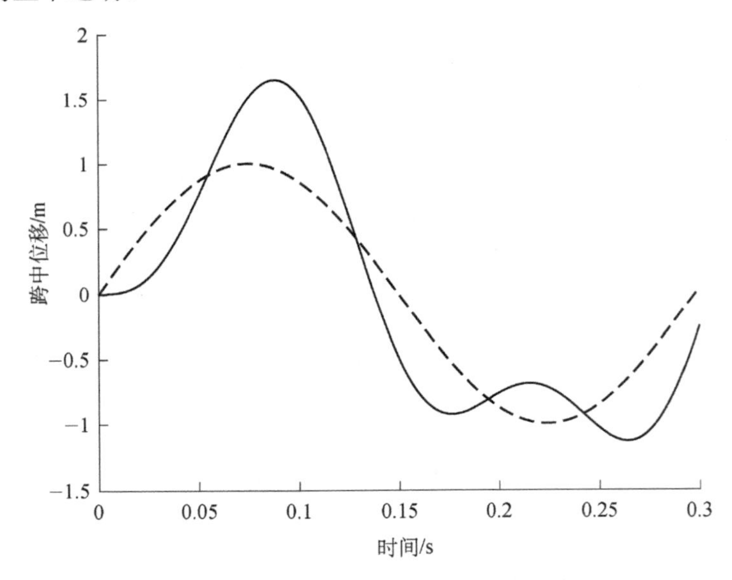

图 6-17 移动荷载作用下梁的动力响应

例 6-5 如图 6-18 所示简支梁，$\bar{m}$、EI 为常数，梁上的双层质量弹簧体系刚体质量分别为 M_1、M_2，车轮质量为 m，以常速 v 通过该简支梁，设梁的振型函数为 $y=\sum_{i=1}^{2}q_i\sin\dfrac{i\pi x}{L}$。写出体系运动方程的通式，并用矩阵表示。

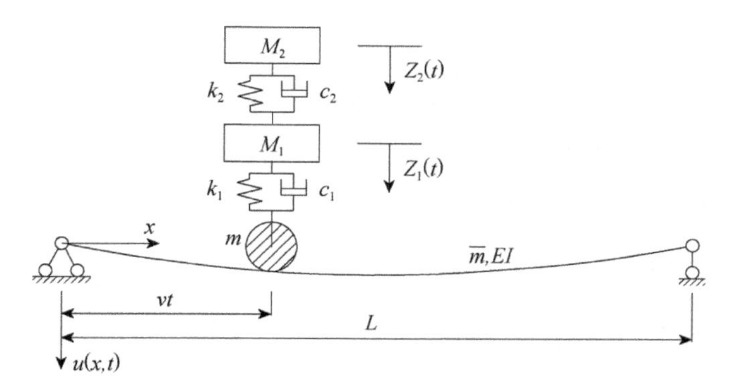

图 6-18　例 6-5 示意图

解　各元件受力分析如图 6-19 所示。作用于刚体 M_1、M_2 的力分别表达为

$$F_{S2}=k_2[Z_1(t)-Z_2(t)],\quad F_{D2}=c_2[\dot{Z}_1(t)-\dot{Z}_2(t)]$$

$$F_{S1}=k_1[u(x,t)-Z_1(t)]|_{x=vt},\quad F_{D1}=c_1\left[\frac{\mathrm{d}u(x,t)}{\mathrm{d}t}-\dot{Z}_1(t)\right]\bigg|_{x=vt}$$

其中，$\frac{\mathrm{d}u}{\mathrm{d}t}=\frac{\partial u(x,t)}{\partial t}+v\frac{\partial u(x,t)}{\partial x}$，这里的第二项可忽略不计，故 $\frac{\mathrm{d}u}{\mathrm{d}t}=\frac{\partial u(x,t)}{\partial t}$。因此，根据达朗贝尔原理，给出刚体 M_1、M_2 的动力平衡方程分别如下。

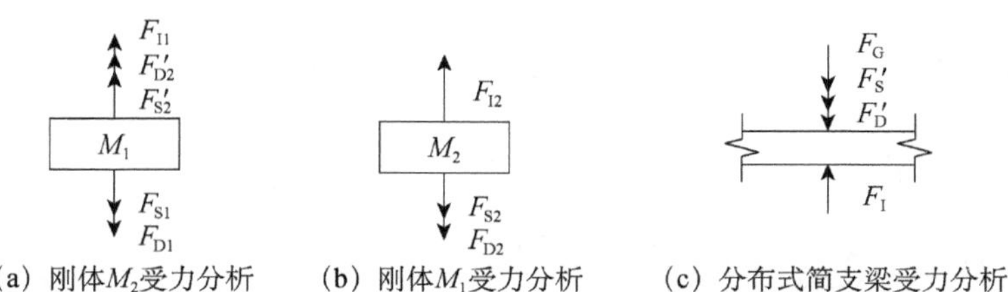

图 6-19　例 6-5 各元件受力分析

刚体 M_1 的动力平衡方程

$$M_1\ddot{Z}_1(t)+k_2[Z_1(t)-Z_2(t)]+c_2[\dot{Z}_1(t)-\dot{Z}_2(t)]-k_1[u(x,t)-Z_1(t)]$$
$$-c_1\left[\frac{\partial u(x,t)}{\partial t}-\dot{Z}_1(t)\right]=0 \qquad ①$$

刚体 M_2 的动力平衡方程

$$M_2\ddot{Z}_2(t)+c_2[\dot{Z}_2(t)-\dot{Z}_1(t)]+k_2[Z_2(t)-Z_1(t)]=0 \qquad ②$$

作用于梁上的力分别表达为

$$F'_S=k_1[Z_1(t)-u(x,t)],\quad F'_D=c_1\left[\dot{Z}_1(t)-\frac{\partial u(x,t)}{\partial t}\right],$$

$$F_G=(M_1+M_2+m)g,\quad F_I=m\frac{\mathrm{d}^2u(x,t)}{\mathrm{d}t^2}\Big|_{x=vt}$$

作用于梁的总合力可用狄拉克函数表达为

$$p(x,t)=\delta(x-vt)(F_{\mathrm{S}}'+F_{\mathrm{D}}'-F_{\mathrm{I}}+F_{\mathrm{G}})$$

由于 $\dfrac{\mathrm{d}^2u}{\mathrm{d}t^2}\approx\dfrac{\partial^2u(x,t)}{\partial t^2}$，$\dfrac{\mathrm{d}u}{\mathrm{d}t}\approx\dfrac{\partial u(x,t)}{\partial t}$，故

$$p(x,t)=\delta(x-vt)\left\{(M_1+M_2+m)g+k_1[Z_1(t)-u(x,t)]+c_1\left[\dot{Z}_1(t)-\frac{\partial u}{\partial t}\right]-m\frac{\partial^2u}{\partial t^2}\right\}$$

根据分布参数体系的运动方程，可知简支梁动力平衡方程为

$$\overline{m}\frac{\partial^2u(x,t)}{\partial t^2}+c\frac{\partial u(x,t)}{\partial t}+EI\frac{\partial^4u(x,t)}{\partial x^4}=p(x,t)$$

简支梁的模态函数 $\phi_n=\sin\dfrac{n\pi vt}{L}$，取前两阶模态，则分布参数梁的横向位移为

$$u(x,t)=q_1\sin\frac{\pi x}{L}+q_2\sin\frac{2\pi x}{L}$$

运用模态叠加法，以上方程的两端分别乘以 $\phi_n(x)$，并沿着简支梁全跨积分，得简支梁在模态坐标下的运动方程为

$$\ddot{q}_n(t)+2\xi\omega_n\dot{q}_n(t)+\omega_n^2q_n(t)=\frac{2}{m'L}p(x,t)$$

把 $p(x,t)$ 的表达式代入上式得到简支梁在模态坐标下的动力平衡方程

$$\begin{aligned}&\left[\ddot{q}_n(t)+\frac{2m}{\overline{m}L}\sum_{i=1}^{2}\ddot{q}_i(t)\sin\frac{i\pi vt}{L}\sin\frac{n\pi vt}{L}\right]+\left[2\xi_n\omega_n\dot{q}_n(t)+\frac{2c_1}{\overline{m}L}\sum_{i=1}^{2}\dot{q}_i(t)\sin\frac{i\pi vt}{L}\sin\frac{n\pi vt}{L}\right]\\&+\left[\omega_n^2q_n(t)+\frac{2k_1}{\overline{m}L}\sum_{i=1}^{2}q_i(t)\sin\frac{i\pi vt}{L}\sin\frac{n\pi vt}{L}\right]-\frac{2}{\overline{m}L}[k_1Z_1(t)+c_1\dot{Z}_1(t)]\sin\frac{n\pi vt}{L}\\&=\frac{2}{\overline{m}L}(M_1+M_2+m)g\sin\frac{n\pi vt}{L}\end{aligned}\qquad ③$$

上式为广义自由度为 2 的简支梁动力方程，根据广义力定义式，整理得广义力项的表达式：

$$P_{n1}=\int_0^L\delta(x-vt)\left[(M_1+M_2+m)g-m\sum_{i=1}^{2}\ddot{q}_i\phi_i\right]\phi_n(x)\mathrm{d}x$$

$$P_{n2}=\int_0^L\delta(x-vt)\left\{k_1[Z_1(t)-u(x,t)]+c_1\left[\dot{Z}_1(t)-\sum_{i=1}^{2}\dot{q}_i\phi_i\right]\right\}\phi_n(x)\mathrm{d}x$$

所以，

$$P_{11}=(M_1+M_2+m)g\sin\frac{2\pi vt}{L}-m\left(\ddot{q}_1\sin\frac{\pi vt}{L}\sin\frac{\pi vt}{L}+\ddot{q}_2\sin\frac{2\pi vt}{L}\sin\frac{\pi vt}{L}\right)$$

$$P_{12}=[k_1Z_1(t)+c_1\dot{Z}_1(t)]\sin\frac{2\pi vt}{L}$$
$$-\sin\frac{\pi vt}{L}\left[k_1\left(q_1\sin\frac{\pi vt}{L}+q_2\sin\frac{2\pi vt}{L}\right)+c_1\left(\dot{q}_1\sin\frac{\pi vt}{L}+\dot{q}_2\sin\frac{2\pi vt}{L}\right)\right]$$
$$P_{21}=(M_1+M_2+m)g\sin\frac{2\pi vt}{L}-m\left(\ddot{q}_1\sin\frac{\pi vt}{L}+\ddot{q}_2\sin\frac{2\pi vt}{L}\right)\sin\frac{2\pi vt}{L}$$
$$P_{22}=[k_1Z_1(t)+c_1\dot{Z}_1(t)]\sin\frac{2\pi vt}{L}$$
$$-\sin\frac{2\pi vt}{L}\left[k_1\left(q_1\sin\frac{\pi vt}{L}+q_2\sin\frac{2\pi vt}{L}\right)+c_1\left(\dot{q}_1\sin\frac{\pi vt}{L}+\dot{q}_2\sin\frac{2\pi vt}{L}\right)\right]$$

取 $u(x,t)$ 的表达式的前两项，代入刚体 M_1 的动力平衡方程得修正后的刚体 M_1 动力平衡方程为

$$M_1\ddot{Z}_1(t)+k_2[Z_1(t)-Z_2(t)]+c_2[\dot{Z}_1(t)-\dot{Z}_2(t)]-k_1\left[\sum_{i=1}^{2}q_i\sin\frac{i\pi x}{L}-Z_1(t)\right]$$
$$-c_1\left[\sum_{i=1}^{2}\dot{q}_i\sin\frac{i\pi x}{L}-\dot{Z}_1(t)\right]=0 \qquad ④$$

把动力方程②～④组合在一起，得到总自由度为 4 的车桥耦合系统的运动方程，用 4 阶矩阵和向量形式表达为

$$[M]\{\ddot{q}\}+[C]\{\dot{q}\}+[K]\{q\}=\{F\}$$

其中，

$$\{q\}=(q_1,q_2,Z_1,Z_2)^{\mathrm{T}}$$

$$[M]=\begin{bmatrix}1+\rho_M\boldsymbol{\Phi}_{11} & \rho_M\boldsymbol{\Phi}_{12} & 0 & 0\\ \rho_M\boldsymbol{\Phi}_{21} & 1+\rho_M\boldsymbol{\Phi}_{22} & 0 & 0\\ 0 & 0 & M_1 & 0\\ 0 & 0 & 0 & M_2\end{bmatrix}$$

$$[C]=\begin{bmatrix}2\xi_1\omega_1+\rho_c\boldsymbol{\Phi}_{11} & \rho_c\boldsymbol{\Phi}_{12} & -\rho_c\phi_1 & 0\\ \rho_c\boldsymbol{\Phi}_{21} & 2\xi_2\omega_2+\rho_c\boldsymbol{\Phi}_{22} & -\rho_c\phi_2 & 0\\ -c_1\phi_1 & -c_1\phi_2 & c_1+c_2 & -c_2\\ 0 & 0 & -c_2 & c_2\end{bmatrix}$$

$$[K]=\begin{bmatrix}\omega_1^2+\rho_k\boldsymbol{\Phi}_{11} & \rho_k\boldsymbol{\Phi}_{12} & -\rho_k\phi_1 & 0\\ \rho_k\boldsymbol{\Phi}_{21} & \omega_2^2+\rho_M\boldsymbol{\Phi}_{22} & -\rho_k\phi_2 & 0\\ -k_1\phi_1 & -k_1\phi_2 & k_1+k_2 & -k_2\\ 0 & 0 & -k_2 & k_2\end{bmatrix}$$

$$\{F\} = (\rho_F \phi_1, \rho_F \phi_2, 0, 0)^{\mathrm{T}}$$

式中，$\rho_M = \dfrac{2m}{\overline{m}L}$，$\rho_c = \dfrac{2c_1}{\overline{m}L}$，$\rho_k = \dfrac{2k_1}{\overline{m}L}$，$\rho_F = \dfrac{2}{\overline{m}L}(M_1 + M_2 + m)g$，$\boldsymbol{\Phi}_{mn} = \phi_n \phi_m$。

由于例 6-5 中的质量矩阵为时变矩阵，因此只能采用数值计算方法求解。本例题是采用中心差分法，求解该双自由度车辆模型通过简支梁的动力耦合分析，具体的 Matlab 代码比较简单，可以作为编程练习的参考。在给出具体的结构参数数值后，示意性的计算结果如图 6-20 所示。

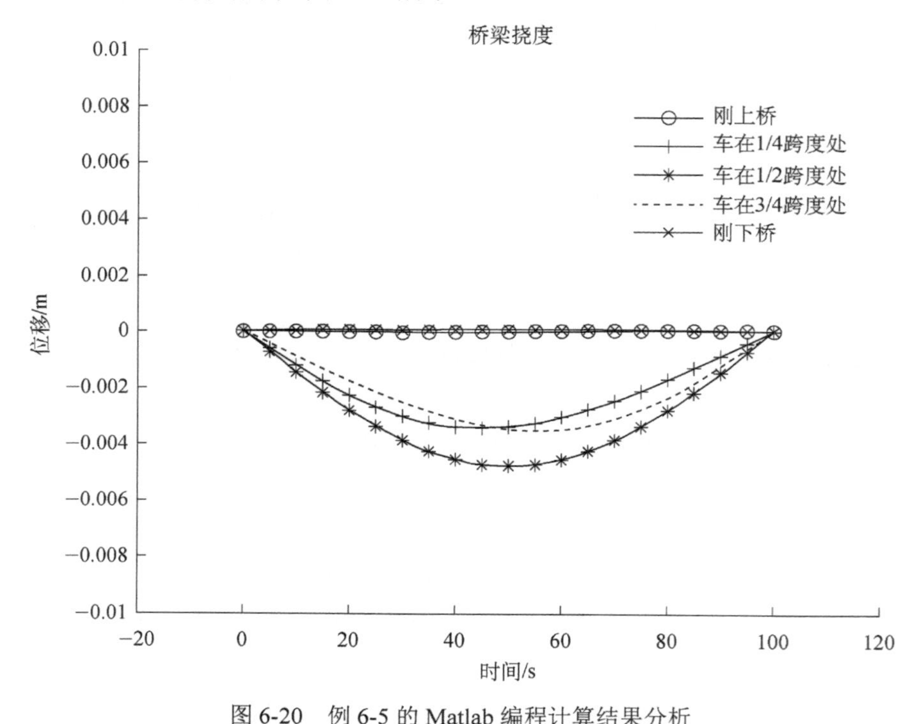

图 6-20　例 6-5 的 Matlab 编程计算结果分析

6.6　薄板的弯曲振动

6.6.1　基本假定

在工程结构中，除梁、柱基本构件外，还经常会遇到一种板的基本构件。在本节中将简单介绍薄板的振动问题，矩形薄板的坐标系如图 6-21 所示。

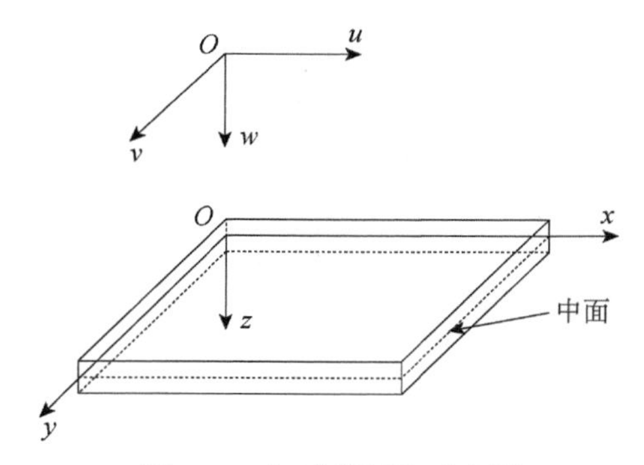

图 6-21　矩形薄板的示意图

薄板是指其厚度要比长、宽这两方面的尺寸小得多的板，薄板在上下表面之间存在着一对称平面，此平面称为中面。根据薄板基本受力特点做如下假定：

（1）板的材料均匀连续，各向同性；

（2）连续体为线性弹性体，即在弹性范围内，服从胡克定律；

（3）振动时薄板的挠度要比它的厚度小，满足微振动条件（幅值比较小）；

（4）自由面上的应力为零；

（5）原来与中面正交的横截面在变形后始终保持正交，即薄板在变形前中面的法线在变形后仍为中面的法线。

上述假定又称为基尔霍夫（Kirchhoff）薄板假定。

6.6.2　矩形薄板的横向振动

1. 振动微分方程

为了建立应力、应变和位移之间的关系，现取一空间直角坐标系 $O\text{-}xyz$ ，且坐标原点及 xOy 坐标面皆放在板变形前的中面位置上，如图 6-21 所示。设板上任意一点 a 的位置，将由变形前的坐标 x 、 y 、 z 来确定。假设条件为：

（1）板是薄板，且厚度不变；

（2）仅考虑横向（ z 方向）位移 w ；

（3）忽略垂直于中面方向的正应变， $\varepsilon_z = 0$ ；

（4）中面内各点没有平行于中面的位移，即中面内的应力、应变皆为零；

（5）起初与中面垂直的平截面始终保持为平面，法线与中面垂直，即不计由横向剪力引起的应变 $(\gamma_{xz} = \gamma_{yz} = 0)$ 。

自薄板中取出一个矩形微元体进行受力分析，薄板微元的受力图如图 6-22 所示。

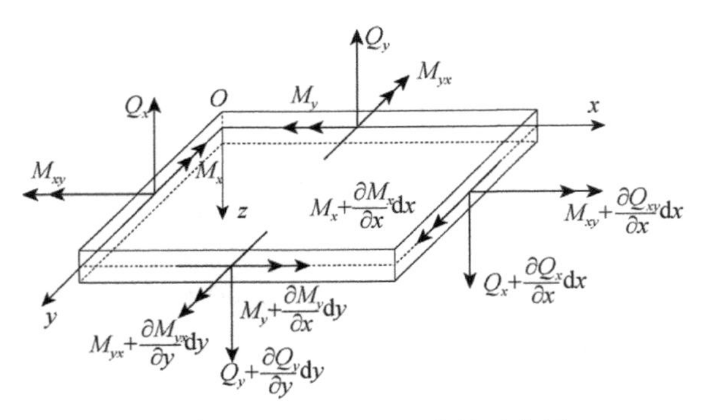

图 6-22　矩形薄板微元体的受力图

根据假设条件（2），板的横向变形和面内变形 u 、 v 是相互独立的。为此，其弯曲变形可由中面上各点的横向位移 $w(x,y,t)$ 所决定。根据假设条件（3），可认为正应变处处为零。根据假设条件（5）出平面的剪切应变分量均为零。

不难看出，板上任意一点 $a(x,y,z)$ 沿 x 、 y 、 z 三个方向的位移分量分别为

$$\begin{cases} u_a = -z\dfrac{\partial w}{\partial x} \\ v_a = -z\dfrac{\partial w}{\partial y} \\ w_a = w + \cdots(\text{高阶小量}) \end{cases} \tag{6-71}$$

根据弹性力学中应变与位移的几何关系，可以求出各点的三个主要应变分量为

$$\begin{cases} \varepsilon_x = \dfrac{\partial u_a}{\partial x} = -z\dfrac{\partial^2 w}{\partial x^2} \\ \varepsilon_y = \dfrac{\partial v_a}{\partial y} = -z\dfrac{\partial^2 w}{\partial y^2} \\ \gamma_{xy} = \dfrac{\partial u_a}{\partial y} + \dfrac{\partial v_a}{\partial x} = -2z\dfrac{\partial^2 w}{\partial x\partial y} \end{cases} \tag{6-72}$$

再根据胡克定律，从而获得相对应的三个主要应力分量为

$$\begin{cases} \sigma_x = \dfrac{E}{1-\mu^2}(\varepsilon_x + \mu\varepsilon_y) = -\dfrac{Ez}{1-\mu^2}\left(\dfrac{\partial^2 w}{\partial x^2} + \mu\dfrac{\partial^2 w}{\partial y^2}\right) \\ \sigma_y = \dfrac{E}{1-\mu^2}(\varepsilon_y + \mu\varepsilon_x) = -\dfrac{Ez}{1-\mu^2}\left(\dfrac{\partial^2 w}{\partial y^2} + \mu\dfrac{\partial^2 w}{\partial x^2}\right) \\ \tau_{xy} = G\gamma_{xy} = -\dfrac{Ez}{1+\mu}\dfrac{\partial^2 w}{\partial x\partial y} \end{cases} \tag{6-73}$$

图 6-22 中 M_x、M_{xy}、Q_x 和 M_y、M_{yx}、Q_y 分别为 OB 面、OC 面上所受到的单位长度的弯矩、扭矩和横切剪力。弯矩和扭矩都用沿其轴的双剪头表示。M_x、M_y 是由正应力 σ_x、σ_y 引起的合力矩。扭矩是由剪切力 τ_{xy} 引起的合力矩。$p(x,y,t)=P(x,y)f(t)$ 为具有变量分离形式的沿 z 轴方向的外载荷分布；假设沿 z 轴负方向有一虚加惯性力 $\rho h\dfrac{\partial^2 w}{\partial t^2}\mathrm{d}x\mathrm{d}y$。

应用达朗贝尔原理，给出 z 方向的动力平衡方程，则有

$$\sum F_z = 0$$

$$Q_x\mathrm{d}y+\frac{\partial Q_y}{\partial x}\mathrm{d}y\mathrm{d}x-Q_x\mathrm{d}y+Q_y\mathrm{d}x+\frac{\partial Q_x}{\partial y}\mathrm{d}y\mathrm{d}x-Q_y\mathrm{d}x$$

$$+P(x,y)f(t)\mathrm{d}y\mathrm{d}x-\rho h\frac{\partial^2 w}{\partial t^2}\mathrm{d}y\mathrm{d}x=0$$

整理后，可得

$$\frac{\partial Q_x}{\partial x}+\frac{\partial Q_y}{\partial y}+P(x,t)f(t)=\rho h\frac{\partial^2 w}{\partial t^2} \tag{6-74}$$

应用达朗贝尔原理，给出绕 x 轴的力矩动平衡方程，则有

$$\sum M_x = 0$$

$$M_y\mathrm{d}x-\left(M_y\mathrm{d}x+\frac{\partial M_y}{\partial y}\mathrm{d}y\mathrm{d}x\right)+Q_y\mathrm{d}x\cdot\frac{1}{2}\mathrm{d}y\left(Q_y\mathrm{d}x+\frac{\partial Q_y}{\partial y}\mathrm{d}y\mathrm{d}x\right)$$

$$M_{xy}\mathrm{d}y-\left(M_{xy}\mathrm{d}y+\frac{\partial M_{xy}}{\partial x}\mathrm{d}y\mathrm{d}x\right)=0$$

整理后，可得

$$\frac{\partial M_{xy}}{\partial x}+\frac{\partial M_x}{\partial y}=Q_y \tag{6-75}$$

应用达朗贝尔原理，给出绕 y 轴的力矩动平衡方程，则有

$$\sum M_y = 0$$

$$\left(M_x\mathrm{d}y+\frac{\partial Mx}{\partial x}\mathrm{d}x\mathrm{d}y\right)-M_x\mathrm{d}y+\left(M_{yx}\mathrm{d}x+\frac{\partial M_{yx}}{\partial y}\mathrm{d}x\mathrm{d}y\right)-M_{yx}\mathrm{d}x$$

$$-\left(Q_x\mathrm{d}y+\frac{\partial Q_x}{\partial x}\mathrm{d}x\mathrm{d}y\right)\cdot\frac{1}{2}\mathrm{d}x-Q_x\mathrm{d}y\cdot\frac{1}{2}\mathrm{d}x=0$$

整理后，可得

$$\frac{\partial M_y}{\partial x}+\frac{\partial M_{yx}}{\partial y}=Q_x \tag{6-76}$$

将式（6-75）、式（6-76）代入式（6-74）得

$$\frac{\partial^2 M_x}{\partial x^2}+2\frac{M_{yx}}{\partial x\partial y}+\frac{\partial^2 M_y}{\partial y^2}+P(x,t)f(t)=\rho h\frac{\partial^2 w}{\partial t^2} \tag{6-77}$$

其中，

$$\begin{cases} M_x=\int_{-\frac{h}{2}}^{\frac{h}{2}}\sigma_x z\mathrm{d}z \\ M_y=\int_{-\frac{h}{2}}^{\frac{h}{2}}\sigma_y z\mathrm{d}z \\ M_{xy}=M_{yx}=\int_{-\frac{h}{2}}^{\frac{h}{2}}\tau_{xy} z\mathrm{d}z \end{cases} \tag{6-78}$$

将式（6-73）代入式（6-78），积分后得

$$\begin{cases} M_x=-D\left(\dfrac{\partial^2 w}{\partial x^2}+\mu\dfrac{\partial^2 w}{\partial y^2}\right) \\ M_y=-D\left(\dfrac{\partial^2 w}{\partial y^2}+\mu\dfrac{\partial^2 w}{\partial x^2}\right) \\ M_{xy}=-D(1-\mu)\dfrac{\partial^2 w}{\partial x\partial y} \end{cases} \tag{6-79}$$

再将式（6-79）代入式（6-77），即可得到薄板微元的运动微分方程为

$$D\left[\frac{\partial^4 w}{\partial x^4}+2\frac{\partial^4 w}{\partial x^2\partial y^2}+\frac{\partial^4 w}{\partial y^4}\right]+\rho h\frac{\partial^2 w}{\partial t^2}=P(x,y)f(t) \tag{6-80}$$

这是一个四阶的线性非齐次的偏微分方程。

2. 矩形板横向振动微分方程的解

矩形板的横向自由振动的微分方程为

$$D\left[\frac{\partial^4 w}{\partial x^4}+2\frac{\partial^4 w}{\partial x^2\partial y^2}+\frac{\partial^4 w}{\partial y^4}\right]+\rho h\frac{\partial^2 w}{\partial t^2}=0 \tag{6-81}$$

此方程同样可应用分离法来求解，设解为

$$w(x,y,t)=W(x,y)\cos\omega t \tag{6-82}$$

将式（6-82）代入式（6-81）可得

$$\frac{\partial^4 w}{\partial x^4}+2\frac{\partial^4 w}{\partial x^2\partial y^2}+\frac{\partial^4 w}{\partial y^4}-k^4 W=0 \tag{6-83}$$

式中，

$$k = \frac{\rho h}{D}\omega^2 \tag{6-84}$$

再根据板的边界条件来求解固有频率。注意到，对于一般边界条件来说，精确解是难以找到的。为了寻求一个封闭解，现考察在什么条件下，式（6-83）可用分离变量法来求解。

令 $W(x,y) = X(x)Y(y)$，为了简化表达，在本节方程推导中，将 $X(x)$、$Y(y)$ 分别简记为 X、Y，将式（6-83）整理可得

$$Y\frac{\partial^4 X}{\partial x^4} + 2\frac{\partial^2 X}{\partial x^2}\frac{\partial^2 Y}{\partial y^2} + X\frac{\partial^4 Y}{\partial y^4} - k^4 XY = 0 \tag{6-85}$$

式（6-85）可改写为

$$\left(\frac{\partial^4 X}{\partial x^4} - k^4 X\right)Y + 2\frac{\partial^2 X \partial^2 Y}{\partial x^2 \partial y^2} + X\frac{\partial^4 Y}{\partial y^4} = 0 \tag{6-86a}$$

$$\left(\frac{\partial^4 Y}{\partial y^4} - k^4 Y\right)X + 2\frac{\partial^2 X \partial^2 Y}{\partial x^2 \partial y^2} + Y\frac{\partial^4 X}{\partial x^4} = 0 \tag{6-86b}$$

式（6-86a）中首先要满足薄板边界约束条件，因此可设

$$\frac{\partial^4 X}{\partial x^4} = -\alpha^4 X \tag{6-87a}$$

$$\frac{\partial^2 X}{\partial x^2} = \beta^2 X \tag{6-87b}$$

根据式（6-87a）和式（6-87b）有

$$\frac{\partial^4 X}{\partial x^4} = \beta^2 X'' = -\alpha^4 X$$

则 $\alpha^4 = -\beta^4$，故有

$$\begin{cases} \dfrac{\partial^4 X}{\partial x^4} = \beta^4 X & \text{(6-88a)} \\ \dfrac{\partial^2 X}{\partial x^2} = -\beta^2 X & \text{(6-88b)} \end{cases}$$

将式（6-88a）、式（6-88b）代入式（6-87a）中，可写为

$$(\beta^4 - k^4)XY - 2\beta^2 X\frac{\partial^2 Y}{\partial x^2} + X\frac{\partial^4 Y}{\partial y^4} = 0$$

即有

$$\frac{\partial^4 Y}{\partial y^4} - 2\beta^2\frac{\partial^2 Y}{\partial x^2} + (\beta^4 - k^4)Y = 0 \tag{6-89}$$

于是变量得到了分离，要满足式（6-88）的三角函数为

$$X(x)=\begin{cases}\sin\beta x\\ \cos\beta x\end{cases} \tag{6-90}$$

类似地，也可得出另一个方程式（6-86b）的满足分离变量条件的函数关系式为

$$Y(y)=\begin{cases}\sin\alpha y\\ \cos\alpha y\end{cases} \tag{6-91}$$

现设 x 方向板的长度为 a，y 方向板的长度为 b，且若 $x=0$ 和 $x=a$ 边为简支，则满足此边界的条件 $\beta=m\pi/a$，故式（6-90）可写为

$$X(x)=\sin\frac{m\pi x}{a},\quad 0<x<a,\quad m=1,2,\cdots \tag{6-92}$$

$$W_m(x,y)=Y_m(y)\sin\frac{m\pi x}{a}$$

代入式（6-83）有

$$\left(\frac{m\pi}{a}\right)^4\sin\left(\frac{m\pi x}{a}\right)Y_m-2\left(\frac{m\pi}{a}\right)^2\sin\frac{m\pi x}{a}Y_m''+\sin\frac{m\pi x}{a}Y_m''''-k^4\sin\frac{m\pi x}{a}Y_m=0$$

即

$$Y_m''''-2\left(\frac{m\pi}{a}\right)^2Y_m''-\left[k^4-\left(\frac{m\pi}{a}\right)^2\right]Y_m=0$$

根据标准常微分方程解的形式，上式的解为

$$Y_m(y)=C_{1m}\text{ch}(\lambda_{1m}y)+C_{2m}\text{sh}(\lambda_{1m}y)+C_{3m}\cos(\lambda_{2m}y)+C_{4m}\sin(\lambda_{2m}y) \tag{6-93}$$

式中，

$$\lambda_{1m}^2=k^2+\left(\frac{m\pi}{a}\right)^2,\quad \lambda_{2m}^2=k^2-\left(\frac{m\pi}{a}\right)^2$$

再由 $y=0$ 和 $y=b$ 的边界条件，由式（6-93）可求得关于待定系数 C_{im}（$i=1,2,3,4$）的齐次方程组，再令其系数行列式为零，可得到固有频率方程式，从而求出固有频率。

思 考 题

1. 试简述分布参数体系与离散多自由度体系两者运动方程的区别。
2. 试简述分布参数体系中质量元与多自由度体系中质点的区别。

3. 试简述分布参数体系运动偏微分方程的求解方法，推导基于分离变量法求解频率方程的过程，并说明边界条件对分布参数体系振动频率的影响。

4. 试阐述影响公路桥和铁路桥的车桥耦合振动的因素有哪些相同点和不同点。

5. 考虑移动质量与考虑移动简谐荷载对于车桥耦合振动有何影响？

6. 车桥耦合系统的耦合振动响应峰值主要受哪些因素控制？

习　题

6-1　运用 Hamilton 原理，试建立承受如图 6-23 所示荷载的等截面悬臂梁的运动微分方程和边界条件。假定适用小挠度理论，并略去剪切和转动惯性的影响。

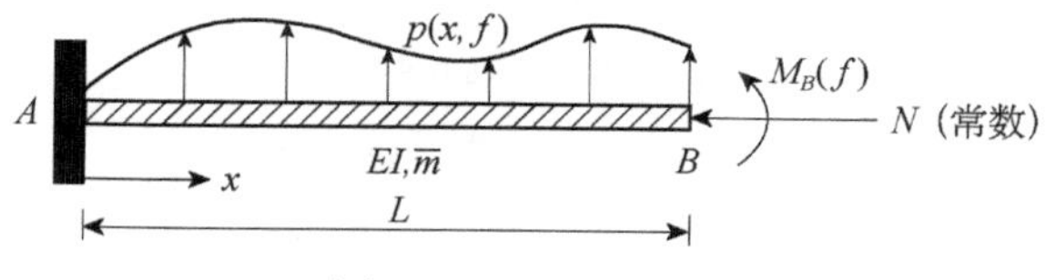

图 6-23　习题 6-1 图

6-2　如图 6-24 所示，一个集中质量 m_1 以不变的速度 v 在时间间隔 $0<t<L/v$ 内自左向右通过简支等截面梁。利用拉格朗日运动方程建立该体系的运动方程，并给出求解简支梁竖向强迫振动反应时必须满足的边界条件和初始条件。（假定适用小挠度理论，并略去剪切和转动惯性的影响。）

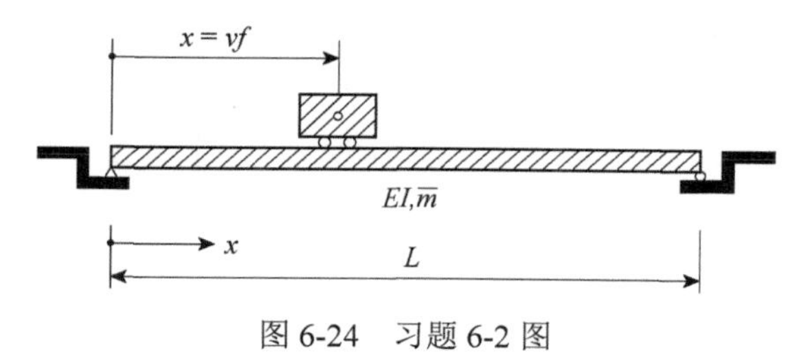

图 6-24　习题 6-2 图

6-3　如图 6-25 所示一等截面两跨连续梁，试计算该结构弯曲振动的基本频率，并沿两跨每隔 $L/2$ 取一点，画出它的振型图。

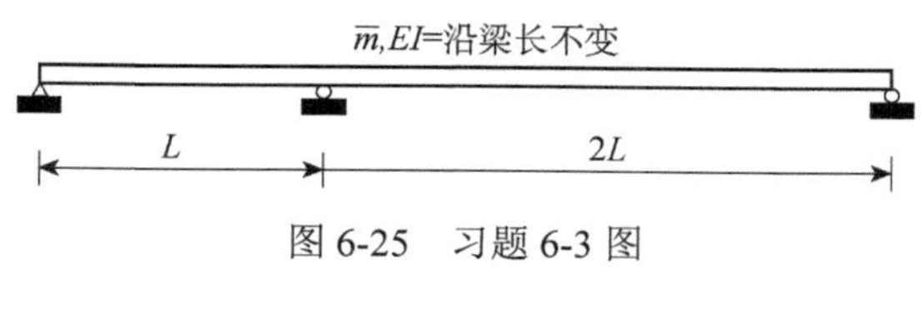

图 6-25　习题 6-3 图

6-4　两根长度相等但具有不同性质的等截面杆组成一根柱子，如图 6-26 所示。对此结构：

（a）列出在推导轴向振动频率方程时计算诸常数所需的四个边界条件；

（b）写出轴向振动频率超越方程，并计算第一频率和第一振型，画出振型图，沿柱长每隔 $L/3$ 求出一点的值，自由端幅值规格化为 1。

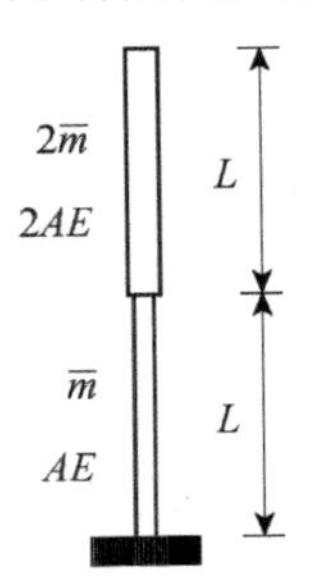

图 6-26　习题 6-4 图

6-5　如图 6-27 所示的等截面简支梁承受横向荷载 $p(x,\ t)=\delta(x-a)\delta(t)$ 的作用，其中 $\delta(x-a)$ 和 $\delta(t)$ 为狄拉克函数。运用欧拉梁理论和振型叠加法，给出在移动荷载 $p(x,\ t)$ 作用下引起的横向挠度 $u(x,\ t)$、弯矩 $M(x,\ t)$ 和剪力 $V(x,\ t)$ 的级数表达式，并讨论这三个物理量级数表达式的相对收敛速度。

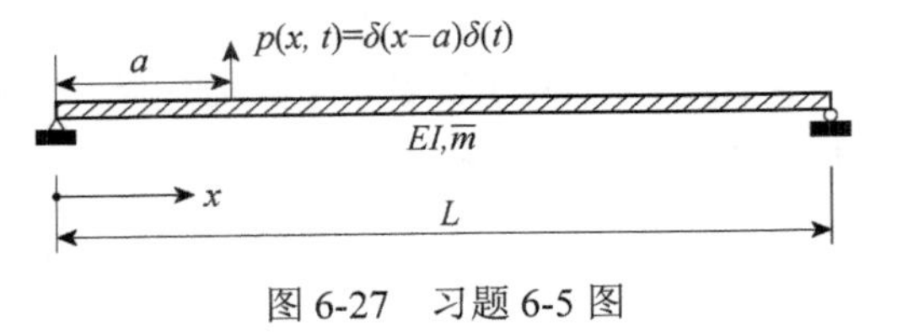

图 6-27　习题 6-5 图

第7章 动力有限元分析

7.1 有限元的基本概念

7.1.1 有限元的发展历史

最早的有限元法的思想是由 Turner 等在 20 世纪 50 年代提出来的，他们运用差分法来近似计算连续介质的平面应力问题，当时，并未使用“有限元”的名称。1960 年，R. W. Clough 教授首次给出了“有限元”的名称。“有限元”这个名词第一次出现，到今天有限元在工程上得到了广泛应用，经历了半个多世纪的发展历史，理论和算法都已经日趋完善，在各个学科和工程领域得到大规模成功应用，特别是在结构力学和固体力学领域。有限元法（finite element method，FEM）归根结底是一种求解微分方程的非常有效的数值计算方法。有限元法在早期是以变分原理为基础发展起来的，具有坚实的数学基础，也伴随着数学领域的很多成果的出现而发展成熟起来。

大约在 300 年前，牛顿（Isaac Newton）和莱布尼茨（Gottfried Wilhelm Leibniz）先后独立地发明了积分法，证明了该运算具有整体对局部的可加性。虽然，积分运算与有限元技术对定义域的划分是不同的，前者进行无限划分而后者进行有限划分，但积分运算为实现有限元技术准备好了一个理论基础。

在牛顿之后约一百年，著名数学家高斯（Johann Gauss）提出了加权余量法及线性代数方程组的解法。这两项成果的前者被用来将微分方程改写为积分表达式，后者被用来求解有限元法所得出的代数方程组。在 18 世纪，另一位数学家拉格朗日（Joseph-Louis Lagrange）提出泛函分析。泛函分析是将偏微分方程改写为积分表达式的另一途径。

在 19 世纪末及 20 世纪初，数学家瑞利（Rayleigh）和里茨（Ritz）首先提出，可对全定义域运用展开函数来表达其上的未知函数。1915 年，数学家伽辽金（Boris Galerkin）提出了选择展开函数中形函数的伽辽金法，该方法被广泛地用于有限元。1943 年，数学家柯朗（R. Courant）第一次提出，可在定义域内分片地使用展开函数来表达其上的未知函数。这实际上就是有限元的做法。

20 世纪 50 年代，飞机设计师们发现，无法用传统的力学方法分析飞机的应力、应变等问题。美国波音公司的一个技术小组，首先将连续体的机翼离散为三角形板块的集合来进行应力分析，经过一番波折后获得了成功。20 世纪 50 年代，大型电子计算机投入了解算大型代数方程组的工作，这为实现有限元技术准备好了物质条件。1960 年前后，美国的克拉夫（R. W. Clough）教授及我国的冯康教授分别独立地在论文中提出了“有限单元”这样的名词，有限元技术从此正式诞生。

在此后的几十年中，有限元软件随着计算机技术的发展而获得大量资金的追捧，著名的软件公司开始崭露头角，有限元法伴随着有限元软件的飞速发展而声名鹊起。1990 年 10 月，美国波音公司开始在计算机上对新型客机 B-777 进行“无纸设计”，仅用了三年半时间，于 1994 年 4 月第一架 B-777 就试飞成功，这是制造技术史上划时代的成就，其中在结构设计和安全评估中就大量采用有限元分析这一手段。发展到现在，几乎所有的航空航天领域的结构安全相关的分析都离不开有限元分析方法，并已经拓展到其他很多工业应用领域。

7.1.2 有限元法的基本思想

有限元法与其他求解边值问题近似方法的根本区别在于它的近似性仅限于相对小的子域中。20 世纪 60 年代初首次提出“有限元”概念的克拉夫教授形象地将其描绘为“有限元法=Rayleigh-Ritz 法＋分片函数”，即有限元法是 Rayleigh-Ritz 法的一种局部化情况。不同于求解满足整个定义域边界条件的允许函数的 Rayleigh-Ritz 法，有限元法将分片函数定义在简单几何形状的单元域上，且不考虑整个定义域的复杂边界条件，这是有限元法优于其他近似方法的重要原因。

有限元法的数学基础是变分原理和加权余量法，其基本求解思想是把计算域划分为有限个互不重叠的单元，在每个单元内，选择一些合适的节点作为求解函数的插值点，将微分方程中的变量改写成由节点处各变量或其导数与所选用的插值函数组成的线性表达式，借助于变分原理或加权余量法，将微分方程离散求解。

采用不同的权函数和插值函数形式，便构成不同的有限元法。

在有限元法中，把计算域离散剖分为有限个互不重叠且相互连接的单元，在每个单元内选择基函数，用单元基函数的线形组合来逼近单元中的真解，整个计算域上总体的基函数可以看成由每个单元基函数组成的，则整个计算域内的解可以看作是由所有单元上的近似解构成。

在数值模拟中，常见的有限元方法是由变分法和加权余量法发展而来的里茨法、伽辽金法、最小二乘法等。根据所采用的权函数和插值函数的不同，有限元法也分为多种计算格式。从权函数的选择来说，包括配置法、矩量法、最小二乘法和伽辽金法等；从计算单元网格的形状来划分，包括三角形网格、四边形网格和多边形网格等；从插值函数的精度来划分，又分为线性插值函数和高次插值函数等；不同的组合同样可构成不同的有限元计算格式。对于权函数，伽辽金法是将权函数取为逼近函数中的基函数；最小二乘法是利用误差的平方和最小来求权函数；在配置法中，先在计算域内选取若干配置点，令近似解在选定的配置点上严格满足微分方程，即在配置点上令方程离散化处理后产生的余量为零。

插值函数一般由不同阶次幂的多项式组成，但也有采用三角函数或指数函数组成的乘积表示，但最常用的是多项式插值函数。有限元插值函数分为两大类，一类只要求插值多项式本身在插值点取已知值，称为拉格朗日多项式插值；另一种不仅要求插值多项式本身，还要求它的导数值在插值点取已知值，称为埃尔米特（Hermite）多项式插值。单元坐标有笛卡儿直角坐标系和无因次自然坐标，有对称和不对称等。常采用的无因次坐标是一种参数化坐标系，它的定义取决于单元的几何形状，一维看作长度比，二维看作面积比，三维看作体积比。

7.1.3　有限元法的基本步骤

对于有限元法，其求解步骤可归纳为如下几个部分。

（1）建立积分方程：根据变分原理或方程余量与权函数正交化原理，建立与微分方程初边值问题等价的积分表达式，这是有限元法的出发点。

（2）区域单元剖分：根据求解区域的形状及实际问题的物理特点，将区域剖分为若干相互连接、不重叠的单元。区域单元剖分是采用有限元法的前期准备工作，这部分工作量比较大，除了给计算单元和节点进行编号以及确定相互之间的关系之外，还要给出节点的位置坐标，同时还需要列出边界上的节点序号和相应的边界属性值。

（3）确定单元基函数：根据单元中节点数目以及对近似解精度的要求，选择满足一定插值条件的插值函数作为单元基函数。有限元法中的基函数是在单元中选取的，由于各单元具有规则的几何形状，在选取基函数时可遵循一定的法则。

（4）单元分析：将各个单元中的求解函数用单元基函数的线性组合表达式进行逼近，再将近似函数代入积分方程，并对单元区域进行积分，可获得含有待定系数（即单元中各节点的未知参数值）的代数方程组，称为单元有限元方程。

（5）总体合成：在得出单元有限元方程之后，将区域中所有单元有限元方程按照自由度“对号入座”的原则进行累加，形成总体有限元方程。

（6）边界条件的处理：一般边界条件有三种形式，即狄利克雷边界条件、自然边界条件、混合边界条件。对于自然边界条件，一般在积分表达式中可自动得到满足。对于狄利克雷边界条件和混合边界条件，需按一定法则对总体有限元方程进行修正才能得到满足。

（7）解有限元方程：根据边界条件修正的总体有限元方程组，是含所有待定未知量的封闭方程组，具有唯一解，采用适当的数值计算方法求解，可求得各节点的未知参数值。

7.2 一维杆、梁动力有限元

梁杆单元都属于一维单元，杆系结构系统中的构件沿着局部轴线方向可以被划分为很多小的单元，通过分析单元各截面的变形来分析每个单元的受力情况。根据精度要求的不同，假设单元位移场的变化模式，对应的单元就具有了不同的阶次，如线性元、二次元等。单元中的任意一点的位移可以通过单元节点位移来描述，节点位移就是后续单元分析中的基本未知量。

单元的应变能和动能可用节点基本变量的函数在单元长度上进行积分得到，由多个单元组成的结构或体系的应变能和动能，可以通过对所有单元的能量叠加求和得到，最终得到的结构或体系的能量可以表示为以所有节点位移为基本变量的函数。为了满足连续性条件，节点上的各个位移量必须是单值的。有限元列式的推导可以通过矩阵平衡法进行，也可通过变分原理进行。

在有限元分析中，节点的位移量必须包括适当的位移分量及其导数，由应变能的表达式可知，这些导数的阶次比相应的应变能表达式中出现的阶次低一阶。对于拉伸变形和薄膜变形，应变能的表达式包含位移的一阶导数。根据描述问题的维度不同，节点变量一般取位移的适当分量。对于杆的拉伸振动，位移满足 C^0 阶连续，适当的位移分量为 u ；对于板的薄膜变形，位移分量为 u,v 。对于弯曲变形，应变能的表达式包含位移的二阶导数，节点变量是位移及其关于坐标的一阶导数。

7.2.1　一维杆轴向振动的动力有限元基本方程

如图 7-1 所示为一个长度为 L 、截面面积为 A 、材料弹性模量为 E 的只能承受轴向变形的一维单元。该类单元的位移用单元两端的节点位移 u_i 、 u_j 来表示。假设单元内的位移为关于局部坐标 x 的线性变量，即

$$u(x)=a_1+a_2x \tag{7-1}$$

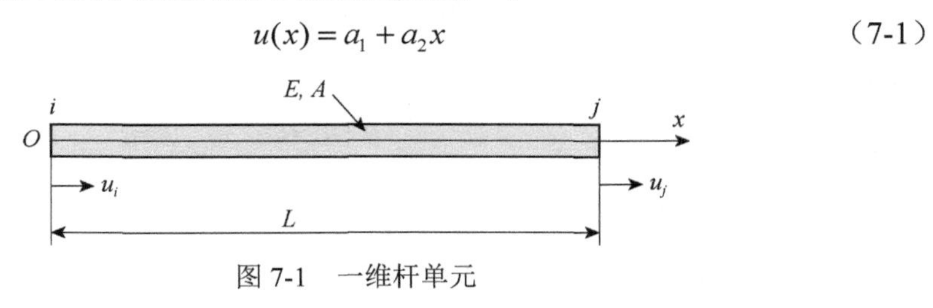

图 7-1　一维杆单元

令单元的节点位移向量为

$$\boldsymbol{u}_{\mathrm{e}}=\begin{Bmatrix}u_i\\u_j\end{Bmatrix} \tag{7-2}$$

对于单元满足的节点位移边界条件为

$$x=0,\quad u(0)=a_1=u_i \tag{7-3a}$$

$$x=L,\quad u(L)=a_1+a_2L=u_j \tag{7-3b}$$

解得： $a_1=u_i$ ； $a_2=\dfrac{u_j-u_i}{L}$ 。所以，单元内的位移插值函数变换为

$$u(x)=u_i+\frac{u_j-u_i}{L}x=\begin{bmatrix}1-\dfrac{x}{L} & \dfrac{x}{L}\end{bmatrix}\cdot\begin{Bmatrix}u_i\\u_j\end{Bmatrix}=\boldsymbol{N}\boldsymbol{u}_{\mathrm{e}} \tag{7-4}$$

其中， $\boldsymbol{N}$ 为形函数矩阵：

$$\boldsymbol{N}=\begin{bmatrix}1-\dfrac{x}{L} & \dfrac{x}{L}\end{bmatrix} \tag{7-5}$$

根据应变的定义，单元的应变可表示为（轴向应变）

$$\varepsilon_x = \frac{u_j - u_i}{L} = \begin{bmatrix} -\frac{1}{L} & \frac{1}{L} \end{bmatrix} \cdot \begin{Bmatrix} u_i \\ u_j \end{Bmatrix} = \boldsymbol{B}\boldsymbol{u}_{\mathrm{e}} \tag{7-6}$$

其中，$\boldsymbol{B}$ 为应变矩阵：

$$\boldsymbol{B} = \begin{bmatrix} -\frac{1}{L} & \frac{1}{L} \end{bmatrix} \tag{7-7}$$

单元的应变能为

$$\begin{aligned} U &= \frac{1}{2}\int_0^L AE\left(\frac{\partial u}{\partial x}\right)^2 \mathrm{d}x \\ &= \frac{1}{2}\int_0^L (\boldsymbol{B}\boldsymbol{u}_{\mathrm{e}})^{\mathrm{T}} AE(\boldsymbol{B}\boldsymbol{u}_{\mathrm{e}})\,\mathrm{d}x \\ &= \frac{1}{2}\boldsymbol{u}_{\mathrm{e}}^{\mathrm{T}}\int_0^L \boldsymbol{B}^{\mathrm{T}} AE\boldsymbol{B}\mathrm{d}x\boldsymbol{u}_{\mathrm{e}} \\ &= \frac{1}{2}\boldsymbol{u}_{\mathrm{e}}^{\mathrm{T}}\boldsymbol{k}_{\mathrm{e}}\boldsymbol{u}_{\mathrm{e}} \end{aligned} \tag{7-8}$$

其中，$\boldsymbol{k}_{\mathrm{e}}$ 为单元刚度矩阵：

$$\boldsymbol{k}_{\mathrm{e}} = \int_0^L \boldsymbol{B}^{\mathrm{T}} AE\boldsymbol{B}\mathrm{d}x \tag{7-9}$$

所以，杆单元刚度矩阵 $\boldsymbol{k}_{\mathrm{e}}$ 的表达式具体如下：

$$\boldsymbol{k}_{\mathrm{e}} = A\int_0^L \boldsymbol{B}^{\mathrm{T}} E\boldsymbol{B}\mathrm{d}x = A\int_0^L \begin{bmatrix} -\frac{1}{L} & \frac{1}{L} \end{bmatrix}^{\mathrm{T}} E \begin{bmatrix} -\frac{1}{L} & \frac{1}{L} \end{bmatrix}\mathrm{d}x = \frac{EA}{L}\begin{bmatrix} 1 & -1 \\ -1 & 1 \end{bmatrix} \tag{7-10}$$

杆单元刚度矩阵为对称矩阵和满阵，但是，行列式的值为零，即矩阵是奇异的，或为欠秩的，代表单元具有刚体位移，这符合单元协调性必须具备的刚体位移条件。

杆单元的动能为

$$\begin{aligned} T &= \frac{1}{2}\int_0^L \rho A\left(\frac{\partial u}{\partial t}\right)^2 \mathrm{d}x \\ &= \frac{1}{2}\int_0^L (\boldsymbol{N}\dot{\boldsymbol{u}}_{\mathrm{e}})^{\mathrm{T}} \rho A(\boldsymbol{N}\dot{\boldsymbol{u}}_{\mathrm{e}})\,\mathrm{d}x \\ &= \frac{1}{2}\dot{\boldsymbol{u}}_{\mathrm{e}}^{\mathrm{T}}\int_0^L \boldsymbol{N}^{\mathrm{T}} \rho A\boldsymbol{N}\mathrm{d}x\dot{\boldsymbol{u}}_{\mathrm{e}} \\ &= \frac{1}{2}\dot{\boldsymbol{u}}_{\mathrm{e}}^{\mathrm{T}}\boldsymbol{m}_{\mathrm{e}}\dot{\boldsymbol{u}}_{\mathrm{e}} \end{aligned} \tag{7-11}$$

其中，$\boldsymbol{m}_{\mathrm{e}}$ 为单元质量矩阵：

$$\boldsymbol{m}_{\mathrm{e}} = \int_0^L \boldsymbol{N}^{\mathrm{T}} \rho A \boldsymbol{N} \mathrm{d}x \tag{7-12}$$

矢量上的圆点代表对时间求导，节点位移对时间求导即为节点速度，例如，

$$\dot{\boldsymbol{u}}_{\mathrm{e}} = (\dot{u}_i \quad \dot{u}_j)^{\mathrm{T}} \tag{7-13}$$

所以，杆单元质量矩阵 $\boldsymbol{m}_{\mathrm{e}}$ 的表达式具体如下：

$$\boldsymbol{m}_{\mathrm{e}} = \int_0^L \rho A \boldsymbol{N}^{\mathrm{T}} \cdot \boldsymbol{N} \mathrm{d}x = \rho A \int_0^L \begin{bmatrix} 1-\dfrac{x}{L} & \dfrac{x}{L} \end{bmatrix}^{\mathrm{T}} \begin{bmatrix} 1-\dfrac{x}{L} & \dfrac{x}{L} \end{bmatrix} \mathrm{d}x = \frac{\rho A L}{6} \begin{bmatrix} 2 & 1 \\ 1 & 2 \end{bmatrix} \tag{7-14}$$

采用上述形函数方法推导得到的单元质量矩阵为满阵和对称矩阵，不同自由度之间满足动力耦合条件；如果采用几种质量法得到的质量矩阵为对角矩阵，则不同自由度之间的动力性能是解耦的。

对于一维单元组装成的结构体系，总刚度矩阵和总质量矩阵是一种特殊形式的带状稀疏矩阵，如果每个节点的连接单元数不超过三个，则矩阵为三对角矩阵。这类矩阵在数值求解方法中可以采用追赶法等高效的消元处理方法。

这里根据第 2 章介绍的拉格朗日方程列运动方程的方法，把上述得到的杆单元的应变能和动能代入方程：

$$\frac{\mathrm{d}}{\mathrm{d}t}\left(\frac{\partial T}{\partial \dot{u}_{\mathrm{e}}}\right) - \frac{\partial T}{\partial u_{\mathrm{e}}} + \frac{\partial U}{\partial u_{\mathrm{e}}} = Q_{\mathrm{e}}$$

杆单元的轴向振动和扭转振动具有相似性，单元刚度矩阵和质量矩阵的推导过程同上，运动方程的表达式只需要做一下变量替换。即把单元节点的基本位移未知量由轴向位移改变为绕局部轴的扭转角；用杆件横截面的二次极惯性矩 J 来代替杆单元的截面面积 A；以及用材料的剪切模量 G 来替换材料的拉伸弹性模量 E。

7.2.2　平面梁单元弯曲振动的动力有限元方程

如图 7-2 所示为一个长度为 L、截面惯性矩为 I、截面面积为 A、材料弹性模量为 E 的受弯曲变形的一维梁单元，节点的基本位移分量为：横向位移 v、转角 θ。假设单元内任一点的位移为局部坐标 x 的 3 次函数，即

$$v = a_1 + a_2 x + a_3 x^2 + a_4 x^3 \tag{7-15a}$$

$$\theta = \frac{\partial v}{\partial x} = a_2 + 2a_3 x + 3a_4 x^2 \tag{7-15b}$$

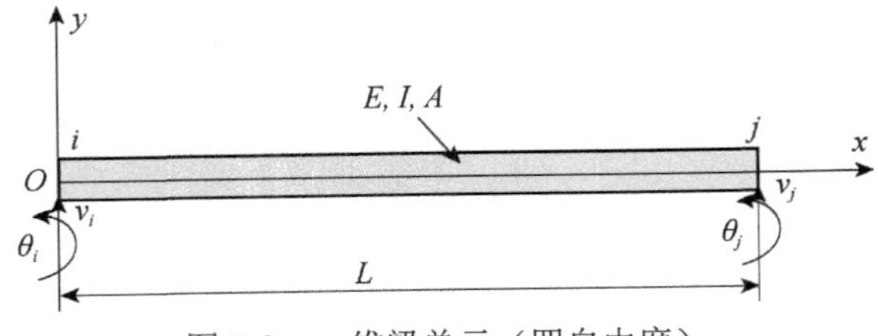

图 7-2　一维梁单元（四自由度）

用矩阵形式表达，即

$$\begin{Bmatrix} v \\ \theta \end{Bmatrix} = \begin{bmatrix} 1 & x & x^2 & x^3 \\ 0 & 1 & 2x & 3x^2 \end{bmatrix} \cdot \begin{Bmatrix} a_1 \\ a_2 \\ a_3 \\ a_4 \end{Bmatrix} \tag{7-16}$$

对于单元满足的节点位移边界条件，得到单元的节点位移向量为

$$\boldsymbol{u}_{\mathrm{e}} = \begin{Bmatrix} v_i \\ \theta_i \\ v_j \\ \theta_j \end{Bmatrix} = \begin{bmatrix} 1 & 0 & 0 & 0 \\ 0 & 1 & 0 & 0 \\ 1 & L & L^2 & L^3 \\ 0 & 1 & 2L & 3L^2 \end{bmatrix} \cdot \begin{Bmatrix} a_1 \\ a_2 \\ a_3 \\ a_4 \end{Bmatrix} \tag{7-17}$$

解得待定系数

$$\begin{Bmatrix} a_1 \\ a_2 \\ a_3 \\ a_4 \end{Bmatrix} = \begin{bmatrix} 1 & 0 & 0 & 0 \\ 0 & 1 & 0 & 0 \\ -3/L^2 & -2/L & 3/L^2 & -1/L \\ 2/L^3 & 1/L^2 & -2/L^3 & 1/L^2 \end{bmatrix} \cdot \begin{Bmatrix} v_i \\ \theta_i \\ v_j \\ \theta_j \end{Bmatrix} \tag{7-18}$$

代入单元位移矩阵表达式得

$$\begin{Bmatrix} v \\ \theta \end{Bmatrix} = \begin{bmatrix} 1 & x & x^2 & x^3 \\ 0 & 1 & 2x & 3x^2 \end{bmatrix} \cdot \begin{bmatrix} 1 & 0 & 0 & 0 \\ 0 & 1 & 0 & 0 \\ -3/L^2 & -2/L & 3/L^2 & -1/L \\ 2/L^3 & 1/L^2 & -2/L^3 & 1/L^2 \end{bmatrix} \cdot \begin{Bmatrix} v_i \\ \theta_i \\ v_j \\ \theta_j \end{Bmatrix} = \boldsymbol{N}\boldsymbol{u}_{\mathrm{e}} \tag{7-19}$$

其中，$\boldsymbol{N}$ 为形函数矩阵，具体表达式为

$$\boldsymbol{N} = \begin{bmatrix} 1 & x & x^2 & x^3 \\ 0 & 1 & 2x & 3x^2 \end{bmatrix} \cdot \begin{bmatrix} 1 & 0 & 0 & 0 \\ 0 & 1 & 0 & 0 \\ -3/L^2 & -2/L & 3/L^2 & -1/L \\ 2/L^3 & 1/L^2 & -2/L^3 & 1/L^2 \end{bmatrix}$$

$$
= \begin{bmatrix} 1-\dfrac{3x^2}{L^2}+\dfrac{2x^3}{L^3} & x-\dfrac{2x^2}{L}+\dfrac{x^3}{L^2} & \dfrac{3x^2}{L^2}-2\dfrac{x^3}{L^3} & -\dfrac{x^2}{L}+\dfrac{x^3}{L^2} \\ -\dfrac{6x}{L^2}+\dfrac{6x^2}{L^3} & 1-\dfrac{4x}{L}+\dfrac{3x^2}{L^2} & \dfrac{6x}{L^2}-\dfrac{6x^2}{L^3} & -\dfrac{2x}{L}+\dfrac{3x^2}{L^2} \end{bmatrix}
$$

$$
= \begin{bmatrix} \boldsymbol{N}_1 \\ \boldsymbol{N}_2 \end{bmatrix} \tag{7-20}
$$

所以，横向位移 $v = \boldsymbol{N}_1 \boldsymbol{u}_{\mathrm{e}}$，

$$
\frac{\partial^2 v}{\partial x^2} = \boldsymbol{N}_1'' \boldsymbol{u}_{\mathrm{e}} \tag{7-21}
$$

单元的应变能为

$$
\begin{aligned}
U &= \frac{1}{2}\int_0^L EI\left(\frac{\partial^2 v}{\partial x^2}\right)^2 \mathrm{d}x \\
&= \frac{1}{2}\int_0^L (\boldsymbol{N}_1''\boldsymbol{u}_{\mathrm{e}})^{\mathrm{T}} EI(\boldsymbol{N}_1''\boldsymbol{u}_{\mathrm{e}})\,\mathrm{d}x \\
&= \frac{1}{2}\boldsymbol{u}_{\mathrm{e}}^{\mathrm{T}} \cdot \int_0^L (\boldsymbol{N}_1'')^{\mathrm{T}} EI\boldsymbol{N}_1''\,\mathrm{d}x \cdot \boldsymbol{u}_{\mathrm{e}} \\
&= \frac{1}{2}\boldsymbol{u}_{\mathrm{e}}^{\mathrm{T}} \boldsymbol{k}_{\mathrm{e}} \boldsymbol{u}_{\mathrm{e}}
\end{aligned} \tag{7-22}
$$

其中，$\boldsymbol{k}_{\mathrm{e}}$ 为单元刚度矩阵，具体表达式为

$$
\boldsymbol{k}_{\mathrm{e}} = \int_0^L (\boldsymbol{N}_1'')^{\mathrm{T}} EI\boldsymbol{N}_1''\mathrm{d}x \tag{7-23}
$$

所以，杆单元刚度矩阵 $\boldsymbol{k}_{\mathrm{e}}$ 展开后的显式表达式具体如下：

$$
\begin{aligned}
\boldsymbol{k}_{\mathrm{e}} &= EI\int_0^L (\boldsymbol{N}_1'')^{\mathrm{T}} \boldsymbol{N}_1''\mathrm{d}x \\
&= EI\int_0^L \begin{bmatrix} -\dfrac{6}{L^2}+\dfrac{12x}{L^3} \\ -\dfrac{4}{L}+\dfrac{6x}{L^2} \\ \dfrac{6}{L^2}-\dfrac{12x}{L^3} \\ -\dfrac{2}{L}+\dfrac{6x}{L^2} \end{bmatrix} \begin{bmatrix} -\dfrac{6}{L^2}+\dfrac{12x}{L^3} & -\dfrac{4}{L}+\dfrac{6x}{L^2} & \dfrac{6}{L^2}-\dfrac{12x}{L^3} & -\dfrac{2}{L}+\dfrac{6x}{L^2} \end{bmatrix} \mathrm{d}x \\
&= \frac{EI}{L^3}\begin{bmatrix} 12 & 6L & -12 & 6L \\ 6L & 4L^2 & -6L & 2L^2 \\ -12 & -6L & 12 & -6L \\ 6L & 2L^2 & -6L & 4L^2 \end{bmatrix}
\end{aligned} \tag{7-24}
$$

单元的动能为

$$\begin{aligned}T&=\frac{1}{2}\int_0^L\rho A\left(\frac{\partial v}{\partial t}\right)^2\mathrm{d}x\\&=\frac{1}{2}\int_0^L(\boldsymbol{N}_1\dot{\boldsymbol{u}}_\mathrm{e})^\mathrm{T}\rho A(\boldsymbol{N}_1\dot{\boldsymbol{u}}_\mathrm{e})\,\mathrm{d}x\\&=\frac{1}{2}\dot{\boldsymbol{u}}_\mathrm{e}^\mathrm{T}\int_0^L\boldsymbol{N}_1^\mathrm{T}\rho A\boldsymbol{N}_1\mathrm{d}x\dot{\boldsymbol{u}}_\mathrm{e}\\&=\frac{1}{2}\dot{\boldsymbol{u}}_\mathrm{e}^\mathrm{T}\boldsymbol{m}_\mathrm{e}\dot{\boldsymbol{u}}_\mathrm{e}\end{aligned}\tag{7-25}$$

其中，$\boldsymbol{m}_\mathrm{e}$ 为单元质量矩阵，具体表达式为

$$\boldsymbol{m}_\mathrm{e}=\int_0^L\boldsymbol{N}_1^\mathrm{T}\rho A\boldsymbol{N}_1\mathrm{d}x\tag{7-26}$$

矢量上的圆点代表对时间求导，节点位移对时间求导即为节点速度，例如，

$$\dot{\boldsymbol{u}}_\mathrm{e}=[\dot{v}_i\quad\dot{v}_j]^\mathrm{T}\tag{7-27}$$

所以，杆单元质量矩阵 $\boldsymbol{m}_\mathrm{e}$ 的表达式具体如下：

$$\begin{aligned}\boldsymbol{m}_\mathrm{e}&=\int_0^L\rho A\boldsymbol{N}_1{}^\mathrm{T}\boldsymbol{N}_1\mathrm{d}x\\&=\rho A\int_0^L\begin{bmatrix}1-\dfrac{3x^2}{L^2}+\dfrac{2x^3}{L^3}\\x-\dfrac{2x^2}{L}+\dfrac{x^3}{L^2}\\\dfrac{3x^2}{L^2}-2\dfrac{x^3}{L^3}\\-\dfrac{x^2}{L}+\dfrac{x^3}{L^2}\end{bmatrix}\begin{bmatrix}1-\dfrac{3x^2}{L^2}+\dfrac{2x^3}{L^3} & x-\dfrac{2x^2}{L}+\dfrac{x^3}{L^2} & \dfrac{3x^2}{L^2}-2\dfrac{x^3}{L^3} & -\dfrac{x^2}{L}+\dfrac{x^3}{L^2}\end{bmatrix}\mathrm{d}x\\&=\frac{\rho AL}{420}\begin{bmatrix}156 & 22L & 54 & -13L\\22L & 4L^2 & 13L & -3L\\54 & 13L & 156 & -22L\\-13L & -3L^2 & -22L & 4L^2\end{bmatrix}\end{aligned}\tag{7-28}$$

7.2.3 考虑轴向位移平面梁单元弯曲振动的动力有限元方程

如图 7-3 所示为一个长度为 L、截面惯性矩为 I、截面面积为 A、材料弹性模量为 E 的受弯曲变形的一维梁单元，节点的基本位移分量为：纵向位移 u、横向位移 v、转角 θ。

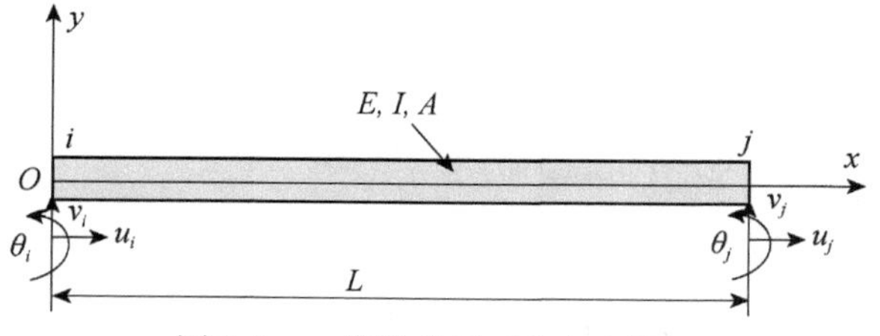

图 7-3　一维梁单元（六自由度）

假设单元位移分量满足如下位移模式：

$$\begin{cases} u = a_1 + a_2 x + a_3 x^2 & \text{（7-29a）} \\ v = a_4 + a_5 x + a_6 x^2 & \text{（7-29b）} \\ \theta = \dfrac{\partial v}{\partial x} = a_5 + 2a_6 x & \text{（7-29c）} \end{cases}$$

根据单元节点边界条件，当 $x = 0$ 时，

$$u(0) = a_1 = u_i，\quad v(0) = a_4 = v_i，\quad \theta(0) = a_5 = \theta_i$$

当 $x = L$ 时，

$$u(L) = a_1 + a_2 L + a_3 L^2 = u_j，\quad v(L) = a_4 + a_5 L + a_6 L^2 = v_j，\quad \theta(L) = a_5 + 2a_6 L = \theta_j$$

根据上述条件求待定参数 $a_i (i = 1, \cdots, 6)$：$a_1 = u_i$，$a_4 = v_i$，$a_5 = \theta_i$，$a_6 = \dfrac{\theta_j - \theta_i}{2L}$，而 a_2、a_3 无法求解，不能根据节点边界条件唯一确定。因此，上述给出的单元位移模式是不满足协调性和单值性要求的，属于不封闭的单元模式，实际不成立。为什么会出现这种情况？单元实际上只有纵向位移和横向位移两种独立位移变量，由于轴向位移只有 2 个节点分量，位移模式中给出了含 3 个待定参数的 2 次完全多项式，边界条件数少于待定参数数目；横向位移是 3 个待定参数的 2 次完全多项式，一个平面梁单元的节点横向位移和转角总共有 4 个，横向位移的单元位移模式边界条件多于待定参数数目；因此，多项式不满足协调性和完备性的条件。

下面对上述位移模式进行修正，给出如下单元位移模式：

$$\begin{cases} u = a_1 + a_2 x & \text{（7-30a）} \\ v = a_3 + a_4 x + a_5 x^2 + a_6 x^3 & \text{（7-30b）} \\ \theta = \dfrac{\partial v}{\partial x} = a_4 + 2a_5 x + 3a_6 x^2 & \text{（7-30c）} \end{cases}$$

根据单元节点边界条件，当 $x = 0$ 时，有

$$u(0)=a_1=u_i,\quad v(0)=a_3=v_i,\quad \theta(0)=a_4=\theta_i$$

当 $x=L$ 时，有

$$\begin{cases} u(L)=a_1+a_2L=u_j \\ v(L)=a_3+a_4L+a_5L^2+a_6L^3=v_j \\ \theta(L)=a_4+2a_5L+3a_6L^2=\theta_j \end{cases}$$

根据上述条件唯一确定待定参数 $a_i(i=1,\cdots,6)$。具体如下：

$$a_1=u_i,\quad a_2=\frac{(u_j-u_i)}{L},\quad a_3=v_i$$

$$a_4=\theta_i,\quad a_5=-\frac{(\theta_j+2\theta_i)\cdot L-(v_i-v_j)}{L^2},\quad a_6=\frac{2(v_i-v_j)+(\theta_i+\theta_j)\cdot L}{L^3}$$

因此，该多项式为可使用的单元位移模式，单元位移模式多项式满足协调性和完备性的条件。把参数 $a_i(i=1,\cdots,6)$ 代入位移模式，得到单元位移的表达式：

$$\begin{Bmatrix} u \\ v \\ \theta \end{Bmatrix}=\boldsymbol{N}(x)\cdot\begin{Bmatrix} u_i \\ v_i \\ \theta_i \\ u_j \\ v_j \\ \theta_j \end{Bmatrix}=\boldsymbol{N}(x)\boldsymbol{u}_{\mathrm{e}} \tag{7-31}$$

其中，$\boldsymbol{N}$ 为形函数矩阵，且为单元局部坐标的函数，具体表达式为

$$\boldsymbol{N}(x)=\begin{bmatrix} 1-\dfrac{x}{L} & 0 & 0 & \dfrac{x}{L} & 0 & 0 \\ 0 & 1-\dfrac{3x^2}{L^2}+\dfrac{2x^3}{L^3} & 0 & 0 & \dfrac{3x^2}{L^2}-\dfrac{2x^3}{L^3} & 0 \\ 0 & 0 & x-\dfrac{2x^2}{L}+\dfrac{x^3}{L^2} & 0 & 0 & -\dfrac{x^2}{L}+\dfrac{x^3}{L^2} \end{bmatrix} \tag{7-32}$$

通过多项式代换得到形函数的表达式为

$$\boldsymbol{N}(x)=\begin{bmatrix} \psi_1(x) & 0 & 0 & \psi_4(x) & 0 & 0 \\ 0 & \psi_2(x) & 0 & 0 & \psi_5(x) & 0 \\ 0 & 0 & \psi_3(x) & 0 & 0 & \psi_6(x) \end{bmatrix} \tag{7-33}$$

其中，

$$\psi_1(x)=1-\frac{x}{L},\quad \psi_2(x)=1-3\left(\frac{x}{L}\right)^2+2\left(\frac{x}{L}\right)^3,\quad \psi_3(x)=x\left(1-\frac{x}{L}\right)^2$$

$$\psi_4(x)=\frac{x}{L},\ \ \psi_5(x)=3\left(\frac{x}{L}\right)^2-2\left(\frac{x}{L}\right)^3,\ \ \psi_6(x)=\frac{x^2}{L}\left(\frac{x}{L}-1\right)$$

根据工程应变的定义，可以认为平面梁单元中任一位置处截面中的应变只与截面高度位置有关，该定义在一般的材料力学教材中都有详细介绍。该应变包括由轴向变形引起的正应变和由弯曲变形引起的正应变，具体表达式为

$$\varepsilon=\varepsilon_{\mathrm{N}}+\varepsilon_{\mathrm{M}}=\frac{\partial u}{\partial x}-y\frac{\partial^2 v}{\partial x^2} \tag{7-34}$$

单元的变形曲率 K 与曲率半径 R 关系的表达式为

$$K=\frac{1}{R}=\frac{\mathrm{d}\theta}{\mathrm{d}x}=\frac{\mathrm{d}}{\mathrm{d}x}\left(\frac{\mathrm{d}v}{\mathrm{d}x}\right)=\frac{\mathrm{d}^2 v}{\mathrm{d}x^2} \tag{7-35}$$

由单元弯曲变形引起的正应变表达式为

$$\varepsilon_{\mathrm{M}}=\frac{(R-y)\mathrm{d}\theta-\mathrm{d}x}{\mathrm{d}x}=\frac{(R-y)\dfrac{\mathrm{d}x}{R}-\mathrm{d}x}{\mathrm{d}x}=-\frac{y}{R}=-yv'' \tag{7-36}$$

把表达式（7-36）和单元位移的表达式（7-31）代入应变表达式（7-34），整理得到

$$\varepsilon=\boldsymbol{B}\boldsymbol{u}^{\mathrm{e}} \tag{7-37}$$

下面对各类不同的位移模式进行分解，把轴向变形规律单独分析，把横向和转角对应的变形分量和受力条件分开描述，并分别揭示其变形和平衡规律。

1. 一致刚度矩阵

首先给出当 i 端产生单位转角位移时所引起的竖向力分布情况，如图 7-4 所示。

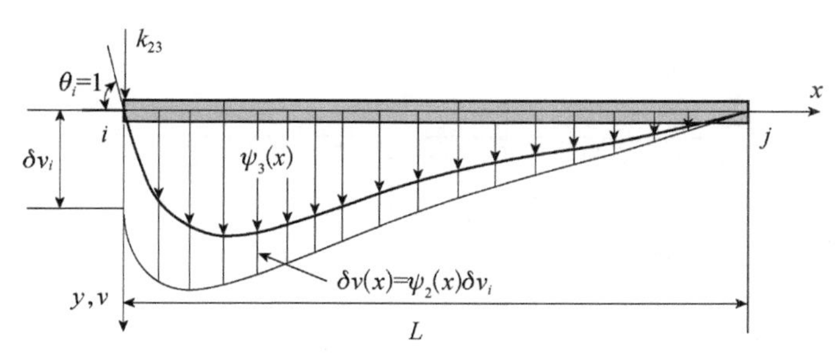

图 7-4　单位转角所引起的一维梁单元受力分析

由 $\theta_i=1$ 产生的内力矩为

$$M(x)=EI(x)\psi_3''(x) \tag{7-38}$$

对应的内力功为

$$W = k_{23}\delta v_i = \int \frac{\partial[\delta v(x)]}{\partial x^2} \cdot M(x)\mathrm{d}x = \delta v_i \int EI(x)\psi_1''(x)\psi_3''(x)\mathrm{d}x \tag{7-39}$$

所以，根据虚功原理可得到对应的抗弯刚度矩阵元素为

$$k_{23} = \int_0^L EI(x)\psi_2''(x)\psi_3''(x)\mathrm{d}x \tag{7-40}$$

其余抗弯刚度相关元素项可类推得到

$$k_{ij} = \int_0^L EI(x)\psi_i''(x)\psi_j''(x)\mathrm{d}x \tag{7-41}$$

2. 一致质量矩阵

其次再给出当 i 端产生单位转角加速度时所引起的竖向惯性力分布情况，如图7-5所示。若梁的 i 端受到单位角加速度 $\ddot{\theta}_i = 1$，则沿梁长的竖向加速度分布 $\ddot{v}(x) = \psi_3(x)\ddot{\theta}_i$，分布惯性力为

$$f_{\mathrm{I}}(x) = m(x)\ddot{v}(x) = m(x)\psi_3(x)\ddot{\theta}_i \tag{7-42}$$

所以，内力功为

$$p_a \cdot \delta v_i = m_{23}\delta v_i = \int_0^L f_{\mathrm{I}}(x)\delta v(x)\mathrm{d}x = \left(\int_0^L m(x)\psi_3(x)\psi_2(x)\mathrm{d}x\right)\delta v_i \tag{7-43}$$

所以，抗弯质量矩阵元素为

$$m_{23} = \int_0^L m(x)\psi_2(x)\psi_3(x)\mathrm{d}x \tag{7-44}$$

其余元素项可类推。所以，

$$m_{ij} = \int_0^L m(x)\psi_i(x)\psi_j(x)\mathrm{d}x \tag{7-45}$$

得到抗弯刚度相关部分的动力方程形式：

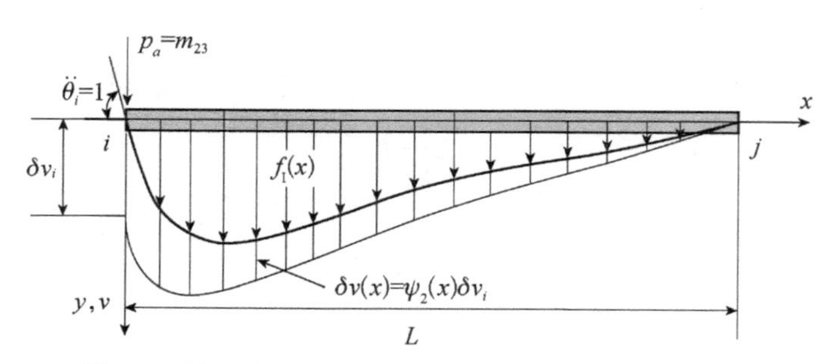

图 7-5　单位转角加速度所引起的一维梁单元受力分析

$$\begin{Bmatrix} f_{21} \\ f_{22} \\ f_{23} \\ f_{24} \end{Bmatrix} = \frac{\overline{m}L}{420}\begin{bmatrix} 156 & 54 & 22L & -13L \\ 54 & 156 & 13L & -22L \\ 22L & 13L & 4L^2 & -3L^2 \\ -13L & -22L & -3L^2 & 4L^2 \end{bmatrix} \cdot \begin{Bmatrix} \ddot{v}_i \\ \ddot{v}_j \\ \ddot{\theta}_i \\ \ddot{\theta}_j \end{Bmatrix} \tag{7-46}$$

3. 黏滞阻尼矩阵

同理可得抗弯单元的黏滞阻尼矩阵元素为

$$c_{ij} = \int_0^L c(x)\psi_i(x)\psi_j(x)\mathrm{d}x \tag{7-47}$$

4. 分布动力荷载

对于如图 7-6 所示的一维梁单元分布荷载对应 i 节点的等效节点力为

$$p_i(t) = \int_0^L p(x,t)\psi_i(x)\mathrm{d}x = \int_0^L \chi(x)f(t)\psi_i(x)\mathrm{d}x \tag{7-48}$$

其中，$\chi(x)$ 为动力荷载的空间分布形状。

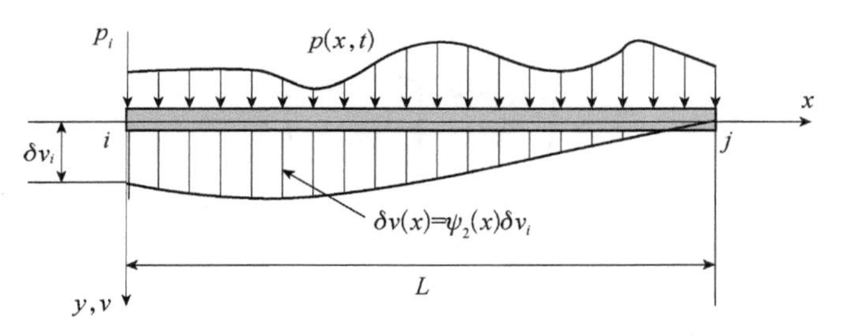

图 7-6　分布荷载所引起的一维梁单元等效节点力分析

分布荷载对应的外力虚功为

$$p_i \cdot \delta v_i = \int p(x,t)\delta v(x)\mathrm{d}x = \int p(x,t)\psi_2(x)\mathrm{d}x \cdot \delta v_i \tag{7-49}$$

得到对应自由度方向的等效外荷载为

$$p_i = \int p(x,t)\psi_2(x)\mathrm{d}x \tag{7-50}$$

其余类推。

5. 总体运动方程

根据以上各项，针对各个自由度获得对应的一致刚度、一致质量、一致阻尼，以及等效外荷载向量，组装成与式（4-51）形式相同的总体刚度矩阵表达式为

$$\boldsymbol{M}\ddot{\boldsymbol{U}}(t) + \boldsymbol{C}\dot{\boldsymbol{U}}(t) + \boldsymbol{K}\boldsymbol{U}(t) = \boldsymbol{P}(t)$$

7.3　二维薄板动力有限元

7.3.1　笛卡儿坐标与微元体受力分析

本节简要介绍矩形板、圆形板和扁壳的动力有限元法。建立动力有限元方程的基础是必须获得某一几何坐标系（如笛卡儿直角坐标系、圆柱极坐标系等）中的应力、应变和位移之间的关系，即在该给定的坐标系中给出应力、应变的位移场描述。本节重点描述笛卡儿坐标系中的应力、应变和应变能表达（如图 7-7）。

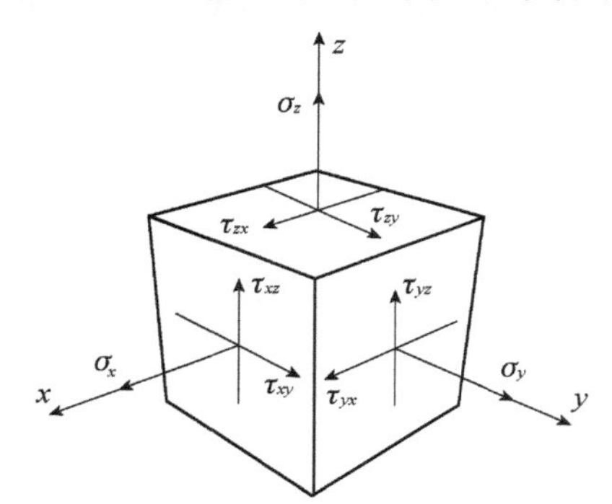

图 7-7　笛卡儿坐标系中微元体的应力状态

由三维弹性理论可知，一点的应力可以用六个分量来描述，即三个正应力分量σ_x、σ_y、σ_z，以及三个剪应力分量τ_{xy}、τ_{yz}、τ_{zx}。根据材料力学中微元体的对偶平衡原理可知，$\tau_{xy}=\tau_{yx}$，$\tau_{yz}=\tau_{zy}$，$\tau_{zx}=\tau_{xz}$。类似地，一点的应变也由六个分量来描述，即三个正应变分量ε_x、ε_y、ε_z，以及三个剪应变分量γ_{xy}、γ_{yz}、γ_{zx}。任意一点(x,y,z)的位移分量为(u,v,w)。以上分量的正负号规则满足沿坐标正向为正。则根据应变的定义结合泰勒展开，给出微元体的线性应变的表达式为

$$\varepsilon_x=\frac{\partial u}{\partial x},\quad \varepsilon_y=\frac{\partial v}{\partial y},\quad \varepsilon_z=\frac{\partial w}{\partial z} \tag{7-51a}$$

$$\gamma_{xy}=\frac{\partial v}{\partial x}+\frac{\partial u}{\partial y},\quad \gamma_{yz}=\frac{\partial w}{\partial y}+\frac{\partial v}{\partial z},\quad \gamma_{zx}=\frac{\partial u}{\partial z}+\frac{\partial w}{\partial x} \tag{7-51b}$$

因此，利用微元体的应力、应变描述公式，可以给出一个单元体内的弹性应变能表达式为

$$U=\int_V \frac{1}{2}(\sigma_x\varepsilon_x+\sigma_y\varepsilon_y+\sigma_z\varepsilon_z+\tau_{xy}\gamma_{xy}+\tau_{yz}\gamma_{yz}+\tau_{zx}\gamma_{zx})\mathrm{d}V \tag{7-52}$$

7.3.2　矩形薄板的横向振动

假定板单元未变形时的中面为局部坐标轴的 Oxy 面，x 轴和 y 轴平行于板的两边，L_x、L_x 分别为两条板边的边长；z 轴正方向满足右手螺旋法则，节点自由度及局部坐标系如图 7-8 所示。

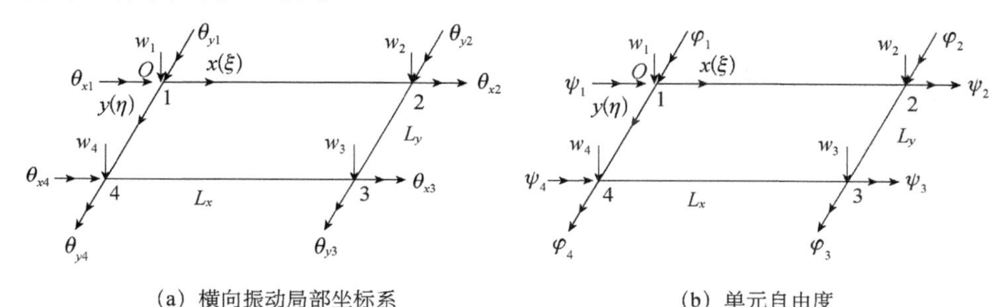

(a) 横向振动局部坐标系　　　　(b) 单元自由度

图 7-8　四节点板单元

薄板单元的基本假设（又称为**基尔霍夫假设**）条件如下所述。

（1）薄板中面法线变形后仍保持为法线（又称为直法线假设）。由此，板中面内剪应变为零。与板的初始中面垂直的平截面，变形后依然保持平面，且与中面垂直。即不考虑横向剪力所引起的剪切变形，$\gamma_{yz}=0$，$\gamma_{zx}=0$。

（2）忽略板中面的法线应力分量，且不计由其引起的应变。即横向正应力 $\sigma_z=0$。在两个自由表面处，显然满足 $\sigma_z=0$，因此，只要是薄板，那么在任意剖面处满足 $\sigma_z=0$ 是合理的。

（3）薄板中面内的各点没有平行于中面的位移，即中面不变形。也就是忽略板中面的薄膜应力，横向应力仅由弯曲应力来承受，与纯弯梁类似。

（4）利用上述假设将平板弯曲问题转化为二维问题，且全部应力和应变可以用板中面挠度 w 表示，变形未知量仅需要考虑横向（z 方向）位移 w。

（5）板是薄板且等厚度。因此，板的两个自由表面为 $z=\pm\frac{1}{2}h$。

根据薄板弯曲的变形协调条件，中面的曲率与横向位移 w 之间的关系为

$$\frac{1}{R_x}=-\frac{\partial^2 w}{\partial x^2}$$

因此，板单元横截面上任意一点距离中面 z 处的应变，由工程应变的定义可以表达为

$$\varepsilon_x = -z\frac{\partial^2 w}{\partial x^2} \tag{7-53a}$$

类似可以得到

$$\varepsilon_y = -z\frac{\partial^2 w}{\partial y^2} \tag{7-53b}$$

$$\gamma_{xy} = \frac{\partial u}{\partial y} + \frac{\partial v}{\partial x} \tag{7-53c}$$

其中，u、v 分别是在厚度方向 z 坐标处沿着局部坐标 x、y 的位移。利用中面垂直法线假设，有几何关系：

$$u = -z\frac{\partial w}{\partial x},\quad v = -z\frac{\partial w}{\partial y} \tag{7-54}$$

代入剪应变表达式，得到

$$\gamma_{xy} = -2z\frac{\partial^2 w}{\partial x\partial y} \tag{7-55}$$

再根据薄板的应力-应变关系：

$$\begin{cases} \sigma_x = \dfrac{E}{1-\upsilon^2}(\varepsilon_x + \upsilon\varepsilon_y) & \text{(7-56a)} \\ \sigma_y = \dfrac{E}{1-\upsilon^2}(\varepsilon_y + \upsilon\varepsilon_x) & \text{(7-56b)} \\ \tau_{xy} = \dfrac{E}{2(1+\upsilon)}\gamma_{xy} & \text{(7-56c)} \end{cases}$$

将式（7-54）～式（7-56）代入应变能表达式（7-52），得到板单元的应变能为

$$U = \int_0^{L_x}\int_0^{L_y}\int_{-h/2}^{h/2}\frac{E}{2(1-\upsilon^2)}[\varepsilon_x^2 + \varepsilon_y^2 + 2\upsilon\varepsilon_x\varepsilon_y + \frac{1}{2}(1-\upsilon)\gamma_{xy}^2]\,\mathrm{d}z\mathrm{d}y\mathrm{d}x \tag{7-57a}$$

$$U = \frac{D}{2}\int_0^{L_x}\int_0^{L_y}\left[\left(\frac{\partial^2 w}{\partial x^2}\right)^2 + \left(\frac{\partial^2 w}{\partial y^2}\right)^2 + 2\upsilon\left(\frac{\partial^2 w}{\partial y^2}\right)\left(\frac{\partial^2 w}{\partial y^2}\right) + 2(1-\upsilon)\left(\frac{\partial^2 w}{\partial x\partial y}\right)^2\right]\mathrm{d}y\mathrm{d}x \tag{7-57b}$$

其中，

$$D = \frac{Eh^3}{12(1-\upsilon^2)} \tag{7-58}$$

板单元的动能为

$$T=\int_0^{L_x}\int_0^{L_y}\int_{-h/2}^{h/2}\frac{\rho}{2}\left(\frac{\partial w}{\partial t}\right)^2\mathrm{d}z\mathrm{d}y\mathrm{d}x=\frac{\rho h}{2}\int_0^{L_x}\int_0^{L_y}\left(\frac{\partial w}{\partial t}\right)^2\mathrm{d}y\mathrm{d}x \tag{7-59}$$

其中，ρ 为板的密度；板的几何边界分别为：$x=0,x=L_x,y=0,y=L_y$。

根据上述给出的单元应变能和动能的位移表达式，利用第二类拉格朗日方程可以建立矩形板单元的动力有限元方程表达式。对于四节点板单元的节点变量分别为横向位移 w_i，绕局部坐标轴 Oy 的转角 φ_i 和绕坐标轴 Ox 的转角 ψ_i，这里 $i=1,2,3,4$。单元的局部坐标系以及节点位移如图 7-8 所示。其中，转角满足

$$\varphi_i=\frac{\partial w_i}{\partial x},\quad \psi_i=\frac{\partial w_i}{\partial y} \tag{7-60}$$

由于一个单元中共有 12 个节点未知量，故给出假设的单元位移模式为含有 12 个待定系数的多项式：

$$\begin{aligned}w=&a_1+a_2x+a_3y+a_4x^2+a_5xy+a_6y^2+a_7x^3+a_8x^2y+a_9xy^2\\&+a_{10}y^3+a_{11}x^3y+a_{12}xy^3\end{aligned} \tag{7-61a}$$

$$\varphi=\frac{\partial w}{\partial x}=a_2+2a_4x+a_5y+3a_7x^2+2a_8xy+a_9y^2+3a_{11}x^2y+a_{12}y^3 \tag{7-61b}$$

$$\psi=\frac{\partial w}{\partial y}=a_3+a_5x+2a_6y+a_8x^2+2a_9xy+3a_{10}y^2+a_{11}x^3+3a_{12}xy^2 \tag{7-61c}$$

针对单元位移协调性条件，现分析上式给出的位移模式的协调性满足情况。常数项 a_1 保证了单元的刚体平移条件，一次项 a_2x、a_3y 保证了单元具有刚体转动位移模式，二次方项 a_4x^2、a_6y^2 保证了单元具有均匀曲率状态，交叉二次项 a_5xy 保证了单元具有均匀扭曲率状态。由于单元的应变能表达式中包含 w 的二阶导数，则为了满足基本假设（1），横向位移 w 及其一阶导数在越过单元边界时应该满足连续性条件。下面以节点 1、2 连线的边界，分析位移协调性基本假设（1）是否满足。节点 1、2 的连线位于局部坐标轴 Ox，即 $y=0$，代入横向位移 w 和绕局部坐标轴 Oy 的转角 φ 的表达式，得到

$$w=a_1+a_2x+a_4x^2+a_7x^3 \tag{7-62a}$$

$$\varphi=\frac{\partial w}{\partial x}=a_2+2a_4x+3a_7x^2 \tag{7-62b}$$

因此，待定系数 a_1,a_2,a_4,a_7 用单元的四个节点位移值 $w_1,\varphi_1,w_2,\varphi_2$ 可以唯一确定。该单元边界上横向位移 w 和绕局部坐标轴 Oy 的转角 φ 满足位移协调性条件。另外，把 $y=0$ 代入绕局部坐标轴 Ox 的转角 ψ 的表达式，得到

$$\psi = \frac{\partial w}{\partial y} = a_3 + a_5 x + a_8 x^2 + a_{11} x^3 \tag{7-62c}$$

因此，待定系数a_3, a_5, a_8, a_{11}用单元的两个节点位移值ψ_1, ψ_2无法唯一确定。该单元边界绕局部坐标轴Ox的转角ψ不满足位移协调性条件。因此，本节位移模式给出的板单元就是非协调单元。该类单元在进行动力分析时，结构的特征值向真值收敛的过程将不是单调的，而是振荡的。

如何处理这种情况？一般情况下，可将矩形板单元划分为四个三角形单元，在三角形单元中使用满足协调性的位移模式，或者给矩形单元增加一个或几个内插点，构造高阶次的单元，这样就可以建立满足协调条件的矩形薄板弯曲振动的动力有限元方程。

把单元的节点几何边界条件代入位移表达式，得到单元节点位移向量为

$$\boldsymbol{u}_{\mathrm{e}} = \begin{Bmatrix} w_1 \\ \varphi_1 \\ \psi_1 \\ w_2 \\ \varphi_2 \\ \psi_2 \\ w_3 \\ \varphi_3 \\ \psi_3 \\ w_4 \\ \varphi_4 \\ \psi_4 \end{Bmatrix} = \begin{bmatrix} 1 & 0 & 0 & 0 & 0 & 0 & 0 & 0 & 0 & 0 & 0 & 0 \\ 0 & 1 & 0 & 0 & 0 & 0 & 0 & 0 & 0 & 0 & 0 & 0 \\ 0 & 0 & 1 & 0 & 0 & 0 & 0 & 0 & 0 & 0 & 0 & 0 \\ 1 & L_x & 0 & L_x^2 & 0 & 0 & L_x^3 & 0 & 0 & 0 & 0 & 0 \\ 0 & 1 & 0 & 2L_x & 0 & 0 & 3L_x^2 & 0 & 0 & 0 & 0 & 0 \\ 0 & 0 & 1 & 0 & L_x & 0 & 0 & L_x^2 & 0 & 0 & L_x^3 & 0 \\ 1 & L_x & L_y & L_x^2 & L_x L_y & L_y^2 & L_x^3 & L_x^2 L_y & L_x L_y^2 & L_y^3 & L_x^3 L_y & L_x L_y^3 \\ 0 & 1 & 0 & 2L_x & L_y & 0 & 3L_x^2 & 2L_x L_y & L_y^2 & 0 & 3L_x^2 L_y & L_y^3 \\ 0 & 0 & 1 & 0 & L_x & 2L_y & 0 & L_x^2 & 2L_x L_y & 3L_y^2 & L_x^3 & 3L_x L_y^2 \\ 1 & 0 & L_y & 0 & 0 & L_y^2 & 0 & 0 & 0 & L_y^3 & 0 & 0 \\ 0 & 1 & 0 & 0 & L_y & 0 & 0 & 0 & L_y^2 & 0 & 0 & L_y^3 \\ 0 & 0 & 1 & 0 & 0 & 2L_y & 0 & L_x^2 & 0 & 3L_y^2 & 0 & 0 \end{bmatrix} \cdot \begin{Bmatrix} a_1 \\ a_2 \\ a_3 \\ a_4 \\ a_5 \\ a_6 \\ a_7 \\ a_8 \\ a_9 \\ a_{10} \\ a_{11} \\ a_{12} \end{Bmatrix}$$

所以，根据单元节点位移条件求得待定系数，代入位移表达式，显然独立的节点位移仅为w，则可得到自由度缩减后的单元位移矩阵表达式为

$$\boldsymbol{u} = \boldsymbol{N}\boldsymbol{u}_{\mathrm{e}} \tag{7-63}$$

其中，$\boldsymbol{N}$为形函数矩阵。板的横向振动的应变表达式为

$$\varepsilon_x = -z\frac{\partial^2 w}{\partial x^2} \tag{7-64a}$$

$$\varepsilon_y = -z\frac{\partial^2 w}{\partial y^2} \tag{7-64b}$$

$$\gamma_{xy} = -2z\frac{\partial^2 w}{\partial x \partial y} \tag{7-64c}$$

应变表达式用矩阵形式表示为

$$\boldsymbol{\varepsilon}=\boldsymbol{B}\boldsymbol{u}_{\mathrm{e}} \tag{7-65}$$

其中，$\boldsymbol{B}$ 为应变矩阵。把应变表达式代入应变能表达式，变为

$$\begin{aligned}
U&=\frac{1}{2}\int_0^{L_x}\int_0^{L_y}\begin{bmatrix}\dfrac{\partial^2 w}{\partial x^2} & \dfrac{\partial^2 w}{\partial y^2} & 2\dfrac{\partial^2 w}{\partial x\partial y}\end{bmatrix}\boldsymbol{D}\begin{bmatrix}\dfrac{\partial^2 w}{\partial x^2} & \dfrac{\partial^2 w}{\partial y^2} & 2\dfrac{\partial^2 w}{\partial x\partial y}\end{bmatrix}^{\mathrm{T}}\mathrm{d}y\mathrm{d}x\\
&=\frac{1}{2}\int_0^{L_x}\int_0^{L_y}\boldsymbol{\varepsilon}^{\mathrm{T}}\boldsymbol{D}\boldsymbol{\varepsilon}\mathrm{d}y\mathrm{d}x\\
&=\frac{1}{2}\int_0^{L_x}\int_0^{L_y}(\boldsymbol{B}\boldsymbol{u}_{\mathrm{e}})^{\mathrm{T}}\boldsymbol{D}(\boldsymbol{B}\boldsymbol{u}_{\mathrm{e}})\mathrm{d}y\mathrm{d}x\\
&=\frac{1}{2}\boldsymbol{u}_{\mathrm{e}}^{\mathrm{T}}\left(\int_0^{L_x}\int_0^{L_y}\boldsymbol{B}^{\mathrm{T}}\boldsymbol{D}\boldsymbol{B}\mathrm{d}y\mathrm{d}x\right)\boldsymbol{u}_{\mathrm{e}}\\
&=\frac{1}{2}\boldsymbol{u}_{\mathrm{e}}^{\mathrm{T}}\boldsymbol{k}_{\mathrm{e}}\boldsymbol{u}_{\mathrm{e}}
\end{aligned} \tag{7-66}$$

其中，应变矩阵为

$$\boldsymbol{D}=D\begin{bmatrix}1 & \upsilon & 0\\ \upsilon & 1 & 0\\ 0 & 0 & \dfrac{1}{2}(1-\upsilon)\end{bmatrix} \tag{7-67}$$

则单元刚度矩阵 $\boldsymbol{k}_{\mathrm{e}}$ 的表达式亦为

$$\boldsymbol{k}_{\mathrm{e}}=\int_0^{L_x}\int_0^{L_y}\boldsymbol{B}^{\mathrm{T}}\boldsymbol{D}\boldsymbol{B}\mathrm{d}y\mathrm{d}x \tag{7-68}$$

单元体的动能为

$$\begin{aligned}
T&=\frac{1}{2}\rho h\int_0^{L_x}\int_0^{L_y}\left(\frac{\partial w}{\partial t}\right)^2\mathrm{d}y\mathrm{d}x\\
&=\frac{1}{2}\rho h\int_0^{L_x}\int_0^{L_y}\dot{w}\cdot\dot{w}\mathrm{d}y\mathrm{d}x\\
&=\frac{1}{2}\rho h\int_0^{L_x}\int_0^{L_y}(\boldsymbol{N}\dot{\boldsymbol{u}}_{\mathrm{e}})^{\mathrm{T}}(\boldsymbol{N}\boldsymbol{u}_{\mathrm{e}})\mathrm{d}y\mathrm{d}x\\
&=\frac{1}{2}\dot{\boldsymbol{u}}_{\mathrm{e}}^{\mathrm{T}}\left(\int_0^{L_x}\int_0^{L_y}\boldsymbol{N}^{\mathrm{T}}\rho h\boldsymbol{N}\mathrm{d}y\mathrm{d}x\right)\dot{\boldsymbol{u}}_{\mathrm{e}}\\
&=\frac{1}{2}\dot{\boldsymbol{u}}_{\mathrm{e}}^{\mathrm{T}}\boldsymbol{m}_{\mathrm{e}}\dot{\boldsymbol{u}}_{\mathrm{e}}
\end{aligned} \tag{7-69}$$

其中，单元质量矩阵 $\boldsymbol{m}_{\mathrm{e}}$ 的表达式为

$$\boldsymbol{m}_{\mathrm{e}}=\int_0^{L_x}\int_0^{L_y}\boldsymbol{N}^{\mathrm{T}}\rho h\boldsymbol{N}\mathrm{d}y\mathrm{d}x \tag{7-70}$$

由于该板单元为非协调单元，从直观意义上理解，就是单元在某一自由度方

向上位移“不自由”或“过自由”，即受到了非正常的数值约束条件。因此，通过数值迭代计算得到的均匀厚度薄板的固有频率可能高于也可能低于板的真实固有频率。

7.3.3 矩形薄板的平面内振动

传统薄板弯曲振动理论忽略了板中面内的应力，对于等厚度薄板的小幅振动来说，这是符合实际情况的。但是，对于用偏心加强筋加强或曲面板，弯曲变形和面内薄膜变形是互相耦合的，用薄板单元进行分析，误差就会比较大，该部分内容可参阅壳单元的相关资料，本节不再详述。本节简单介绍矩形薄板单元面内振动和弯曲振动解耦的有限单元法。

矩形薄板单元的边长分别为L_x, L_y。单元体的中面位于Oxy平面，单元处于平面应力状态，单元体内沿着厚度h上的应力是均匀的，如图 7-9 所示。

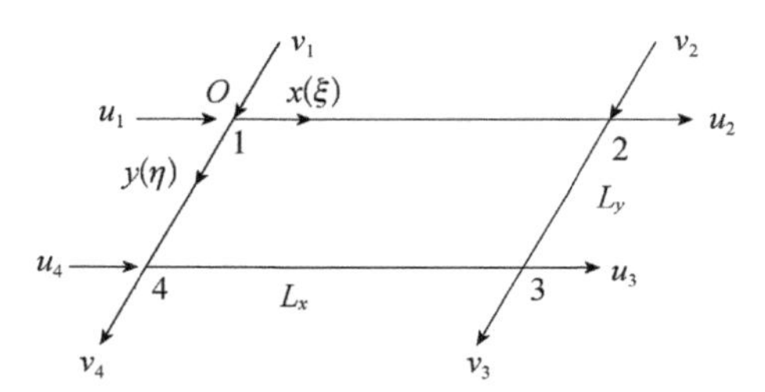

图 7-9 四节点矩形薄板单元的局部坐标系及节点自由度

因此，单元的应变能可表达为

$$
\begin{aligned}
U &= \frac{h}{2}\int_0^{L_x}\int_0^{L_y}[\sigma_x\varepsilon_x + \sigma_y\varepsilon_y + \tau_{xy}\gamma_{xy}]\mathrm{d}y\mathrm{d}x \\
&= \frac{1}{2}\frac{Eh}{1-\upsilon^2}\int_0^{L_x}\int_0^{L_y}\left[\left(\frac{\partial u}{\partial x}\right)^2 + \left(\frac{\partial v}{\partial y}\right)^2 + 2\upsilon\left(\frac{\partial u}{\partial x}\right)\left(\frac{\partial v}{\partial y}\right)\right. \\
&\quad \left. + \frac{(1-\upsilon)}{2}\left(\frac{\partial u}{\partial y} + \frac{\partial v}{\partial x}\right)^2\right]\mathrm{d}y\mathrm{d}x \\
&= \frac{1}{2}\int_0^{L_x}\int_0^{L_y}\left[\frac{\partial u}{\partial x} \quad \frac{\partial v}{\partial y} \quad \frac{\partial u}{\partial y} + \frac{\partial v}{\partial x}\right]\boldsymbol{D}\left[\frac{\partial u}{\partial x} \quad \frac{\partial v}{\partial y} \quad \frac{\partial u}{\partial y} + \frac{\partial v}{\partial x}\right]^{\mathrm{T}}\mathrm{d}y\mathrm{d}x \\
&= \frac{1}{2}\int_0^{L_x}\int_0^{L_y}\boldsymbol{\varepsilon}^{\mathrm{T}}\boldsymbol{D}\boldsymbol{\varepsilon}\mathrm{d}y\mathrm{d}x
\end{aligned}
\tag{7-71}
$$

其中，材料矩阵 $\boldsymbol{D}$ 可表达为

$$\boldsymbol{D}=\frac{Eh}{1-\upsilon^2}\begin{bmatrix}1 & \upsilon & 0\\ \upsilon & 1 & 0\\ 0 & 0 & \dfrac{1-\upsilon}{2}\end{bmatrix} \tag{7-72}$$

对于四节点板单元，四个节点的位移变量为 $u_i, u_j\,(i,j=1,2,3,4)$，假设位移模式满足的多项式函数为

$$u=a_1+a_2x+a_3y+a_4xy \tag{7-73a}$$

$$v=a_5+a_6x+a_7y+a_8xy \tag{7-73b}$$

用矩阵表达，则为

$$\begin{Bmatrix}u\\ v\end{Bmatrix}=\begin{bmatrix}1 & x & y & xy & 0 & 0 & 0 & 0\\ 0 & 0 & 0 & 0 & 1 & x & y & xy\end{bmatrix}\cdot\begin{Bmatrix}a_1\\ a_2\\ a_3\\ a_4\\ a_5\\ a_6\\ a_7\\ a_8\end{Bmatrix} \tag{7-74}$$

单元节点位移向量为

$$\boldsymbol{u}_{\mathrm{e}}=\begin{Bmatrix}u_1\\ u_2\\ u_3\\ u_4\\ v_1\\ v_2\\ v_3\\ v_4\end{Bmatrix}=\begin{bmatrix}1 & 0 & 0 & 0 & 0 & 0 & 0 & 0\\ 1 & L_x & 0 & 0 & 0 & 0 & 0 & 0\\ 1 & 0 & L_y & 0 & 0 & 0 & 0 & 0\\ 1 & L_x & L_y & L_xL_y & 0 & 0 & 0 & 0\\ 0 & 0 & 0 & 0 & 1 & 0 & 0 & 0\\ 0 & 0 & 0 & 0 & 1 & L_x & 0 & 0\\ 0 & 0 & 0 & 0 & 1 & 0 & L_y & 0\\ 0 & 0 & 0 & 0 & 1 & L_x & L_y & L_xL_y\end{bmatrix}\cdot\begin{Bmatrix}a_1\\ a_2\\ a_3\\ a_4\\ a_5\\ a_6\\ a_7\\ a_8\end{Bmatrix} \tag{7-75}$$

所以，

$$\begin{Bmatrix} a_1 \\ a_2 \\ a_3 \\ a_4 \\ a_5 \\ a_6 \\ a_7 \\ a_8 \end{Bmatrix} = \begin{bmatrix} 1 & 0 & 0 & 0 & 0 & 0 & 0 & 0 \\ -\dfrac{1}{L_x} & \dfrac{1}{L_x} & 0 & 0 & 0 & 0 & 0 & 0 \\ -\dfrac{1}{L_y} & 0 & \dfrac{1}{L_y} & 0 & 0 & 0 & 0 & 0 \\ \dfrac{1}{L_xL_y} & -\dfrac{1}{L_xL_y} & -\dfrac{1}{L_xL_y} & \dfrac{1}{L_xL_y} & 0 & 0 & 0 & 0 \\ 0 & 0 & 0 & 0 & 1 & 0 & 0 & 0 \\ 0 & 0 & 0 & 0 & -\dfrac{1}{L_x} & \dfrac{1}{L_x} & 0 & 0 \\ 0 & 0 & 0 & 0 & -\dfrac{1}{L_y} & 0 & \dfrac{1}{L_y} & 0 \\ 0 & 0 & 0 & 0 & \dfrac{1}{L_xL_y} & -\dfrac{1}{L_xL_y} & -\dfrac{1}{L_xL_y} & \dfrac{1}{L_xL_y} \end{bmatrix} \cdot \begin{Bmatrix} u_1 \\ u_2 \\ u_3 \\ u_4 \\ v_1 \\ v_2 \\ v_3 \\ v_4 \end{Bmatrix}$$

把上式代入位移表达式（7-33），给出矩阵形式的表达为

$$\boldsymbol{u} = \boldsymbol{N}\boldsymbol{u}_{\mathrm{e}} \tag{7-76}$$

其中，$\boldsymbol{N}$ 为形函数矩阵，具体表达式为

$$\boldsymbol{N} = \begin{bmatrix} 1-\dfrac{x}{L_x}-\dfrac{y}{L_y}+\dfrac{xy}{L_xL_y} & \dfrac{x}{L_x}-\dfrac{xy}{L_xL_y} & \dfrac{y}{L_y}-\dfrac{xy}{L_xL_y} & \dfrac{xy}{L_xL_y} & 0 & 0 & 0 & 0 \\ 0 & 0 & 0 & 0 & 1-\dfrac{x}{L_x}-\dfrac{y}{L_y}+\dfrac{xy}{L_xL_y} & \dfrac{x}{L_x}-\dfrac{xy}{L_xL_y} & \dfrac{y}{L_y}-\dfrac{xy}{L_xL_y} & \dfrac{xy}{L_xL_y} \end{bmatrix}$$

应变的表达式为

$$\begin{Bmatrix} \varepsilon_x \\ \varepsilon_y \\ \gamma_{xy} \end{Bmatrix} = \begin{bmatrix} \dfrac{\partial u}{\partial x} \\ \dfrac{\partial v}{\partial y} \\ \dfrac{\partial u}{\partial y}+\dfrac{\partial v}{\partial x} \end{bmatrix} \tag{7-77}$$

$$\begin{Bmatrix} \varepsilon_x \\ \varepsilon_y \\ \gamma_{xy} \end{Bmatrix} = \begin{bmatrix} -1/L_x + y/(L_xL_y) & 1/L_x - y/(L_xL_y) & -y/(L_xL_y) & y/(L_xL_y) & 0 & 0 & 0 & 0 \\ 0 & 0 & 0 & 0 & x/(L_xL_y)-1/L_y & -x/(L_xL_y) & 1/L_y - x/(L_xL_y) & x/(L_xL_y) \\ x/(L_xL_y)-1/L_y & -x/(L_xL_y) & 1/L_y - x/(L_xL_y) & x/(L_xL_y) & y/(L_xL_y)-1/L_x & 1/L_x - y/(L_xL_y) & -y/(L_xL_y) & y/(L_xL_y) \end{bmatrix} \cdot \begin{Bmatrix} u_1 \\ u_2 \\ u_3 \\ u_4 \\ v_1 \\ v_2 \\ v_3 \\ v_4 \end{Bmatrix}$$

应变表达式用矩阵形式表示为

$$\boldsymbol{\varepsilon} = \boldsymbol{B}\boldsymbol{u}_{\mathrm{e}} \tag{7-78}$$

其中，$\boldsymbol{B}$ 为应变矩阵，具体表达式为

$$\boldsymbol{B} = \begin{bmatrix} -1/L_x + y/(L_xL_y) & 1/L_x - y/(L_xL_y) & -y/(L_xL_y) & y/(L_xL_y) & 0 & 0 & 0 & 0 \\ 0 & 0 & 0 & 0 & x/(L_xL_y)-1/L_y & -x/(L_xL_y) & 1/L_y - x/(L_xL_y) & x/(L_xL_y) \\ x/(L_xL_y)-1/L_y & -x/(L_xL_y) & 1/L_y - x/(L_xL_y) & x/(L_xL_y) & y/(L_xL_y)-1/L_x & 1/L_x - y/(L_xL_y) & -y/(L_xL_y) & y/(L_xL_y) \end{bmatrix}$$

把式（7-78）代入应变能表达式（7-71），得

$$U = \frac{1}{2}\int_0^{L_x}\int_0^{L_y} \boldsymbol{\varepsilon}^{\mathrm{T}} \boldsymbol{D}\boldsymbol{\varepsilon}\mathrm{d}y\mathrm{d}x$$

进一步展开整理，即得

$$\begin{aligned} U &= \frac{1}{2}\int_0^{L_x}\int_0^{L_y} (\boldsymbol{B}\boldsymbol{u}_{\mathrm{e}})^{\mathrm{T}} \boldsymbol{D}(\boldsymbol{B}\boldsymbol{u}_{\mathrm{e}})\mathrm{d}y\mathrm{d}x \\ &= \frac{1}{2}\boldsymbol{u}_{\mathrm{e}}^{\mathrm{T}}\left(\int_0^{L_x}\int_0^{L_y} \boldsymbol{B}^{\mathrm{T}}\boldsymbol{D}\boldsymbol{B}\mathrm{d}y\mathrm{d}x\right)\boldsymbol{u}_{\mathrm{e}} \\ &= \frac{1}{2}\boldsymbol{u}_{\mathrm{e}}^{\mathrm{T}}\boldsymbol{k}_{\mathrm{e}}\boldsymbol{u}_{\mathrm{e}} \end{aligned} \tag{7-79}$$

其中，单元刚度矩阵 $\boldsymbol{k}_{\mathrm{e}}$ 的表达式为

$$\boldsymbol{k}_{\mathrm{e}}=\int_0^{L_x}\int_0^{L_y}\boldsymbol{B}^{\mathrm{T}}\boldsymbol{D}\boldsymbol{B}\mathrm{d}y\mathrm{d}x \tag{7-80}$$

单元体的动能为

$$\begin{aligned}
T&=\frac{1}{2}\rho h\int_0^{L_x}\int_0^{L_y}\left[\left(\frac{\partial u}{\partial t}\right)^2+\left(\frac{\partial v}{\partial t}\right)^2\right]\mathrm{d}y\mathrm{d}x\\
&=\frac{1}{2}\rho h\int_0^{L_x}\int_0^{L_y}\begin{bmatrix}\frac{\partial u}{\partial t} & \frac{\partial v}{\partial t}\end{bmatrix}\boldsymbol{D}\begin{bmatrix}\frac{\partial u}{\partial t} & \frac{\partial v}{\partial t}\end{bmatrix}^{\mathrm{T}}\mathrm{d}y\mathrm{d}x\\
&=\frac{1}{2}\rho h\int_0^{L_x}\int_0^{L_y}\dot{\boldsymbol{u}}^{\mathrm{T}}\dot{\boldsymbol{u}}\mathrm{d}y\mathrm{d}x\\
&=\frac{1}{2}\rho h\int_0^{L_x}\int_0^{L_y}(\boldsymbol{N}\dot{\boldsymbol{u}}_{\mathrm{e}})^{\mathrm{T}}(\boldsymbol{N}\dot{\boldsymbol{u}}_{\mathrm{e}})\mathrm{d}y\mathrm{d}x\\
&=\frac{1}{2}\dot{\boldsymbol{u}}_{\mathrm{e}}^{\mathrm{T}}\left(\int_0^{L_x}\int_0^{L_y}\boldsymbol{N}^{\mathrm{T}}\rho h\boldsymbol{N}\mathrm{d}y\mathrm{d}x\right)\dot{\boldsymbol{u}}_{\mathrm{e}}\\
&=\frac{1}{2}\dot{\boldsymbol{u}}_{\mathrm{e}}^{\mathrm{T}}\boldsymbol{m}_{\mathrm{e}}\dot{\boldsymbol{u}}_{\mathrm{e}}
\end{aligned} \tag{7-81}$$

其中，单元质量矩阵 $\boldsymbol{m}_{\mathrm{e}}$ 的表达式为

$$\boldsymbol{m}_{\mathrm{e}}=\int_0^{L_x}\int_0^{L_y}\boldsymbol{N}^{\mathrm{T}}\rho h\boldsymbol{N}\mathrm{d}y\mathrm{d}x \tag{7-82}$$

在将单元集合在一起形成结构之前，先来讨论一下位移函数需要满足的必要条件：

（1）各个位移及其所有比应变能表达式中所出现的导数低一阶的导数，在通过单元边界时是满足连续性条件的；

（2）位移函数应该能够描述刚体位移模式；

（3）位移函数应该能够描述常应变状态。

满足上述条件的单元，就是协调单元。对于由协调单元组成的结构总刚矩阵，其特征值计算，随着单元网格划分的逐渐精细化，特征值从高于真值的数值单调收敛于该真值。当单元不是协调单元时，这种动力计算的数值过程就不是单调收敛的了。若条件（3）不满足，则单元的表现就会太“刚”，特征值将收敛于某一个高于真值的数值解。

下面简单分析本节给出的四节点板单元位移模式的各个项次的物理意义以及对应的协调条件。考虑图 7-9 所示的板单元，不同单元通过假设沿着节点 1、2 的边界线相联系，根据位移连续性条件，这两个单元在节点 1、2 处的位移应完全相

同。根据位移模式的定义，沿着节点 1、2 的边界线上的任意一点的位移分别为节点 1、2 位移的线性组合，单值唯一确定。在单元应变能的表达式中，出现位移的一阶导数，因此，条件（1）得到满足。位移模式多项式函数中的常数项 a_1、a_5，相当于给出了单元的刚体平移；而位移 u 模式中的 a_3y 项，位移 v 模式中的 a_6x 项，相当于给出了在坐标系 Oxy 平面内的刚体转动，条件（2）得到满足。在位移 u 模式中的 a_2x 项，位移 v 模式中的 a_7y 项，以及分别在位移 u 模式和位移 v 模式中的 a_3y 项和 a_6x 项，保证了各个应变 $\varepsilon_x,\varepsilon_y,\gamma_{xy}$ 为一常数，这样就满足了条件（3）。因此，单元满足三个位移协调条件，此单元为协调单元。

上述矩形直边单元在处理某些曲线边界情形时会遇到困难，例如，由于板开洞造成的曲线边界，或者板周边不规则边界造成的曲线边界；本节介绍的单元应力是坐标的线性函数，如果要描述应力梯度比较大的情形或者动应力变化比较快的情形，就不得不采用更加细密的网格来捕捉应力梯度变化信息，造成单元数量过大。在动力有限元中，一般通过采用等参数单元来描述不规则变化导致的曲线边界，通过增加内插点来构造高阶次单元来描述应力的非线性变化。这方面的具体资料，可以查阅 Zienkiewicz 等学者的文献，此处不再展开。

思　考　题

1. 简述动力有限元方法与里茨方法的区别与联系。
2. 简述一维单元和二维单元的区别。
3. 试阐述单元形函数在形成单元一致质量矩阵中的作用。
4. 简述静力有限元和动力有限元中自由度的区别与联系。

第8章 流固耦合振动分析基础

8.1 引 言

何谓“耦合”？目前对于耦合的定义还没有统一的描述；“耦合”的模型如何给出？目前也没有统一的力学模型进行描述。耦合动力学目前还停留在工程应用的层面，没有提升到系统化和学科化的高度，因此，目前见诸研究文献的“耦合”大多是算法层面或者工程技术层面的成果。在动力学领域，耦合可以认为是由两个或更多个关联的动力系统组成的一个大系统所产生的不同于任一子动力系统的性质截然不同的动力学现象。这里的关联性，可以是单物理量或单因素，也可以是多物理量或多因素；可以是单向关联，也可以是双向关联。目前耦合动力学问题的求解，一般是采用分区（动力体系）迭代求解，或者是统一迭代求解，所采用的数值方法及其求解效率，对于不同的耦合问题有显著差别，但是，普遍是比较耗费计算资源的。在结构动力学相关领域，与“耦合”相关的振动类型很多。例如，流固耦合（fluid-structure interaction，FSI）、车桥耦合（vehicle-bridge coupling）、结构与基础的耦合振动等。本章以及第9章将分别介绍流固耦合和车桥耦合中相对成熟的计算方法，并简要介绍相关领域的研究前沿。

流固耦合是一类典型的耦合振动现象，具有很广泛的工程应用背景。流固耦合振动是工程中常见的一种振动形式，由于分析方法复杂并涉及两个物理场的计算，一般工程中不予考虑，仅仅把流体作用视为单向施加的动力荷载。当耦合效应不能忽略时，则必须采用耦合振动的动力学分析方法，本章将从典型的流固耦合现象、基本力学原理和针对索结构的流固耦合数值分析方法等方面进行由浅入深的介绍。对于单向流固耦合作用，一般是把流体作用力视为流体与结构的模式化的动力外荷载，且仅讨论线性振动范畴；对于双向流固耦合作用，则要设计复杂的流体计算，一般需要计算流体动力学（computational fluid dynamics，CFD）方面的知识，本书不再涉及。

对于流固耦合的本质，目前存在比较一致的观点：流体的运动场由于固体边界的变化而在运动过程中发生变化，导致流体作用力的变化；而流体作用力的变化，导致结构振动状态的变化，有的时候振动是稳定的，有的时候甚至出现振幅逐步增大的发散性振动。工程结构若在稳定流动中发生振动，则流场本身也相对于运动结构发生改变，流体出现附加振荡（对应的是流固耦合界面上速度和加速度的改变）。相对于结构的流体振荡分量，在结构上就诱发出一个脉动荷载，表现为随流体与结构干扰状态而改变的流体作用力。如果该脉动力能够减弱结构的振动幅值，则可以认为该结构是流动稳定的；如果该脉动力增大了结构的振动幅值，则认为该结构是流动不稳定的。

如果结构振动的振幅很小，在稳定性分析里就可以把流体动力简化或模式化为流动状态参数（主要指速度）与结构随着作用角度的线性函数。该简化方法只能处理不存在流动分离的流固耦合现象，如扭转颤振。如果流体和结构之间发生了流动分离，流体动力就是流动角度的一个非线性函数，这种结构一般为非流线型结构。流体所诱发的非流线型结构的振动，通常称为失速颤振或者驰振。

受流场作用的任何轻型的柔性结构都可能产生驰振，包括正方形、矩形、直角形等各种横截面形式，因而，这类截面在风工程的应用中都是气动不稳定的。冰层覆盖的输电线在风场中的振动是驰振中较典型的例子。虽然驰振和颤振都是由类似的气动弹性机理引起的，但是两者之间有着一些显著的区别。例如，结构颤振时，气动力与构件的重力和惯性力比较，往往大到足以使结构的固有频率产生很大的漂移；而在驰振时，气动力相对于结构自重，通常都是小量，因此固有频率的漂移一般很小。另外的区别是，颤振是结构由扭振振型和横向位移振型相互作用而产生的气动现象，而驰振不稳定性常常只影响某个单一的振型。

驰振分析的基本假设是：作用在结构上的流体力只跟流体对结构的瞬时相对速度和流体对结构的攻角有关。这就意味着，对于以不同角度安装的模型进行风洞试验，就可以测定流体力的准静态数据，一般并不需要做动态试验。只有当与旋涡脱落有关的近尾流周期性分量的频率 f 远超结构固有频率 f_s，即 $f \gg f_s$ 时，准静态假设才是正确的。通常这个条件是能够满足的，只要风速满足

$$U / f_s D > 10 \tag{8-1}$$

其中，U 是自由来流速度；f_s 是结构固有振动频率；D 是垂直于来流方向的截面宽度。然而，对于大跨径悬索桥，该比例系数往往处于旋涡脱落占支配地位的来流风速范围里，即 $1 < U/f_sD < 10$，准静态条件不再满足，因而，实际工程中易产生气动不稳定现象。

针对单自由度条件下的流固耦合振动，即驰振（galloping），分析产生气动不稳定性时所需的边界条件和临界流速，这对于复杂工程结构的流固耦合分析是有借鉴意义的。两自由度体系的流固耦合振动分析，是颤振（fluttering）分析的基础，可以定性分析颤振机理。拉索的流固耦合振动随着大跨桥梁工程和空间钢结构的应用，越来越多地出现在实际工程中，其研究也相对比较成熟。本章针对单自由度流固耦合振动以及拉索流固耦合振动分别进行归纳总结和系统性介绍。

8.2　单自由度体系的气动稳定性

8.2.1　平移振动

由弹簧和阻尼元件支承，仅发生线位移的单自由度结构，受到速度为 U 的稳定流场的作用；忽略固体截面形状和物体体积，视作质点，取单位体积质量为 m，包括固体本身的质量以及流体随动质量在内，流体随动质量可先简单假设为固体排开的流体质量。单自由度结构的连接弹簧刚度为 k_y，阻尼比为 ξ_y。假设作用在结构上的流体动力（升力和阻力）模型，其单质点受力分析如图 8-1 所示。

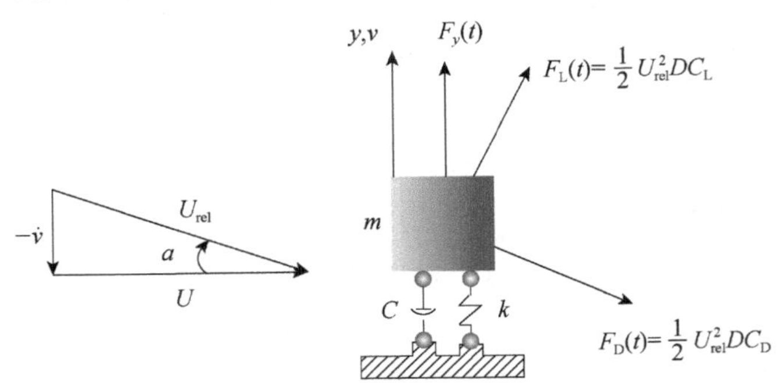

图 8-1　稳定流场中的单自由度驰振模型

假设结构以速度 $\dot{v}$ 发生垂直线位移，则流体相对于结构以速度 $-\dot{v}$ 发生垂直线

位移，流体相对于模型的攻角为

$$\alpha = -\arctan(\dot{v}/U) \tag{8-2}$$

流体相对于模型的流动速度可表示为

$$U_{\mathrm{rel}}^2 = \dot{v}^2 + U^2 \tag{8-3}$$

根据流体力学的基本知识，作用在质点模型（单位长度结构）上的垂向力可表示为

$$F_y = \frac{1}{2}\rho U^2 D C_y \tag{8-4}$$

其中，C_y 为垂向力系数。根据力的合成法则，可得垂向力系数的表达式：

$$C_y = \frac{U_{\mathrm{rel}}^2}{U^2}(C_{\mathrm{L}}\cos\alpha + C_{\mathrm{D}}\sin\alpha) \tag{8-5}$$

而 C_{L} 、 C_{D} 分别为对应于截面形状的升力系数和阻力系数。C_y 是横截面、攻角和雷诺数的函数。则单位长度截面对应的质点运动方程为

$$m\ddot{v} + 2m\xi_y\omega_y\dot{v} + k_y v = \frac{1}{2}\rho U^2 D C_y \tag{8-6}$$

其中，ω_y 是单自由度结构模型的固有频率，表达式为

$$\omega_y = \sqrt{k_y/m} \tag{8-7}$$

当攻角改变不大时，C_y 可以在 $\alpha = 0$ 附近做泰勒展开，并把式（8-5）代入后的表达式为

$$\begin{aligned} C_y &= C_y\big|_{\alpha=0} + \left.\frac{\partial C_y}{\partial \alpha}\right|_{\alpha=0}\alpha + o(\alpha^2) \\ &= C_y\big|_{\alpha=0} - \left[\left.\frac{\partial C_L}{\partial \alpha}\right|_{\alpha=0} + C_{\mathrm{D}}\big|_{\alpha=0}\right]\times\frac{\dot{v}}{U} + o(\dot{y}^2) \end{aligned} \tag{8-8}$$

当攻角较小时，$\alpha = -\dot{y}/U$ ，$\partial C_y/\partial\alpha = \partial C_{\mathrm{L}}/\partial\alpha + C_{\mathrm{D}}$。其中，$C_y\big|_{\alpha=0}$ 对应的常数项对应一个静位移，对于气动稳定性不起任何作用；不稳定的气动力诱发振动的起始点由方程（8-8）中的线性项所决定，将该线性项代入方程（8-6），得到线性化的运动方程：

$$\ddot{v} + 2\xi_{\mathrm{r}}\omega_y\dot{v} + \omega_y^2 v = 0 \tag{8-9}$$

其中，

$$2\xi_{\mathrm{r}}\omega_y = 2\xi_y\omega_y + \frac{1}{2}\frac{U}{D}\frac{\rho D^2}{m}\left.\frac{\partial C_y}{\partial\alpha}\right|_{\alpha=0} \tag{8-10}$$

这里，ξ_{r} 为耦合动力体系对应的阻尼比，反映的是结构阻尼分量和气动力分量共

同作用的结果。运动方程（8-9）的解为

$$v = A_y e^{-\xi_r \omega_D t} \sin(\omega_D t + \phi) \tag{8-11}$$

其中，

$$\omega_D = \omega_y (1 - \xi_r^2)^{1/2} \tag{8-12}$$

A_y 是扰动的初始幅值；ϕ 是初始相位角。由解式（8-11）可见，方程（8-9）的解只有当 ξ_r 是正值时，所有扰动才会随时间而减弱，即结构受正阻尼作用时，耦合体系才是稳定的；如果 ξ_r 是负值，结构的振动位移将随着时间发展而无限地增大，即结构受负阻尼作用时，体系振动变为不稳定的。

当 ξ_r 经过零而变成负值时开始出现不稳定现象。令 ξ_r 为零，可以求得体系保持稳定振动所需要的最小折合速度。因此，由式（8-10）可得，不稳定性起始点的最小流速可表示为

$$\frac{U}{f_y D} = -\frac{4m(2\pi\xi_y)}{\rho D^2} \Bigg/ \left(\frac{\partial C_L}{\partial \alpha} + C_D\right)\Bigg|_{\alpha=0} \tag{8-13}$$

其中，$f_y = \omega_y / 2\pi$ 是模型的固有频率，单位是 Hz。式（8-13）中，m 包括了随动流体附加质量，ξ_y 仅仅是结构体系的阻尼比。由式（8-13）可知，如果 $\left(\frac{\partial C_L}{\partial \alpha} + C_D\right)\Big|_{\alpha=0}$ 大于或等于零，那么模型始终是稳定的。只有当模型发生微小旋转导致稳态风作用下的风升力增加时，即只有 $\left(\frac{\partial C_L}{\partial \alpha} + C_D\right)\Big|_{\alpha=0}$ 小于零以及流体速度超过式（8-13）所给出的折合速度时，模型才可能是不稳定的（图 8-2）。

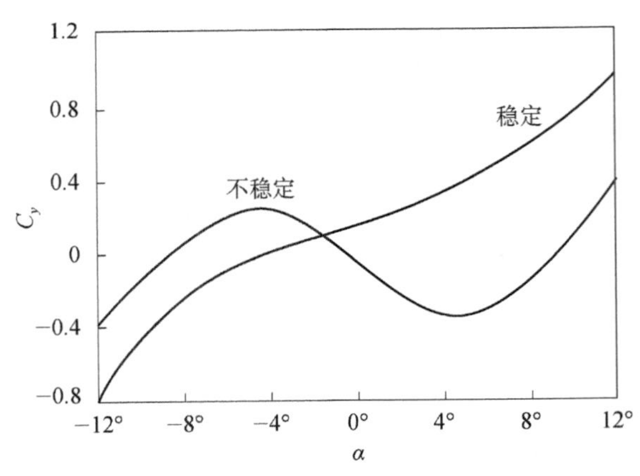

图 8-2　垂直于流向的气动力驰振稳定和不稳定的区段

8.2.2　扭转振动

考虑结构阻尼作用，并用扭转弹簧支承一个只能发生转动位移的刚性平面，该刚性平面在二维亦可看作单自由度体系，受到速度为U的稳定流体作用，如图 8-3 所示。I_θ是包括随动流体质量在内的截面极惯性矩，k_θ是刚性截面的约束扭转弹簧系数。当模型转动时，作用于截面上流体的攻角发生变化，根据攻角α和选定的半径R_1（可取压力中心到刚性截面约束点的直线距离），可定义出一个逼近平均流场的特征相对速度U_{rel}，流体相对于刚性横截面的攻角和相对速度分别为

$$\alpha=\theta-\arctan\left[R_1\dot{\theta}\sin\gamma/(U-R_1\dot{\theta}\cos\gamma)\right] \tag{8-14a}$$

$$U_{\mathrm{rel}}^2=(R_1\dot{\theta}\sin\gamma)^2+(U-R_1\dot{\theta}\cos\gamma)^2 \tag{8-14b}$$

其中，$R_1\dot{\theta}\cos\gamma$项与$U$相比为小量，可略去不计，把$R_1\sin\gamma$定义为特征半径$R$。

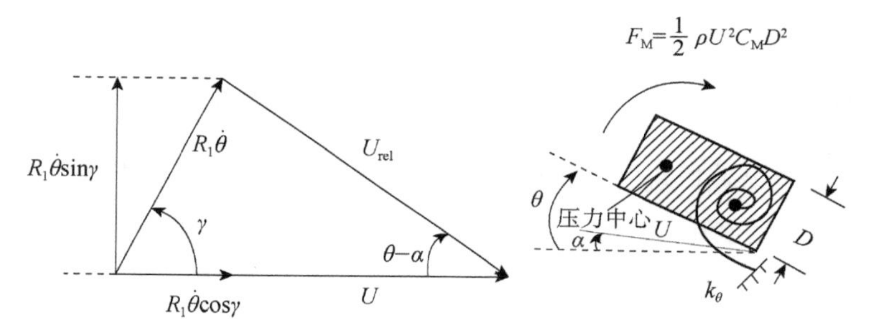

图 8-3　稳定流场中单自由度扭转驰振模型

每单位长度横截面上的扭矩为

$$F_{\mathrm{M}}=\frac{1}{2}\rho U^2D^2C_\theta \tag{8-15}$$

其中，根据力的合成法则，得到扭矩系数C_θ的表达式：

$$C_\theta=\frac{U_{\mathrm{rel}}^2}{U^2}C_{\mathrm{M}} \tag{8-16}$$

其中，C_{M}是风洞试验中测得的围绕旋转点的扭矩（力矩）系数。

如图 8-3 所示，固定截面将会对施加在它上面的气动力扭矩产生运动响应，截面的扭转响应方程为

$$I_\theta\ddot{\theta}+2I_\theta\xi_\theta\omega_\theta\dot{\theta}+k_\theta\theta=\frac{1}{2}\rho U^2D^2C_\theta \tag{8-17}$$

在旋转角度小时，可以把方程（8-17）线性化，以确定扭转不稳定性的起始点。小攻角，即$\alpha\ll1$时，

$$U_{\text{rel}} = U$$

$$\alpha = \theta - R\dot{\theta} / U$$

式（8-17）经过线性化后的运动方程为

$$I_\theta \ddot{\theta} + 2I_\theta \xi_\theta \omega_\theta \dot{\theta} + k_\theta \theta = \frac{1}{2}\rho U^2 D^2 \left.\frac{\partial C_{\mathrm{M}}}{\partial \alpha}\right|_{\alpha=0} \left(\theta - \frac{R\dot{\theta}}{U}\right) \tag{8-18}$$

在结构阻尼低的情况下，当净阻尼为零时出现扭转不稳定性的起始点。扭转不稳定性开始出现时的最小临界速度是

$$\frac{U}{f_\theta D} = \frac{-4I_\theta\left(2\pi\xi_\theta\right)}{\rho D^3 R} \Bigg/ \left.\frac{\partial C_{\mathrm{M}}}{\partial \alpha}\right|_{\alpha=0} \tag{8-19}$$

其中，$f_\theta = \dfrac{\omega_\theta}{2\pi}$ 是模型的固有频率，单位是 Hz；I_θ 是截面和随动流体的极惯性矩；ξ_θ 是结构产生扭转振动的阻尼比。

如图 8-4 所示，当结构不稳定时，截面在从左到右的流场作用中做顺时针方向旋转，因而 $\left.\dfrac{\partial C_{\mathrm{M}}}{\partial \alpha}\right|_{\alpha=0} < 0$，截面顺时针方向的扭矩一定减小。如果截面的旋转中心向压力中心（围绕着它 $F_{\mathrm{M}} = 0$ 的点）的方向朝前移动，失稳扭矩就减小；如果模型的旋转中心移动到压力中心的前面，则模型通常是稳定的。

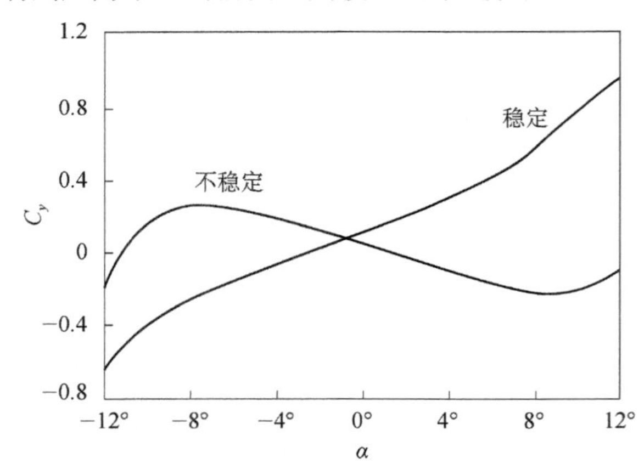

图 8-4　扭转驰振的稳定与不稳定区段

8.3　两个自由度系统的气动稳定性

大多数结构的振动同时存在平移和扭转两个自由度，扭转和平移由于风攻角

随振动过程的不断变化，导致这两个自由度在空气动力学上是耦合在一起的。如果截面的旋转中心（剪切中心）和质量重心并不重合，则扭转和平移自由度也存在惯性耦合。在大多数情况下，平行于自由稳定流场的平移运动在驰振中只起比较次要的作用，所以本节只考虑惯性耦合截面的平面内扭转和垂直于自由流的平移。平面内两自由度（扭转和平移）耦合振动的颤振模型如图 8-5 所示。

上述模型的运动方程式为

$$m\ddot{v} + 2m\xi_y\omega_y\dot{v} - S_x\ddot{\theta} + k_y v = \frac{1}{2}\rho U^2 D C_y \tag{8-20a}$$

$$I_\theta\ddot{\theta} + 2I_\theta\xi_\theta\omega_\theta\dot{\theta} - S_x\ddot{v} + k_\theta\theta = \frac{1}{2}\rho U^2 D^2 C_\theta \tag{8-20b}$$

其中，

$$m = \int_A \rho \mathrm{d}\xi \mathrm{d}\eta$$

$$I_\theta = \int_A \left(\xi^2 + \eta^2\right)\rho \mathrm{d}\xi \mathrm{d}\eta$$

$$S_x = \int_A \xi\rho \mathrm{d}\xi \mathrm{d}\eta$$

ρ 是单位体积的质量；m 是单位长度的质量；S_x/m 是从重心到旋转中心的距离；I_θ 是截面的质量极惯性矩。m 和 I_θ 都包括随动流体的质量。当攻角很小时，攻角可表示为

$$\alpha = \theta - R\dot{\theta}/U - \dot{y}/U \tag{8-21}$$

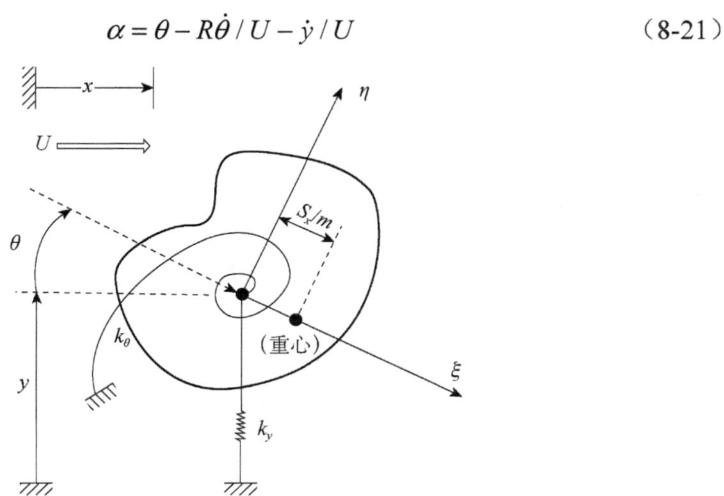

图 8-5　稳定流场中的两自由度颤振模型

截面的稳定性由运动方程式（8-20a）和式（8-20b）的线性项决定。假定围绕平衡位置的小扰动位移具有下述形式：

$$v = \bar{v}e^{\lambda t}$$
$$\theta = \bar{\theta}e^{\lambda t} \tag{8-22}$$

其中，$\bar{v}$、$\bar{\theta}$ 和 λ 是常量。只有当 λ 具有负实部，扰动位移随着时间而减小时，系统才是稳定的。经过线性化处理后，式（8-20）的解具有如式（8-22）的形式，式（8-20）可以写成矩阵方程的形式为

$$\begin{bmatrix} A & B \\ C & D \end{bmatrix} \begin{Bmatrix} \bar{v} \\ \bar{\theta} \end{Bmatrix} = 0 \tag{8-23}$$

其中，A、B、C 和 D 都是系统参变量和 λ 的函数。只有当式（8-23）左侧的系数矩阵的行列式为零时，系统才有解。令系数行列式为零，就得到关于 λ 的四次多项式为

$$\begin{cases} \lambda^4 + C_1\lambda^3 + C_2\lambda^2 + C_3\lambda + C_4 = 0 \\ C_i = C_i(A,B,C,D), \quad i = 1,2,3,4 \end{cases} \tag{8-24}$$

如果系统是稳定的，则式（8-24）的所有根的实部都为负数，因而围绕平衡位置 $y = \theta = 0$ 的小扰动随着时间的递增而减小。求解四次多项式的系数 C_i 相当复杂，一般情况下式（8-24）没有封闭解。在某些情况下，判断系统的稳定性也并不要求式（8-24）的显式解。

如果扭转和平移的两个固有频率相差比较大，而气动力相对惯性力较小，那么扭转和平移之间的气动力耦合就比较弱。在这种情况下，要分析系统稳定性，可以把式（8-20）中用主坐标表示的惯性耦合项剔除，并逐个考察每一主振型的稳定性，而不必进行方程式（8-24）的数值解来分析系统的耦合不稳定性。

把两个自由度结构的扭转位移和平动位移展开成主坐标 p_1 和 p_2 的组合，即

$$\begin{cases} \theta = k_1 p_1 + p_2 \\ v = p_1 + k_2 p_2 \end{cases} \tag{8-25}$$

求得 k_1 和 k_2 的值，将式（8-25）代入式（8-20）得到不含惯性耦合项的方程。式（8-20）通过主坐标变换后的运动方程为

$$\begin{cases} \ddot{p}_1 + \omega_1^2 p_1 = F_1(\dot{p}_1, \dot{p}_2) \\ \ddot{p}_2 + \omega_2^2 p_2 = F_2(\dot{p}_1, \dot{p}_2) \end{cases} \tag{8-26}$$

其中，主固有频率 ω_1 和 ω_2 是

$$\omega_{1,2} = \frac{\omega_y^2 + \omega_\theta^2 \pm \left[\left(\omega_y^2 + \omega_\theta^2\right)^2 - 4\omega_y^2\omega_\theta^2\left(1 - S_x^2 / I_\theta m\right)\right]^{1/2}}{2\left(1 - S_x^2 / I_\theta m\right)} \tag{8-27a}$$

以及

$$
\begin{cases} k_1 = S_x \omega_1^2 / \left[m\left(\omega_1^2 - \omega_y^2\right) \right] \\ k_2 = S_x \omega_2^2 / \left[I_\theta \left(\omega_2^2 - \omega_\theta^2\right) \right] \end{cases} \tag{8-27b}
$$

如果主振型的频率 ω_1 和 ω_2 相差比较大，则不稳定性的起始点取决于式（8-26）的线性项，得到临界速度的表达式：

$$
U_{\mathrm{cr}} = \frac{-4m\xi_y\omega_y - 4k_2^2 I_\theta \xi_\theta \omega_\theta}{\rho D\left(Rk_2 + 1\right)\left(k_2 D \partial C_{\mathrm{M}} / \partial\alpha + \partial C_y / \partial\alpha\right)} \tag{8-28a}
$$

或

$$
U_{\mathrm{cr}} = \frac{-4k_1^2 m\xi_y\omega_y - 4I_\theta \xi_\theta \omega_\theta}{\rho D\left(R + k_1\right)\left(k_1 \partial C_y / \partial\alpha + D \partial C_{\mathrm{M}} / \partial\alpha\right)} \tag{8-28b}
$$

最小临界速度即为式（8-28a）与式（8-28b）两者中的较小值。当惯性耦合减小时，S_x、k_1 和 k_2 接近于零，于是式（8-28）退化为由式（8-13）和式（8-19）给出的一维稳定性判别式。

总之，如果一个结构只能扭转或者垂直于自由稳定流场而平移，那么不稳定性的起始点分别由式（8-13）或式（8-19）决定。如果结构既能转动又能垂直于自由稳定流场而平移，而且固有频率又距离很远，那么需要分情况讨论系统的耦合稳定性。如果没有惯性耦合，则不稳定性的起始点出现在式（8-13）或式（8-19）计算得出的临界速度中的较小值处；如果有惯性耦合，则不稳定性的起始点由式（8-28）的较小值处给出。如果固有（主）频率相互靠近，那么耦合的不稳定性就会出现，而此时两个自由度系统稳定性判定就必须借助于多项式方程（8-24）的一般数值解。

如果端部效应可忽略不计，式（8-13）、式（8-19）、式（8-24）和式（8-28）的针对二维结构的稳定性判别式可以直接用在三维连续结构的耦合振动中，通常低阶频率的振型最容易发生颤振。

8.4　拉索的振动

拉索是桥梁结构和空间结构中重要的结构构件，在使用过程中易产生各种风致振动现象。拉索振动按照振动机理的不同可分为由结构运动引起的参数共振和由不稳定流场引起的风致振动。风致振动大致可分为以下几类：涡激振动（vortex induced vibration，VIV）、尾流驰振（wake galloping）、裹冰索驰振（galloping of iced cable）、抖振（buffeting）、风雨激振（rain-wind-induced vibration）等，下面分别针对其耦合振动机理和动力稳定性判据进行介绍。

8.4.1 涡激振动

气流绕过物体时，在物体两侧会形成不对称的旋涡脱落，这与 8.3 节中的稳定流场有显著的区别，从而形成交替作用在物体上的横风向的涡激力或力矩，在这种作用下，结构就会发生横风向或扭转的涡激振动。对斜拉桥梁而言，拉索的横截面一般为圆形，当风流经拉索时，会在尾流区出现规则周期脱落的旋涡——卡门（Karman）涡街，拉索受到周期性变化的涡激力的作用，其频率为

$$f_{\mathrm{v}} = \frac{St \cdot U}{D} \tag{8-29}$$

其中，D 为拉索的直径；U 为来流的平均风速；St 为施特鲁哈尔数（Strouhal number），St 与雷诺数（Reynolds number）有关，当雷诺数在亚临界区时，圆形截面的 St 为 0.19~0.20。

Karman 涡激共振是带有反馈作用的强迫振动，当旋涡脱落的频率 f_{v} 和拉索的某阶固有频率 f_{c} 相等时，将会发生涡激共振。当旋涡脱落频率与索的某一固有振动频率相等时，继续增大风速，旋涡脱落频率保持不变，这称为区域“锁定”（lock-on）共振现象。由于拉索振动对流场的反馈作用产生锁定现象，所以在涡激共振发生时风速和频率并不是按式（8-29）呈线性关系，而是在一定的风速范围内均存在频率为 f_{c} 的共振。定义涡激共振发生的最初风速为临界风速：

$$U_{\mathrm{cr}} = \frac{D}{T_k St} = \frac{f_k D}{St} \tag{8-30}$$

式中，T_k 及 f_k 分别为结构物第 k 阶自振周期和自振频率。对于圆形索截面的 St 取为 0.20 时，索的第 k 阶模态涡激振动的临界风速为

$$U_{\mathrm{cr}} = 5D / T_k \tag{8-31}$$

根据实际拉索的固有频率和 Strouhal 数来分析，拉索的低频涡激共振的临界风速一般仅为 0.5~2m • s^{-1}，如此低的风速所产生的荷载难以提供激起拉索大幅振动的能量。在 Karman 涡街的作用下，拉索的涡激共振一般以较高频率出现。拉索只有以较高频率模态（例如，十几阶及其以上频率）出现时，风速才能提供足够

的激励能量。由于拉索涡激振动的幅值较小，一般在索直径的 1/2 以下，因此，一般认为拉索模态阻尼比达到 0.25%及以上时，涡激共振可有效抑制，不会发生。

8.4.2　驰振

下面分别针对裹冰索驰振及尾流驰振两种情形来分析拉索驰振产生的机理。裹冰索驰振为发散的横风向自激振动，当拉索表面结冰后截面外形改变，从圆形变为不规则非对称截面形式，成为不稳定气动外形，从而发生横风向大幅振动。驰振产生的原因是当气动阻尼为负值，且能够克服拉索的机械阻尼时，系统的总阻尼为负值，风场不断对体系振动输入能量，因而产生发散振动。发生拉索驰振的必要条件为葛劳渥-邓哈托（Glauert-Den Hartog）判据，具体表达式为

$$\left(\frac{\mathrm{d}C_{\mathrm{L}}}{\mathrm{d}\alpha}+C_{\mathrm{D}}\right)<0 \tag{8-32}$$

其中，C_{L} 为来流的平均升力系数；C_{D} 为平均阻力系数；α 为来流风攻角。

裹冰索驰振的概念主要用于具有特殊截面的细长结构，如矩形、“D”形截面的裹冰拉索，索对风向呈现为椭圆形截面，不稳定驰振有可能发生，圆形截面拉索结构则不会发生驰振。驰振的产生与质量阻尼参数斯克鲁顿数（Scruton number，Sc）有关，即 $Sc=m\xi/\rho D^2$，其中，m 为单位索长质量，ξ 为索的阻尼比，ρ 为空气的单位体积质量，D 为索截面直径。Irwin 指出，当 Scruton 数大于 10 时，斜拉索不会产生横风向驰振。日本学者提出了产生驰振的临界风速简化计算公式：$U_{\mathrm{c}}=CD\sqrt{Sc}/T_k$，这里 C 为常数，大约取为 35，T_k 为索的第 k 阶振动周期。

尾流驰振是指当两排拉索在来流方向前后排列时，处在下游的拉索出现比上游拉索振动更为强烈的一种风致振动。当下游风索位于上游风索在尾流区形成的一个不稳定驰振区内，且下游风索的固有频率比它的旋涡脱落频率及上游风索的固有频率都低时，便激发尾流驰振。由于前排拉索的尾流区形成一个不稳定驰振区，若后排拉索处于这一区域内，就会发生尾流驰振，振幅一直增大，直到达到稳态振幅的极限环为止。这是由于尾流中的升力成分总是使下游拉索向尾流的中心运动，因此在尾流中的阻力和升力共同作用下，处于驰振不稳定区中的拉索就会产生回旋运动，直到达到稳定的振幅。

上游风场中产生的索尾流的不稳定驰振区范围和尾流驰振的临界风速，需进行风洞试验及理论分析才能确定。试验结果表明，产生拉索尾流驰振的条件是：

$L/D = 3.5 \sim 5$，其中 L 为上游、下游拉索之间的距离，D 为上游拉索的挡风宽度，一般取索直径。桥梁工程中，安装有并排拉索的斜拉桥有可能发生尾流驰振，一般需要安装索尼减振装置。

拉索尾流驰振中，处于下游尾流中的拉索在两个方向上的振动方程为

$$m\ddot{u} + c_{xx}\dot{u} + c_{xy}\dot{v} + k_{xx}u + k_{xy}v = F_x \tag{8-33}$$

$$m\ddot{v} + c_{yx}\dot{u} + c_{yy}\dot{v} + k_{yx}u + k_{yy}v = F_y \tag{8-34}$$

其中，右端项即尾流驰振力的表达式为

$$F_x = q_0 d\left(\frac{\partial C_\mathrm{D}}{\partial x}x + \frac{\partial C_\mathrm{D}}{\partial y}y\right) + \frac{q_0 d}{U_1}(C_\mathrm{L}\dot{y} - 2C_\mathrm{D}\dot{x}) \tag{8-35a}$$

$$F_y = q_0 d\left(\frac{\partial C_\mathrm{L}}{\partial x}x + \frac{\partial C_\mathrm{L}}{\partial y}y\right) - \frac{q_0 d}{U_1}(C_\mathrm{D}\dot{y} - 2C_\mathrm{L}\dot{x}) \tag{8-35b}$$

$$q_0 = \frac{1}{2}\rho U^2 L \tag{8-35c}$$

式中，U 为自由来流的平均流速；U_1 为尾流中的瞬时流速。

8.4.3 抖振

抖振是由脉动风速引起的结构随机振动。根据引起抖振的脉动风来源的不同，可将抖振分为由结构物本身尾流引起的尾流抖振、由其他临近结构物尾流引起的抖振、由大气紊流引起的抖振等三种情形。对斜拉索而言，以上三种情况均有可能发生。由于索的内力很大以及阻尼的作用，这种振动幅值一般较小，但是，索的抖振可以使桥面产生一种特殊的空气动力失稳。加拿大著名风工程专家 Alan Davenport 指出，对斜拉桥的两平行索面，阵风击打上、下两排索面的时间差为 B/U（B 为两索面的间距，U 为风速），如果此时间差恰好是桥面扭转振动周期（T_t）的一半，则会产生不稳定的振动，临界风速为 $U_\mathrm{cr} = 2B/T_\mathrm{t}$。

针对抖振问题，Davenport 提出了“等效静风荷载”(equivalent static wind load)的概念。认为结构在脉动风荷载作用下的动响应包含了“背景分量”和“共振分量”两部分的叠加。“背景分量”是由那些与结构自振频率相距较远的脉动分量引起的，是一个慢变的、不规则的过程，其性质是拟静力的，基本不存在动力放大效应；而“共振分量”是由接近结构自振频率的脉动分量激发引起的，具有明显的动力放大效应。在大多数情况下，共振分量很小，因此可仅考虑背景分量的影

响；但对于某些重量轻、低频率、低阻尼的风敏感建筑物（如结构的自振频率小于 1Hz），则应考虑阵风的动力放大效应。

考虑由大气湍流引起抖振的细长结构，其轴向坐标为 x。如果每一振型响应的结构振动幅值都很小，则可假设该结构的气动特性是线性的，因而所受气动力可视为由自激力和来流湍流引起的抖振力两部分的叠加。

对于大气边界层风场中常见的湍流强度，以及频率属于实际工程应用中重点关注范围内的那些湍流分量，可以假设其速度脉动量 $\tilde{u}$、$\tilde{v}$ 和 $\tilde{w}$ 的平方及相互乘积，相对于平均速度 U 的平方是可以忽略不计的，而且在所考虑的频率范围内，力系数 C_{D}、C_{L} 和 C_{M} 与频率无关。因此可以根据准定常理论表示抖振力，即对于轴向坐标为 x 的断面，其抖振阻力、升力和气动力矩可以写为

$$\frac{D(t)}{\frac{1}{2}\rho U^2 B}=C_{\mathrm{D}}(\alpha_0)\frac{A}{B}\left[1+2\frac{\tilde{u}(x,t)}{U}\right] \tag{8-36}$$

$$\frac{-L(t)}{\frac{1}{2}\rho U^2 B}=C_{\mathrm{L}}(\alpha_0)\left[1+2\frac{\tilde{u}(x,t)}{U}\right]+\left[\left.\frac{\mathrm{d}C_{\mathrm{L}}}{\mathrm{d}\alpha}\right|_{\alpha=\alpha_0}+\frac{A}{B}C_{\mathrm{D}}(\alpha_0)\right]\frac{\tilde{w}(x,t)}{U} \tag{8-37}$$

$$\frac{M(t)}{\frac{1}{2}\rho U^2 B^2}=\left[C_{\mathrm{M}}(\alpha_0)+C_{\mathrm{D}}(\alpha_0)\frac{Ar}{B^2}\right]\left[1+2\frac{\tilde{u}(x,t)}{U}\right]+\left.\frac{\mathrm{d}C_{\mathrm{M}}}{\mathrm{d}\alpha}\right|_{\alpha=\alpha_0}\frac{\tilde{w}(x,t)}{U} \tag{8-38}$$

式中，B 为物体的特征尺寸，如细长结构的横断面宽度；A 为在垂直于平均风速 U 平面上的单位长度横风向投影面积；r 为细长结构的横断面的质量中心到有效转轴的距离；$U+\tilde{u}(t)$ 和 $\tilde{w}(t)$ 分别为顺风向和垂直方向的风速分量；α_0 为风作用下的平均迎角；$\tilde{w}(t)/U$ 表示偏离平均迎角的角脉动量。

8.4.4　风雨激振

20 世纪 80 年代，日本学者 Hikami 在名古屋名港西大桥（Meiko-West Bridge）第一次详细观察到了索的风雨振动。这种振动不是由经典涡激振动产生的，因为观察到的振动频率比涡激振动频率低得多；也不是由尾流驰振引起的，因为索与索之间隔离较远。风雨激振具有限幅限速的特征，即它只有在特定的风速范围（6～18m・s^{-1}）内发生，而且振幅不会无限增大。此外，风雨激振仅在一定的风攻角和风向角下发生。由于这种振动要求的风速较小，在中、小雨时便可发生，且振

动幅值很大，严重时可威胁桥梁的结构安全。

斜拉索的风雨激振主要有以下几个特点。

（1）振动幅值很大，可以达到索径的 5 倍以上。

（2）并不是所有索均发生振动，也不一定是长索才发生振动。是否产生振动，与索的固有振动频率、风向角等有关，能够激起振动的频率一般小于 2Hz，通常为索的前三阶模态，表现为低频、高幅振动。

（3）激起风雨激振的天气条件很特别。振动通常发生在中速风、小雨到中雨情况，而当风很大或雨很大时，这种振动并不发生，起振风速范围在 6～18m $\cdot$s^{-1}，折减风速（$R_\text{r}=U/f_\text{c}D$，其中U为风速，D为索径，f_c为索的固有振动频率）为 20～80。雷诺数为2.1×10^5～6.1×10^8，处于亚临界范围。

（4）发生振动的索的直径范围大致是 140～225mm。

（5）风雨振动主要是面内振动，而面外振动一般较小，说明这种振动主要是由气动升力引起的。

关于拉索风雨激振的机理解析，目前一般可归纳为以下三种。

1. 由尾流中的二次轴向流引起的振动

日本学者 Matsumoto 等在试验中发现，在有雨的情况下，当迎风角达到一定程度时，斜拉索也会出现较大的不稳定现象，于是提出了二次轴向流的理论，并通过实验验证了二次轴向流的存在以及其对拉索的不稳定所起的作用，并认为拉索的风雨激振是由拉索的两个分离层之间的流体作用被分割，从而在拉索后产生上下两个内循环流而导致的。Honda 等基于试验结果，利用分离拉索振动分量的方法定性地分析了来流风在拉索轴向分量对拉索振动的影响，说明了轴向流在风雨激振中的作用。

2. 由拉索表面的上、下雨流改变几何外形而引起的振动

在大部分的试验和实地观测中发现，当风雨共同作用而使拉索发生大幅振动时，拉索的上下表面都会出现细雨流，这些雨流被认为对拉索的大幅振动起到了关键的作用。雨流的形成及其位置取决于雨水的重力、拉索表面的风压，以及雨水和拉索的表面张力。雨流一开始形成于拉索的前驻点，由于风压而向后移动，在一定的风速条件下，例如，对于一般使用的聚乙烯管，风速在 10m $\cdot$s^{-1} 左右时，雨流在拉索表面的位置将到达分离点，并在此位置附近来回移动。一般认为，雨

流的大小、位置及运动等对激发拉索的振动都有重要影响。

雨流的出现改变了拉索原本圆形的截面，从而使其由稳定的气动外形变为不稳定的气动外形。对于雨流改变拉索的气动外形而引起的拉索大幅振动，一般有两种解释：一是单自由度的驰振；二是弯扭两自由度的颤振。

3. 由三维旋涡脱落而引起的振动

旋涡脱落时，当脱落的旋涡被拉长的时候，其脱落频率将降低，旋涡的尺寸变大，积聚的能量也将变大，从而当旋涡从结构体非对称脱落时，形成更大的非定常的周期力，而使结构产生更大的振动。当拉索轴线与来流方向不垂直时，拉索的圆柱形截面相对于来流将成为椭圆截面，而从实验中也发现，当结构体平行于来流的尺寸加大时，将使脱落的旋涡拉长，从而使拉索产生更大的振动。而且，旋涡三维脱落时，并不像二维脱落时那样，当边界层到达分离点时就会直接离开壁面，因为三维脱落时，边界层还有第三个方向可选择，即拉索的轴向，这里的分析与前面的二次轴向流的分析有点一致。它同样可以拉长脱落旋涡的尺寸。同样，大幅振动还使旋涡脱落相互联系起来，使旋涡在振动拉索的尾部形成二维涡片；大幅振动所产生的“锁定”频带也很宽，可使拉索振动接近于从一个频率的共振过渡到另一个频率的共振。

8.5　拉索风振分析方法

8.5.1　简化计算方法

以往针对拉索风振的研究，大多是把风作为作用在索结构上的外界激励荷载，而较少考虑由索形变化引起的表面风压的改变以及其反过来对流场的影响。中国《建筑结构荷载规范》（GB 50009—2012）中关于风的动力效应，通常用等效静力风荷载来考虑，具体表达式如下：

$$w_k = \beta_z \mu_s \mu_z w_0 \tag{8-39}$$

式中，w_k 为风荷载标准值（$\mathrm{kN \cdot m^{-2}}$）；β_z 为高度 z 处的风振系数；μ_s 为风荷载体型系数；μ_z 为风压高度变化系数；w_0 为基本风压（$\mathrm{kN \cdot m^{-2}}$）。但是，该计算公式仅适用于不考虑流固耦合效应钝体结构的风荷载计算，而对于拉索的风荷载计算，很难采用该近似计算公式。

事实上风与拉索之间是相互耦合作用的，拉索所受风压不仅与来流的脉动有关，还受到索自身运动引起的自激力（附加气动力）影响，索的风致振动方程为

$$\boldsymbol{M}\ddot{\boldsymbol{U}}+\boldsymbol{C}\dot{\boldsymbol{U}}+\boldsymbol{K}\boldsymbol{U}=\boldsymbol{F}(t,\boldsymbol{U},\dot{\boldsymbol{U}}) \tag{8-40}$$

式中，$\boldsymbol{M}$、$\boldsymbol{C}$、$\boldsymbol{K}$ 分别为拉索的质量矩阵、阻尼矩阵和刚度矩阵；$\boldsymbol{U}$、$\dot{\boldsymbol{U}}$、$\ddot{\boldsymbol{U}}$ 分别为拉索的位移、速度和加速度列向量；气动力项 F 是时间、拉索位移及速度的函数，代表了风与拉索的动力耦合作用。忽略拉索与风场的耦合作用，将会导致与实际情况的较大偏差，因而，有必要从流固耦合理论的角度来研究拉索的风振效应。

8.5.2 风振分析方法

1. 解析方法

早期空间结构的跨度较小且计算手段受到限制，因此风荷载常常等效为确定性静力荷载。平均风作用可由静力学方法计算，而脉动风力效应则通过经验系数与理论分析来确定，如 Davenport 提出的阵风荷载因子法，中国《建筑结构荷载规范》（GB 50009—2012）沿用的风振系数等。在 Davenport 提出的阵风荷载因子法中，结构的等效静风荷载 F_{eq} 可表示为

$$F_{\text{eq}}=GC_{fx}Aq(z) \tag{8-41}$$

其中，C_{fx} 为结构的顺风向阻力系数；A 为顺风向迎风面积；G 为动力影响系数；$q(z)$ 为高度 z 处的平均风压。动力影响系数 G 的具体表达式为

$$G=1+2gI_H\sqrt{B_z+R} \tag{8-42}$$

其中，g 为峰值因子，通常取 3.5～4；I_H 为结构 H 高度处的湍流强度；B_z 和 R 分别代表背景分量因子和共振分量因子。

2. 离散频域方法

自 20 世纪 60 年代起，随机振动理论、有限元法开始应用于结构风工程研究。经过有限元法离散后，类似于式(7-50)的大跨度空间结构的动力方程一般可表示为

$$\boldsymbol{M}\ddot{\boldsymbol{U}}_t+\boldsymbol{C}\dot{\boldsymbol{U}}_t+\boldsymbol{K}\boldsymbol{U}_t=\boldsymbol{P}_t \tag{8-43}$$

式中，$\boldsymbol{M}$、$\boldsymbol{C}$、$\boldsymbol{K}$ 分别为多自由度体系的质量矩阵、阻尼矩阵、刚度矩阵；$\boldsymbol{U}_t$、$\dot{\boldsymbol{U}}_t$、$\ddot{\boldsymbol{U}}_t$ 分别为 t 时刻结构位移向量、速度向量、加速度向量；$\boldsymbol{P}_t$ 为 t 时刻作用在

结构上的风荷载向量。

频域分析方法基于傅里叶变换，对于任意的动力荷载可以采用傅里叶变换，在频域内求得体系的动力反应，具体过程可以参考本书3.7.2节的相关内容。一般结构为多自由度体系，首先进行模态分解，然后转换为多个解耦的模态坐标描述的单自由度体系，针对该单自由度体系运用傅里叶变换，转换到频域内进行动力响应的求解。

将频域方法用于大跨空间结构的风振响应分析，概念清晰、应用较为广泛，主要包括振型分解法（即模态叠加法）、响应谱法、特征值法、随机振动离散分析法、虚拟激励法等。这些方法一般基于某些假设，例如，求解过程中结构刚度、阻尼性质保持不变，结构仅发生小变形、小位移，不考虑结构变形后的状态，忽略气动弹性效应，脉动风速时程为各态历经的零均值平稳随机过程等。实际上，真实结构的阻尼特性比较复杂，通常为了简化计算，频域分析方法中需要把阻尼矩阵假定为满足振型正交性的线性阻尼矩阵，瑞利线性阻尼假设是经常采用的阻尼模型。

采用振型分解法时，先利用傅里叶级数将右端风荷载向量展开，表示成有限简谐分量之和，然后对各简谐分量进行体系的响应计算，最后叠加各简谐响应而得到结构体系的总响应。

随机振动离散分析法可与离散频域方法结合，用于计算工程结构随机振动响应分析。例如，在设定随机激励的均值和相关概率特性后，既可以由式（8-43）推导出结构的差分方程递推关系式，在时域内采用矩阵迭代即可求解结构均值响应和均方响应，也可以采用模态叠加法或频域分析方法求解结构的均值响应和均方响应，两种方法的计算精度相当。但是，频域分析法是基于结构整体线性振动的假定，且仅适用于白噪声激励情形，则通过空间相关性过滤的滤波方法将风荷载转换为白噪声输入激励，可求解结构风振响应。

3. 离散时域方法

基于线性叠加的频域分析方法概念清晰、简便，但不能方便地给出响应的相关函数、瞬态响应，不能分析非线性结构。另一方面，用来作非线性随机振动分析的FPK（Fokker-Planck-Kolmogorov）方程法、矩方程法、统计线性化法、摄动法、级数展开法、随机平均法、最大熵法等，也很难应用于大型多自由度结构的随机风振响应。对大跨空间结构，采用时域分析方法可计入频域法中包含的所有因素；可考虑自然风的时间相关性和结构几何与材料非线性影响、任意阻尼特性，更精确地反映结构的耦合风振情况；可直观描述一定时程内结构的风振响应过程，并给出一定精度的数值解，进而分析大跨空间结构风振规律。

根据式（8-43），时域分析法的结构增量形式的动力方程为

$$\boldsymbol{M}\ddot{\boldsymbol{U}}_{\Delta t}+\boldsymbol{C}\dot{\boldsymbol{U}}_{\Delta t}+\boldsymbol{K}\boldsymbol{U}_{\Delta t}=\boldsymbol{P}_{\Delta t} \tag{8-44}$$

式中，$\ddot{\boldsymbol{U}}_{\Delta t}$、$\dot{\boldsymbol{U}}_{\Delta t}$、$\boldsymbol{U}_{\Delta t}$、$\boldsymbol{P}_{\Delta t}$ 分别表示加速度增量向量、速度增量向量、位移增量向量和荷载增量向量。

风振分析中的时域数值分析法，一般采用差分类和积分类数值计算方法，前者如中心差分法，后者又分显式积分和隐式积分两大类，如常加速度法、线性加速度法、Houbolt 法、Wilson-θ 法、Newmark 法等。时程分析法的精度和运算稳定性依赖于所选取的时间增量 Δt 的大小。选取 Δt 时应考虑以下因素：①结构特性；②荷载特性；③结构刚度与阻尼的复杂程度。采用时程分析方法求解结构风振响应时，需进行多个风荷载随机样本分析，然后对计算结果进行统计分析，得到动力响应的均值响应和均方响应。通常误差会逐步积累，计算工作量往往很大。为实现上述非线性动力方程的高精度数值计算，出现了精细积分算法和并行算法。

8.6 拉索流固耦合数值仿真

数值风洞（numerical wind tunnel）是指利用计算流体力学（computational fluid dynamics，CFD）方法在计算机上模拟结构周围流场的变化，并求解结构表面的风压力。这是近十几年来发展起来的一种结构风工程研究方法，并逐渐形成了一门新兴的结构风工程分支——计算风工程学（computational wind engineering，CWE）。显然，数值风洞技术的核心是 CFD 技术，因此也有人将其称为 CFD 数值仿真技术。数值风洞方法最早起源于航空工程领域对机翼绕流特性的研究，自 20 世纪 80 年代起逐渐进入结构风工程领域，最初主要用于对均匀流场中圆柱绕流的模拟。到 20 世纪 80 年代后期，为了研究紊流场中的钝体绕流问题，发展建立了多种湍流模型，如基于雷诺平均方程的 RANS（雷诺平均纳维-斯拉克斯）模型和基于空间过滤的 LES（大涡模拟）模型等；利用这些湍流模型对二维和三维矩形断面钝

体进行绕流数值分析，取得了和实验较一致的结果，近年来，数值风洞技术在结构风工程的研究中发挥了越来越重要的作用。

流固耦合（fluid-structure interaction，FSI）是指流体与固体在运动过程中通过两相介质界面之间产生相互影响和交互作用。例如在风工程中，柔性的拉索易产生较大的位移，拉索的位移反过来又改变拉索周边流场的分布和大小，而拉索周边流场的改变进一步改变作用在拉索上的风作用力，结构的位形随之发生改变，从而产生流体与结构的耦合作用。

8.6.1　耦合分析框架

流固耦合问题从控制方程的解法上可分为强耦合和弱耦合。强耦合，是将耦合项与流体域、固体域构造在同一控制方程中，所有变量在同一时间步内同时求解。弱耦合，是在每一时间步内依次求解流体控制方程和固体动力学方程，流体域和固体域的计算结果通过耦合界面的插值计算来交换数据。强耦合与弱耦合的具体计算流程如图 8-6 所示。

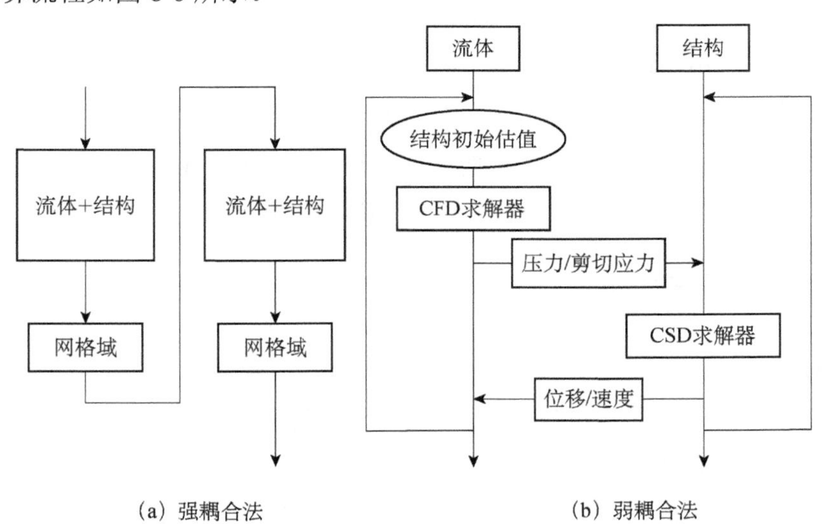

图 8-6　强耦合法及弱耦合法流程图

CFD. 计算流体动力学；CSD. 计算结构动力学

弱耦合法中，在流固耦合界面上须满足力平衡条件及位移协调条件。当流体和固体网格一致，即流体节点与固体节点重合时，流固耦合界面处的数据传递比较简单；当流体和固体网格不匹配时，则需采用映射算子进行插值计算，将结构变形由固体网格传递给流体网格，流体荷载传递给固体网格。根据力平衡条件，流固耦合界面上沿法线方向流体应力与固体应力平衡。利用映射算子将流体节点应力插值到固体节点上，并利用固体边界插值函数积分得到固体节点力，作为有限元求解的自然边界条件。

强耦合法在于构造出统一形式的流体、结构控制方程，然后直接求解。物理概念清晰，适用于流固耦合的理论分析，对瞬态分析处理较好，计算稳定性高。但由于需要保证流体域和结构域网格一致，且对计算资源要求非常高，因而，不适用于数值计算解决复杂的实际工程问题。

弱耦合法中流场分析和结构分析具有独立性和完整性，可充分发挥现有成熟商业软件的优势，计算资源的消耗相对较少，适用于流固耦合的数值计算，对稳态分析效果较好，是目前用得最普遍的流固耦合分析方法。但是，其计算过程复杂，收敛慢，需要大量的数据交换，且本质上并不是真正的耦合。

弱耦合法由于流体域和固体域单独求解，因而，可采用不同的求解方法和计算网格。流体域的求解较为成熟的方法包括差分法、有限体积法等，而固体域的求解则采用有限元方法比较普遍。流体和结构运动的描述方式通常也有所区别，在固体力学中常用拉格朗日坐标系，着眼于物质点的运动；而在流体力学中多用欧拉坐标系，着眼于空间点的状态。在流固耦合作用的计算中，这种运动描述方式的差异，对于具有大位移的非线性结构问题，容易出现在两相交界面处运动学协调条件不能满足的问题，从而导致耦合计算的失败。

8.6.2 流固耦合界面信息传递

弱耦合法针对流体域和固体域分别独立求解，因此，需要在两相交界处进行分析数据的传递与交换，以便迭代计算的不断进行。当流体和固体网格一致，即流体节点与固体节点重合时，流体和固体可直接传递相关信息数据；当流体和固体网格不匹配时，则需采用映射算子进行插值计算以实现信息转换。流体求解器将流体表面应力传递给结构求解器，将映射处理后的表面应力作为结构的外力施加到结构方程中；反之，结构求解器将结构边界上的位移和速度传递给流体求解器，将映射处理后的结果作为求解网格位移、网格速度及流体方程的必要条件。

这里用 $\boldsymbol{N}_{\mathrm{f}}$ 和 $\boldsymbol{N}_{\mathrm{s}}$ 分别表示流固耦合边界上的流体节点和结构节点的列向量，定义流固耦合界面上的映射算子如下：

$$\begin{cases} \mathscr{M}_{\mathrm{sf}}:\left\{f_i \middle| i\in \boldsymbol{N}_{\mathrm{f}}\right\}\to\left\{\hat{f}_j \middle| j\in \boldsymbol{N}_{\mathrm{s}}\right\} \\ \mathscr{M}_{\mathrm{fs}}:\left\{s_j \middle| j\in \boldsymbol{N}_{\mathrm{s}}\right\}\to\left\{\hat{s}_i \middle| i\in \boldsymbol{N}_{\mathrm{f}}\right\} \end{cases} \tag{8-45}$$

其中，下标 f 和 s 分别表示流体节点和结构节点上的物理量；$\hat{f}$ 和 $\hat{s}$ 分别表示各物理量在流固耦合边界处结构节点和流体节点上的插值，简单定义为 $\mathscr{M}_{\mathrm{sf}}(f)=\hat{f}$ 和 $\mathscr{M}_{\mathrm{fs}}(s)=\hat{s}$ 。

流体与固体界面的数值传递常用插值技术实现，标准的插值算法是将源点的值分配给距离最近的目标节点，并考虑几何距离的影响；或按照一定的权重将源点的值分配给其周围多个相邻节点。比较典型的数据传递方法有最小平方映射法及型函数法。最小平方映射法的映射插值如下式表示：

$$\int_{s^l}\overline{w}_i(\Delta P_i^{\mathrm{f}}-\Delta P_i^{\mathrm{s}})\mathrm{d}S=0 \tag{8-46}$$

$$\int_{s^l}\overline{w}_i(u_i^{\mathrm{f}}-u_i^{\mathrm{s}})\mathrm{d}S=0 \tag{8-47}$$

$$\int_{s^l}\overline{w}_i(\dot{u}_i^{\mathrm{f}}-\dot{u}_i^{\mathrm{s}})\mathrm{d}S=0 \tag{8-48}$$

式中，$\overline{w}_i$ 表示权函数；ΔP_i^{f} 、ΔP_i^{s} 分别表示界面处流体、固体节点的压力值；u_i^{f} 、u_i^{s} 分别表示界面处流体和固体对应节点的位移值；$\dot{u}_i^{\mathrm{f}}$ 、$\dot{u}_i^{\mathrm{s}}$ 分别表示流体、固体界面处的速度值。

8.6.3　流固耦合界面控制条件

在流固耦合界面上沿界面法线方向流体和固体的应力必须平衡，流固耦合界面上的平衡条件为

$$\boldsymbol{\tau}_{\mathrm{f}}\cdot\boldsymbol{n}=\boldsymbol{\tau}_{\mathrm{s}}\cdot\boldsymbol{n},\quad (t,x)\in(0,T]\times S \tag{8-49}$$

其中，$\boldsymbol{n}$ 为耦合界面法线方向矢量；$\boldsymbol{\tau}_{\mathrm{s}}$、$\boldsymbol{\tau}_{\mathrm{f}}$ 分别为流固耦合界面上的固体应力和流体应力。利用映射算子将流体节点应力插值到结构节点上，然后利用固体边界插值函数积分得到固体节点力：

$$\boldsymbol{F}_{\mathrm{s}}(\boldsymbol{v},\boldsymbol{p})=\int_s H_{\mathrm{s}}^{\mathrm{T}}\mathscr{M}_{\mathrm{sf}}(\boldsymbol{\tau}_{\mathrm{f}})\mathrm{d}S \tag{8-50}$$

式中，$H_{\mathrm{s}}^{\mathrm{T}}$ 为固体边界插值函数。由式（8-50）求得的节点力作为外力作用在固体节点上，并在有限元算法中作为自然边界条件。

在流固耦合界面上沿界面法线方向流体和固体的位移必须协调，一般不考虑发生流动分离，如果发生流动分离，则该条件将失效。流固耦合界面处的协调条件为

$$\boldsymbol{d}_{\mathrm{f}}=\boldsymbol{d}_{\mathrm{s}},\quad (t,x)\in(0,T]\times S \tag{8-51}$$

式中，$\boldsymbol{d}_{\mathrm{s}}$、$\boldsymbol{d}_{\mathrm{f}}$ 分别为流固耦合界面上的固体位移和流体位移。对于流固耦合界面，流固耦合边界一般属于无滑移情况，耦合界面上流体速度条件可由运动学条件导出：

$$\boldsymbol{v}_{\mathrm{f}}=\dot{\boldsymbol{d}}_{\mathrm{s}},\quad (t,x)\in(0,T]\times S \tag{8-52}$$

式中，$\boldsymbol{v}_{\mathrm{f}}$ 为流固耦合界面上的流体速度；$\dot{\boldsymbol{d}}_{\mathrm{s}}$ 为流固耦合界面上的固体速度。

8.6.4 流固耦合系统求解算法

令 $\boldsymbol{X}=(\boldsymbol{X}_{\mathrm{f}},\boldsymbol{X}_{\mathrm{s}})$ 代表耦合系统的解矢量，$\boldsymbol{F}=(\boldsymbol{F}_{\mathrm{f}},\boldsymbol{F}_{\mathrm{s}})=0$ 为耦合系统的离散方程，其中，$\boldsymbol{X}_{\mathrm{f}}$、$\boldsymbol{X}_{\mathrm{s}}$ 和 $\boldsymbol{F}_{\mathrm{f}}$、$\boldsymbol{F}_{\mathrm{s}}$ 分别为流体域及结构域的解矢量和方程。在每一时间步，利用有限元法或有限体积法结合相应的单元、材料和边界约束等条件分别组装流体域和固体域的离散方程。

1. 直接耦合法（强耦合法）

所有的流体变量和结构变量通过求解单一的耦合方程，并同时更新状态变量。直接耦合法中采用牛顿-拉弗森法求解耦合方程的基本迭代式为

$$\boldsymbol{X}^{k+1}=\boldsymbol{X}^{k}-\left[\frac{\partial F(\boldsymbol{X}^{k})}{\partial\boldsymbol{X}^{k}}\right]^{-1}F(\boldsymbol{X}^{k}) \tag{8-53}$$

其中，k 为迭代次数，对式(8-53)进行迭代求解直至残差满足误差要求。式(8-53)中的雅可比矩阵可表示为

$$\frac{\partial F(\boldsymbol{X})}{\partial\boldsymbol{X}}=\begin{bmatrix}\dfrac{\partial\boldsymbol{F}_{\mathrm{f}}}{\partial\boldsymbol{X}_{\mathrm{f}}} & \dfrac{\partial\boldsymbol{F}_{\mathrm{f}}}{\partial\boldsymbol{X}_{\mathrm{s}}}\\ \dfrac{\partial\boldsymbol{F}_{\mathrm{s}}}{\partial\boldsymbol{X}_{\mathrm{f}}} & \dfrac{\partial\boldsymbol{F}_{\mathrm{s}}}{\partial\boldsymbol{X}_{\mathrm{s}}}\end{bmatrix}\equiv\begin{bmatrix}\boldsymbol{A}_{\mathrm{ff}} & \boldsymbol{A}_{\mathrm{fs}}\\ \boldsymbol{A}_{\mathrm{sf}} & \boldsymbol{A}_{\mathrm{ss}}\end{bmatrix} \tag{8-54}$$

每个迭代步的求解过程如下所述：

（1）采用 ALE 算法求解流体节点位移，更新流体网格。

（2）像仅有结构模型一样，组装 $\boldsymbol{A}_{\mathrm{ss}}$ 和 $\boldsymbol{F}_{\mathrm{s}}$，但在流固界面上须包含流体力。

（3）像仅有流体模型一样，组装 $\boldsymbol{A}_{\mathrm{ff}}$ 和 $\boldsymbol{F}_{\mathrm{f}}$，但在流固界面上须满足速度协调条件。当处理流体边界条件时，在边界处组装耦合矩阵 $\boldsymbol{A}_{\mathrm{fs}}$，以速度协调条件 $\boldsymbol{v}_{\mathrm{f}}=\dot{\boldsymbol{d}}_{\mathrm{s}}$

为例，在与流固界面上流体节点 i 处速度相对应的流体方程为

$$\boldsymbol{F}_{\mathrm{f},i}=\boldsymbol{v}_i-\mathscr{M}_{\mathrm{fs}}\left(\frac{{}^{t+\Delta t}\boldsymbol{d}_{\mathrm{s},i}-{}^{t}\boldsymbol{d}_{\mathrm{s},i}}{\Delta t}\right) \tag{8-55}$$

相应的局部有效矩阵为

$$\boldsymbol{A}_{\mathrm{ff},i}=\boldsymbol{I} \tag{8-56a}$$

$$\boldsymbol{A}_{\mathrm{fs},i}=-\frac{\mathscr{M}_{\mathrm{fs}}(\boldsymbol{X}_{\mathrm{s},i})}{\Delta t} \tag{8-56b}$$

$$\boldsymbol{A}_{\mathrm{sf},i}=-\frac{\mathscr{M}_{\mathrm{sf}}(\boldsymbol{X}_{\mathrm{f},i})}{\Delta t} \tag{8-56c}$$

（4）由式 $\boldsymbol{F}_{\mathrm{s}}(\boldsymbol{v},\boldsymbol{p})=\int_s H_{\mathrm{s}}^{\mathrm{T}}\mathscr{M}_{\mathrm{sf}}(\boldsymbol{\tau}_{\mathrm{f}})\mathrm{d}S$ 计算流体应力的贡献 $\boldsymbol{F}_{\mathrm{s}}$，组装 $\boldsymbol{A}_{\mathrm{sf}}$。例如，考虑与耦合界面上结构节点与流体力相对应的结构方程。流体力和其局部作用力的雅可比矩阵将被综合到整体矩阵中，具体表达式如下：

$$-\int_s H_{\mathrm{s}}^{\mathrm{T}}\mathscr{M}_{\mathrm{sf}}(\boldsymbol{\tau}_{\mathrm{f}})\mathrm{d}S\to\boldsymbol{F}_{\mathrm{s}} \tag{8-57a}$$

$$-\int_s H_{\mathrm{s}}^{\mathrm{T}}\mathscr{M}_{\mathrm{sf}}\left(\frac{\partial\boldsymbol{\tau}_{\mathrm{f}}}{\partial\boldsymbol{X}_{\mathrm{f}}}\right)\mathrm{d}S\to\boldsymbol{A}_{\mathrm{sf}} \tag{8-57b}$$

（5）用稀疏矩阵求解器求解方程，具体迭代格式如下：

$$\boldsymbol{X}^{k+1}=\boldsymbol{X}^k-\left[\frac{\partial F(\boldsymbol{X}^k)}{\partial\boldsymbol{X}^k}\right]^{-1}F(\boldsymbol{X}^k)$$

2. 迭代耦合法（弱耦合法）

迭代耦合法也称分区算法，是一类弱耦合分析方法。在迭代耦合法中，流体方程和结构方程各自使用直接或迭代求解器顺序求解，并将最新的计算结果传递给对方。以下为每个迭代循环的求解步骤：

（1）采用 ALE 算法求解流体节点位移，更新流体网格。

（2）像仅有结构模型一样，组装 $\boldsymbol{A}_{\mathrm{ff}}$ 和 $\boldsymbol{F}_{\mathrm{f}}$，按公式 $\boldsymbol{v}_{\mathrm{f}}=\dot{\boldsymbol{d}}_{\mathrm{s}}$ 计算流固界面上的速度。

（3）使用直接或迭代求解器求解流体方程：$\boldsymbol{X}_{\mathrm{f}}^{k+1}=\boldsymbol{X}_{\mathrm{f}}^{k}-\boldsymbol{A}_{\mathrm{ff}}^{-1}\boldsymbol{F}_{\mathrm{f}}$。

（4）由式 $\boldsymbol{F}_{s}(\boldsymbol{v},\boldsymbol{p})=\int_s H_{\mathrm{s}}^{\mathrm{T}}\mathscr{M}_{\mathrm{sf}}(\boldsymbol{\tau}_{\mathrm{f}})\mathrm{d}S$ 计算结构节点处的流体力。

（5）像仅有结构模型一样，组装 $\boldsymbol{A}_{\mathrm{ss}}$ 和 $\boldsymbol{F}_{\mathrm{s}}$，但在流固界面上须包含最新的流体力。

（6）使用直接或迭代求解器求解流体方程：$\boldsymbol{X}_{\mathrm{s}}^{k+1}=\boldsymbol{X}_{\mathrm{s}}^{k}-\boldsymbol{A}_{\mathrm{ss}}^{-1}\boldsymbol{F}_{\mathrm{s}}$。

3. ALE 法

ALE（arbitrary Lagrangian-Eulerian）法综合拉格朗日描述和欧拉描述，解决了流固耦合计算中由坐标系不统一引起的两相运动界面的协调问题。

拉格朗日描述中，网格点即是物质点，计算网格固定在物体上随物质点一起运动；在欧拉描述中，网格点即是空间点，计算网格固定在空间中，在物质点运动时始终保持不变。ALE 描述中，引入了一个独立于初始构形和现时构形运动的参考构形，初始构形和现时构形都相对于参考构形进行描述。网格点即是参考点，计算网格（即参考构形）在空间中的运动形式是任意的，可以根据需要自由选择，做独立于拉格朗日坐标系和欧拉坐标系间的运动。当网格固定在空间不动时，即为欧拉描述；当网格的运动速度与物体运动速度相等时，即为拉格朗日描述。当给定合适的网格运动速度时，既能保持合理的网格形状以较好地处理物质的扭曲，又能准确地描述物体的运动界面。

ALE 描述中计算网格可以自由运动，既克服了拉格朗日法的网格畸变问题，又能跟踪自由表面流动，其在流固耦合动力学的研究中有较大的潜力，但同时也使计算更加复杂，网格与物质点之间的迁移速度相关的迁移项也给求解带来了困难，需进一步考虑网格运动算法、迁移影响处理等方面的问题。

8.6.5　基于 ANSYS-CFX 环境的流固耦合分析

基于 ANSYS 软件的流固耦合求解方法可分为三大类：直接耦合、顺序耦合及同步耦合。直接耦合中所有的物理场由一个代码来求解，如共轭传热问题。顺序耦合则是按照定义好的顺序求解，在物理意义上是弱耦合，可分为单向耦合和双向耦合。同步耦合则是同步求解中不同场的求解同步进行，在物理意义上是强耦合。

在守恒插值中，每个单元面根据面上节点数 n 划分为 n 个插值面，然后三维插值面转换为二维多边形，再通过插值多边形相交重叠生成的控制面进行荷载传递。ANSYS-CFX 流固耦合计算的界面守恒插值原理如图 8-7 所示。

ANSYS-CFX 流固耦合计算流程如下：

（1）以固体结构变形前的边界作为流体计算边界，计算流场作用在结构表面的压力；

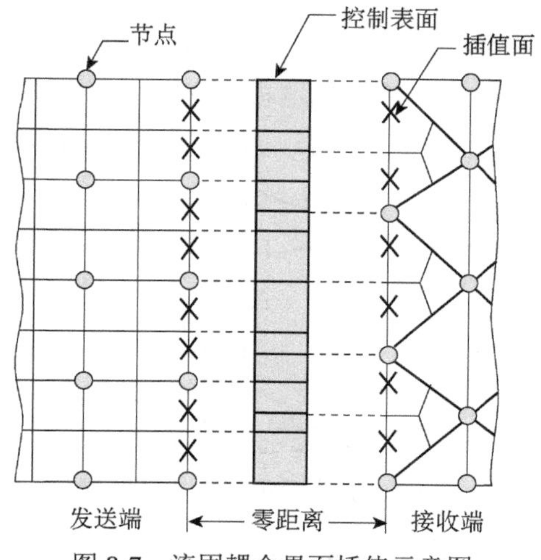

图 8-7　流固耦合界面插值示意图

（2）计算固体结构在该压力作用下产生的变形，根据此变形对流体边界及流体网格进行修正，重新进行流体计算分析；

（3）重复步骤（1）、（2），直至耦合界面处流体和固体两次计算的压力差值小于误差容限。

8.6.6　拉索流固耦合数值分析算例

拉索在大跨结构中应用广泛，如悬索屋盖、桥梁、输电体系、桅杆结构，但索材质量轻，横向刚度小，则由风引起的振动效应不可忽略。以往拉索的风振研究大多把风作为作用在拉索上的外界激励荷载，而较少考虑由索形变化引起的表面风压改变以及其反过来对流场的影响。关于风的动力效应，通常用等效静力风荷载来考虑。事实上风与索结构之间是相互耦合作用的，拉索所受风压不仅与来流的脉动有关，还受到拉索自身运动引起的自激力（附加气动力）影响。忽略拉索与风的耦合作用，将会导致分析结果与实际情况产生较大偏差。本节基于流固耦合理论，借助于数值仿真分析软件 ANSYS 来研究拉索的风振响应规律。

1. 模型介绍

在平稳风场工况下，利用 ANSYS-CFX 软件针对两类空间姿态的圆截面拉索的流固耦合风振问题，进行多参数计算分析，并与不考虑流固耦合效应进行对比。取拉索长度为 100m，直径为 0.1m，弹性模量为 170GPa，密度为 7000kg • m^{-3}。

设定钢索初始应力为50MPa，两端固接。流体为25℃的空气，密度为1.185kg•m^{-3}，黏性系数为1.831kg•m^{-1}•s^{-1}。平均风速U取为30m•s^{-1}，相当于风力为11级的暴风，地面粗糙度类别为B类地貌场地。拉索倾角α和风向角β如图8-8所示。

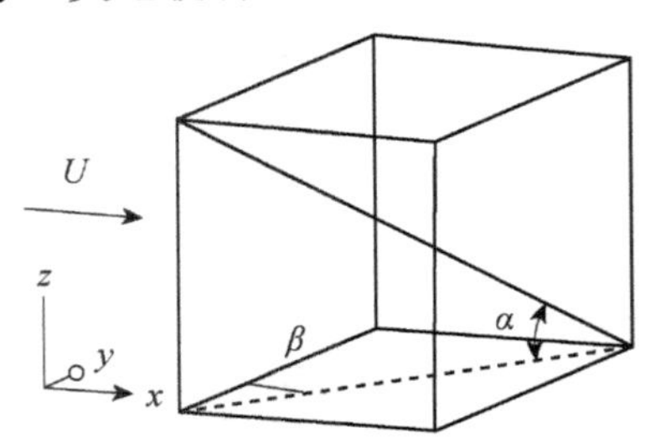

图8-8　拉索倾角α和风向角β

风工况设置：α=30°，β=35°，拉索倾斜放置，流域长、宽、高分别取为45m、75m、50m；拉索端部距流场进口7m，距出口10m，距两侧面均为5m。

流体计算分别采用层流模型（laminar）和k-ω湍流模型，湍动能k、比耗散率ω是与湍流强度、湍流长度尺度及速度尺度有关的。进口采用速度边界条件，切向速度为零，法向速度为30m•s^{-1}，k取1.66m^2•s^{-2}，ω取336Hz（湍流强度3.5%）。此时对应的雷诺数为1.9×10^5，处于亚临界范围内；出口采用压力边界条件，参考压力为零；侧壁及上下面均采用自由滑移壁面条件；拉索表面采用无滑移壁面条件。

钢索采用solid186单元划分网格，单元数3900，节点数19848。流场网格在拉索表面进行网格加密。拉索表面最大网格长度设为0.008m；覆面层网格设为10层，总厚度设为0.05m。覆面层内为三棱柱网格，以减小拉索表面网格扭曲率，其他位置采用四面体网格，单元数354800，节点数187533，如图8-9所示。本节针对拉索的倾角30°、风向角35°工况进行流固耦合数值模拟，并简单分析数值仿真结果。

（a）流场及拉索界面的网格划分

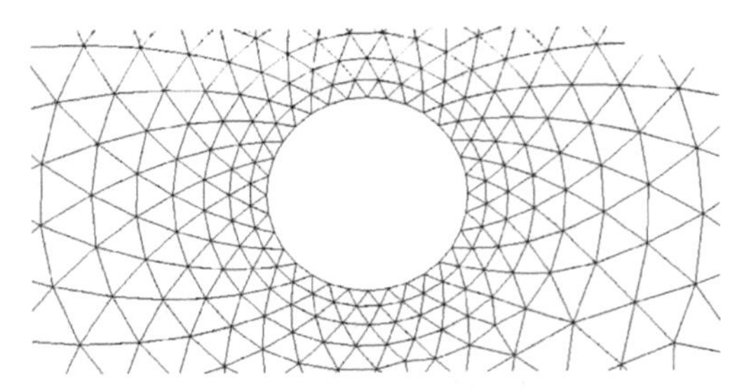

（b）索表面局部网格加密

图8-9　流场网格划分结果

2. 拉索流固耦合数值仿真结果

拉索在平稳风场中的最大变形、风压时程如图 8-10～图 8-13 所示。由图 8-10 及图 8-11 中拉索跨中的位移时程曲线可知，竖向的拉索振动幅度最为明显，其次是水平方向的振动，而顺风向的振动幅度最小。从图 8-10 与图 8-11 的对比可见，采用 $k\text{-}\omega$ 湍流模型和层流模型两者的计算结果差异甚小，$k\text{-}\omega$ 湍流模型计算得到的风压值比层流模型大 16%，而位移及应力值几乎没有区别。层流模型下总位移峰值与湍流模型下总位移峰值几乎相同，达到了 1.438m。从图 8-12、图 8-13 中可看出，考虑流固耦合效应计算得出的峰值风压比不考虑流固耦合效应的风压值要大 30%左右，这是由于空气负阻尼作用导致的索的气弹失稳，因而考虑流固耦合效应的设计是偏安全的。

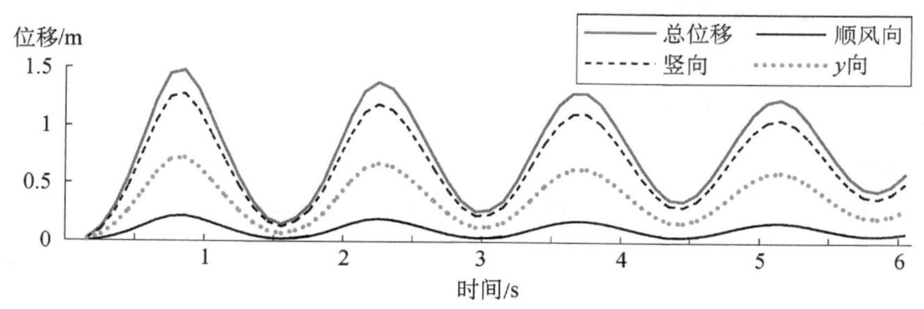

图 8-10　湍流模型下钢索跨中节点位移曲线

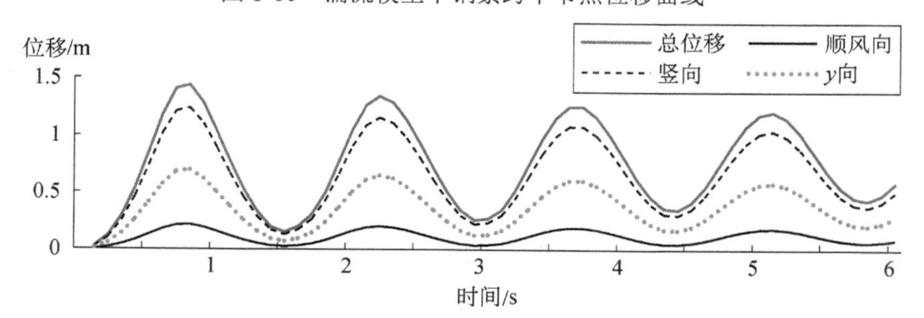

图 8-11　层流模型下钢索跨中节点位移曲线

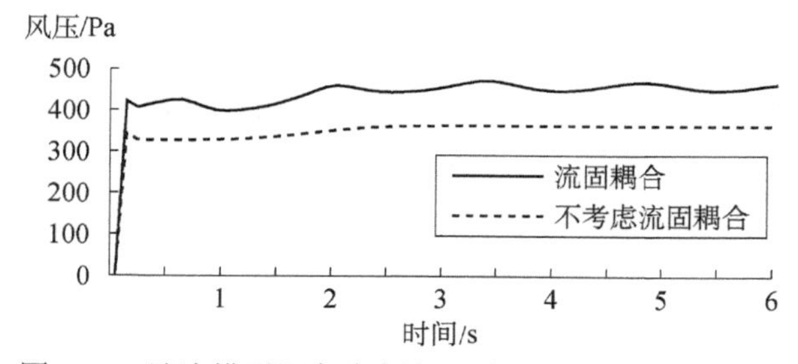

图 8-12　湍流模型钢索跨中迎风面风压时间曲线对比图

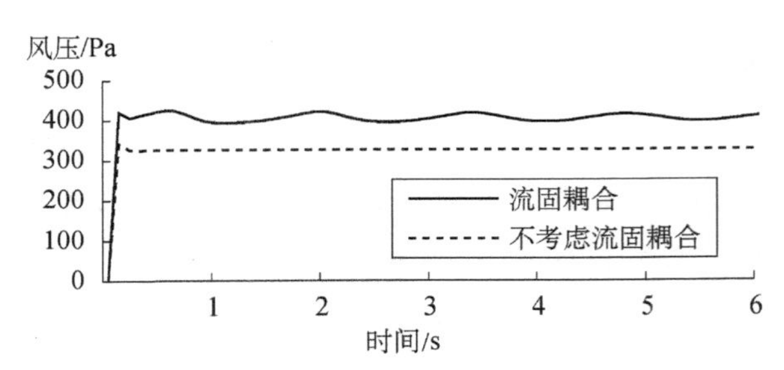

图 8-13　层流模型钢索跨中迎风面风压时间曲线对比图

通过改变拉索的倾角和拉索的张力等参数，获得各种参数组合下的拉索风振分析结果，从仿真结果中得到了以下几点结论：

（1）索的振动主要为顺风向振动，横风向振动始终很小。

（2）索的振动表现出明显的随时间衰减的特性。由于计算模型中未设置任何阻尼，可知这是由索周围空气的气弹阻尼效应引起的，将索的迎风面风压变化曲线和索振位移时程曲线组合在一起便可看出，周围空气流场对索振动有一个明显的反向抑制作用。

（3）采用湍流模型与层流模型得出的计算结果差异性较大，本书采用的 k-ω 湍流模型计算得到的风压、位移、速度、加速度及 von Mises 应力值均较层流模型偏大，迎风面风压值大了将近一倍，位移值大了一倍多，跨中截面最大应力值大了 0.4%。其中层流模型下总位移峰值为 0.112m，湍流模型下总位移峰值为 0.219m，几乎为层流模型的两倍。因此，选择不同的湍流模型对于流固耦合的分析结果是有比较明显的影响的。

思　考　题

1. 试阐述驰振、颤振和抖振的区别与联系。
2. 试阐述流固耦合振动中的强耦合与弱耦合的区别。
3. 试阐述自激振动与强迫振动的区别。
4. 试阐述柔性体系和刚性体系的流固耦合振动的主要区别。

第9章　高速磁浮车桥耦合振动

9.1　概　　述

9.1.1　磁浮发展简介

电磁悬浮原理最早由德国人赫尔曼·肯佩尔（Hermann Kemper）在1922年首次提出，他在1934年8月获得世界上第一项有关磁浮技术的专利，并于1935年用电子管作为控制器，实现了磁浮原理试验装置。由于当时技术和工艺条件限制，在此后的三十多年时间里，磁浮技术没有得到实质性的进展。

受制于生产技术和工艺，直到1969年，德国的克劳斯-马菲公司（Krauss-Maffei，KM）采用短定子列车驱动技术，制造出了第一台质量80kg的电磁悬浮模型车，后来把其列入Transrapid计划，称为Transrapid 01，简称TR01。1971年10月，KM公司研制出的TR02号磁浮试验车也投入试验，该车质量11.3t，可乘8人，试验速度达到164km·h^{-1}。TR01与TR02的共同特点是：均采用倒U形的导轨，U形电磁铁构成的电磁悬浮系统无须外加有源导向系统；在车厢底板上直接固定4个电磁铁，电磁铁之间为刚性约束，没有相对运动自由度；驱动采用短定子直线感应电机（linear motor）。经过进一步的开发，KM公司于1974年研制出同样是短定子直线电机驱动的TR04号磁浮车，该车车长15m，质量18.5t，20个座位，设计速度250km·h^{-1}。1971年2月，与KM公司几乎同时开展磁浮研究的另一家公司梅塞施密特-伯尔考-布洛姆公司（Messerschmitt-Bolkow-Blohm，MBB）在奥托布伦工厂厂区的一段试验线路上展示了短定子直线感应电机驱动的电磁悬浮原型车MBB，该车车辆净质量4.8t，有4个座位，在660m长的轨道上已达到90km·h^{-1}的速度。

德国TR04及以前的磁浮铁路技术是以短定子直线电机感应电机牵引、司机控制列车运行为主要特点的。虽然 TR04 速度达 200km • h^{-1}，但由于需要给车辆动力供电，列车实际上不能无接触运行，列车运行的速度受到限制，只能以中低速运行为主。要达到高速、超高速的速度范围，则需要长定子直线同步电机牵引、导轨驱动的磁浮铁路技术。

前述 TR01、TR02、TR04 及 MBB 的磁浮列车都是按照飞行器控制思想设计的，属于全刚体模型控制，对于磁浮列车具有很大的局限性。KM 公司和 MBB 公司联合攻关，通过对磁浮车概念的进一步提升，于 1974 年提出了以“磁轮”概念为基础的分层递阶的系统结构概念，并成功研制了非载人 KOMET 试验车，在德国南部城市曼兴（Manching）进行试验运行。该车采用具有主动控制的磁浮系统结构，并采用电磁悬浮（electromagnetic suspension，EMS）原理，分别用独立的电磁铁进行导向和悬浮支撑控制，保持 8~14mm 悬浮气隙工作；每个电磁铁（悬浮或导向）通过弹簧阻尼器单独与悬浮架连接，每个电磁铁相对于悬浮架只有一个自由度；每个悬浮架的两边各有 3 个相互独立的电磁铁，实现了电磁铁之间的运动解耦；由于推进系统采用了水蒸气喷气装置推进技术辅助驱动，1976 年最高试验速度达 401.3km • h^{-1}，也证明了在高速磁浮系统中机械解耦的必要性和可行性。

德国的蒂森-海斯彻公司（Thyssen-Henschel，TH）与布伦瑞克工业大学合作，开始了长定子直线电机磁浮铁路技术的开发工作。1975 年，在卡塞尔（Kassel）工厂中的 HMB 试验线上研制成功常导长定子直线同步电机驱动的磁浮试验车辆 HMB1，称为“彗星号”平板试验车。1976 年，该公司又推出了第一台载人长定子试验车 HMB2，该车长 5m，质量 2.5t，在约 100m 的轨道上速度达到 36km •h^{-1}。现今 Transrapid 系列磁浮列车采用的长定子直线同步电机推进技术、悬浮磁铁和励磁兼用技术，以及独立的左右磁铁导向和电磁悬浮技术等，都是在 HMB2 试验车上首次得到应用的，并验证了其可行性。

综合 KOMET 试验车分层递阶的系统结构和 HMB2 长定子推进技术，德国的 KM 公司、MBB 公司、TH 公司合作组成临时技术攻关小组，于 1979 年开发了采用长定子直线同步电机驱动技术和“磁轮”构造的新型磁浮试验列车 TR05。TR05 列车为两辆编组，总长 26m，质量 36t，有 70 个座位，速度达 100km • h^{-1}。TR05 车辆外形发生了重大变化，该外形基本奠定了 TR 系列磁浮列车所应用的车辆外形。另一项重大改动是列车运行的导轨顶面也由过去钢轨/轨枕类形状改为平板形状，之后的 TR 磁浮列车导轨一直采用这种形状。1979 年，TR05 列车在汉堡国际交通博览会（IVA-1979）为转运参观者搭建的长908m、高4.7m的钢架线路上以75km・h^{-1}的速度演示运行，在3周的时间内按时刻表运送了多达5万名参观者，在世界上第一次把磁浮铁路优异的性能显现在大众面前，表明了长定子推进、分层递阶的车辆系统结构的优越性。

汉堡国际交通博览会上TR05取得成功后，德国联邦研究部为了在实际运行的条件下测试直线同步电机驱动、电磁悬浮技术，计划在德国北部的埃姆斯兰（Emsland）地区的拉滕建设磁浮铁路试验基地（TVE）。1980年开始试验基地建设，并开始开发面向实际应用的原型试验车TR06，1982年开始进行不载人试验。TR06列车由两节车厢组成，总长54m，列车空车质量103t，有192个座位，设计速度400km・h^{-1}。1983年，长定子直线同步电机驱动的TR06在埃姆斯兰试验线第一期工程上完成试验；1987年，埃姆斯兰试验线第二期工程（南环线）投入使用，TR06列车在可以循环运行的全长31.5km的“8”字形试验线开始进行运行试验。1988年，TR06在该线上的试验速度超过了其设计速度，达到412.6km・h^{-1}。

1986年开始，蒂森-海斯彻（TH）公司牵头研制面向应用的TR07列车。1988年，在汉堡国际交通博览会（IVA-1988）期间，向公众展示了TR07号磁浮车。同年，TR07在埃姆斯兰试验线开始运行。该车由两节车厢组成，长51m，列车空车质量92t，设计最高速度500km・h^{-1}。该车除拥有可靠的悬浮和导向系统外，还使用了经过重大改进的安全技术，其车厢使用特别经济的型材夹层轻型结构制造，空车质量比TR06降低约20%。1989年12月15日，磁浮高速列车TR07号试验速度达到436km・h^{-1}。经过德国联邦铁道股份公司和几个高校及研究所近两年的全面审查和评估，德国于1991年底在慕尼黑证实TR整体系统已经达到了技术成熟的程度。1993年6月17日，TR07的载人试验速度达到450km・h^{-1}，刷新了当时列车运行速度的世界纪录。

1997年，德国决定建造柏林至汉堡之间292km的双线磁浮铁路，后因经费问题取消了这个项目。1999年9月，TR08试制完成并在埃姆斯兰试验线投入试验运行。列车由3节车厢组成，长78.8m，宽3.7m，高4.2m，客车空车质量约每节53t，货车空车质量每节48t，货车有效载荷约每节15t，两端车厢座位数最多为92个，中间车厢座位数最多为127个，最高运行速度为500km・h^{-1}。同年9月，采用3辆编组的TR08列车在埃姆斯兰试验线的最高试验速度达到406km・h^{-1}。与TR07相比，TR08具有如下特点：增加模块化部件、减少特殊部件、强化系统的标准化，为制造、安装、养护维修提供了极大方便；涡流紧急制动可使车速由 350km·h^{-1} 降至 10km·h^{-1}，且制动距离不超过 8km；还具有速度快、噪声低、空气动力学性能好等优点。TR08 高速磁浮车辆总体结构主要由两部分组成：走行机构及车体。两部分在各自的生产线组装完毕后，再装配在一起构成车辆。走行机构包括悬浮架、其上安装的电磁铁、二次悬挂系统。车体上还有车载蓄电池、应急制动系统和悬浮控制系统等电气设备。每节车包含 4 个悬浮架，悬浮架由 4 个悬浮框及相应的横梁和纵梁组成。悬浮框由两个“弓”形悬浮臂、上连接件和下连接件组成。悬浮磁铁、导向磁铁、制动磁铁按一定的分布规律和连接方式安装在悬浮架上。夹层结构用螺栓和铆钉两种方式与车厢底板相连，用于安装各种抽屉式的机电设备。悬浮架与车厢底板通过空气弹簧、摇臂、摆杆等机构连接。TR08 高速磁浮体系结构中的直线电机结构分解示意如图 9-1（a），各个自由度方向的磁浮受力关系如图 9-1（b）。

（a）磁浮直线电机

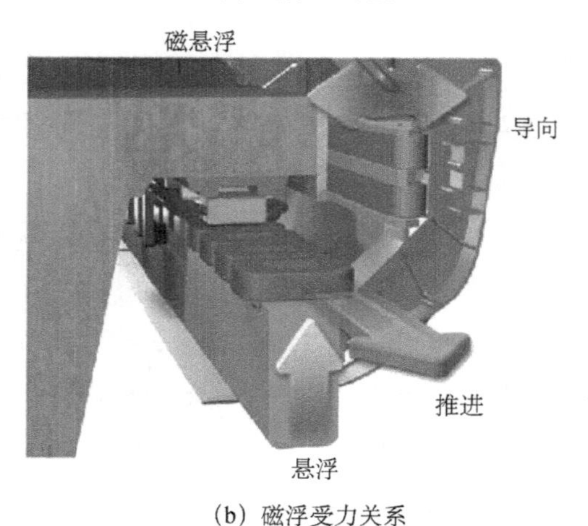

（b）磁浮受力关系

图 9-1　TR08 磁浮列车系统

经过长达半个世纪的各种理论和试验的补充完善，德国的常导高速磁浮列车技术日臻完善，德国TR08型磁浮列车标志着德国的磁浮列车技术达到了可商业化的成熟度。2000年，中国决定建设上海浦东龙阳路地铁站至浦东国际机场的高速磁浮交通示范线（简称"磁浮上海线"），线路于2002年12月开始启用，设计最高运行时速为431km。磁浮上海线所应用的磁浮车辆是德国TR08型高速磁浮列车的代表，磁浮上海线车辆与轨道线路如图9-2所示。

(a) TR08型磁浮列车

(b) 轨道线路

图9-2　磁浮上海线

磁浮列车从悬浮机理上可分为电磁悬浮（electromagnetic suspension，EMS）和电动悬浮（electrodynamic suspension，EDS）两种。

EMS型磁浮交通系统以德国TR（Tranrapid）系列和日本的HSST（high speed surface transport）系列为代表，它是利用安装在车体底部的常规电磁铁与安装在轨道梁上的电磁铁互相吸引来实现悬浮。置于导轨下方的悬浮电磁铁（或永久磁铁加励磁控制线圈）通电励磁而产生电磁场，电磁铁与轨道上的铁磁性构件（钢质导轨或长定子直线电机定子铁芯）相互吸引，将列车向上吸起悬浮于轨道上，电磁铁和铁磁轨道之间的悬浮间隙（称为气隙）一般为8～10mm。列车通过控制悬浮电磁铁的励磁电流来保证稳定的磁浮间隙，通过直线电机来牵引列车行走。

EDS型磁浮交通系统以日本MLX系列为代表，其基本原理是当列车运动时，车载磁体（一般为低温超导线圈或永久磁铁）的运动磁场在安装于线路上的悬浮线圈中产生感应电流，两者相互作用，产生一个向上的磁力将列车悬浮于路面一定高度（一般为10～15cm），列车运行靠直线电机牵引。与电磁悬浮相比，电动悬浮系统在静止时不能悬浮，必须达到一定速度（约120km・h^{-1}）后才能悬浮。这种斥力型的超导电磁悬浮是自稳定的，悬浮间隙较大，悬浮和导向无须反馈控制，但是为了保持超导材料的低温超导特性，需要配置专门的车载低温制冷系统。

日本MLX型超导列车在槽型轨道内运行，通过线路和列车上的槽型轨道侧壁内的超导线圈产生电磁斥力实现悬浮，与EMS式磁浮列车相比，EDS式磁浮列车在静止时不能悬浮，在达到150km・h^{-1}以上速度的情况下，磁浮列车才得以悬浮，且在高速运行状态下，磁浮列车与轨道线路间的磁浮间隙值较大，不需要添加主动控制来控制磁浮间隙。磁浮列车由于在行驶过程中，不与地面直接接触，磁浮列车的行进阻力主要来源于空气阻力，因此，磁浮列车的最高理论时速可以高达600km以上。2003年12月2日，MLX01-2高速列车创造了时速581km的当时世界列车最高速度纪录；2013年，日本山梨县和神奈川县之间全长42.8km的山梨实验线全线贯通，并开始试验运行速度更快的L0型磁悬浮列车；2015年4月21日，在试验线上的JR-L0试验最高速度达到了603km・h^{-1}，相较于法国高速铁路轮轨列车TGV-V150的最高试验速度574.8km・h^{-1}要快许多。磁浮交通是一种依靠磁浮技术将列车悬浮起来，并且利用直线电机驱动列车行驶的交通方式。作为一种地面轨道交通形式，磁浮列车通过主动控制电磁力来实现非接触式支承、导向和驱动。这种基于电力导向和驱动的交通方式，克服了高速铁路由黏着系数和行走阻力而导致的速度极限问题。

据调查，目前国内外已建成的磁悬浮交通系统，其线路成本占总成本的60%～70%，其成本要比传统轮轨交通轨道梁高出许多，其中承担承重、导向和传力功能的轨道梁是磁悬浮轨道交通中最重要的组成部分。高速磁悬浮技术对于轨道梁的制造和施工精度、挠度变形控制，以及动力特性方面都提出了很高的要求。为满足苛刻的要求，我国工程师在磁浮上海线轨道梁设计中，开发了钢-混凝土复合型轨道梁，大大降低了加工和制作的难度。即轨道梁主体部分采用预应力混凝土结构，功能件部分采用箱型全焊结构，分别加工制作，二者最终通过连接件形成整体。磁浮上海线轨道梁、连接件、功能件结构如图9-3所示。

2019年5月23日，我国时速600km高速磁浮样车在中车青岛四方机车车辆股份有限公司下线，如图 9-4 所示，这标志着我国在高速磁浮技术领域实现重大突破。该项目于 2016 年 7 月启动，由中国中车股份有限公司组织，中车青岛四方机车车辆股份有限公司具体实施，聚集国内高铁、磁浮领域优势资源，联合 30 余家企业、高校、科研院所组成联合课题组共同攻关，取得了一系列的成果，并成功研制出时速 600km 的高速磁浮样车。

图 9-3　磁浮上海线轨道梁功能部件

图 9-4　中车青岛四方机车车辆股份有限公司下线的高速磁浮样车

迄今为止，许多国家和地区对磁浮列车进行过研究，主要有日本、德国、英国、加拿大、美国、苏联和中国。截止到现在，美国和苏联在 20 世纪 70 年代和 80 年代分别放弃了该项研究计划，目前只有德国、日本和中国仍进行着磁浮系统的相关研究，并取得了很多富有意义的进展。对比传统的铁路轨道交通形式，磁浮交通优势明显：①运行速度快；②平稳性好、噪声小、舒适度好；③长距离交通运输能耗低、成本小。EMS 和 EDS 磁浮列车各有优缺点，本章重点介绍 EMS 磁浮列车的相关原理和 TR08 系列磁浮车桥耦合振动的相关内容，对于 EDS 感兴趣的读者可以进一步查阅相关文献。

9.1.2　EMS 高速磁浮悬浮控制及其特点

EMS 高速磁浮列车与轮轨式交通在驱动和导向原理上有着本质的不同，磁浮交通采用的是电磁驱动和轨道导向，轮轨式交通则是依靠轮对与支承轨道的接触摩擦实现前进的功能，这是区分磁浮交通和轮轨式交通的一个重要特征，也是磁浮式交通系统的独特难题。

由于放弃了传统轮轨式交通直接与地面接触的形式，磁浮依托电磁力使得磁浮列车进行悬浮，因而，通过主动控制产生稳定的悬浮力是磁浮列车稳定运行的关键。图 9-5 为悬浮力与悬浮间隙和悬浮电流的关系图，悬浮力随悬浮间隙和悬浮电流呈现非线性关系，因而需要纳入主动控制来使得电流和间隙处于额定值；否则，体系就会由单向递增而导致发散。如何设计满足磁浮悬浮条件的反馈控制器，是磁浮交通的重要一环。目前，一些主动控制方法已经逐步地在实际工程中得到运用，但是仍然存在着鲁棒性差、稳定裕度小等缺点。近年来，科研人员也提出了很多具有创新性和实用性的控制算法，包括鲁棒控制、模糊控制、神经网络控制、滑模变结构控制、预测模型控制等，这些新型的磁浮控制器还有待工程实践的检验。

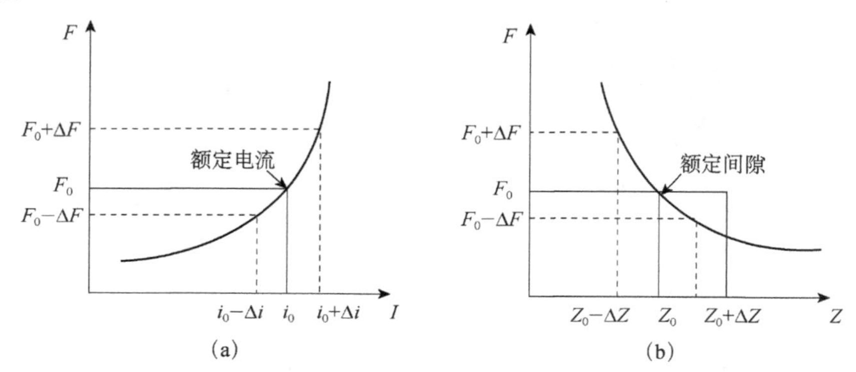

图 9-5 （a）悬浮力与电流及（b）悬浮力与悬浮间隙的关系图

9.1.3 轨道梁构造及其受力特点和技术指标

轨道梁也称导轨梁，是 EMS 高速磁浮体系中的重要组成部分，它引导列车前进，同时承受列车荷载并将之传至墩台基础，并且在其上部两侧安装了由定子铁芯、侧向导向板等组成的功能部件。

20 世纪 80 年代，德国在埃姆斯兰磁浮铁路试验线上对多种形式的轨道结构进行了研究与开发。以后德国又进行了柏林至汉堡磁浮列车商业运营线的可行性研究，对线路在不同地形、地貌及地物条件下可能采用的轨道结构进行了开发，提出了多种新型轨道梁。磁浮上海线以及青岛试验线结合中国的特点，又开发了多种新型轨道梁。总结起来，轨道梁主要有如下几种类型：①高架整体式轨道梁，一般是将跨度为 24.768m 和 30.96m 的简支和双跨连续梁称为 I 型梁，跨度为 12.384m 的简支和双跨连续梁称为Ⅱ型梁；②低置轨道梁，亦称作Ⅲ型梁；③复合梁，复合梁的中心设计思想是将主体承重结构与轨道功能区分开制作、加工，再通过连接机构连成一体，以达到简化制造及降低机械加工难度、降低成本的目的，如图 9-6 所示；④迭合梁，即将用于结构承载的箱型轨道梁与安装了磁浮功能部件的轨道板分开加工，然后通过后期的迭合安装为一体结构；⑤维修基地钢梁，维修基地钢梁一般采用整体钢框架式结构。

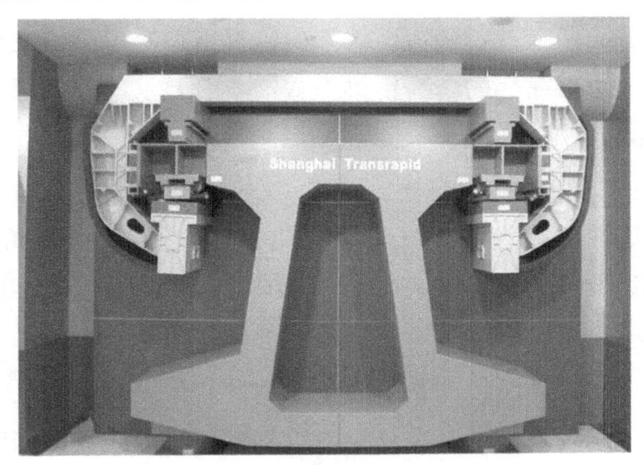

图 9-6　磁浮上海线复合轨道梁结构图

与传统的轮轨式交通类似，磁浮车辆在轨道梁上行进时亦会产生耦合振动现象。对于轮轨交通而言，轮对和桥梁通过接触轮对直接进行力的交换；但对于磁浮车辆而言，车辆在轨道上行驶时，轨道梁会因为车辆的动力作用而产生一个挠度，这个挠度也间接地影响了磁浮间隙的大小，同时轨道梁挠度的变化也会影响车体的力学性能，此外，磁浮车辆的速度更快，当磁浮速度达到 $600\text{km}\cdot\text{h}^{-1}$ 以上时，耦合振动现象更为剧烈。在实际工程中，也出现过由耦合振动而造成的问题：早期德国 TR04 型磁浮车辆和日本 HSST 型磁浮车辆就发生过在混凝土支架上能够稳定悬浮，但是转移到钢支架就无法稳定悬浮的事故。随着磁浮控制理论的发展，磁浮列车和轨道之间的耦合作用机理亦需深入研究。

由于磁浮列车的运行原理，所以磁浮线路一般无法与其他传统交通方式对接，进而采用封闭线路的行车模式。同时，为了减少对土地的占用，常采用高架桥方式。因此，轨道梁体系的车桥耦合动力响应是影响磁浮交通运行安全性和稳定性的关键问题之一。

高速磁浮对轨道梁结构各项指标要求较为严格，具体如下所述。

（1）制造精度的要求。对于功能面的安装限制在 1mm 以内。

（2）长定子、导向面和滑行面应满足各长短波误差要求。

（3）满足行车舒适度要求。磁浮列车纵向加速度不大于 $1\text{m}\cdot\text{s}^{-2}$，最大横坡角小于 12°。

（4）结构刚度的要求。高速轨道梁系统要求磁浮轨道梁在受到外部荷载（行车荷载、温度荷载、风荷载、地震荷载）的情况下，轨道梁的变形挠度控制在一定的范围内，对于本书研究的单跨桥梁而言，一般要求位移控制在 1/4800，远低于轮轨铁路的 1/600~1/800。

（5）结构动力性能的要求。高速磁浮对轨道梁的动力性能也有着严苛的要求，轨道梁的一阶频率必须大于 1.1 倍的行车速度与轨道梁单跨梁跨之比，即 $f \geqslant 1.1v/l$，这里 v 为行车速度，l 为简支梁跨度或一阶固有频率单波距离（m）；轨道梁的垂向加速度需要小于 0.35 的重力加速度，即 $a \leqslant 0.35g$ 。

在动力特性方面，高速磁浮系统的车轨耦合共振影响因素复杂，与车辆、控制和线路结构等分系统性能都有关联。磁浮列车与轨道梁发生的结构共振问题，是国内外研制常导磁浮列车过程中遇到的棘手问题之一。早在 1974 年 TR04 研制过程中，列车在钢梁上静止悬浮时就发生过车轨共振问题。车辆与轨道共振在低速磁浮列车研制过程中也时有发生，大多是通过增大阻尼、提高轨道结构刚度等措施来解决。日本 HSST-04 也发生过共振情况，后来是在演示现场通过增加轨道枕木解决了这个问题。由于轨道的弹性变形，高速磁浮列车实际上运行在一条周期性起伏的线路上，在轨道梁的中间处低，在支撑桥墩处高，起伏的时间周期随车速而变化。例如桥墩相距 25m，列车速度 200～500$\text{km}\cdot\text{h}^{-1}$，则运行起伏频率为 2～5.5Hz。而车辆控制频率大多在此频率范围之内，因此系统设计要重点考虑这一不平顺因素。

高速磁浮系统对轨道梁的选型要求较高，需要满足严苛的轨道梁挠度和振动频率方面的限值。其中，对于磁浮轨道梁一般限制其一阶竖向基频，磁浮上海线要求其轨道梁一阶自振频率大于 1.1 倍行车速度和轨道梁跨度的比值，这些严苛的条件对轨道梁的选型和建造过程都提出了更进一步的要求。对于线路结构来说，控制轨道梁频率是必要的，但是，国内外学者的研究及工程实践表明，上述规定的自振频率限值过于保守，易造成时速 400～500km 的高速磁浮轨道梁的设计刚度过大。

高速磁浮车桥耦合动力响应分析是高速磁浮安全性分析的重要方面，并且随着高速磁浮速度的提升，成为高速磁浮交通系统中迫切需要解决的关键问题之一。

9.2　磁浮控制技术概述

9.2.1　高速磁浮控制系统简介

随着时代的发展，振动控制理论也在不断加深和演化，在主动控制和被动控制基础上，又演化出了优化控制、混合控制和智能控制等现代控制方法。磁浮铁路系统的总体技术特征和车辆、轨道和控制系统的技术性能密切相关。EMS 高速磁浮系统的车辆控制技术经历了刚体自由度控制、磁轮控制、模块控制三个发展阶段。在高速磁浮的研究中，导向和悬浮主动控制的稳定性是磁浮列车动力学与控制的重要基础问题。从车辆动力学角度，垂向 EMS 必须满足承载特性和运行平稳性要求，横向 EMS 也应当满足导向力补偿和摇头稳定性要求。也就是说，EMS 主动控制不仅要求静态稳定，而且要求能够在轨道梁上运行时保持气隙恒定。根据能量守恒定律，电磁铁电流补偿是影响稳定性的重要因素。轨道几何变位与车辆振动必然使机械部件（如车体）产生能量耗散。为了确保悬浮气隙恒定，电磁铁需要必要的反馈电路进行电流补偿。

从基本构成来看，EMS 高速磁浮系统主要由悬浮控制子系统、推进子系统和导向子系统三大部分组成。EMS 高速磁浮系统一般由悬浮控制器与斩波器组成。悬浮控制系统中悬浮控制器是核心，工作内容实际就是控制斩波器内开关器件的导通和关断。各类传感器反馈的间隙信号、加速度信号和电磁铁电流信号通过悬浮控制器转换为数字信号，被输送到上一级控制器；根据这些信号，上级控制器产生合适的指令控制悬浮斩波器工作。悬浮斩波器是执行机构，通过接收到控制器指令，将合适的有效电压加在悬浮电磁铁上，从而得到适合的悬浮电流。在闭环反馈控制中，悬浮电流随悬浮间隙的变化而变化，从而使悬浮间隙稳定在额定间隙附近，实现列车的稳定悬浮。

对于磁浮列车，为了降低列车振动所引起的车轨耦合振动对于 EMS 反馈控制的难度，以及增加列车的乘坐舒适度，EMS 磁浮列车的减振系统通常设计为两层悬挂体系。一系悬挂是指安装在转向架 C 型梁上的电磁铁和安装在轨道功能件上的长定子之前的悬浮力；二系悬挂是指列车车体通过空气弹簧和摇杆传递与转向架横梁之间链接的弹性恢复力和阻尼力。悬浮车辆系统的减振设计实质上就是承载能力、运行平稳性和乘坐舒适性三个相互矛盾设计原则的折中。承载能力要求悬挂具有硬特性，舒适性则要求软特性，而平稳性要求悬挂处于两者之间。二系悬挂系统不仅要支承车辆负荷，而且要能够控制车厢抬升量，对车厢内的乘客负载要起着有效的隔振作用。电磁悬挂 EMS 作为一系悬挂，需要满足如下两个动力学与控制要求。

（1）承载特性和运行平稳性。即对于小于等于 1～2Hz 低频扰动，要求电流补偿能够跟随外界扰动的变化，以保证悬浮气隙恒定。小于等于 1～2Hz 的低频扰动可能包括车桥耦合振动、轨道不平整、风载扰动等，这些扰动对磁浮列车的悬浮气隙和运行稳定性有较大的影响，因为它们可能导致列车与轨道之间的接触或摩擦，从而影响列车的稳定性和安全性。高频扰动也可能对磁浮列车产生影响，但它们通常具有较小的能量和影响范围，相对于低频扰动而言，对磁浮列车的影响可能更加有限。因此，强调小于等于 1～2Hz 低频扰动是因为它们对磁浮列车运行稳定性的影响更为显著。

（2）非结构摄动的鲁棒稳定性。即对于爬坡和转弯等轨道几何变化（如曲率突变），尽管电流补偿可以跟随扰动快速变化，但是，机械部分动态响应时滞明显，导致 EMS 主动控制失稳或者产生显著的车轨耦合振动。

9.2.2 高速磁浮控制系统的组成与实现

高速磁浮车桥耦合系统区别于传统的轮轨车桥耦合系统的主要方面是，磁浮系统中磁浮控制是其重要的子系统。磁浮控制子系统作为磁浮列车的关键和核心，一直是研究人员重点关注的对象。磁浮控制首先由德国工程师赫尔曼·肯佩尔提出，但是受制于当时的科研水平，当时并没有成功地将其运用到铁路交通系统中。最先成功将磁浮控制引入试验的是德国学者 E. Gottzein，他成功地在第一代德国磁浮列车 KOMET 上进行了测试，验证了磁浮列车概念的可行性。后来经过半个多世纪的发展，发展出了很多比较有效的控制系统。

高速磁浮列车由悬浮控制子系统、推进子系统和导向子系统三大系统组成，车体利用电磁铁和励磁线圈产生反向磁场，与轨道之间形成非接触式磁悬浮，实现对列车的悬浮和牵引。磁浮列车的速度控制和位置控制主要由控制子系统来实现。磁浮列车三大子系统的实现主要包括硬件和软件两个方面。

（1）硬件实现：磁悬浮系统的硬件主要由电磁铁、励磁线圈、传感器和控制器等组成。其中，电磁铁和励磁线圈负责实现悬浮和牵引，传感器主要用于测量车体的位置和速度等信息，控制器则根据传感器反馈的信息计算控制器并实现对磁浮系统的控制。

（2）软件实现：磁浮系统的软件实现主要包括控制程序、监控程序和故障处理程序等。通过基于磁悬浮系统的控制算法的应用程序，实现对车体位置和速度的精确控制；监控程序则负责监测磁悬浮系统的运行状态，及时发现故障并进行处理；故障处理程序则在系统运行过程中出现故障时进行自动处理，避免对整个系统造成不利影响。

磁悬浮系统的控制算法及其实现是保证磁悬浮列车安全和效率的重要组成部分。高速磁浮系统的控制算法主要有：比例-积分-微分（PID）控制算法、模糊控制算法、神经网络控制算法和模型预测控制（MPC）算法等，下面逐一做简要介绍。

（1）PID 控制算法：PID 控制算法是一种经典的控制算法，可以实现对磁浮系统的位置和速度的精确控制。PID 控制器根据实时反馈的位置和速度信息，计算出控制量，调节电流和磁力，实现对车体的位移和速度的控制。

（2）模糊控制算法：模糊控制算法是一种基于模糊逻辑的控制算法，可以对复杂系统进行控制。磁浮系统的控制过程中，受到诸多外部干扰，如风力、地震等，模糊控制算法可通过模糊推理技术实现对干扰的有效抑制。

（3）神经网络控制算法：神经网络控制算法是一种基于人工神经网络的控制算法，可以对非线性系统进行较为准确的控制。磁浮系统的非线性特性较为显著，神经网络控制算法可通过训练神经网络模型，实现对磁悬浮系统的精确控制。

（4）MPC 算法：MPC 算法是一种基于滚动优化的反馈控制算法，可以处理时变或者非时变、线性或者非线性、有时滞或者无时滞系统的约束最优控制问题，可满足磁浮系统适用范围更广泛的控制需求。

9.3 磁浮车桥耦合系统动力学模型与分析

9.3.1 动力学模型发展简介

磁浮车辆动力学理论是一个逐步发展和完善的过程，早期的磁浮车辆动力学模型因为当时理论水平所限而过分简化，在研究过程中将车辆近似成一个移动荷载或者移动刚体，忽略了磁浮车辆具体结构的影响。把车辆简化为刚体的处理方法首先出现在铁路车辆动力学的分析中。例如，1971 年，英国学者 Chiu Wee Siong 提出了高速铁路车轨耦合模型，将车体简化成为具有二系悬挂的车体系统，车体与轨道梁之间采用线性弹簧力元模拟相互作用力，梁模型采用伯努利-欧拉梁模型。早期对磁浮的研究在借鉴轮轨交通的研究思路的基础上，也逐渐形成了自己的一套理论体系，逐步针对 TR、ML、HSST 等型号磁浮列车作出系统的研究和评价。德国学者 Popp 针对 TR05 型磁浮列车，在考虑状态反馈的基础上，建立了如图 9-7 所示的磁浮车辆-轨道动力学模型，Cai 等在此基础上建立了多节车辆在单跨度或双跨度柔性导轨上运行的磁浮系统的相应模型，并确定了磁浮车辆的临界速度。

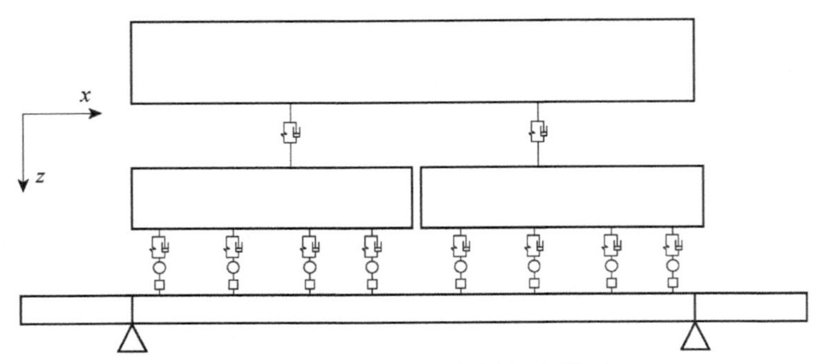

图 9-7 Popp 的磁浮车桥耦合模型

国内学者也对磁浮车桥耦合理论作了大量的研究。随着对磁浮车桥耦合机理的深入了解，各国学者也逐步建立起具有更多自由度、更精细表述的磁浮车辆模型。例如，车体的主自由度（沉浮、横摆、伸缩、摇头、点头、侧滚）一般都考虑进来，并提出了针对不同梁型（单跨梁、连续梁、钢构桥、F 轨）的磁浮耦合分析模型，有些学者也对特殊工况下的外荷载，如温度、地震作用、风荷载等作用下的结构响应问题进行了研究。

随着动力学理论的逐步成熟，以及计算机软硬件技术的飞速发展，对于磁浮车桥耦合动力学模型的研究，除了进行动力学计算模型的精细化之外，针对耦合动力系统的数值计算方法的研究也取得了飞速的发展。目前相对比较成熟的数值计算方法，一般包括显式或隐式积分类方法，如 Newmark-β 法、Wilson-θ 法、广义 α 法等；还有采用差分类迭代分析方法，如中心差分法、龙格-库塔法等。这些数值分析方法一般通过分离迭代方法进行求解，即将车辆动力学模型、桥梁动力学模型分别作为动力子系统进行考虑，然后进行分离迭代计算。目前，针对耦合系统的计算软件也比较丰富，但是，普遍存在计算效率的瓶颈。

目前，磁浮在交通工程中的应用程度还远不及轮轨铁路，虽然国内外学者都对磁浮的悬浮控制器或者车桥耦合机理做了一些研究，但是针对磁浮系统的研究还有很多实际工程和运维中亟须解决的难题。我国经过多年的磁浮研究以及磁浮上海线二十多年的成功运营，已经大大丰富了高速磁浮相关的研究成果和运营经验。

随着计算机软硬件技术的飞速发展，一些多体动力学计算的软件（如 SIMPACK、ADAMS、UM 等）也被科研工作者用于求解磁浮车桥耦合系统。例如，基于 SIMPACK 或 UM 等多体软件建立磁浮-轨道-控制系统的车桥耦合分析模型。其中，基于多体动力学软件 SIMPACK 建立磁浮车-控制器-轨道梁的耦合振动分析系统将整个系统划分为车辆主系统、控制器子系统、轨道梁和桥墩子系统，这是目前应用比较多的跨平台分析系统。本节以高速磁浮标准跨度的轨道梁结构以及在典型激励作用下的磁浮列车动力学响应为例，简要介绍高速磁浮轨道系统的车桥耦合振动的特点及其动力学基本模型和分析方法。

9.3.2 高速磁浮车桥耦合动力学模型

本节采用的磁浮车辆模型是基于公开发表的文献中关于德国 TR08 型常导高速磁浮列车的构造模型和简要参数。TR08 型常导高速磁浮车辆包含 4 节转向架，每个磁浮转向架下设有 4 对悬浮电磁铁和导向电磁铁，每列车的车厢通过弹簧和阻尼器与 4 个具有 6 自由度的空间刚性体转向架连接，对于 25 自由度动力体系的模型分析如图 9-8 所示。在 25 自由度磁浮系统模型中，将车体和悬浮架视为刚体，车体和转向架均有伸缩、横摆、沉浮、侧滚、点头和摇头六个自由度。单电磁铁控制模型采用不计质量的单点控制系统，不计入系统自由度，车体总共有 25 个自由度，各个模块的动力自由度分解如表 9-1 所示。对于 25 自由度动力体系的模型分析如图 9-8 所示。

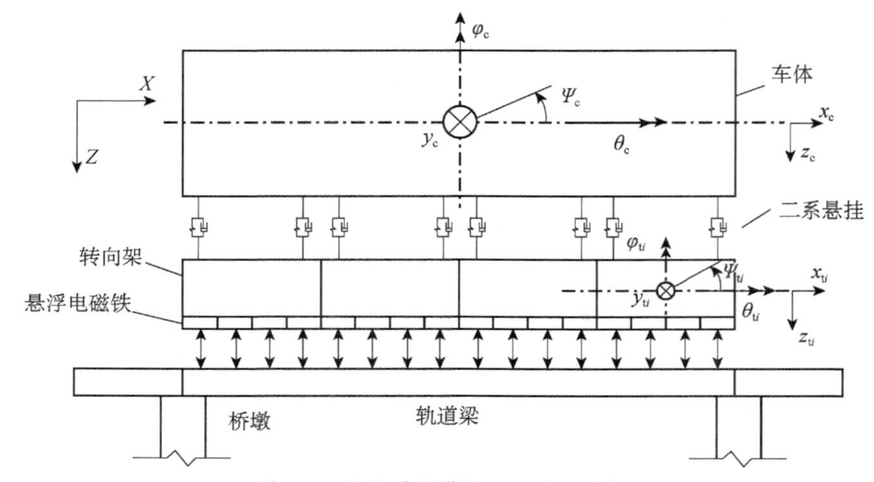

图 9-8　磁浮系统模型（25 自由度）

表 9-1　磁浮车辆动力学模型自由度分析（25 自由度）

自由度	伸缩	横摆	沉浮	侧滚	点头	摇头
车体	—	y_c	z_c	θ_c	Ψ_c	φ_c
转向架（i=1～4）	—	y_{ti}	z_{ti}	θ_{ti}	Ψ_{ti}	φ_{ti}

注：下标 c 代表车体；下标 t 代表转向架。

把磁浮列车的二系悬挂系统进行细化分解后，可建立 101 自由度的动力学模型，如图 9-9 所示。在 101 自由度磁浮系统模型中，将车体、摇杆、悬浮架、悬浮电磁体和导向电磁铁视为刚体，车体有横摆、沉浮、侧滚、点头和摇头 5 个自由度，转向架比车体多了一个侧滚自由度，每个摇杆有 1 个自由度，每个电磁铁有 2 个自由度，整车总共具有 101 自由度，各个模块的动力自由度分解如表 9-2 所示。

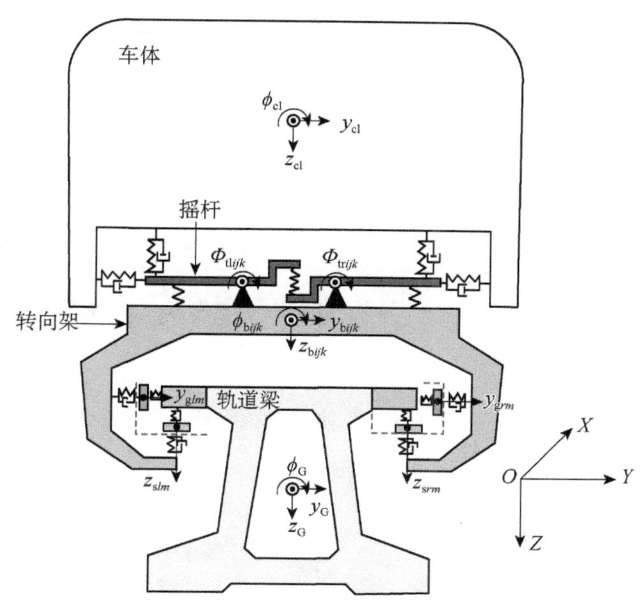

图 9-9 磁浮系统模型（101 自由度）

表 9-2 磁浮车辆动力学模型自由度分析（101 自由度）

自由度	伸缩	横摆	沉浮	侧滚	点头	摇头
车体	—	y_c	z_c	ϕ_c	θ_c	ψ_c
摇杆（i=1～4，j=1～2）	—	—	—	$\phi_{br(l)ij}$	—	—
转向架（i=1～4，j=1～2）	—	y_{ti}	z_{ti}	ϕ_{tij}	θ_{ti}	ψ_{ti}
悬浮电磁铁（m=1～7）	—	—	$z_{sr(l)m}$	—	$\theta_{sr(l)m}$	—
导向电磁铁（m=1～7）	—	$y_{gr(l)m}$	—	—	—	$\psi_{gr(l)m}$

注：下标 c 代表车体，b 代表摇杆，t 代表转向架，s 代表悬浮电磁铁，g 代表导向电磁铁，r 和 l 分别代表左边和右边。

9.3.3 耦合系统的动力方程

根据达朗贝尔原理，本节以 25 自由度耦合系统为例详细给出磁浮动力系统各个模块的动力学方程。首先给出磁浮车体的动力学方程，磁浮车体受力简图如图 9-10 所示。

以车体为分析对象给出各个自由度方向的动力学平衡方程，并按照各动力自由度分项给出。

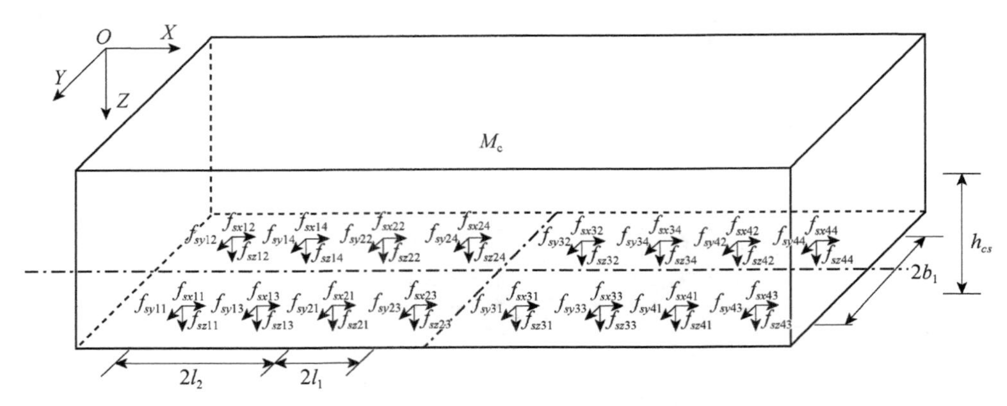

图 9-10 车体受力示意图

沉浮自由度方向，动力平衡方程为

$$\ddot{z}_{\mathrm{c}}=-\frac{1}{M_{\mathrm{c}}}(f_{sz11}+\cdots+f_{sz14}+f_{sz21}+\cdots+f_{sz24}+f_{sz31}+\cdots+f_{sz34}+f_{sz41}+\cdots+f_{sz44}) \tag{9-1}$$

横移自由度方向，动力平衡方程为

$$\ddot{y}_{\mathrm{c}}=-\frac{1}{M_{\mathrm{c}}}(f_{sy11}+\cdots+f_{sy14}+f_{sy21}+\cdots+f_{sy24}+f_{sy31}+\cdots+f_{sy34}+f_{sy41}+\cdots+f_{sy44}) \tag{9-2}$$

侧滚自由度方向，动力平衡方程为

$$\ddot{\phi}_{\mathrm{c}}=\frac{1}{I_{\mathrm{c}x}}[b_1(f_{sz11}+\cdots+f_{sz44})-h_{cs}(f_{sy11}+\cdots+f_{sy44})] \tag{9-3}$$

点头运动自由度方向，动力平衡方程为

$$\begin{aligned}\ddot{\varphi}_{\mathrm{c}}=\frac{1}{I_{\mathrm{c}y}}[&(l_2-l_1)(f_{sz23}+f_{sz24}-f_{sz31}-f_{sz32})\\&+(l_1+l_2)(f_{sz21}+f_{sz22}-f_{sz33}-f_{sz34})\\&+(3l_2-l_1)(f_{sz13}+f_{sz14}-f_{sz41}-f_{sz42})\\&+(3l_2+l_1)(f_{sz11}+f_{sz12}-f_{sz43}-f_{sz44})\\&+h_{\mathrm{cs}}(f_{sx11}+\cdots+f_{sx44})]\end{aligned} \tag{9-4}$$

摇头运动自由度方向，动力平衡方程为

$$\begin{aligned}\ddot{\psi}_{\mathrm{c}}=\frac{1}{I_{\mathrm{c}z}}[&(l_2-l_1)(f_{sy23}+f_{sy24}-f_{sy31}-f_{sy32})\\&+(l_1+l_2)(f_{sy21}+f_{sy22}-f_{sy33}-f_{sy34})\\&+(3l_2-l_1)(f_{sy13}+f_{sy14}-f_{sy41}-f_{sy42})\\&+(3l_2+l_1)(f_{sy11}+f_{sy12}-f_{sy43}-f_{sy44})\\&+b_1(f_{sx11}+\cdots-f_{sx44})]\end{aligned} \tag{9-5}$$

本模型中把转向架也简化为刚体，即刚体本身具有 3 个平动自由度和 3 个转动自由度，转向架又是承接上部车体重量和下部磁浮力的部件，并在这些动力作用下，保持动平衡。同理根据达朗贝尔原理，给出磁浮转向架的受力简图，如图 9-11 所示。

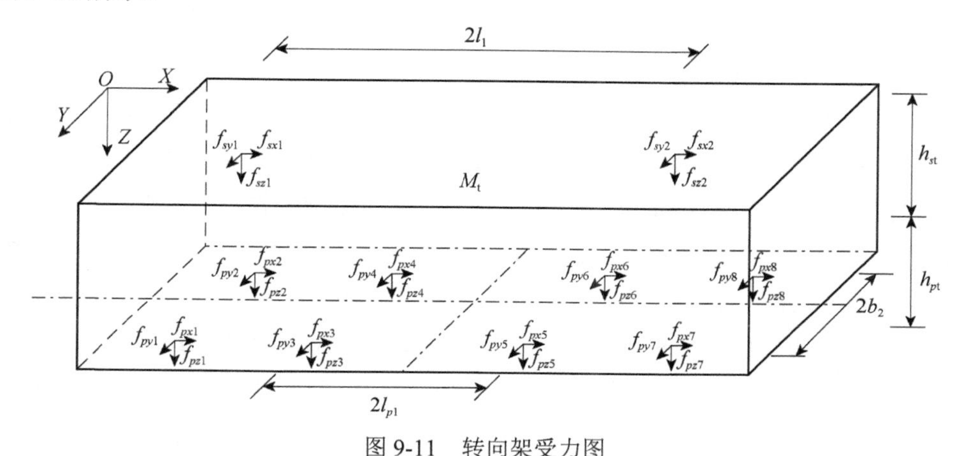

图 9-11　转向架受力图

以转向架为分析对象，给出各个自由度方向的动力学平衡方程，并按照各动力自由度分项给出。

沉浮运动自由度方向，动力平衡方程为

$$\ddot{z}_{\mathrm{t}}=-\frac{1}{M_{\mathrm{t}}}(f_{pz1}+f_{pz2}+f_{pz3}+f_{pz4}+f_{pz5}+f_{pz6}+f_{pz7}+f_{pz8}+f_{sz1}+f_{sz2}) \tag{9-6}$$

横移运动自由度方向，动力平衡方程为

$$\ddot{y}_{\mathrm{t}}=-\frac{1}{M_{\mathrm{t}}}(f_{py1}+f_{py2}+f_{py3}+f_{py4}+f_{py5}+f_{py6}+f_{py7}+f_{py8}+f_{sy1}+f_{sy2}) \tag{9-7}$$

侧滚运动自由度方向，动力平衡方程为

$$\begin{aligned}\ddot{\phi}_{\mathrm{t}}=\frac{1}{I_{\mathrm{cx}}}[&b_2(f_{pz2}+\cdots+f_{pz8}-f_{pz1}-\cdots-f_{pz7})\\&+h_{\mathrm{pt}}(f_{py1}+\cdots+f_{py7}+f_{py2}+\cdots+f_{py8})-h_{\mathrm{st}}(f_{sy1}+f_{sy2})]\end{aligned} \tag{9-8}$$

点头运动自由度方向，动力平衡方程为

$$\begin{aligned}\ddot{\varphi}_{\mathrm{t}}=\frac{1}{I_{\mathrm{cy}}}[&l_{p1}(f_{pz5}+f_{pz6}-f_{pz3}-f_{pz4})\\&+3l_{p1}(f_{pz7}+f_{pz8}-f_{pz1}-f_{pz2})\\&+l_1(f_{sz2}-f_{sz1})+h_{\mathrm{st}}(f_{sx1}+f_{sx2})-h_{\mathrm{pt}}(f_{px1}+\cdots+f_{px8})]\end{aligned} \tag{9-9}$$

摇头运动自由度方向，动力平衡方程为

$$\begin{aligned}\ddot{\psi}_{\mathrm{t}} = \frac{1}{I_{\mathrm{cy}}}[& l_{p1}(f_{py5} + f_{py6} - f_{py3} - f_{py4}) \\ & + 3l_{p1}(f_{py7} + f_{py8} - f_{py1} - f_{py2}) \\ & + l_1(f_{sy2} - f_{sy1}) + b_2(f_{px2} + \cdots + f_{px8} - f_{px1} \cdots - f_{px7})]\end{aligned} \tag{9-10}$$

对于车桥耦合系统中的桥梁部分，轨道梁作为耦合系统中的结构动力子系统进行建模，在一般的算法求解中，在满足车桥耦合精度要求的前提下，考虑到求解运算的复杂程度和工程实际应用的情况，通常把轨道梁模拟为忽略剪切变形的欧拉-伯努利梁（Euler-Bernoulli beam）。但是，随着车速的提高，对于控制系统的控制精度和轨道梁的分析精度都提出了更高的要求，梁体的剪切变形对于变形的影响也变得不可忽视。在利用商业软件对车桥耦合系统进行分析时，对轨道梁易于实现考虑剪切变形的高精度梁单元，使得数值计算结果更贴近真实情况。这里给出的计算结果，都是基于考虑剪切变形影响的铁摩辛柯（Timoshenko）梁单元，相较于 Euler-Bernoulli 梁单元模型，Timoshenko 梁单元模型只假定梁变形前垂直梁轴线的横截面，变形后仍为平面（刚性截面假定），并引入了剪切变形的影响，具体推导过程本章不再展开，在本书的第 7 章“动力有限元分析”中有详细介绍。对于 101 自由度耦合系统的动力方程组，依据动平衡原理，可分别列出车厢的动力学方程、摇杆动力学方程、转向架动力学方程、悬浮电磁铁动力学方程、导向电磁铁动力学方程等，然后，组成 101 自由度的耦合动力方程组，限于篇幅，本章亦不再展开。

9.4 磁浮系统中的悬浮控制器

9.4.1 单电磁铁模型

电磁悬浮系统相当于直线电机的展开，包括安装在轨道梁上的长定子，以及电磁铁铁芯、恒流线圈、控制线圈及电磁回路等组成的电磁铁，单电磁铁的组成与结构简化模型如图 9-12 所示。

根据电磁学原理，作出如下假设：

（1）忽略绕组磁通量，忽略材料的磁饱和特性；

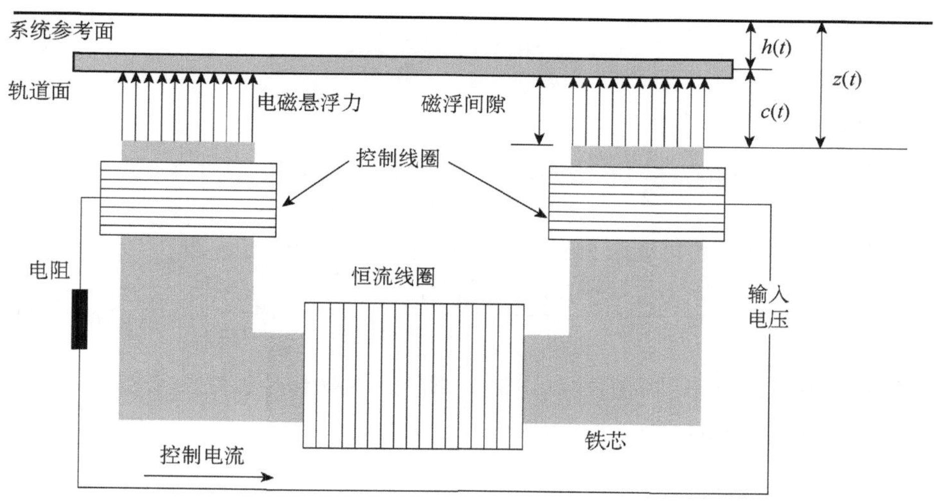

图 9-12　单电磁铁模型

（2）只考虑电磁铁耦合方向上的位移。

假设单电磁铁的铁芯面积为 A，且整个回路为一个定值，则磁通量为

$$\phi(t)=B(t)A \tag{9-11}$$

根据安培环流定律，可知

$$\oint H(t,l)\mathrm{d}l=l_{\mathrm{m}}H_{\mathrm{m}}(t)+2c(t)H_{\mathrm{air}}(t)=ni(t) \tag{9-12}$$

式中，$H_{\mathrm{m}}(t)$、$H_{\mathrm{air}}(t)$ 分别为单电磁铁磁芯和气隙中的磁场强度；n 为线圈匝数；$i(t)$ 为线圈电流；$c(t)$ 为磁浮间隙；l_{m} 为铁芯回路平均长度。

假定单电磁铁磁路中的磁场在铁芯和气隙中都是均匀的，则

$$l_{\mathrm{m}}\frac{B(t)}{\mu_0\mu_{\mathrm{r}}}+2c(t)\frac{B(t)}{\mu_0}=ni(t) \tag{9-13}$$

由式（9-13）可得

$$B(t)=\frac{\mu_0 ni(t)}{\dfrac{l_{\mathrm{m}}}{\mu_{\mathrm{r}}}+2c(t)} \tag{9-14}$$

式中，$B(t)$ 为磁感应强度，μ_0、μ_{r} 分别为真空磁导率和铁芯中相对磁导率。

由于 $\mu_{\mathrm{r}}\geqslant 1$，铁芯中磁化强度可以忽略，式（9-14）可以简化为

$$B(t)=\frac{\mu_0 ni(t)}{2c(t)} \tag{9-15}$$

主磁通可表示为磁感应强度和磁极面积的乘积，即

$$\phi(t)=B(t)A=\frac{\mu_0 Ani(t)}{2c(t)} \tag{9-16}$$

磁场能量$W(t)$满足

$$W(t)=\frac{1}{2}B(t)H_{\text{air}}(t)V(t)=\frac{1}{2}B(t)\frac{B(t)}{\mu_0}A\times 2c(t) \tag{9-17}$$

单电磁铁的磁吸力可表示为磁场能量对悬浮间隙的偏导，即

$$f=\frac{\partial W(t)}{\partial c(t)}=\frac{B^2(t)A}{\mu_0}=\frac{\mu_0 n^2 A}{4}\left[\frac{i(t)}{c(t)}\right]^2=k_{\text{f}}\left[\frac{i(t)}{c(t)}\right]^2 \tag{9-18}$$

在静平衡处，对于竖向的控制电流为常值，车体传导过来的全部重量由恒流线圈产生的电磁力平衡，表达式为

$$mg=f \tag{9-19}$$

式中，mg为该处电磁铁所承担的重量。由式（9-18）和式（9-19）可得到竖向控制电磁铁静平衡处电流强度为

$$I_{\text{const}}=\sqrt{\frac{mg}{k_{\text{f}}}}c_0 \tag{9-20}$$

式中，c_0为理想的磁间隙值；k_{f}为磁浮电磁力系数。

综上分析，可以得出悬浮单电磁铁的动力学方程为

$$m_0\ddot{c}(t)=-f(i,c)+mg+f_{\text{d}} \tag{9-21}$$

$$f(i,c)=k_{\text{f}}\left[i(t)/c(t)\right]^2 \tag{9-22}$$

$$\overline{u}(t)=Ri(t)+\mu_0 n^2 A\cdot \text{d}i(t)/[2c(t)\text{d}t]-\mu_0 n^2 Ai(t)\cdot \text{d}c(t)/[2c^2(t)\text{d}t] \tag{9-23}$$

式中，R为电磁铁绕组电阻，$\overline{u}$为绕组回路电压，f_{d}为外界干扰力，$\text{d}i(t)$和$\text{d}c(t)$分别为电流和磁浮间隙的变化率。

导向电磁铁的原理和构造与悬浮电磁铁类似，但其平衡条件、磁浮力变化规律和控制因素有所差异。对于水平向的导向电磁铁而言，由于没有车体自重作用，在静平衡处，可以认为导向电磁铁中的恒流线圈中的电流强度为零。

9.4.2 PID控制器模型

1. 基本原理

目前，TR08型磁浮列车磁浮控制器的详细参数没有对外公布，所以具体的磁浮控制模型无法准确建立。对此，国内学者也对磁浮控制器做了许多研究，并提出了很多具有良好控制效果的模型，能够保证车辆的电磁铁在受到外部激励时，

通过合理的控制器，回到设定的位置。根据图 9-15 可知，磁浮线路的电磁铁系统是一个开环系统，电磁浮力随着电流和磁浮间隙的变化呈现非线性关系，当磁浮线圈中的电流增大时，磁浮力会增大，磁浮力增大的同时势必会减小磁浮间隙。如此循环往复，最终的结果会导致磁浮列车与轨道面实现完全的贴合，即磁浮间隙为零。为此，需要给磁浮的电磁铁系统引入负反馈控制，使得当磁浮间隙过小时，电流能够及时减小，阻止磁浮间隙的进一步减小；当磁浮间隙变大时，电流能够及时增大，防止磁浮间隙的进一步增大，实现稳定控制的磁浮间隙。

除了满足对于反馈控制器的基本要求外，磁浮控制器还需要具有良好的低频跟踪和高频抑制的能力。既要满足磁浮控制的良好跟踪效果，对于磁浮间隙的低频变化能够作出即时响应，又要考虑到磁浮列车的舒适度问题，对于高频需要进行滤波处理，否则过高的频率会导致磁浮列车的舒适度大为降低。

PID 控制器作为磁浮列车模型的主要控制手段，也是目前研究磁浮车桥耦合振动时主要采用的控制器类型。PID 控制器是一个在很多工程控制领域应用比较成熟的常用控制器，其本身由比例单元（P）、积分单元（I）和微分单元（D）组成，基本控制流程如图 9-13 所示。

在磁浮系统中，通过测量磁浮轨道长定子底面与电磁铁之间的实际间隙，并将其与期望值（高速 EMS 磁浮的额定间隙设为 10mm）之差形成差值信号，作为反馈控制模型中的误差修正输入，通过一系列的比例、微分、积分运算而形成总的反馈控制量，进而将磁浮间隙控制在以 10mm 为中心的目标区间之内。

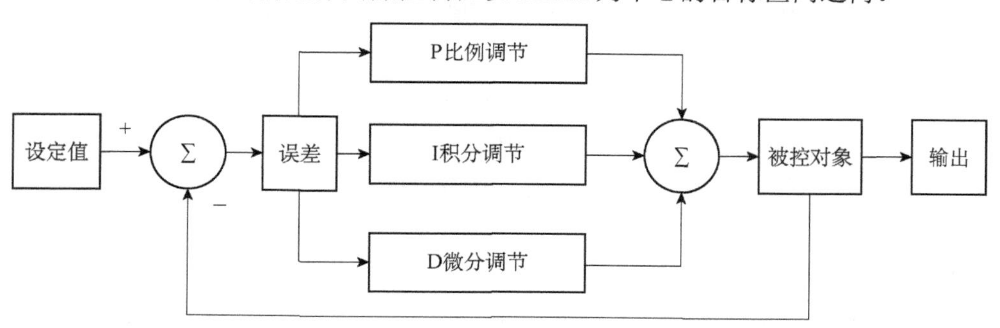

图 9-13　PID 控制器原理图

传统的 PID 控制器是一种线性控制器，其基本公式为

$$\overline{u}(t)=\overline{K}_{\mathrm{p}}\left[e(t)+\frac{1}{\overline{T}_{\mathrm{i}}}\int_0^t e(t)\mathrm{d}t+\overline{T}_{\mathrm{d}}\frac{\mathrm{d}e(t)}{\mathrm{d}t}\right] \tag{9-24}$$

其中，$\overline{u}(t)$ 为控制量；$\overline{K}_{\mathrm{p}}$ 为比例系数；$\overline{T}_{\mathrm{i}}$ 为时间积分常数；$\overline{T}_{\mathrm{d}}$ 为微分时间常数；

$e(t)$ 为控制偏差。根据给定间隙值 $c_0(t)$ 与实际间隙输出值 $c(t)$ 得到控制偏差，即 $e(t)=c_0(t)-c(t)$。

在磁浮控制中，输出值（即控制量）往往是采用电压，进而进行悬浮控制；这种基于电压的控制方式会受到电感的影响，在电感较大的情况下不能做到反馈信号的快速跟踪，需要通过斩波器来增添快速电流环来实现信号的及时跟踪。因此，这里采用基于电流控制的方法来进行磁浮间隙的反馈控制，其基本控制方程为

$$\Delta i = K_p \Delta c + K_v \Delta \hat{\dot{z}} + K_a \Delta \ddot{z} \tag{9-25}$$

式中，K_p、K_v、K_a 分别为位移反馈系数、速度反馈系数、加速度反馈系数，在悬浮系统中分别表示为磁浮系统的悬浮刚度、悬浮阻尼和悬浮质量。

观察式（9-25）可知，电流的变化量一般基于三个参数，即加速度变化量、速度变化量以及位移变化量；在悬浮控制系统中，加速度和位移信号一般可通过直接手段进行测量，速度信号不可通过直接测量方法获得，往往通过对位移信号进行微分或者加速度信号的积分来获取速度的值。在实际应用中，微分器会导致控制器对噪声的干扰敏感，积分器会使得系统的超调量变大，因此，PID 控制器中引入了基于（$\Delta a \quad \Delta\dot{z} \quad \Delta z$）的状态观测器，通过直接测得的位移和加速度信号来对速度信号进行重构。

2. 状态观测器

状态观测器是一种基于系统外部变量的测量值来得出另外一种变量估计值的动态系统，这里基于状态反馈基本原理，构造磁浮系统状态观测器。原系统控制方程如下

$$\begin{bmatrix} \Delta\dot{c}(t) \\ \Delta\ddot{z}(t) \end{bmatrix} = \begin{bmatrix} 0 & 1 \\ 0 & 0 \end{bmatrix} \begin{bmatrix} \Delta c(t) \\ \Delta\dot{z}(t) \end{bmatrix} + \begin{bmatrix} 0 & -1 \\ 1 & 0 \end{bmatrix} \begin{bmatrix} \Delta\ddot{z}(t) \\ \Delta\dot{h}(t) \end{bmatrix} \tag{9-26}$$

$$\Delta c(t) = \begin{bmatrix} 1 & 0 \end{bmatrix} \begin{bmatrix} \Delta c(t) \\ \Delta\dot{z}(t) \end{bmatrix} \tag{9-27}$$

则状态观测器的表达式为

$$\begin{bmatrix} \Delta\hat{c}(t) \\ \Delta\hat{\dot{z}}(t) \end{bmatrix} = \begin{bmatrix} 0 & 1 \\ 0 & 0 \end{bmatrix} \begin{bmatrix} \Delta\hat{c}(t) \\ \Delta\hat{\dot{z}}(t) \end{bmatrix} + \begin{bmatrix} 0 & -1 \\ 0 & 0 \end{bmatrix} \begin{bmatrix} \Delta\ddot{z}(t) \\ \Delta\dot{h}(t) \end{bmatrix} + \boldsymbol{L}\left(\Delta c(t) - \begin{bmatrix} 1 & 0 \end{bmatrix} \begin{bmatrix} \Delta\hat{c}(t) \\ \Delta\hat{\dot{z}}(t) \end{bmatrix} \right) \tag{9-28}$$

$$\Delta\hat{c}(t) = \begin{bmatrix} 1 & 0 \end{bmatrix} \begin{bmatrix} \Delta\hat{c}(t) \\ \Delta\hat{\dot{z}}(t) \end{bmatrix} \tag{9-29}$$

其中，$\boldsymbol{L}$ 为观测器输出的反馈矩阵，表达式为 $\boldsymbol{L}=\begin{bmatrix} 2\xi_0\omega_0 & \omega_0^2 \end{bmatrix}^{\mathrm{T}}$，且 ξ_0 和 ω_0 分别

为状态观测器的阻尼和特征频率。

状态观测器的特征方程为

$$p(s)=s^2+2\xi_0\omega_0 s+\omega_0^2 \tag{9-30}$$

构造状态量分别为

$$\Delta\hat{c}(t)=\Delta\hat{\dot{z}}(t)+2\xi_0\omega_0[\Delta c(t)-\Delta\hat{c}(t)] \tag{9-31}$$

$$\Delta\hat{\dot{z}}(t)=\Delta\ddot{z}(t)+\omega_0^2[\Delta c(t)-\Delta\hat{c}(t)] \tag{9-32}$$

将式（9-31）、式（9-32）进行拉普拉斯（Laplace）变换，将其从时域变换至频域，可得状态观测量为

$$\Delta\hat{\dot{z}}(s)=\frac{\omega_0^2 s}{\omega_0^2+2\xi_0\omega_0 s+s^2}\Delta c(s)+\frac{2s\xi_0\omega_0+s}{\omega_0^2+2\xi_0\omega_0 s+s^2}\Delta\ddot{z}(s) \tag{9-33}$$

式中，$\Delta\hat{\dot{z}}(s)$ 为构造速度估计值；$\Delta c(s)$ 为磁浮电磁铁至轨道面的磁间隙；$\Delta\ddot{z}(s)$ 为悬浮电磁铁至轨道参考平面的加速度。可以发现式（9-33）中，构造的速度状态量可看作磁浮间隙和绝对加速度的一种线性组合。在控制器的高频区域，速度构造状态量主要由加速度的积分来构成；在控制器的低频区域，速度构造状态量则主要由悬浮间隙的微分来构成。状态观测器的流程框图如图 9-14 所示。

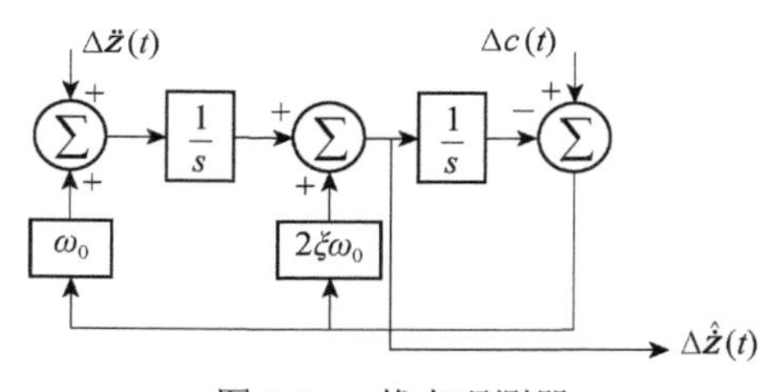

图 9-14　状态观测器

3. 悬浮控制器

状态观测器可以较好地解决速度信号无法直接观测的问题，通过状态观测器的设定，磁浮控制器的基本性能稳定；但是，对于磁浮列车来说，良好的低频跟踪和高频抑制的性能是必须的，所以需要对输入信号进行一定的滤波处理。对加速度信号串联一个低通滤波器和高通滤波器，形成一个带通滤波器，对位移信号串联一个低通滤波器，这样就可以对噪声干扰形成一定的低频跟踪和高频抑制的作用，磁浮控制器的流程框图如图 9-15 所示。图 9-15 中将由传感器 1 测得的绝对加速度 $\Delta\ddot{z}(t)$ 输入由两个滤波器形成的带通滤波器，传感器 2 测得的磁浮间隙 $\Delta c(t)$ 减去额定间隙 c_0 后得到的悬浮间隙差值输入低通滤波器，两个输入信号经过滤波器滤波后进入状态观测器，用于构造速度分量，输入值与观测值通过与加速度反馈系数 K_a、速度反馈系数 K_v 和位移反馈系数 K_p 相乘后，与式（9-17）计算出的静平衡位置处对应的线圈电流叠加，即可得到当前运动状

态下单磁铁线圈的总电流 i，最后通过式（9-18）即可得到当前位置处的悬浮电磁力计算公式：$F=-k_{\mathrm{f}}\dfrac{i^2}{c^2}$。其中，$k_{\mathrm{f}}=\mu_0 N^2 A_{\mathrm{m}}/4$ 为电磁力比例系数，电磁力的方向与定义的坐标系方向相反。

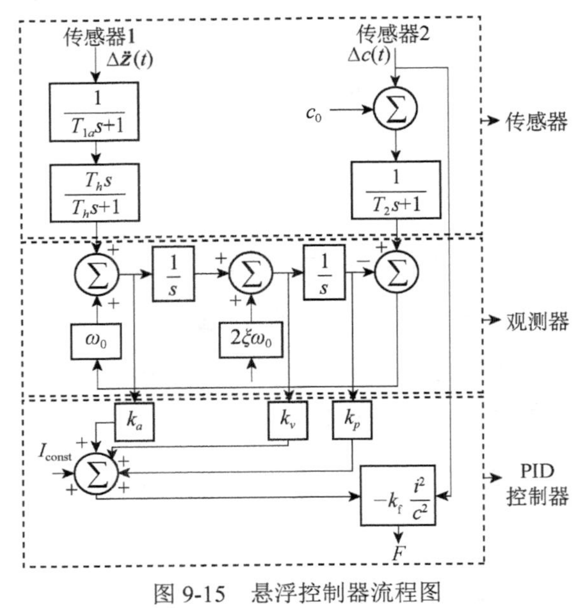

图 9-15　悬浮控制器流程图

9.4.3　PID 控制器参数整定分析

1. 加速度反馈系数 K_a 的影响

通过数值仿真运算和参数分析，可以对 PID 控制器的参数进行整定分析。图 9-16 给出了磁浮间隙、磁浮竖向加速度与加速度反馈系数 K_a 的影响曲线，其中，参数 K_a 的取值分别为 0.3、0.4、0.5、0.6、0.7，随着 K_a 的增大，磁浮间隙的波动也会增大；同样地，竖向加速度的波动值也会变大。增大 K_a，对于整个悬浮系统而言，相当于增大了整个系统的有效质量，整个系统的惯性会增大，悬浮控制变得更困难，系统稳定性变差。

2. 速度反馈系数 K_v 的影响

图 9-17 给出了磁浮间隙、磁浮竖向加速度与速度反馈系数 K_v 的影响曲线，其中，参数 K_v 的取值分别为 10、30、50、70、90。增大 K_v，会使得磁浮间隙的波动值变小；竖向加速度的值在经历第一个波峰时，K_v 越大则竖向峰值加速度越大，

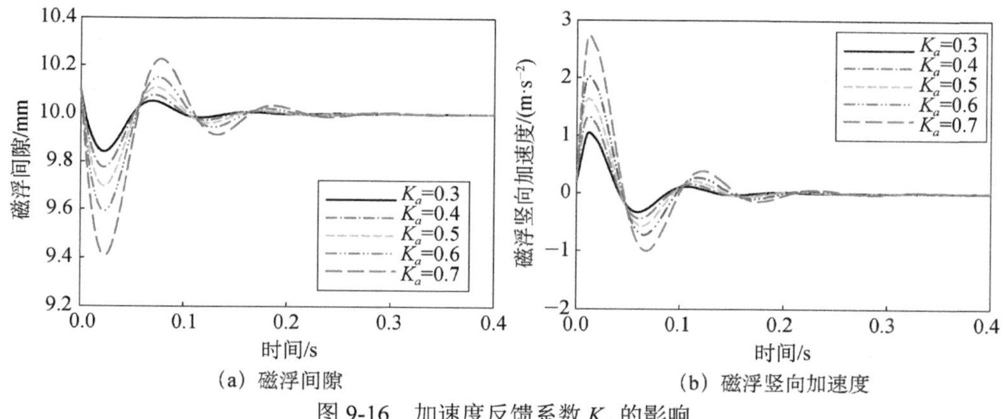

（a）磁浮间隙　　（b）磁浮竖向加速度

图 9-16　加速度反馈系数 K_a 的影响

且到达波峰的时间越短。对于经过第一波峰后的加速度波动，K_v 越大，竖向加速度却随之变小。速度反馈系数 K_v 充当了系统等效阻尼的作用，使得整个系统可以更快地稳定在额定间隙处。

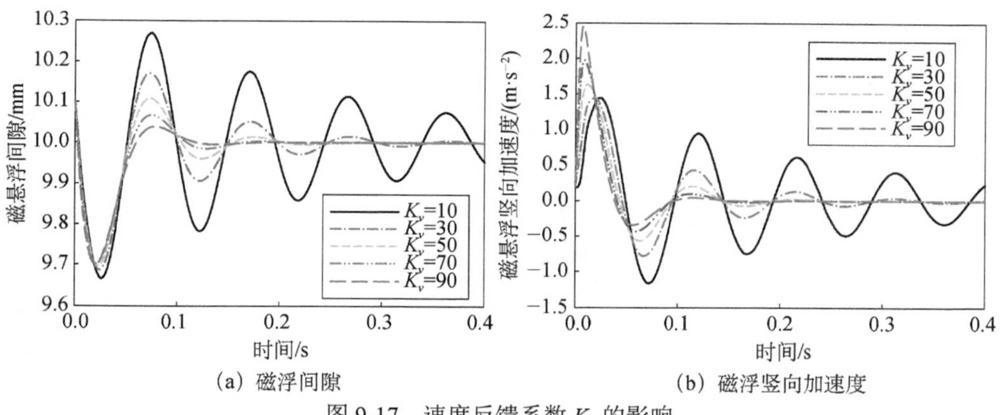

（a）磁浮间隙　　（b）磁浮竖向加速度

图 9-17　速度反馈系数 K_v 的影响

3. 位移反馈系数 K_p 的影响

图 9-18 给出了磁浮间隙、磁浮竖向加速度与速度反馈系数 K_p 的影响曲线，其中，参数 K_p 的取值分别为 5000、7000、9000、11000、13000。增大速度反馈系数 K_p，磁浮间隙的峰值有所削弱，但相较于前两个反馈系数而言并不是特别地敏感，磁浮间隙的响应时间有所缩短；但是，增大速度反馈系数，磁浮电磁铁的竖向加速度峰值有所增大。位移反馈系数 K_p 在整个系统中起到了充当系统刚度的作用，增大刚度，一方面可以快速地平衡在额定间隙处，减少整个系统的响应时间，另一方面则意味着系统的超调量会增大。

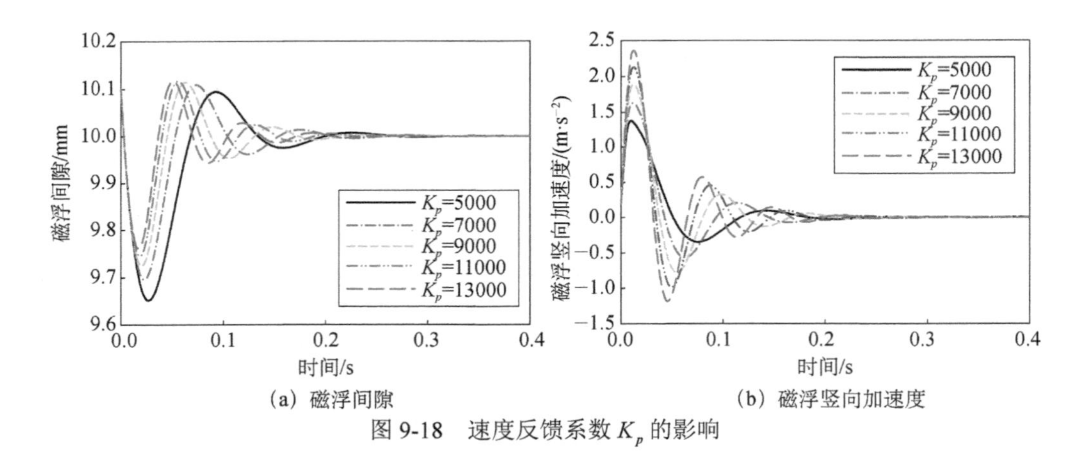

(a) 磁浮间隙　　(b) 磁浮竖向加速度

图 9-18　速度反馈系数 K_p 的影响

4. 系统质量的影响

图 9-19 给出了磁浮间隙、磁浮竖向加速度与悬浮质量的影响曲线，悬浮质量 m 的取值范围为 800kg、1000kg、1200kg、1400kg、1600kg。随着悬浮质量的提升，各质量参数条件下的悬浮间隙的变化曲线规律类似，但是最终的悬浮间隙不一致，悬浮质量越大，则额定间隙越大。实际工程中，初始静平衡电流不可能一直变动，因此，此处的参数分析模拟了在改变悬浮质量的同时，并没有改变初始电流的大小。根据式（9-20）可知，如若在没有改变初始电流大小的同时，增大或减小了悬浮质量，则相当于在分析对象上改变了初始静平衡荷载，所以悬浮间隙会随着悬浮质量的变化而变化。磁浮竖向加速度的变化随质量参数的变化幅度较小。其基本规律是，悬浮质量越大，竖向加速度的变化幅值越小。在实际工程应用中，由于载人列车与空载列车质量明显不同，如果在悬浮控制系统中考虑控制参数随着质量的变化，可通过设计随动的电流-质量跟随器来弥补控制偏差。

5. 状态观测器参数影响

图 9-20 给出了磁浮间隙、磁浮竖向加速度与状态观测器参数的变化曲线。状态观测器选在进行参数取值时，需要考虑轨道梁的自振频率，如果两者频率相近，磁浮系统极易发生共振，这在磁浮控制体系中是不允许的。一般来说，阻尼的增大会使得间隙振荡幅度减小，加速度也减小；频率的增大会使得磁浮间隙振荡幅度增大，电磁铁的加速度亦增大。

经过参数分析，这里给出观测器中阻尼 ξ_0 对磁浮间隙和磁浮竖向加速度的影响变化规律，如图 9-20（a）、（b）所示。通过比较，选择阻尼参数 ξ_0 的值为 0.7；

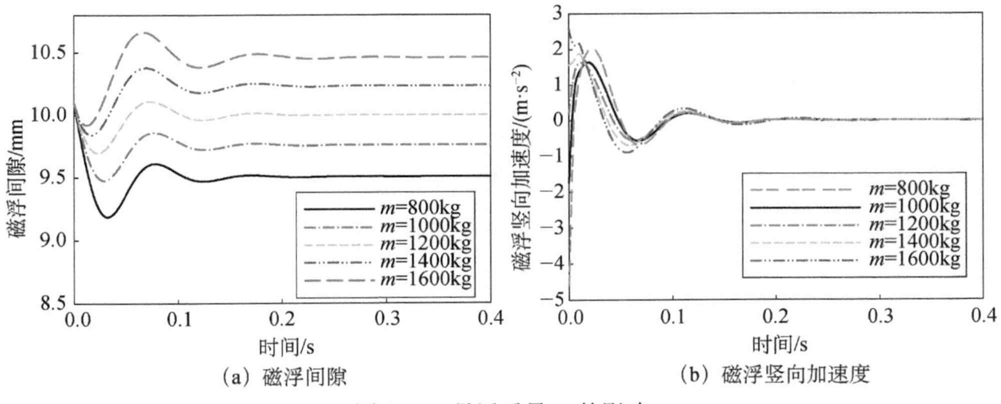

（a）磁浮间隙　　（b）磁浮竖向加速度

图 9-19　悬浮质量 m 的影响

给出观测器中频率 ω_0 对磁浮间隙和磁浮竖向加速度的影响变化规律，如图 9-20（c）、（d）所示。通过比较，选择频率 ω_0 的参数值为 400 πHz （1256.6Hz ）。

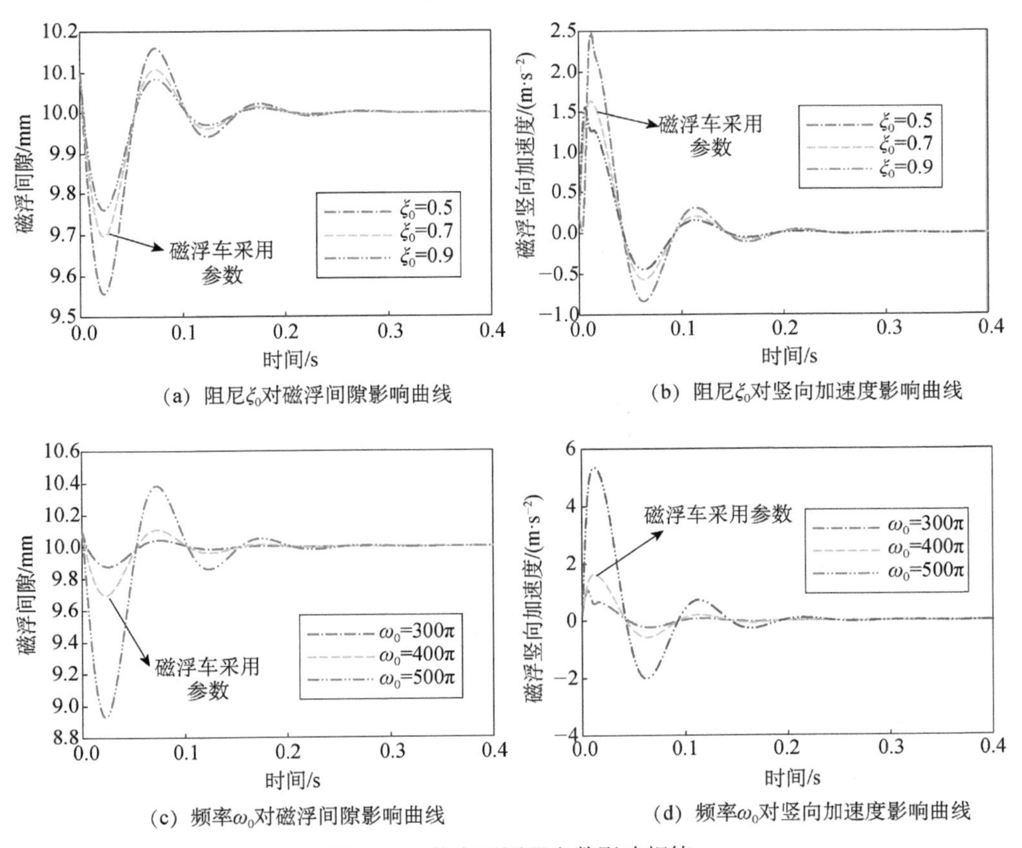

（a）阻尼 ξ_0 对磁浮间隙影响曲线　　（b）阻尼 ξ_0 对竖向加速度影响曲线

（c）频率 ω_0 对磁浮间隙影响曲线　　（d）频率 ω_0 对竖向加速度影响曲线

图 9-20　状态观测器参数影响规律

6. 外荷载的影响

外荷载的影响也是评价悬浮控制器动态性能（鲁棒性）的一个比较重要的方面，因为在实际过程中，悬浮控制器并不是直接行走在平顺的轨道梁上，轨道不平顺的干扰作用也必须纳入对悬浮控制器动态性能的考虑范围。为此，这里针对单电磁铁悬浮控制器施加如图 9-21 所示的外部激励荷载，其响应规律用于评估其在外荷载下的动态响应性能。

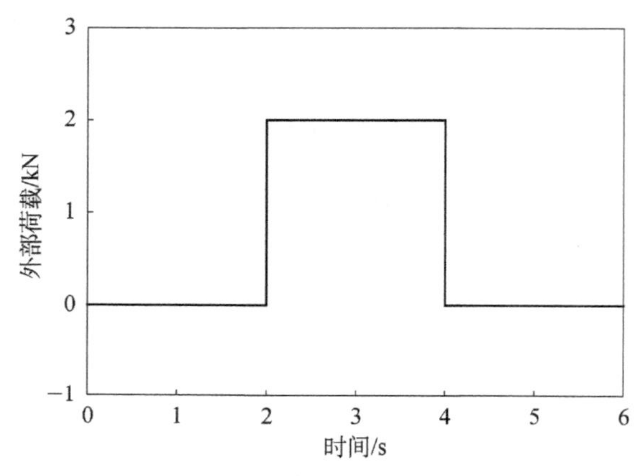

图 9-21　矩形脉冲外部荷载

对单电磁铁系统施加如图 9-21 所示的矩形脉冲荷载，作用时间为 2s，结果如图 9-22 所示。从图 9-22 可以发现，在经历荷载激励后，悬浮间隙和加速度的峰值都有很大的突变，悬浮间隙也有明显的跃迁，最后稳定在约 10.2mm 的悬浮间隙处。在施加矩形脉冲荷载后，悬浮间隙和加速度都出现明显的峰值突变。荷载作用结束之后，悬浮间隙恢复到动平衡的稳定值 10.2mm，加速度恢复到 0。虽然在外荷载施加时，系统有比较大的突变响应，但是系统的响应速度和鲁棒性都表现出了比较好的性能，具有很好的调节作用，可适应简单外部荷载激励条件下的磁浮列车的悬浮稳定性和鲁棒性。

在悬浮电磁铁子系统中，悬浮电磁铁是线路系统中的主要部分。以上针对该电磁铁控制系统，基于位置-速度-加速度的状态反馈，系统分析了 PID 控制器的反馈系数、状态控制器参数、系统质量、外荷载等因素对磁浮控制器的影响规律。

7. 平衡位置偏移干扰的影响

对于磁浮列车系统而言，悬浮系统的动态性能对于评价整个磁浮系统的性能极为关键。对于一列磁浮列车，单个磁浮电磁铁所受合力是一列列车的自重和承

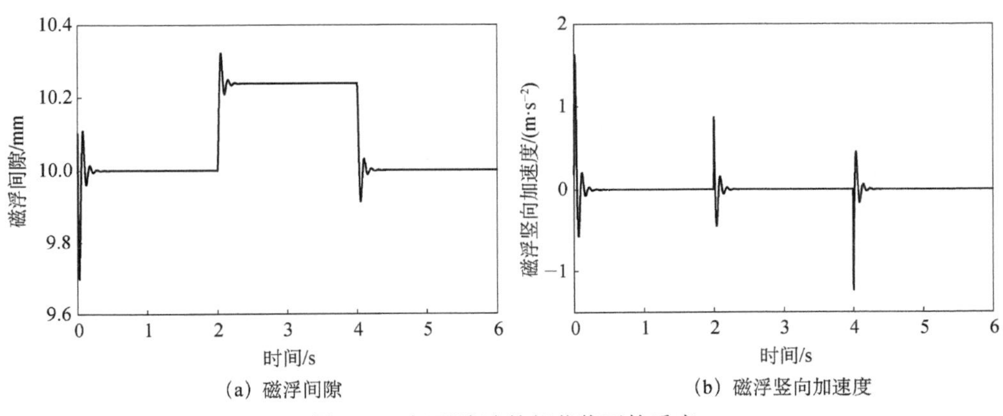

（a）磁浮间隙　　（b）磁浮竖向加速度

图 9-22　矩形脉冲外部荷载下的反应

载总重分层传导下来的，对于单电磁铁控制器动态性能可部分反映整车中的动态稳定性能。假定单电磁铁在初始位置处，悬浮电磁铁所承担的悬浮总质量为 1200kg，额定间隙为 10mm，根据表 9-3 中给出的针对单点控制器的悬浮控制参数（其中的部分参数已在上述的控制模型参数分析中有详细介绍），对单电磁铁的偏移平衡状态后的稳定性进行初步分析。

表 9-3　电磁铁初始仿真参数

符号	物理意义	数值
m	电磁铁质量	1200kg
T_{1a}	加速度惯性环节时间常数	7.95774×10^{-4}
T_H	加速度微分环节时间常数	0.008
T_2	间隙惯性环节时间常数	7.95774×10^{-5}
ω_0	观测器特征频率	1256.6Hz
ξ_0	观测器特征阻尼	$0.7\mathrm{N\cdot s\cdot m^{-1}}$
K_p	位移反馈系数	$7000\mathrm{A\cdot m^{-1}}$
K_v	速度反馈系数	$50\mathrm{A\cdot s\cdot m^{-1}}$
K_a	加速度反馈系数	$0.5\mathrm{A\cdot s^2\cdot m^{-1}}$
C_0	名义工作点悬浮间隙	0.01m
I_0	名工作电流	15.4881477A
k_f	电磁力比例系数	$4.9074\times10^{-3}\mathrm{N\cdot m^2\cdot m^{-1}}$

下面再通过一个简单的数值模型验证 PID 控制器的稳定性，在平衡位置处将悬浮电磁铁的初始位置向下偏移一个高度 Δh，如图 9-23 所示，形成一个初始的悬

浮间隙偏差，通过悬浮控制系统来调节悬浮电磁力，最终使得悬浮电磁铁悬浮间隙恢复到额定间隙 10mm。

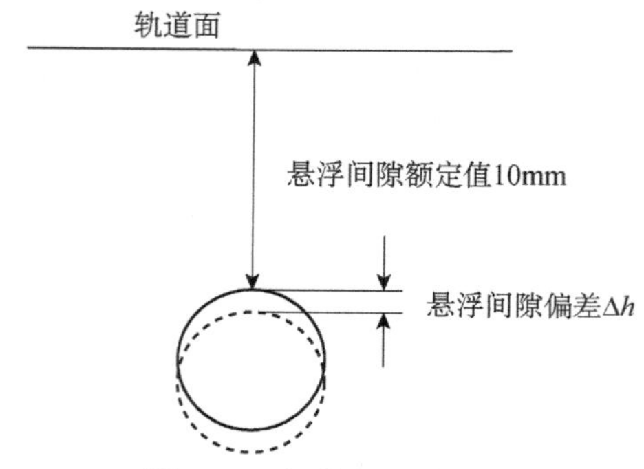

图 9-23　初始电磁铁设置

图 9-24 给出了电磁铁在初始向下偏移 0.1mm 后的悬浮特性曲线，由图 9-24 可知，磁浮间隙由 10.1mm 下降至 9.7mm，超调量大小为 0.3mm，又迅速回调至额定间隙 10mm，整个电磁铁控制响应时间约为 0.3s，最大加速度值为 1.5m $\cdot$s^{-2}。通过分析可知，在初始状态下，悬浮控制子系统通过 PID 控制器主动控制回路电流，产生了竖直向上的磁吸力，磁浮间隙减小，磁浮系统产生反方向的力来遏制磁浮间隙的进一步减小，经过几个循环往复，最终磁浮间隙稳定在额定间隙 10mm 处。

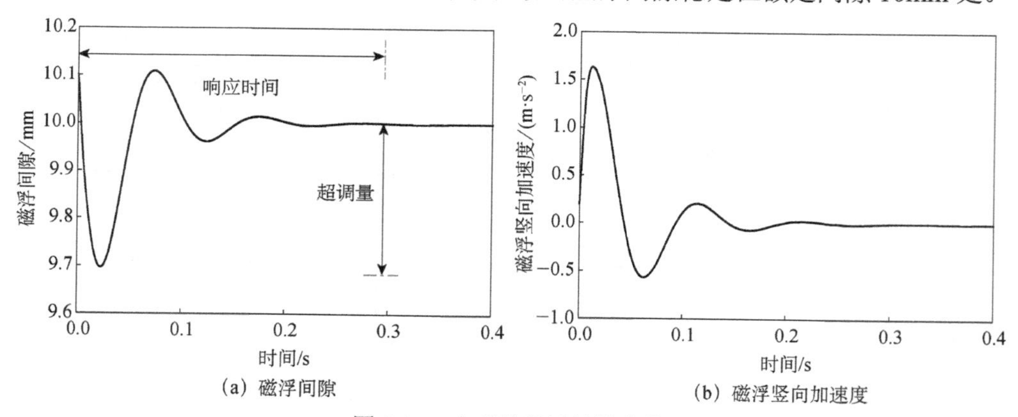

(a) 磁浮间隙　　(b) 磁浮竖向加速度

图 9-24　电磁铁悬浮特性曲线

9.4.4　MPC 控制器模型

1. 预测控制简介

预测控制，又称模型预测控制（model predictive control，MPC），是一种基于预测模型、滚动优化和反馈校正策略的主动控制算法。模型预测控制最早起源于工业过程控制与应用，用来解决实际工程中的控制问题，后来才对其理论进行了系统和深入的研究。模型预测控制算法，可以概括为三个方面，即预测模型、滚动优化和反馈矫正。它的基本作用原理可简单描述为：在每一采样时刻，根据当前获得的测量信息，在线求解一个有限时域开环优化问题，并将得到的控制序列的第一个元素作用于被控对象；在下一个采样时刻，重复上述过程，用新的测量值刷新优化问题并重新求解。在线求解开环优化问题获得开环优化序列，这是模型预测控制和传统控制方法的主要区别。因为传统控制通常只是离线求解一个反馈控制律，并将该反馈控制律一直施加于系统。

预测控制自 20 世纪 70 年代发展至今，大致经历了三个阶段：①20 世纪 70 年代以阶跃响应、脉冲响应为模型的工业预测控制算法，如动态矩阵控制（dynamic matrix control，DMC）等，其优点是模型选择容易，控制思路简单，比较适合工业应用的要求，但缺点是理论还不成熟，应用上有一定困难；②20 世纪 80 年代以传递函数为模型的自适应预测控制算法，如广义预测控制（generalized predictive control，GPC）等，其优点是模型参数在线辨识，能够有效适应时变系统，但对于多变量、约束优化等情况，依然存在一定的局限性；③20 世纪 90 年代以来发展起来的以状态空间方程为模型的综合预测控制算法，基于滚动优化控制（receding horizon control，RHC）的思路，通过借鉴现代控制（如最优控制、鲁棒控制等）的理论成果，使系统的性能分析与优化问题得到很好的解决，并取得了丰硕的研究成果，成为当前预测控制研究的主流。

预测模型最初起源于工业界，旨在解决 PID 控制不易解决的多变量约束优化控制问题。PID 作为一种所谓的“万能”控制器，具有适用于线性或非线性过程、无须知道对象模型、参数少且易于调试的特点。PID 控制器主要是在回路控制中具有优势，当控制从反馈回路向控制系统发展时，缺乏变量间耦合信息的单回路控制很难保持良好的全局性能，对输出和中间变量的各种实际约束也不能简单地归结为 PID 控制器可处理的输入约束，特别是当控制要求从调节向优化提高时，缺乏对过程动态了解的简单反馈控制更显得无能为力。

在控制输入方面，PID 控制器主要是根据当前的输出测量值和过去的设定值之间的偏差来确定当前的控制输入，而模型预测控制不仅能够利用当前和过去的偏差，还能利用预测模型预测到未来的偏差。以滚动优化的方式确定当前的最优控制策略，使未来一段时间内的被控变量与期望值的偏差最小。

预测控制原理框图如图 9-25 所示，其中，$Y_r(k)$为系统的期望输出序列，$Y_p(k)$为预测模型预测输出序列，$E(k)$为二者之间的差值。$E(k)$通过优化计算生成未来的最优控制策略$U(k)$，通过被控对象得到实际输出$y(k)$，$y(k)$与$y_p(k)$经过反馈校正，得到预测模型的输出序列$y_p(k)$，如此不断循环，保证模型与实际系统更加匹配。

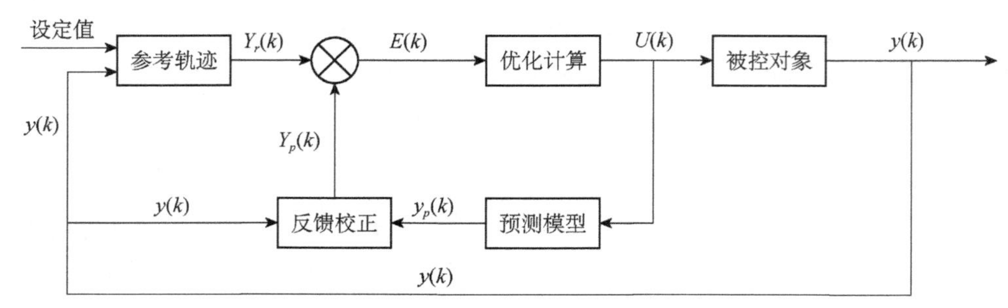

图 9-25 预测控制原理框图

与 PID 控制相比，模型预测控制（MPC）主要具有以下几点优势：

（1）预测控制所需要的预测模型，只强调其预测功能，不严格要求其求解形式，甚至无需给出其封闭解，从而为系统建模带来了方便。在许多场合下，我们只需测定对象的阶跃响应或脉冲响应，就可直接得到系统的预测模型。

（2）预测控制汲取了优化控制的思想，它用结合反馈校正的滚动时域优化取代了一次性的全局优化，不但避免了求解全局优化所需的庞大计算量，而且在不可避免地存在着模型误差和扰动的工业环境中，能不断顾及不确定性的影响并及时加以修正，反而要比只依靠模型的一次性优化具有更强的鲁棒性。

（3）实际系统中存在各种各样的约束，尽管存在一些可以在设计控制系统时有效处理约束的方法，但它们要么只适用某种特殊类型的系统，要么就只能处理特殊形式的约束。预测控制可以将求解最优控制问题转化为在线数值求解有约束的优化问题，这大大地降低了计算的复杂度，是处理约束系统最优控制的一种可行的方法。

总之，预测控制作为一种基于模型的控制系统设计方法，由于优化问题中的系统模型可以是描述系统动态行为的任意形式的模型，因而从原理上讲，模型预测控制可以处理时变或者非时变、线性或者非线性、有时滞或者无时滞系统的约束最优控制问题，这使得模型预测控制成为一种适用范围非常广泛的方法。

2. 单电磁铁 MPC 控制器模型

在整个悬浮控制系统中，电磁铁作为关键部件，被设计为多磁铁联结的模块化结构形式，这种模块化的设计可以让悬浮系统的多磁铁模块被解耦成单个电磁铁，进行一般性的单电磁铁悬浮控制问题的研究。在 9.4.1 节推导的单电磁铁动力方程的基础上，进一步推导高速磁浮单电磁铁 MPC 控制器。

令 $d_1 = c, d_2 = \dot{d}_1, d_3 = i$，其对应的实际物理意义分别为磁浮间隙、磁浮间隙变化率和电流。由 9.4.1 节中单电磁铁的动力学方程，得到单电磁铁悬浮系统状态空间方程为

$$\begin{cases} \dot{d}_1 = d_2 \\ \dot{d}_2 = g - k_{\mathrm{f}} d_3^2 / m d_1^2 + f_{\mathrm{d}} / m \\ \dot{d}_3 = d_2 d_3 / d_1 - R d_1 d_3 / (2k_{\mathrm{f}}) + d_1 \bar{u} / (2k_{\mathrm{f}}) \end{cases} \tag{9-34}$$

由式（9-34）可知，单电磁铁悬浮系统是非线性开环不稳定系统。若直接对系统进行控制，则除了大大增加模型的计算量外，还不符合控制系统的实时性要求。以往学者对磁浮的非线性系统的处理，大多是采用平衡点处近似线性化的方法，但这是一种局部线性化的方法，只能保证系统在平衡位置的稳定性，在距平衡点较远的地方，系统的稳定性能就会变差，甚至不稳定。本书采用反馈线性化镇定的方式，这是一种精确线性化的方法，对磁浮系统进行线性化镇定处理；并在镇定模型的基础上，引入基于状态空间方程的模型预测控制方法，设计高速磁浮单电磁铁的 MPC 控制器。

3. 反馈线性镇定化

对于如式（9-34）所示的单电磁铁非线性悬浮系统，忽略干扰力 $\boldsymbol{f}_{\mathrm{d}}$，并取新的状态空间变量如下：

$$\begin{cases} \dot{s}_1 = \dot{d}_1 \\ \dot{s}_2 = \dot{d}_2 \\ \dot{s}_3 = R d_3^2 / m_0 d_1 - d_3 \bar{u} / m_0 d_1 \end{cases} \tag{9-35}$$

令 $\boldsymbol{s} = [s_1, s_2, s_3]^{\mathrm{T}}$，$s_1$、$s_2$、$s_3$ 分别表示磁浮间隙、磁浮间隙变化率和磁浮间隙加速度。

通过反馈线性化方法，设一级状态反馈律中的回路电压为$\bar{u}=-\dfrac{m_0 d_1}{d_3}\bar{w}+Rd_3$，其中，$\bar{w}$为新的控制输入，由式（9-35）得到线性化后的状态空间方程：

$$\begin{cases}\dot{\boldsymbol{s}}=\boldsymbol{A}_1\boldsymbol{s}+\boldsymbol{B}_1\bar{w}\\ y=\boldsymbol{C}_1\boldsymbol{s}\end{cases} \tag{9-36}$$

其中，状态矩阵为$\boldsymbol{A}_1=(0\quad 1\quad 0;0\quad 0\quad 1;0\quad 0\quad 0)$；输入矩阵$\boldsymbol{B}_1=(0\quad 0\quad 1)^{\mathrm{T}}$；输出矩阵$\boldsymbol{C}_1=\begin{pmatrix}1 & 0 & 0\end{pmatrix}$。

系统能观性矩阵和能控性矩阵的秩分别为

$$\mathrm{rank}[\boldsymbol{C}_1,\boldsymbol{C}_1\boldsymbol{A}_1,\boldsymbol{C}_1\boldsymbol{A}_1^2]^{\mathrm{T}}=3,\quad \mathrm{rank}[\boldsymbol{B}_1,\boldsymbol{A}_1,\boldsymbol{A}_1^2\boldsymbol{B}_1]=3$$

由此可知，系统是可观、可控的。

由于磁浮系统为强非线性系统，为了提高上述线性系统（9-36）的性能，在实际稳定点$\boldsymbol{s}_0=[z_0,0,0]$引入二级状态反馈。

令

$$\bar{w}=k_1(s_1-z_0)+k_2 s_2+k_3 s_3+\bar{v} \tag{9-37}$$

其中，$\boldsymbol{K}=[k_1,k_2,k_3]^{\mathrm{T}}$为反馈系数矩阵。

将$\bar{w}$代入初始状态反馈变量$\bar{u}$中，得到非线性系统的状态反馈镇定控制器的控制方程为

$$\begin{aligned}\bar{u}&=-\frac{m_0 d_1}{d_3}\bar{w}+Rd_3\\ &=-\frac{m_0 d_1}{d_3}\left[k_1(d_1-z_0)+k_2 d_2+k_3\left(g-\frac{cd_3^2}{m_0 d_1^2}\right)\right]+Rd_3\end{aligned} \tag{9-38}$$

由李雅普诺夫第一方法对稳定性的判据和极点配置方法可推出，当反馈系数矩阵$\boldsymbol{K}$中的每个值都为负值时，这个状态反馈是一定可以使得系统稳定的。

将$\bar{w}$代入式（9-36），并引入二级状态反馈的系统输入$\bar{v}$，得系统镇定后的状态空间模型为

$$\begin{cases}\dot{\boldsymbol{s}}=\boldsymbol{A}_2\boldsymbol{s}+\boldsymbol{B}_2\bar{v}\\ y=\boldsymbol{C}_2\boldsymbol{s}\end{cases} \tag{9-39}$$

其中，$\boldsymbol{A}_2=\boldsymbol{A}_1+\boldsymbol{B}_1\boldsymbol{K}$，$\boldsymbol{B}_2=\boldsymbol{B}_1$，$\boldsymbol{C}_2=\boldsymbol{C}_1$，分别是系统镇定模型的状态矩阵、输入矩阵和输出矩阵。

4. MPC 预测控制模型推导

选取合适的采样时间 T_s，将式（9-39）进行离散化，得到基于反馈镇定化处理后的线性时不变状态空间模型，方程如下：

$$\begin{cases} \boldsymbol{x}(k+1)=\boldsymbol{A}\boldsymbol{x}(k)+\boldsymbol{B}\overline{\boldsymbol{v}}(k)+\boldsymbol{G}\boldsymbol{d}(k) \\ \boldsymbol{y}(k)=\boldsymbol{C}\boldsymbol{x}(k) \end{cases} \tag{9-40}$$

其中，$\boldsymbol{x}(k)\in\mathbb{R}^3$ 为 k 时刻的实数三维状态向量；$\boldsymbol{d}(k)$ 为可测干扰向量；$\overline{\boldsymbol{v}}(k)$、$\boldsymbol{y}(k)$ 分别为系统的输入和输出向量。先假设不存在干扰向量 $\boldsymbol{d}(k)$，所有状态变量全部可测，根据预测控制基本原理，当前时刻的状态向量 $\boldsymbol{x}(k)$ 和上一时刻的系统输入 $\overline{\boldsymbol{v}}(k-1)$ 和干扰向量 $\boldsymbol{d}(k-1)$ 为初始条件。$\boldsymbol{A}$、$\boldsymbol{B}$、$\boldsymbol{C}$ 为状态矩阵 $\boldsymbol{A}_2$、输入矩阵 $\boldsymbol{B}_2$、输出矩阵 $\boldsymbol{C}_2$ 分别按一定的采样周期 $\boldsymbol{T}_s$ 离散化后得到的系数矩阵。$\boldsymbol{G}$ 为干扰矩阵。

设预测时间步数为 t_P，控制时域为 t_H，且 $t_H\leqslant t_P$，则根据预测模型可以预测出未来 t_P 个时刻系统的状态预测值，回归关系式如下：

$$\begin{aligned}\hat{\boldsymbol{x}}(k+t_P\mid k)&=\boldsymbol{A}\hat{\boldsymbol{x}}(k+t_P-1)+\boldsymbol{B}\hat{\boldsymbol{u}}(k+t_P-1)\\&=\boldsymbol{A}^{t_P}\boldsymbol{x}(k)+\boldsymbol{A}^{t_P-1}\boldsymbol{B}\hat{\boldsymbol{u}}(k\mid k)+\boldsymbol{A}^{t_P-2}\boldsymbol{B}\hat{\boldsymbol{u}}(k+1\mid k)+\cdots+\boldsymbol{B}\hat{\boldsymbol{u}}(k+t_P-1\mid k)\end{aligned}$$

假设系统输入在 $k-1$ 时刻之后，仅变化 H 步，$k+t_H-1$ 之后保持恒定值，不再发生变化。即

$$\hat{\boldsymbol{u}}(k+i\mid k)=\hat{\boldsymbol{u}}(k+t_H-1\mid k)\qquad t_H\leqslant i\leqslant t_P-1$$

为了实现稳态无跟踪误差的效果，采用 $\Delta\hat{\boldsymbol{u}}(k+i)$ 作为待求的控制向量，令

$$\Delta\hat{\boldsymbol{u}}(k+i)=\hat{\boldsymbol{u}}(k+i)-\Delta\hat{\boldsymbol{u}}(k+i-1)$$

则有

$$\hat{\boldsymbol{u}}(k+t_H-1\mid k)=\Delta\hat{\boldsymbol{u}}(k+t_H-1\mid k)+\cdots+\Delta\hat{\boldsymbol{u}}(k\mid k)+\boldsymbol{u}(k-1)$$

当 $1\leqslant i\leqslant t_H$ 时，得到递推公式

$$\begin{aligned}&\hat{\boldsymbol{x}}(k+t_H\mid k)=\boldsymbol{A}^{\mathrm{H}}\boldsymbol{x}(k)+\boldsymbol{B}\Delta\hat{\boldsymbol{u}}(k+t_H-1\mid k)+\cdots+\left(\boldsymbol{A}^{t_H-1}+\cdots+\boldsymbol{A}+\boldsymbol{I}\right)\boldsymbol{B}\Delta\hat{\boldsymbol{u}}(k\mid k)\\&+\left(\boldsymbol{A}^{t_H-1}+\cdots+\boldsymbol{A}+\boldsymbol{I}\right)\boldsymbol{B}\boldsymbol{u}(k-1)\end{aligned}$$

当 $t_H+1\leqslant i\leqslant t_P$ 时，得到递推公式

$$\begin{aligned}\hat{\boldsymbol{x}}(k+t_P\mid k)&=\boldsymbol{A}^{t_P}\boldsymbol{x}(k)+(\boldsymbol{A}+\boldsymbol{I})\boldsymbol{B}\Delta\hat{\boldsymbol{u}}(k+t_P-1\mid k)+\cdots\\&+\left(\boldsymbol{A}^{t_P-1}+\cdots+\boldsymbol{A}+\boldsymbol{I}\right)\boldsymbol{B}\Delta\hat{\boldsymbol{u}}(k\mid k)+\left(\boldsymbol{A}^{t_P-1}+\cdots+\boldsymbol{A}+\boldsymbol{I}\right)\boldsymbol{B}\boldsymbol{u}(k-1)\end{aligned}$$

假设过程中干扰量始终保持不变，即

$$\hat{\boldsymbol{d}}(k+i)=\hat{\boldsymbol{d}}(k)=\boldsymbol{d}(k-1),\quad i=1,\cdots,t_P$$

则状态变量的预测值归纳后，将所有状态预测值归纳为矩阵-向量的形式，有

$$\boldsymbol{X}(k)=\boldsymbol{A}_{\mathrm{P}}\boldsymbol{x}(k)+\boldsymbol{B}_{\mathrm{H}}\Delta\boldsymbol{U}(k)+\boldsymbol{B}_{\mathrm{u}}\boldsymbol{u}(k-1)+\boldsymbol{B}_{\mathrm{f}}\boldsymbol{d}(k-1) \tag{9-41}$$

其中，

$$\boldsymbol{X}(k)=\begin{bmatrix}\hat{\boldsymbol{x}}(k+1|k)\\ \vdots\\ \hat{\boldsymbol{x}}(k+t_{\mathrm{H}}|k)\\ \hat{\boldsymbol{x}}(k+t_{\mathrm{H}}+1|k)\\ \vdots\\ \hat{\boldsymbol{x}}(k+t_{\mathrm{P}}|k)\end{bmatrix},\quad \Delta\boldsymbol{U}(k)=\begin{bmatrix}\Delta\hat{\boldsymbol{u}}(k|k)\\ \vdots\\ \Delta\hat{\boldsymbol{u}}(k+t_{\mathrm{H}}-1|k)\end{bmatrix},\quad \boldsymbol{A}_{\mathrm{P}}=\begin{bmatrix}\boldsymbol{A}\\ \vdots\\ \boldsymbol{A}^{t_{\mathrm{H}}}\\ \boldsymbol{A}^{t_{\mathrm{H}}+1}\\ \vdots\\ \boldsymbol{A}^{t_{\mathrm{P}}}\end{bmatrix}$$

$$\boldsymbol{B}_{\mathrm{H}}=\begin{bmatrix}\boldsymbol{B} & \cdots & 0\\ \vdots & \ddots & \vdots\\ \sum_{i=0}^{t_{\mathrm{H}}-1}\boldsymbol{A}^{i}\boldsymbol{B} & \cdots & \boldsymbol{B}\\ \sum_{i=0}^{t_{\mathrm{H}}}\boldsymbol{A}^{i}\boldsymbol{B} & \cdots & \boldsymbol{AB}+\boldsymbol{B}\\ \vdots & \vdots & \vdots\\ \sum_{i=0}^{t_{\mathrm{P}}-1}\boldsymbol{A}^{i}\boldsymbol{B} & \cdots & \sum_{i=0}^{t_{\mathrm{P}}-t_{\mathrm{H}}}\boldsymbol{A}^{i}\boldsymbol{B}\end{bmatrix},\quad \boldsymbol{B}_{\mathrm{u}}=\begin{bmatrix}\boldsymbol{B}\\ \vdots\\ \sum_{i=0}^{t_{\mathrm{H}}-1}\boldsymbol{A}^{i}\boldsymbol{B}\\ \sum_{i=0}^{t_{\mathrm{H}}}\boldsymbol{A}^{i}\boldsymbol{B}\\ \vdots\\ \sum_{i=0}^{t_{\mathrm{P}}-1}\boldsymbol{A}^{i}\boldsymbol{B}\end{bmatrix},\quad \boldsymbol{B}_{\mathrm{f}}=\begin{bmatrix}\boldsymbol{G}\\ \vdots\\ \sum_{i=0}^{t_{\mathrm{H}}-1}\boldsymbol{A}^{i}\boldsymbol{G}\\ \sum_{i=0}^{t_{\mathrm{H}}}\boldsymbol{A}^{i}\boldsymbol{G}\\ \vdots\\ \sum_{i=0}^{t_{\mathrm{P}}-1}\boldsymbol{A}^{i}\boldsymbol{G}\end{bmatrix}$$

$\boldsymbol{X}(k)\in\mathbb{R}^{3t_{\mathrm{P}}\times1},\Delta\boldsymbol{U}(k)\in\mathbb{R}^{t_{\mathrm{H}}\times1},\boldsymbol{A}_{\mathrm{P}}\in\mathbb{R}^{3t_{\mathrm{P}}\times3},\boldsymbol{B}_{\mathrm{H}}\in\mathbb{R}^{3t_{\mathrm{P}}\times t_{\mathrm{H}}},\boldsymbol{B}_{\mathrm{u}}\in\mathbb{R}^{3t_{\mathrm{P}}\times1},\boldsymbol{B}_{\mathrm{f}}\in\mathbb{R}^{3t_{\mathrm{P}}\times1}$。

同理，由预测模型，可以推导出系统的被控预测输出，下面分段描述。

当$1\leqslant i\leqslant t_{\mathrm{H}}$时，

$$\begin{aligned}\hat{y}(k+t_{\mathrm{H}}|k)=&\boldsymbol{CA}^{t_{\mathrm{H}}}\boldsymbol{x}(k)+\boldsymbol{CB}\Delta\hat{\boldsymbol{u}}(k+t_{\mathrm{H}}-1|k)+\cdots+\boldsymbol{C}\left(\boldsymbol{A}^{t_{\mathrm{H}}-1}+\cdots+\boldsymbol{A}+\boldsymbol{I}\right)\boldsymbol{B}\Delta\hat{\boldsymbol{u}}(k|k)\\&+\boldsymbol{C}\left(\boldsymbol{A}^{t_{\mathrm{H}}-1}+\cdots+\boldsymbol{A}+\boldsymbol{I}\right)\boldsymbol{Bu}(k-1)+\boldsymbol{C}\left(\boldsymbol{A}^{t_{\mathrm{H}}-1}+\cdots+\boldsymbol{A}+\boldsymbol{I}\right)\boldsymbol{Gd}(k-1)\end{aligned}$$

当$t_{\mathrm{H}}+1\leqslant i\leqslant t_{\mathrm{P}}$时，

$$\begin{aligned}\hat{y}(k+t_{\mathrm{P}}|k)=&\boldsymbol{CA}^{t_{\mathrm{P}}}\boldsymbol{x}(k)+\boldsymbol{C}(\boldsymbol{A}+\boldsymbol{I})\boldsymbol{B}\Delta\hat{\boldsymbol{u}}(k+t_{\mathrm{P}}-1|k)+\cdots\\&+\boldsymbol{C}\left(\boldsymbol{A}^{t_{\mathrm{P}}-1}+\cdots+\boldsymbol{A}+\boldsymbol{I}\right)\boldsymbol{B}\Delta\hat{\boldsymbol{u}}(k|k)+\boldsymbol{C}\left(\boldsymbol{A}^{t_{\mathrm{P}}-1}+\cdots+\boldsymbol{A}+\boldsymbol{I}\right)\boldsymbol{Bu}(k-1)\\&+\boldsymbol{C}\left(\boldsymbol{A}^{t_{\mathrm{P}}-1}+\cdots+\boldsymbol{A}+\boldsymbol{I}\right)\boldsymbol{Gd}(k-1)\end{aligned}$$

将其写成向量的形式，有

$$\boldsymbol{Y}(k)=\boldsymbol{\Phi}\boldsymbol{x}(k)+\boldsymbol{\Psi}\boldsymbol{\Delta}\boldsymbol{U}(k)+\boldsymbol{\Pi}\boldsymbol{u}(k-1)+\boldsymbol{\Pi}_{\mathrm{f}}\boldsymbol{d}(k-1) \tag{9-42}$$

其中，

$$\boldsymbol{Y}(k)=\begin{bmatrix}\hat{y}(k+1|k)\\ \vdots\\ \hat{y}(k+t_{\mathrm{P}}|k)\end{bmatrix},\quad \boldsymbol{\Phi}=\begin{bmatrix}\boldsymbol{CA}\\ \vdots\\ \boldsymbol{CA}^{t_{\mathrm{P}}}\end{bmatrix}$$

$$\boldsymbol{\Psi}=\begin{bmatrix} \boldsymbol{CB} & \cdots & 0 \\ \vdots & \ddots & \vdots \\ \sum_{i=0}^{t_{\mathrm{H}}-1}\boldsymbol{CA}^{i}\boldsymbol{B} & \cdots & \boldsymbol{CB} \\ \sum_{i=0}^{t_{\mathrm{H}}}\boldsymbol{CA}^{i}\boldsymbol{B} & \cdots & \boldsymbol{CAB}+\boldsymbol{CB} \\ \vdots & \vdots & \vdots \\ \sum_{i=0}^{t_{\mathrm{P}}-1}\boldsymbol{CA}^{i}\boldsymbol{B} & \cdots & \sum_{i=0}^{t_{\mathrm{P}}-t_{\mathrm{H}}}\boldsymbol{CA}^{i}\boldsymbol{B} \end{bmatrix},\quad \boldsymbol{\Pi}=\begin{bmatrix} \boldsymbol{CB} \\ \vdots \\ \sum_{i=0}^{t_{\mathrm{H}}-1}\boldsymbol{CA}^{i}\boldsymbol{B} \\ \sum_{i=0}^{t_{\mathrm{H}}}\boldsymbol{CA}^{i}\boldsymbol{B} \\ \vdots \\ \sum_{i=0}^{t_{\mathrm{P}}-1}\boldsymbol{CA}^{i}\boldsymbol{B} \end{bmatrix},\quad \boldsymbol{\Pi}_{f}=\begin{bmatrix} \boldsymbol{CG} \\ \vdots \\ \sum_{i=0}^{t_{\mathrm{H}}-1}\boldsymbol{CA}^{i}\boldsymbol{G} \\ \sum_{i=0}^{t_{\mathrm{H}}}\boldsymbol{CA}^{i}\boldsymbol{G} \\ \vdots \\ \sum_{i=0}^{t_{\mathrm{P}}-1}\boldsymbol{CA}^{i}\boldsymbol{G} \end{bmatrix}$$

式中，

$$\boldsymbol{Y}(k)\in\mathbb{R}^{t_{\mathrm{P}}\times 1},\quad \boldsymbol{\Phi}\in\mathbb{R}^{t_{\mathrm{P}}\times 3},\quad \boldsymbol{\Psi}\in\mathbb{R}^{t_{\mathrm{P}}\times t_{\mathrm{H}}},\quad \boldsymbol{\Pi}\in\mathbb{R}^{t_{\mathrm{P}}\times 1},\quad \boldsymbol{\Pi}_{f}\in\mathbb{R}^{t_{\mathrm{P}}\times 1}$$

5. MPC 控制器的优化目标函数

考虑预测输出$\boldsymbol{Y}(k)$要尽可能接近给定的期望值$\boldsymbol{Y}_{\mathrm{r}}(k)$，且控制增量$\Delta\boldsymbol{U}(k)$不要发生剧烈变化，因此，$k$时刻的优化性能指标可取为

$$\min J(k)=\left\|\boldsymbol{Y}(k)-\boldsymbol{Y}_{\mathrm{r}}(k)\right\|_{\boldsymbol{Q}}^{2}+\|\Delta\boldsymbol{U}(k)\|_{\boldsymbol{R}_{\mathrm{u}}}^{2} \tag{9-43}$$

其中，

$\boldsymbol{Y}_{\mathrm{r}}(k)=\left[y_{\mathrm{r}}(k+1)\cdots y_{\mathrm{r}}(k+t_{\mathrm{P}})\right]^{\mathrm{T}}$为输出期望值向量；

$\boldsymbol{Q}=\mathrm{diag}\left(\left[Q(1),\cdots,Q(t_{\mathrm{P}})\right]\right)$为输出误差矩阵；

$\boldsymbol{R}_{\mathrm{u}}=\mathrm{diag}\left(\left[R_{\mathrm{u}}(0),\cdots,R_{\mathrm{u}}(t_{\mathrm{H}}-1)\right]\right)$为输入控制加权矩阵。

定义误差函数矩阵：

$$\boldsymbol{E}(k)=\boldsymbol{Y}_{\mathrm{r}}(k)-\boldsymbol{\Phi}\boldsymbol{x}(k)-\boldsymbol{\Pi}\boldsymbol{u}(k-1)-\boldsymbol{\Pi}_{\mathrm{f}}\boldsymbol{d}(k-1) \tag{9-44}$$

则目标函数式（9-43）可以改写为

$$\begin{aligned}\min J(k)&=\left\|\boldsymbol{Y}(k)-\boldsymbol{Y}_{\mathrm{r}}(k)\right\|_{\boldsymbol{Q}}^{2}+\|\Delta\boldsymbol{U}(k)\|_{\boldsymbol{R}_{\mathrm{u}}}^{2}\\&=[\boldsymbol{\Psi}\Delta\boldsymbol{U}(k)-\boldsymbol{E}(k)]^{\mathrm{T}}\boldsymbol{Q}\left[\boldsymbol{\Psi}\Delta\boldsymbol{U}(k)-\boldsymbol{E}(k)\right]+\Delta\boldsymbol{U}(k)^{\mathrm{T}}\boldsymbol{R}_{\mathrm{u}}\Delta\boldsymbol{U}(k)\end{aligned}$$

若令，

$$\boldsymbol{W}=2\left(\boldsymbol{\Psi}^{\mathrm{T}}\boldsymbol{Q}\boldsymbol{\Psi}+\boldsymbol{R}_{\mathrm{u}}\right),\quad \boldsymbol{h}=-2\boldsymbol{\Psi}^{\mathrm{T}}\boldsymbol{Q}\boldsymbol{E}(k),\quad b=\boldsymbol{E}^{\mathrm{T}}(k)\boldsymbol{Q}\boldsymbol{E}(k)$$

则目标函数变为

$$\min J(k)=\frac{1}{2}\Delta\boldsymbol{U}(k)^{\mathrm{T}}\boldsymbol{W}\Delta\boldsymbol{U}(k)+\boldsymbol{h}^{\mathrm{T}}\Delta\boldsymbol{U}(k)+b \tag{9-45}$$

其中，$\boldsymbol{W}$、$\boldsymbol{h}$、b均为不依赖变量$\Delta\boldsymbol{U}(k)$的常数矩阵、常数向量和常值。

此时，优化问题就变成了一个典型的线性规划问题，即

$$\min J(k)=\frac{1}{2}\Delta\boldsymbol{U}(k)^{\mathrm{T}}\boldsymbol{W}\Delta\boldsymbol{U}(k)+\boldsymbol{h}^{\mathrm{T}}\Delta\boldsymbol{U}(k) \tag{9-46}$$

对上式求偏导，可得

$$\frac{\partial J(k)}{\partial\Delta\boldsymbol{U}(k)}=0$$

$$\Delta\boldsymbol{U}(k)=-\boldsymbol{W}^{-1}\boldsymbol{h}^{\mathrm{T}}$$

由于

$$\frac{\partial^2 J(k)}{\partial(\Delta\boldsymbol{U}(k))^2}=\boldsymbol{W}>0$$

故此极小值便为目标函数的最小值。由预测控制的原理可知，将求出的$\Delta\boldsymbol{U}(k)$序列的首个元素代入模型进行计算，即

$$\Delta\boldsymbol{u}(k)_{\mathrm{opt}}=[1\ \ 0\ \ \cdots\ \ 0]\Delta\boldsymbol{U}(k)_{\mathrm{opt}} \tag{9-47}$$

6. MPC 控制器参数整定分析

上述推导出的预测控制模型中，共涉及 5 个参数，分别是预测时间步数P、控制时间步数H、输出误差加权系数矩阵$\boldsymbol{Q}$、输入加权系数矩阵$\boldsymbol{R}_{\mathrm{u}}$以及采样时间$T_{\mathrm{s}}$。其中，输出误差加权系数矩阵$\boldsymbol{Q}$一般取为单位对角矩阵。下面基于数值仿真分析方法和 MPC 参数优化原则，对 TR08 单电磁铁的 MPC 控制器进行初步的参数分析。

（1）当$H=2$、$R_{\mathrm{u}}=10^{-11}$、$T_{\mathrm{s}}=0.005\mathrm{s}$时，预测时间步数$P$的变化对磁浮间隙的影响如图 9-26 所示。预测时间步数P表示从第k时刻起，未来滚动优化时间步数P，可以无限接近预期值。预测时间步数P值越小，系统反应越快，但P过小时，也会使得系统稳定性降低，鲁棒性变差。当P值越大时，系统反应越慢，但P取值过大时，会影响计算效率，消耗太多计算资源。

（2）当$P=10$、$R_{\mathrm{u}}=10^{-11}$、$T_{\mathrm{s}}=0.005\mathrm{s}$时，控制时间步数$H$的变化对磁浮间隙的影响如图 9-27 所示。控制时间步数H表示从第k时刻起所要确定的未来优化变量的维度。在一定范围内，控制时间步数H越小，系统动态响应越慢，超调量越小，稳定性也较好；控制时域H值越大，系统响应越快，但超调量越大，越不利于系统的稳定，多数情况下H可取 1，但还需要结合不同的被控系统综合考虑。

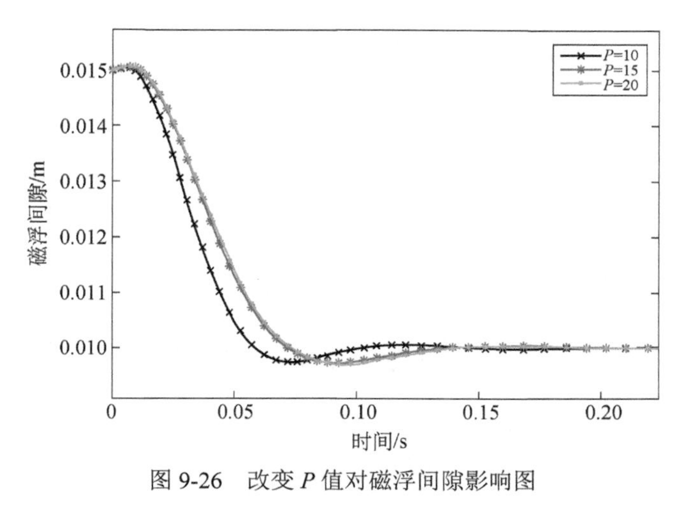

图 9-26　改变 P 值对磁浮间隙影响图

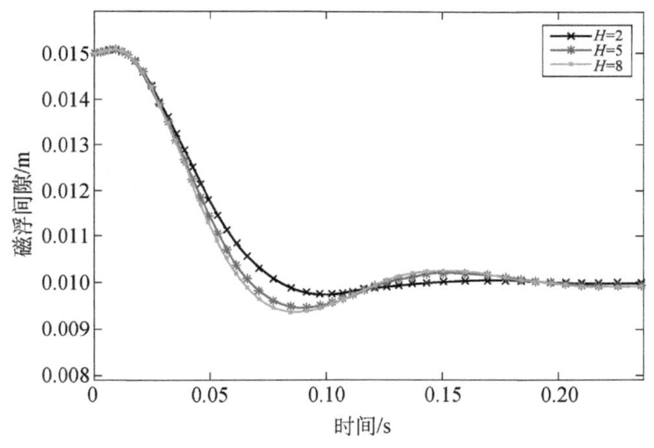

图 9-27　改变 H 值对磁浮间隙的影响

（3）当 $P=10$、 $H=2$、 $T_s=0.005\text{s}$ 时，输入加权系数矩阵 R_u 值的变化对磁浮间隙的影响如图 9-28 所示。输入加权系数矩阵 R_u 是用来约束控制增量，以防止其产生剧烈变化的系数矩阵，也称为“软约束”。由最优控制理论和试验可知，在一定范围内， R_u 取值越大，则控制中消耗的能量越少，系统控制作用越弱，反映在仿真图上，就会出现静差，所需要的稳定时间较长； R_u 取值越小，则控制中消耗的能量越大，系统控制作用越强，响应时间越短，所需要的稳定时间越短。所以 R_u 的取值不仅要结合系统本身的特性，还要考虑实际控制过程中的能量消耗是否可行。

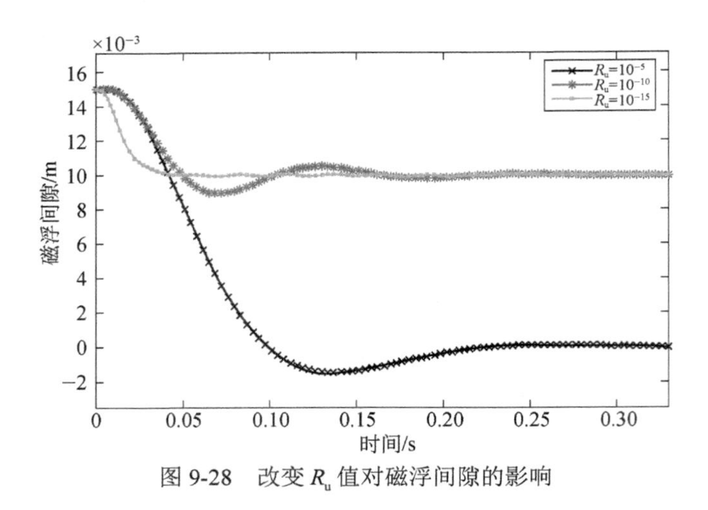

图 9-28　改变 R_u 值对磁浮间隙的影响

（4）当 $P=10$、$H=2$、$R_u=10^{-15}$ 时，采样时间 T_s 的变化对磁浮间隙的影响如图 9-29 所示。在一定范围内，采样时间 T_s 取值越大，则系统动态响应越慢，稳定时间越长；T_s 取值越小，则系统动态响应越快，稳定时间越短，但 T_s 取值过小，也会在平衡位置处产生轻微波动。需要注意的是，采样时间 T_s 的选取不仅要考虑系统本身的振动频率，还要考虑求解器的求解效率，当求解器的求解时间小于 $T_s \cdot H$ 时，大多数情况下系统发散。

综上所述，由于 MPC 调试涉及的参数较多，调试起来比较困难，在前人研究的基础上，本书经过大量的仿真试验，给出了 MPC 控制器参数优化调整后的取值范围，如表 9-4 所示。

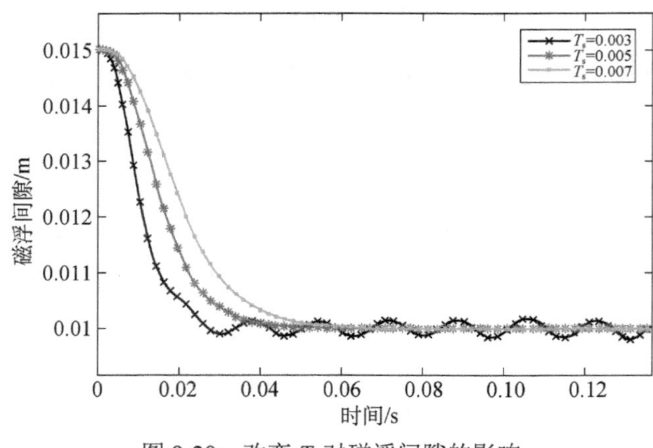

图 9-29　改变 T_s 对磁浮间隙的影响

表 9-4　MPC 控制器的优化参数取值设置

参数	H	R_u	T_s
取值范围	$(0.1\sim0.3)P$	$10^{(-P\pm3H)}$	$(1/600\sim1/60)H$

当预测时间步数 P 确定之后，H 可取为 $(0.1\sim0.3)P$；R_u 可取为 $10^{(-P\pm3H)}$；T_s 可取为 $(1/600\sim1/60)H$。值得注意的是，这里提出的结论，是 MPC 控制器在 TR08 高速系统单电磁铁模型的基础上提出的，若被控系统不同，则需要根据具体情况进行调整。

9.5　车桥耦合振动分析

9.5.1　轨道梁动力特性分析

1. 简支梁力学模型

磁浮轨道梁的形式较为简单，基本上包括简支轨道梁、双跨轨道梁，以及在跨越山丘、河流时跨距较长的三跨轨道梁等形式。不同形式的轨道梁对于磁浮列车的耦合振动性能影响较大，对此，这里以磁浮轨道梁中常见的单跨简支梁形式为例，探讨磁浮车辆在通过轨道梁时体系竖向的动力响应。轨道梁采用预应力混凝土梁，高速磁浮标准跨简支轨道梁的跨度 L 为 24.768m，轨道布置为单线形式。列车编组采用“首车+中车+尾车”的三节行车模式，高速磁浮列车额定间隙设为 10mm，简支梁跨数为 6 跨。

根据磁浮线路实际工程概况，单跨简支梁长度为 L，单位密度为 $\bar{m}$，竖向刚度为 EI。高速磁浮标准跨简支轨道梁的基本参数，如表 9-5。

表 9-5　简支轨道梁参数

符号	物理意义/单位	数值
A	梁截面面积/ m^2	2.998
EI_y	梁竖向刚度/（$N\cdot m^2$）	9.766×10^{10}
EI_z	梁横向刚度/（$N\cdot m^2$）	8.736×10^{10}
$\bar{m}$	梁单位长度质量/（$kg\cdot m^{-1}$）	7795
E	混凝土弹性模量/（$N\cdot m^{-2}$）	3.6×10^{10}

续表

符号	物理意义/单位	数值
ρ	混凝土的密度/（$kg \cdot m^{-2}$）	2600
L	简支梁长度/m	24.768

2. 简支梁自振特性

基于 ANSYS 对单跨轨道梁进行模态分析，轨道梁的单元划分采用 Beam188 单元，取其前 6 阶模态信息，如表 9-6。

表 9-6　简支梁自振模态（取前 6 阶）

模态阶数	频率/Hz	模态振型
1	8.3517	一阶横向弯曲
2	8.8251	一阶竖向弯曲
3	20.063	一阶扭转
4	31.185	一阶横向反弯曲
5	33.117	一阶竖向反弯曲
6	3511	纵向拉伸

通过对简直梁的模态分析可知，一阶基频为横向弯曲，竖向刚度相较于横向刚度更大，横向更易发生弯曲。根据《高速磁浮交通设计标准》(CJJ/T 310—2021)的相关规定，简支梁的一阶竖向基频满足 $f \geqslant 1.1v/l$，高速磁浮轨道梁对频率的要求下限值为 7.402Hz，前三阶振动模态的振型图如图 9-30 所示。

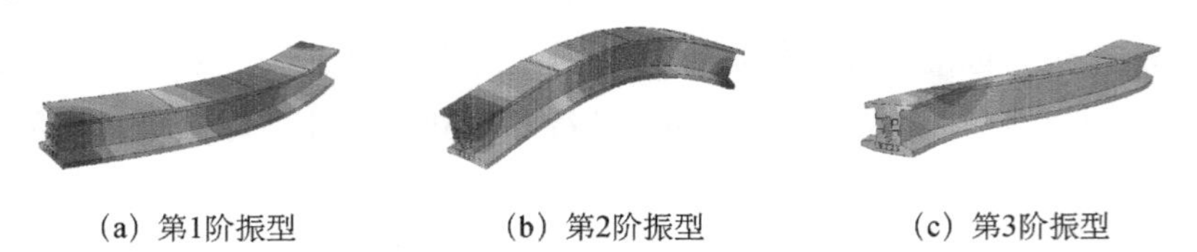

(a) 第1阶振型　　(b) 第2阶振型　　(c) 第3阶振型

图 9-30　简支梁自振模态（前 3 阶）

9.5.2　基于 PID 控制器的车桥耦合分析

1. 车桥耦合系统的分析框架

本节中基于 PID 控制器的车桥耦合分析是通过联合使用 SIMPACK、ANSYS 和 MATLAB/ SUMULINK 等多款动力分析方面的软件，搭建起来的跨平台耦合分析系统。整个系统划分为车辆子系统、轨道梁子系统和 PID 控制子系统，根据所使用的分析软件，分别建立模型。

在车辆子系统方面，根据 9.3 节 25 自由度磁浮列车动力学模型，运用 SIMPACK 实现了磁浮列车悬浮特性，建立了包含电磁铁、转向架和车体等多刚体的磁浮列车多体动力学模型。在轨道梁子系统方面，基于 ANSYS 软件的命令流给出了轨道梁模态分析和子结构分析方法，并把 ANSYS 的命令流文件通过 SIMPACK 的柔性体分析模块，进一步生成可供 SIMPACK 直接读取的模态分析文件。在控制子系统方面，首先在 MATLAB/SIMULINK 中搭建悬浮控制系统的流程框图，将控制器导入车辆子系统的悬浮控制模块中，最后给出了基于 SIMPACK 多体动力学软件平台的高速磁浮车桥耦合模型。本章的跨平台耦合分析模型所得的仿真结果与磁浮上海线在 300km • h^{-1} 车速时的测试数据进行了对比，结果如图 9-31 所示，图中，y_b 表示轨道梁竖向跨中位移，t 表示时间。仿真计算的结果与文献中给出的实测数据吻合比较好。因此，基于 SIMPACK 的跨平台磁浮车桥数值耦合仿真分析模型及其计算分析方法是可靠的，具有高速磁浮车桥耦合分析的应用基础。

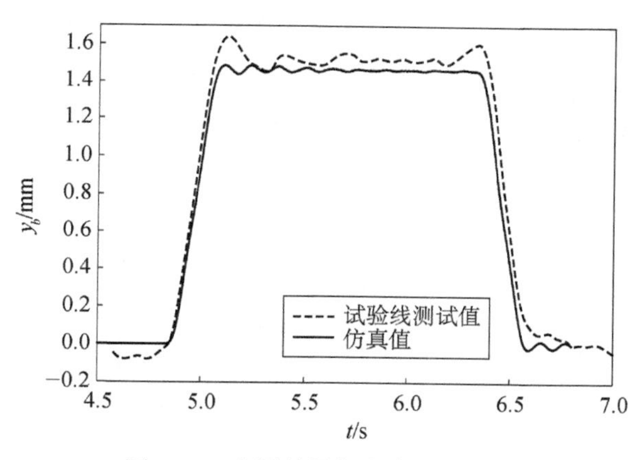

图 9-31　实测结果与仿真计算对比

2. 悬浮间隙和电磁力

在三节磁浮列车编组中分别抽取第一个、第十三个电磁铁的仿真分析结果，在通过六跨简支梁时电磁铁的电磁力仿真结果如图 9-32 所示，单个电磁铁的电磁力基本在 10～30kN，平稳状态下的电磁力为 19kN，当磁浮列车运行到轨道梁交界处时，由于轨道梁转角的突变，电磁力会发生突变，离开轨道梁交界处后，迅速恢复到平稳状态。列车行驶在轨道梁中部时，电磁力要稍稍大于 19kN。图 9-32 中两个不同位置处的电磁铁的电磁力幅值较为接近，对于多跨简支轨道梁来说，电磁力具有一定的周期性。

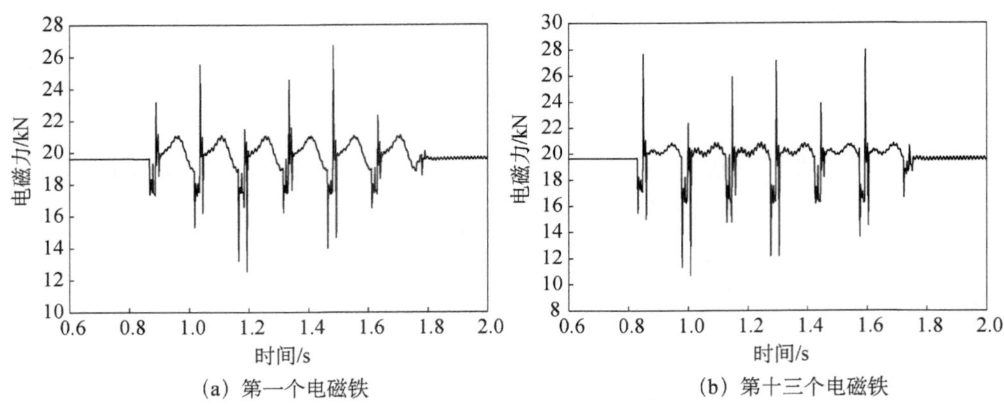

图 9-32 磁浮列车电磁力

图 9-33 给出了磁浮列车的磁浮间隙随时间变化曲线，高速磁浮对于磁浮间隙的要求是 8～12mm，对于通过连续简支梁来说，这种外部激励不是特别地激烈，所以由图中曲线可知，磁浮间隙基本稳定在 9.8～10.06mm，满足国内相关规范对于高速磁浮系统磁浮间隙的要求。同电磁力相似，磁浮间隙在经过轨道梁交界处时会发生突变。在轨道梁跨中位置处，磁浮间隙出现最大值，在轨道梁交界处时，磁浮间隙出现最小值，这符合磁浮系统基本的变形规律。

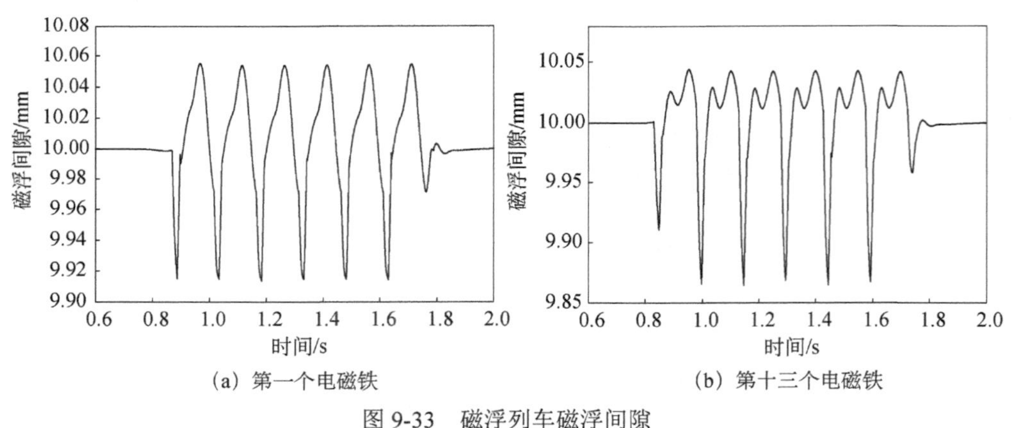

图 9-33 磁浮列车磁浮间隙

3. 车体响应

图 9-34 给出了磁浮列车在通过六跨简支梁时三节编组列车的竖向加速度时程曲线，三节列车编组以时速 600km 运行的情况下，车体振荡加速度幅值为 $0.15\text{m}\cdot\text{s}^{-2}$。

对于现行的高速磁浮示范线的车体竖向加速度指标，要求竖向加速度限值不能超过 0.4m • s^{-2}，在不考虑轨道不平顺的情况下，该指标符合相关规范对磁浮列车关于舒适度和安全性能的基本要求。考虑到轨道不平顺因素后，该指标将显著增大，实际工程中应考虑轨道不平顺对车桥耦合振动的影响。

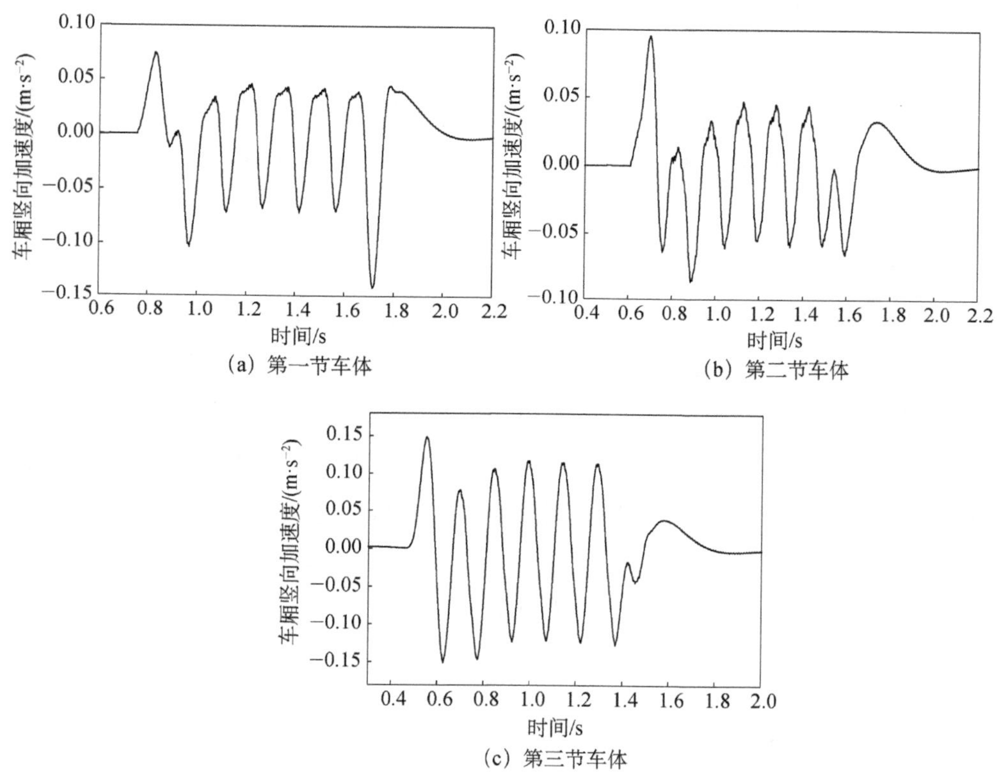

图 9-34　磁浮车体加速度时程

4. 转向架响应

在首车、中车、尾车中选取不同位置处的磁浮转向架进行磁浮转向架的竖向加速度分析，三节车厢共计有 12 个转向架，转向架的序号从首车开始编号，取其中的两个转向架的加速度时程如图 9-35 所示，转向架随着列车经过不同位置的轨道梁而出现周期性的振荡，在轨道梁交界处竖向加速度出现最大值，竖向加速度峰值约为 1m •s^{-2}，与图 9-34 的结果比较可知，远大于车厢的竖向振荡幅值，说明轨道梁传递给车厢的振动加速度通过二系悬挂显著削弱，二系悬挂隔振功能性良好。

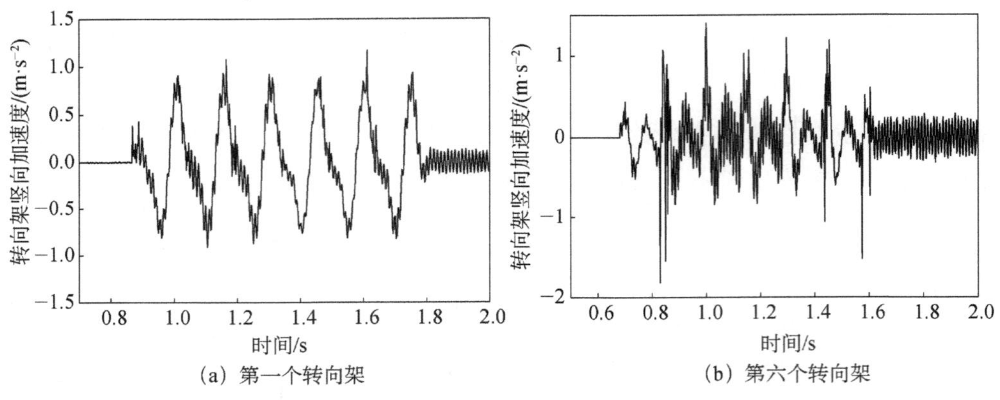

(a) 第一个转向架　　(b) 第六个转向架

图 9-35　磁浮转向架加速度时程

5. 轨道梁响应

不同于常规的轮轨列车，为了保证磁浮列车高速运行的安全性和舒适性，高速磁浮对轨道梁的设计以及制造也提出了较高的要求。图 9-36 给出了第一跨、第三跨和第六跨的轨道梁跨中位移时程曲线，对于多跨简支轨道梁而言，不同位置轨道梁的位移曲线近似，对于本节计算中所用轨道梁，跨中最大位移为 1.47mm，小于现行的国内高速磁浮要求（$d \leqslant l / 4800 = 24.768 / 4800 = 5.16\text{mm}$）。

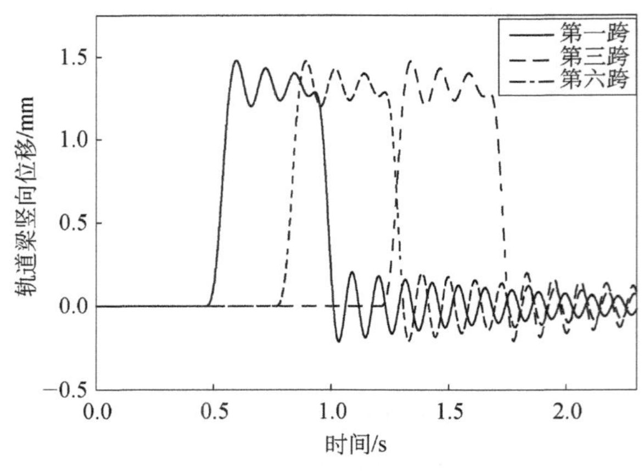

图 9-36　轨道梁跨中位移时程

取当前三跨作为研究对象，第一跨轨道梁跨中加速度时程曲线如图 9-37，能够看到列车上桥和下桥过程，通过结果分析可以发现，轨道梁跨中加速度最大值为 $0.8\text{m} \cdot \text{s}^{-2}$，小于规范要求的 $0.35g$，且轨道梁跨中加速度最大值出现在列车下桥后的简支梁自由振动阶段，当车辆离开轨道梁后，桥梁加速度由于阻尼作用而逐步衰减。

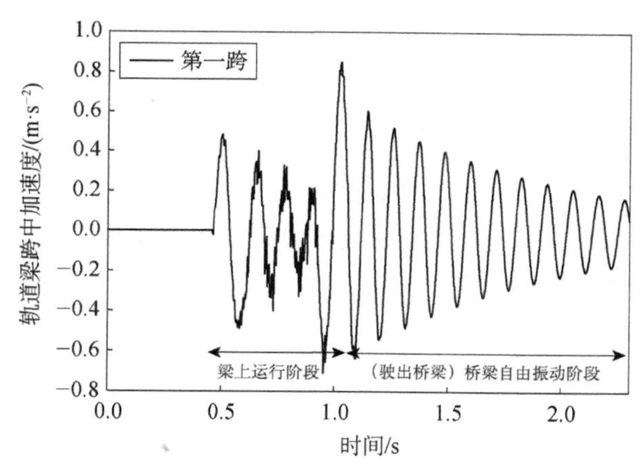

图 9-37　轨道梁跨中加速度时程

图 9-38 给出了第一、三、六跨轨道梁跨中加速度频谱曲线。通过分析第一、三、六跨相应的三跨轨道梁加速度频谱发现，这三条曲线基本一致，且都存在一个对应 8.8Hz 的频谱峰值。结合之前对轨道梁的模态分析结果（表 9-6），该峰值对应于梁的一阶竖向基频。因此，对于简支轨道梁而言，一阶竖向弯曲模态对其振动的贡献最大。

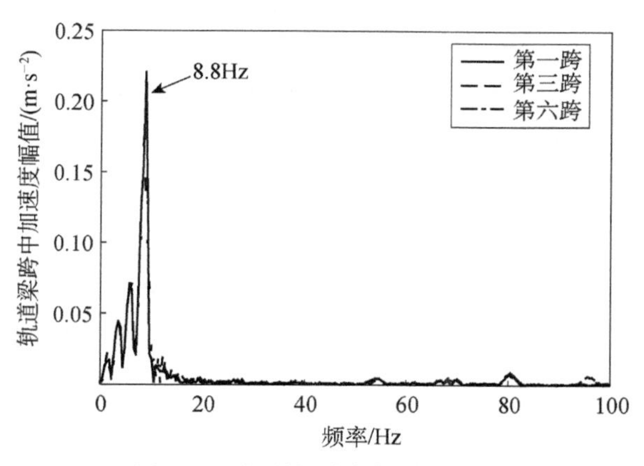

图 9-38　轨道梁跨中加速度频谱

9.5.3　基于 MPC 控制器的车桥耦合分析

基于 9.4.4 节建立的 MPC 预测控制器，这里选取 25 自由度的磁浮车辆模型，在 25 自由度车辆模型中，如图 9-8 所示，一节列车下有 4 个转向架，每个转向架上有 4 块电磁铁，一节列车下共有 16 块电磁铁。对列车的悬浮间隙和电磁力，车厢以及转向架的动力响应和轨道梁的振动响应进行耦合振动分析。

1. 悬浮间隙和电磁力

根据高速磁浮的相关技术，磁浮列车在进行车桥耦合振动分析时，磁浮间隙需要控制在 8～12mm。在初始时刻磁浮间隙不稳定，会出现一定的超调，但随着控制器发挥作用，电磁铁的磁浮间隙便很快稳定在 10mm 左右。在列车运行时，单个电磁体的电磁力一般控制在 41～43.5kN，静浮平稳状态下的电磁力为 41.675kN。与磁浮间隙一样，初始时刻电磁力会发生突变，然后在控制器的作用下，会迅速恢复到平稳状态，如图 9-39 和图 9-40 所示。

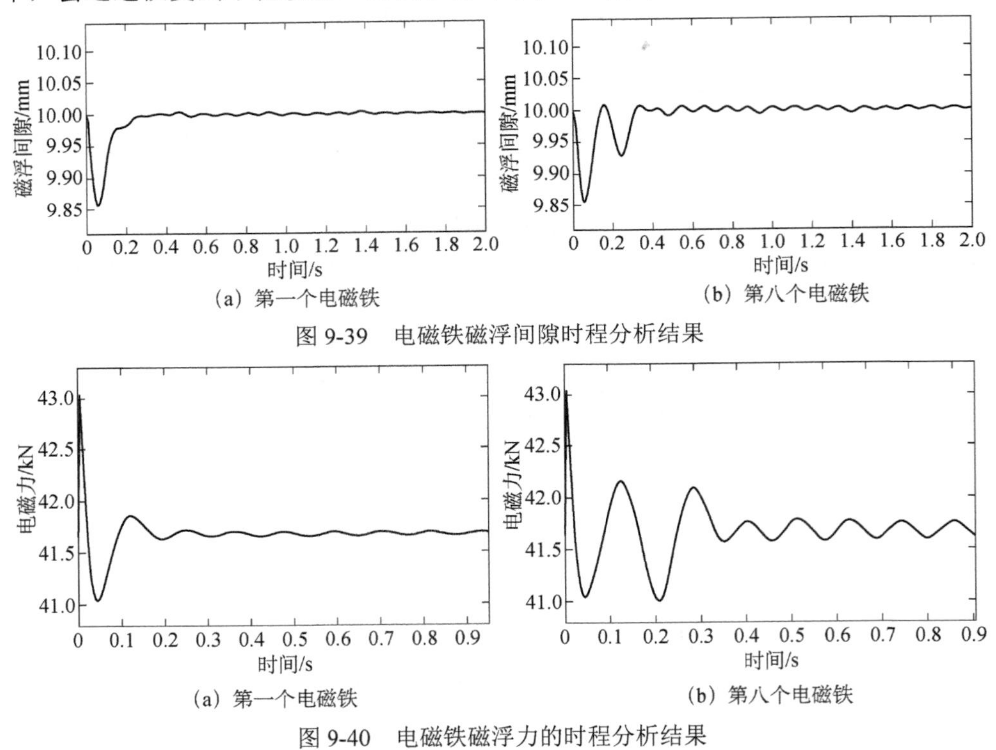

(a) 第一个电磁铁　(b) 第八个电磁铁

图 9-39　电磁铁磁浮间隙时程分析结果

(a) 第一个电磁铁　(b) 第八个电磁铁

图 9-40　电磁铁磁浮力的时程分析结果

2. 轨道梁响应

根据高速磁浮规范要求，对于时速 600km 的高速磁浮列车，其轨道梁跨中最大竖向位移不能大于 5.16mm（ $d \leqslant l/4800 = 24.768/4800 = 0.00516(\mathrm{km})$ ）。基于 MPC 控制器的高速磁浮系统中，第一跨、第三跨和第六跨轨道梁跨中位移时程曲线如图 9-41 所示。对于多跨简支梁而言，由于各跨轨道梁的构造参数相同，稳定后的磁浮力也大致相同，因此，不同跨间的竖向位移时程曲线具有相似性。由图 9-41 可知，跨中位移最大值为 1.53mm，小于相关规范的要求。目前采用的轨道梁参数都是基于磁浮上海线的数据，轨道梁的刚度经过实践检验是偏大的，结构本身的动力安全问题相对容易满足，但是，轨道梁振动所引起的控制稳定性问题是需要重点关注的。

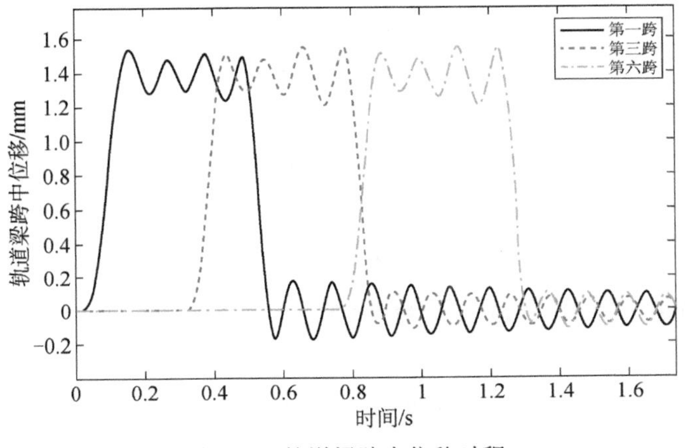

图 9-41　轨道梁跨中位移时程

取三跨轨道梁作为研究对象，第一跨轨道梁跨中加速度时程曲线如图 9-42，能够看到列车上桥和下桥过程，通过结果分析可以发现，轨道梁跨中加速度最大值为 $0.85\text{m}\cdot\text{s}^{-2}$，小于规范要求的 $0.35g$，且轨道梁加速度最大值出现在列车即将下桥的阶段，当车辆离开轨道梁后，桥梁加速度由于阻尼作用而逐步衰减。

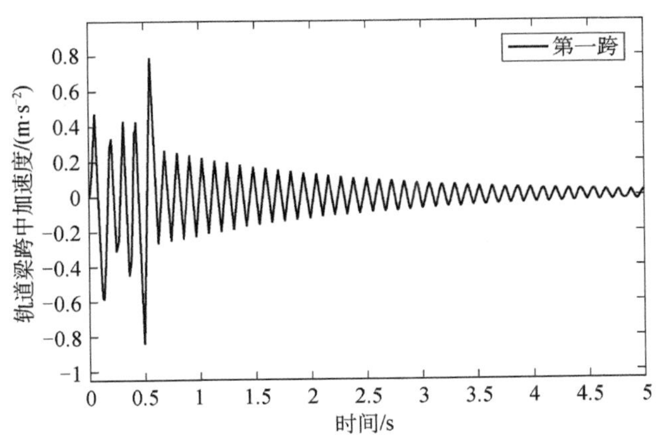

图 9-42　轨道梁跨中加速度时程

思 考 题

1. 车桥耦合振动中，车辆一般被视为刚体，试简述该简化方法成立的前提条件。

2. 桥梁的动力分析分别按照离散系统和分布参数系统，对于车桥耦合振动分析过程的搭建会有哪些影响？试阐述。

3. 高速磁浮中的车桥耦合振动与轮轨火车的车桥耦合振动有哪些相同点和不同点？

4. 基于高速磁悬浮的构造特点简述磁浮分层递阶系统结构的组成。

5. 试分析 101 自由度的高速磁浮车辆模型的自由度构成。

6. 概述 PID 控制器的基本原理及控制过程。

7. 概述 MPC 控制器的基本原理及控制过程。

第 10 章　随机振动初步

前面各章的内容都是针对荷载和结构是确定性的情况，结构的动力性态和结构响应都是唯一确定的。但是，在实际工程领域中，有许多振动问题的干扰力是随机的，该类荷载的共同特点是，相同条件下在不同时间获得的动力荷载时程都是不同的；另外，结构的几何和物理参数也往往是不确定的数值，例如，在实际加工过程中即使相同材料和尺寸的构件，从来也没有两根力学性质完全一样的构件；总之，基于随机力的作用或结构参数的随机性的结构振动统称为随机振动。随机振动只能通过概率论和统计分析的方法来处理各种随机振动问题，并逐渐形成了一门新兴学科——随机振动理论。本章主要介绍随机振动理论的一些基本概念和原理，并仅限于确定性的线性结构在随机荷载作用下的随机振动问题。

在介绍随机振动理论之前，先把概率论和随机过程的基本概念、基本方法作一简要介绍。

10.1　随机变量与概率统计简介

10.1.1　随机变量

在一定的条件下必然发生的这类现象称为确定性现象；即使在相同条件下也可能出现不确定性的结果的现象，称为随机现象，例如，自然界的风速、海浪波高、地震加速度等。对于随机现象，在试验或观察之前不能预知确切的结果，但在大量重复试验或观察下，它的结果却呈现出某种统计规律。在个别试验中其结果呈现不确定性，在大量重复试验中其结果又具有统计规律性的现象，对于随机现象的一次观测称为一个随机试验。将随机试验称为 E，在一次随机试验中，所有可能出现的结果组成的集合是已知的，将随机试验E的所有可能出现的结果组成的集合称为E的样本空间或基本事件空间，记为S。样本空间的元素，即随机试验E的每个结果e，称为样本点或基本事件。

事件出现的可能性大小是用事件的概率$P(A)$来描述的，$P(A)$称为事件A的概率，表示事件A发生的可能性大小。我们可以通过概率的方法来完整描述一个随机试验，包含三个量：S（样本空间）、Γ（所研究事件的集合）、P（定义在样本空间上的概率），通常把(S,Γ,P)称为概率空间。

如果随机试验的结果可以用一个变量X来表示，那么这个变量称为随机变量（random variable）。随机变量表示随机试验各种结果的实值单值函数，随机变量在不同的条件下由于偶然因素的影响，可能取各种不同的值，故其具有不确定性和随机性，但这些取值落在某个范围的概率是一定的。即单次试验测定的结果是确定的，多次重复测定所得到的测定值具有统计规律性。随机变量可以是离散型的，也可以是连续型的。

10.1.2　分布函数

设$X(e)$为随机变量，用$\{X(e)\leqslant x\}$表示使随机变量小于或等于x值的所有事件e组成的集合。$P\{X(e)\leqslant x\}$表示这些事件的概率，它是x的函数，记为

$$F(x)=P\{X(e)\leqslant x\} \tag{10-1}$$

称$F(x)$为随机变量$X(e)$的分布函数。

由于$X(e)\leqslant -\infty$是不可能事件，而$X(e)\leqslant +\infty$是必然事件，因此

$$\lim_{x\to-\infty}F(x)=0,\quad \lim_{x\to+\infty}F(x)=1 \tag{10-2}$$

如果对于随机变量X的分布函数$F(x)$存在非负的函数$f(x)$，使对于任意实数x有

$$F(x)=\int_{-\infty}^{x}f(u)\mathrm{d}u \tag{10-3}$$

则称$f(x)$为随机变量X的概率密度函数。

10.1.3　统计特征

随机变量的统计量中最重要的概率统计特征是均值、方差和偏度系数。

设随机变量$X(e)$的概率密度为$f(x)$，若积分

$$m = E[X] = \int_{-\infty}^{+\infty} x f(x) \mathrm{d}x \tag{10-4}$$

绝对收敛，则称 $E[X]$ 为 X 的均值或数学期望。

设随机变量 $X(e)$ 的均值 m 存在，$X(e)$ 与 m 的差是 $X(e)-m$。为避免负值，引入 $(X-m)^2$，作为一个新的随机变量，它的均值 $E\{(X-m)^2\}$ 称为随机变量 X 的方差。记为

$$\sigma^2 = E\{(X-m)^2\} \tag{10-5}$$

σ^2 也称为离差。方差的平方根 σ 称为随机变量 X 的标准差。

均值表征随机变量的集中程度，方差表征随机变量的离散程度。但是，对于随机变量的对称或不对称性，一般采用偏度来描述。偏度常用三阶中心矩，为了方便起见，常用三阶中心矩除以根方差三次方，即偏度系数 C_{s} 来表征，具体表达式如下：

$$C_{\mathrm{s}} = \frac{\int_{-\infty}^{+\infty} (x-E[x])^3 p(x) \mathrm{d}x}{\sigma_x^3} = \frac{\dfrac{\sum_{i=1}^{n} (x_i - \overline{x})^3}{n}}{\sigma_x^3} \tag{10-6}$$

10.1.4　正态分布

当知道分布函数或概率密度时，随机变量的统计量就可以确定了。在随机振动问题中常应用一类非常重要的标准分布函数，即所谓的正态分布（normal distribution），也称“常态分布”，又名高斯分布（Gaussian distribution），其概率密度函数式为

$$f(x) = \frac{1}{\sigma\sqrt{2\pi}} \mathrm{e}^{-\frac{(x-m)^2}{2\sigma^2}} \tag{10-7}$$

设随机变量 X 具有正态分布，则式(10-7)中的 m、σ 分别为 X 的均值和方差。特别地，当 $m=0$, $\sigma=1$ 时，式（10-7）变为

$$f(x) = \frac{1}{\sqrt{2\pi}} \mathrm{e}^{-\frac{x^2}{2}} \tag{10-8}$$

称为标准正态分布。它的分布函数用符号 $\varPhi(x)$ 表示，即

$$\varPhi(x) = \frac{1}{\sqrt{2\pi}} \int_{-\infty}^{x} \mathrm{e}^{-\frac{t^2}{2}} \mathrm{d}t$$

一般正态分布函数可表示为

$$F(x)=\frac{1}{\sigma\sqrt{2\pi}}\int_{-\infty}^{x}\mathrm{e}^{-\frac{(x-m)^2}{2\sigma^2}}\mathrm{d}t \tag{10-9}$$

令$u=\dfrac{t-m}{\sigma}$，通过变量替换，可将式（10-9）化简得

$$F(x)=\frac{1}{\sqrt{2\pi}}\int_{-\infty}^{\frac{x-m}{\sigma}}\mathrm{e}^{-\frac{\mu^2}{2}}\mathrm{d}u=\Phi\left(\frac{x-m}{\sigma}\right)$$

于是，对于任意区间$(x_1,x_2]$有

$$P\{x_1<X\leqslant x_2\}=\Phi\left(\frac{x_2-m}{\sigma}\right)-\Phi\left(\frac{x_1-m}{\sigma}\right) \tag{10-10}$$

因此，对于不同上下限区间，有

$$P\{m-\sigma<X\leqslant m+\sigma\}=\Phi(1)-\Phi(-1)=68.26\%$$
$$P\{m-2\sigma<X\leqslant m+2\sigma\}=\Phi(2)-\Phi(-2)=95.44\%$$
$$P\{m-3\sigma<X\leqslant m+3\sigma\}=\Phi(3)-\Phi(-3)=99.74\%$$

可见，尽管正态分布的取值范围是$(-\infty,+\infty)$，但它的值落在$(m-3\sigma,m+3\sigma)$内，已是大概率事件（概率达到了99.74%），这就是所谓的“3σ”法则。

如果影响随机变量的偶然因素很多，而每一个因素的影响都很小时，则可以近似地认为这个随机变量是正态分布的随机变量，实际工程中的随机变量分布形式很多，不能简单地采用正态分布，需要根据随机变量的实际统计规律来选择。由于正态分布比较简单，而且理论研究也相当充分，所以在应用问题中，常常设法把一些分布函数变换为正态分布或近似于正态分布来研究。还应指出，两个或多个正态分布的随机变量之和还是正态分布的随机变量。一般来说，两个不相关的随机变量不一定是相互独立的，但是当(X_1,X_2)服从二维正态分布时，不相关和相互独立是等价的。

10.2 随机过程的基本概念

10.2.1 随机过程的定义

为了揭示随机现象发展变化过程的统计规律，这里引入随机过程的概念。在实际问题中，不仅要求研究一个或有限个随机变量，而且要研究一族或无穷多个

随机变量，将这样一族随机变量 $X(t)$ 称为随机过程（stochastic process；random process）。图 10-1 所示为随机过程的样本。

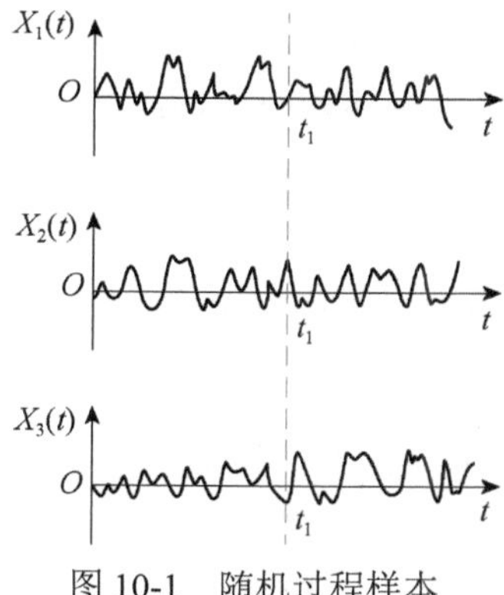

图 10-1　随机过程样本

设随机过程 $\{X(t),t\in T\}$，对于每一个确定的时间 $t_1\in T$，$X(t_1)$ 是一个随机变量，它的分布函数为

$$F(x_1,t_1)=P\{X(t_1)\leqslant x_1\} \tag{10-11a}$$

此函数称为随机过程 $X(t)$ 的一维分布函数。如果存在非负函数 $f(x_1,t_1)$，使

$$F(x_1,t_1)=\int_{-\infty}^{x_1} f(y_1,t_1)\mathrm{d}y_1 \tag{10-11b}$$

成立，则称 $f(x_1,t_1)$ 为随机变量 $X(t)$ 的一维概率密度。

一般情况下，n 维随机向量 $(X(t_1),X(t_2),\cdots,X(t_n))$（其中 $t_1,t_2,\cdots,t_n\in T$）的分布函数为

$$F(x_1,x_2,\cdots,x_n;t_1,t_2,\cdots,t_n)=P\{X(t_1)\leqslant x_1,X(t_2)\leqslant x_2,\cdots,X(t_n)\leqslant x_n\}$$

如果存在非负函数 $f(x_1,x_2,\cdots,x_n;t_1,t_2,\cdots,t_n)$，使

$$F(x_1,x_2,\cdots,x_n;t_1,t_2,\cdots,t_n)=\int_{-\infty}^{x_1}\int_{-\infty}^{x_2}\cdots\int_{-\infty}^{x_n} f(y_1,y_2,\cdots,y_n;t_1,t_2,\cdots,t_n)\mathrm{d}y_1\mathrm{d}y_2\cdots\mathrm{d}y_n$$

成立，则称 $f(x_1,x_2,\cdots,x_n;t_1,t_2,\cdots,t_n)$ 为随机过程 $X(t)$ 的 n 维概率密度函数。

随机过程 $X(t)$ 的均值记为

$$m_X(t)=E[X(t)]=\int_{-\infty}^{+\infty} xf(x,t)\mathrm{d}x \tag{10-12}$$

均值 $m_X(t)$ 是随机过程 $X(t)$ 的所有样本函数在时刻 t 的函数值的平均。通常称这种平均为集平均。

随机过程 $X(t)$ 的方差定义为

$$\sigma_X^2(t)=E\{[X(t)-m_X(t)]^2\} \tag{10-13}$$

随机过程 $X(t)$ 的方差函数 $\sigma_X^2(t)$ 的平方根 $\sigma_X(t)$ 称为该随机过程的均方差函数，它表示随机过程 $X(t)$ 在各个时刻 t 对于均值函数 $m(t)$ 的偏离程度。

随机过程的均值函数和方差函数仅描述各个孤立时刻随机过程的重要数字特征，而协方差函数和相关函数则描述两个不同时刻随机过程状态之间的相关程度。

设随机过程 $X(t)$，任意两个不同时刻 $t_1,t_2\in T$ 的状态为 $X(t_1),X(t_2)$，则该随机过程的协方差函数定义为

$$C_{XX}(t_1,t_2)=E[(X(t_1)-m(t_1))(X(t_2)-m(t_2))] \tag{10-14}$$

自相关函数为

$$R_X(t_1,t_2)=E[X(t_1)X(t_2)] \tag{10-15}$$

对于 $m(t)=0$，相关函数即为协方差函数。

随机过程 $X(t)$ 和 $Y(t)$ 的互相关函数定义为

$$R_{XY}(t_1,t_2)=E[X(t_1)Y(t_2)] \tag{10-16}$$

如果两个随机过程 $X(t)$ 和 $Y(t)$，对于任意的 $t_1,t_2\in T$ 有 $C_{XY}(t_1,t_2)$=0，则称随机过程 $X(t)$ 和 $Y(t)$ 是互不相关的。

对于随机振动来说，均值和相关函数起着非常重要的作用。例如，高斯随机过程是在应用中常常遇到的一类随机过程，它的概率密度函数就是由均值和相关函数确定的。

10.2.2 高斯随机过程

如果随机过程 $X(t)$ 在任何时刻 $t=t_1$ 的状态都是高斯随机变量，或者说 $X(t)$ 的任意 n 个状态 $X(t_1),X(t_2),\cdots,X(t_n)$ 的联合分布函数为 n 维正态分布，即其概率密度为

$$f(x_1,x_2,\cdots,x_n;t_1,t_2,\cdots,t_n)=\frac{1}{(2\pi)^{n/2}\,|C|^{1/2}}\exp\left(-\frac{1}{2}\{\{x\}-\{m\}\}^{\mathrm{T}}[C]^{-1}\{\{x\}-\{m\}\}\right)$$

则称 $X(t)$ 为高斯随机过程，又称高斯过程（Gaussian process），其中，

$$\{x\}=(x_1,x_2,\cdots,x_n)^{\mathrm{T}}$$

$$\{m\}=(m(t_1),m(t_2),\cdots,m(t_n))^{\mathrm{T}}$$

$$[C]=\begin{bmatrix} C_{XX}(t_1,t_1) & C_{XX}(t_1,t_2) & \cdots & C_{XX}(t_1,t_n) \\ C_{XX}(t_2,t_1) & C_{XX}(t_2,t_2) & \cdots & C_{XX}(t_2,t_n) \\ \vdots & \vdots & \vdots & \vdots \\ C_{XX}(t_n,t_1) & C_{XX}(t_n,t_2) & \cdots & C_{XX}(t_n,t_n) \end{bmatrix}$$

式中，$[C]$称为协方差矩阵，它的对角元素是方差值，非对角元素是协方差值。$|C|$是协方差矩阵$[C]$的行列式。

对于正态随机过程，不相关与独立性是等价的。由上述n维概率密度表达式可知，正态过程的统计特性是由它的均值函数$m(t)$和自相关函数$R_X(t_1,t_2)$完全确定的。

10.2.3 平稳随机过程

平稳随机过程（stationary random process）是指在固定时间和位置的概率分布与所有时间和位置的概率分布相同的随机过程，即随机过程的统计特性不随时间的推移而变化，当然，数学期望和方差这些参数也不随时间和位置变化。随机过程的平稳性分为严平稳和广义平稳（又称宽平稳）。严平稳，是指它的任何n维分布函数或概率密度函数与时间起点无关；若一个随机过程的数学期望及方差与时间无关，相关函数仅与时间间隔有关，则称这个随机过程为广义平稳随机过程。

若随机过程$X(t)$的有限维分布不随时间推移而变化，即对于时间t的任意n个数值$t_1,t_2,\cdots,t_n$和任意实数τ，满足

$$F(x_1,x_2,\cdots,x_n;t_1,t_2,\cdots,t_n)=F(x_1,x_2,\cdots,x_n;t_1+\tau,t_2+\tau,\cdots,t_n+\tau)$$

则称$X(t)$为严平稳随机过程。

如果严平稳过程$X(t)$的n维概率密度函数为$f(x_1,x_2,\cdots,x_n;t_1,t_2,\cdots,t_n)$，则对任意时间间隔$\tau$，满足

$$f(x_1,x_2,\cdots,x_n;t_1,t_2,\cdots,t_n)=f(x_1,x_2,\cdots,x_n;t_1+\tau,t_2+\tau,\cdots,t_n+\tau)$$

由上式可知，对于一维概率密度函数，即当$n=1$时，有

$$f(x_1)=f(x_1,t_1+\tau)$$

令$\tau=-t_1$，可得

$$f(x_1,t_1)=f(x_1,0)$$

可见，其与时间无关。同样，一维分布函数$F(x_1,t_1)$也与时间无关。

对于二维概率密度函数，即当$n=2$时，有

$$f(x_1,x_2;t_1,t_2)=f(x_1,x_2;t_1+\tau,t_2+\tau)$$

令$\tau=-t_1$，可得

$$f(x_1,x_2;t_1,t_2)=f(x_1,x_2;0,t_2-t_1)$$

可见，其仅与时间间隔t_2-t_1有关，与时间起点无关。

用n维分布函数研究随机过程，在应用上很不方便，而且也不总是必要的。这样，实际应用中常只需要给出随机过程的一、二阶矩即可。

若随机过程为$X(t)$，对于每一个$t\in T, X(t)$的均值函数$m(t)$与方差函数$\sigma_X^2(t)$都存在，则称$X(t)$为二阶矩过程。二阶矩过程的协方差函数和相关函数也都一定存在。

若随机过程$X(t)$是一个二阶矩过程，它的均值函数为常数，即

$$m(t)=E[X(t)]=\int_{-\infty}^{+\infty}xf(x,0)\mathrm{d}x=m$$

而自相关函数$R_X(t_1,t_2)$仅依赖于时间差t_2-t_1，即

$$\begin{aligned}R_X(t_1,t_2)&=E[X(t_1)X(t_2)]=\int_{-\infty}^{+\infty}\int_{-\infty}^{+\infty}x_1x_2f(x_1,x_2;0,t_2-t_1)\mathrm{d}x_1\mathrm{d}x_2\\&=R_X(t_2-t_1)=R(\tau)\end{aligned}$$

满足上述条件的随机过程$X(t)$，称为宽平稳随机过程。

由于平稳过程的统计特征有与计时起点无关的特点，因此当平稳过程满足一定的条件时，可以从一次试验获得一个样本函数来决定它的统计特征。遍历性定理（也称各态历经性定理）就是研究用时间平均代替统计平均所应具备的条件。这样，如果一个随机过程具有遍历性，就可以认为这个随机过程的各样本函数都经历了相同的各种可能状态，因此，只要研究它的一个样本函数，就可以得到随机过程的全部信息。

遍历性定理的条件是比较宽泛的，很多工程实际问题中遇到的随机过程都假定是满足这些条件的。因此，在许多实际问题中都是通过假定随机过程是遍历的，从而可以从一次试验所得的样本函数$X(t)$由"时间平均"求"集平均"，便于计算。

10.2.4 各态历经随机过程

为了获得随机过程$X(t)$的统计量，理论上需要知道$X(t)$的全部样本，大部分情况下这几乎是无法做到的。但是，如果一个随机过程样本$X(t)$就能够反映该随机变量的统计量，这就具有代表性了。具体表述为：如果任一样本函数的概率分布特征都相同，即可以采用任一样本函数来表述随机变量的概率分布，就称随机过程$X(t)$为各态历经随机过程（ergodic random process）。

各态历经随机过程可以只采用一个样本函数对“时间平均”来代替对各个样本的“集平均”。其时间历程应该是足够长的，与时间t的起点选择没有关系，因

而，各态历经随机过程一定也是平稳随机过程，但是，平稳随机过程不一定是各态历经过程。各态历经过程的数学期望具体表达式为

$$\bar{X}=E[X(t)]=\lim_{T\to\infty}\frac{1}{T}\int_{-T/2}^{+T/2}X(t)\mathrm{d}t=m$$

10.2.5　随机过程的均方导数

按均方收敛来定义随机过程的导数（微分），称为均方导数（mean square derivative）。随机过程 $X(t)$ 的均方导数定义式为

$$\frac{\mathrm{d}X}{\mathrm{d}t}=\dot{X}(t)=\lim_{h\to 0}\frac{X(t+h)-X(t)}{h} \tag{10-17}$$

对式（10-17）取数学期望，得

$$E[\dot{X}(t)]=\lim_{h\to 0}\frac{E[X(t+h)-X(t)]}{h}=\lim_{h\to 0}\frac{E[X(t+h)-E[X(t)]]}{h}=\frac{\mathrm{d}}{\mathrm{d}t}E[X(t)]$$

如果 $X(t)$ 为平稳随机过程，则

$$m_{\dot{x}}=E_{[\dot{x}]}=0$$

10.3　随机过程的概率统计特征

10.3.1　相关函数的性质

设 $R_X(\tau)$ 为平稳随机过程 $X(t)$ 的自相关函数，则其具有如下性质：

（1） $R_X(\tau)$ 是偶函数，即 $R_X(-\tau)=R_X(\tau)$；

（2） $|R_X(\tau)|\leqslant R_X(0)=E[X^2(t)]$；

（3） 设 $X(t)$ 和 $X(t+\tau)$ 当 $|\tau|\to+\infty$ 时相互独立，且 $E(X(t))=0$，则 $\lim\limits_{|\tau|\to\infty}R_X(\tau)=0$。

平稳过程自相关函数的典型示例给出了该函数的变化和随时差 τ 的变化规律，如图 10-2 所示。

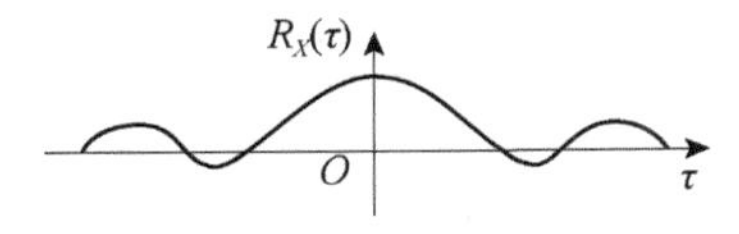

图 10-2　平稳过程自相关函数

设 $X(t)$ 和 $Y(t)$ 为联合平稳随机过程，则 $R_{XY}(\tau)$ 为其互相关函数，它有如下性质：

（1） $R_{XY}(0)=R_{YX}(0), R_{XY}(\tau)=R_{YX}(-\tau)$；

（2） $\left|R_{XY}(\tau)\right|^2 \leqslant R_X(0)R_Y(0)$；

（3） $2\left|R_{XY}(\tau)\right| \leqslant R_X(0)+R_Y(0)$。

10.3.2　导数过程的相关函数

设 $\dot{X}(t)$ 为随机过程 $X(t)$ 的导数过程，亦为随机过程，则

$$R_{\dot{X}}(\tau)=-\frac{\mathrm{d}^2 R_X(\tau)}{\mathrm{d}\tau^2} \tag{10-18}$$

式（10-18）表示随机过程 $\dot{X}(t)$ 的自相关函数与随机过程 $X(t)$ 的自相关函数的关系。由于，

$$E[X(t)\dot{X}(t)]=\frac{\mathrm{d}R_X(0)}{\mathrm{d}t}=0$$

表明平稳随机过程 $X(t)$ 和它的导数过程 $\dot{X}(t)$ 在同一时刻是互不相关的。对于单自由度体系的随机振动，可以认为体系的位移响应随机过程与速度响应随机过程是互不相关的。

10.3.3　谱密度函数

设平稳随机过程 $X(t)$ 的自相关函数为 $R_X(t)$，如果 $R_X(\tau)$ 在任意一个有限区间内都只有有限个不连续点，且

$$\int_{-\infty}^{+\infty}\left|R_X(\tau)\right|\mathrm{d}\tau<+\infty$$

谱密度函数定义式为

$$S_X(\omega)=\frac{1}{2\pi}\int_{-\infty}^{+\infty}R_X(\tau)\mathrm{e}^{-\mathrm{i}\omega\tau}\mathrm{d}\tau \tag{10-19}$$

并设

$$\int_{-\infty}^{+\infty}\left|S_X(\omega)\right|\mathrm{d}\omega<+\infty$$

则概率密度函数 $S_X(\omega)$ 称为随机过程 $X(t)$ 的谱密度。它是 $R_X(t)$ 的傅里叶变换，通过逆变换可得

$$R_X(\tau)=\int_{-\infty}^{+\infty}S_X(\omega)\mathrm{e}^{\mathrm{i}\omega\tau}\mathrm{d}\omega \tag{10-20}$$

式（10-19）和式（10-20）就是著名的维纳-欣钦公式（Wiener-Khinchine formula）。

特别地，对于随机过程的一阶和二阶导数过程，其概率密度函数满足如下关系式

$$S_{\dot{X}}(\omega)=\omega^2 S_X(\omega) \tag{10-21a}$$

$$S_{\ddot{X}}(\omega)=\omega^4 S_X(\omega) \tag{10-21b}$$

10.4　单自由度线性系统的随机振动

本章前几节对概率论和随机过程的基本概念作了简要介绍，这些内容在很多专业书籍中都有系统性介绍，若要系统性了解该部分内容，可以查阅相关文献。本节以结构动力学单自由度体系振动为例，探讨随机过程理论和方法在单自由度体系随机振动中的应用。本节中假定系统的参数是确定的，而干扰力是随机的，则系统的振动也将是随机的。

设 $F(t)$ 为一平稳随机激励，则单自由度系统的运动方程为

$$m\ddot{X}(t)+c\dot{X}(t)+kX(t)=F(t) \tag{10-22}$$

式中，$X(t)$ 的导数是均方导数。并假设

$$F(t)=0,\quad \forall t<0$$

则根据单自由度系统振动方程的解（杜阿梅尔积分公式），对应于零初始条件的随机响应为

$$X(t)=\int_0^t F(\tau)h(t-\tau)\mathrm{d}\tau \tag{10-23}$$

式中，积分是均方积分，$h(t)$ 为脉冲响应函数，且有

$$h(t)=\begin{cases}\dfrac{1}{m\omega_{\mathrm{D}}}\mathrm{e}^{-\xi\omega_{\mathrm{n}}t}\sin\omega_{\mathrm{D}}t, & t\geqslant 0\\ 0, & t<0\end{cases} \tag{10-24}$$

式中，$\omega_{\mathrm{D}}=\omega_{\mathrm{n}}\sqrt{1-\xi^2},\omega_{\mathrm{n}}=\sqrt{\dfrac{k}{m}},\xi=\dfrac{c}{2\sqrt{mk}},0\leqslant\xi\leqslant 1$。

如果初值不等于零，但由于阻尼的存在，经过足够长的时间后，方程的解仍趋于式（10-24），即零初值响应。

令 $t-\tau=\theta$，卷积积分式（10-23）可写为

$$X(t)=\int_{-\infty}^{+\infty}F(t-\theta)h(\theta)\mathrm{d}\theta \tag{10-25}$$

通常称$F(t)$为系统的激励（输入），$X(t)$称为系统的响应（输出）。令

$$H(\mathrm{i}\omega)=\int_{-\infty}^{+\infty}h(t)\mathrm{e}^{-\mathrm{i}\omega t}\mathrm{d}t \tag{10-26}$$

把式（10-24）代入式（10-26），可得

$$H(\mathrm{i}\omega)=\frac{1}{\omega_{\mathrm{n}}^2-\omega^2+\mathrm{i}\cdot 2\xi\omega_{\mathrm{n}}\omega} \tag{10-27}$$

$H(\mathrm{i}\omega)$即为频响函数，与式（3-100）本质上相同。在式（10-27）中令$\omega=0$，则有

$$H(0)=\int_{-\infty}^{+\infty}h(t)\mathrm{d}t=\frac{1}{\omega_{\mathrm{n}}^2} \tag{10-28}$$

对式（10-26）作逆变换，可得

$$h(t)=\frac{1}{2\pi}\int_{-\infty}^{+\infty}H(\mathrm{i}\omega)\mathrm{e}^{\mathrm{i}\omega t}\mathrm{d}\omega \tag{10-29}$$

下面讨论在平稳随机激励作用下，单自由度系统响应的统计特征。

1. 响应的均值

随机响应$X(t)$的均值为

$$E[X(t)]=E\left[\int_{-\infty}^{+\infty}F(t-\theta)h(\theta)\mathrm{d}\theta\right]=\int_{-\infty}^{+\infty}E[F(t-\theta)]h(\theta)\mathrm{d}\theta \tag{10-30}$$

由于宽平稳随机过程的均值为常数，故得

$$E[X(t)]=\int_{-\infty}^{+\infty}m_F h(\theta)\mathrm{d}\theta=m_F\int_{-\infty}^{+\infty}h(\theta)\mathrm{d}\theta=m_F H(0) \tag{10-31}$$

如果假定输入（激励）过程的均值为零，即

$$E[F(t)]=m_F=0 \tag{10-32}$$

则由式（10-31）可知，输出（响应）的均值也为零。

2. 响应的相关函数

由于$F(t)$为平稳随机过程，故有

$$E[F(t_1-\theta)F(t_2)]=R_F(t_2-t_1+\theta) \tag{10-33}$$

由$X(t)$和$F(t)$的互相关函数定义式可得

$$R_{XF}(t_1,t_2)=E[X(t_1)F(t_2)]=\int_{-\infty}^{+\infty}h(\theta)E[F(t_1-\theta)F(t_2)]\mathrm{d}\theta \tag{10-34}$$

将式（10-33）代入式（10-34），可得

$$R_{XF}(t_1,t_2)=\int_{-\infty}^{+\infty}h(\theta)R_F(t_2-t_1+\theta)\mathrm{d}\theta \tag{10-35}$$

可见，$R_{XF}(t_1,t_2)$仅是时间差t_2-t_1的函数，即$X(t)$和$F(t)$是联合平稳的随机过程。

令$t_2-t_1=\tau$，$t_1=t$，则式（10-35）可写成

$$R_{XF}(\tau)=\int_{-\infty}^{+\infty}h(\theta)R_F(\tau+\theta)\mathrm{d}\theta \tag{10-36}$$

$X(t)$的自相关函数$R_X(\tau)$可以用同样的方法求得，即

$$R_X(\tau)=E[X(t)X(t+\tau)]=\int_{-\infty}^{+\infty}h(\theta)E[F(t-\theta)X(t+\tau)]\mathrm{d}\theta \tag{10-37}$$

由以上分析可知，$X(t)$和$F(t)$是联合平稳的随机过程，故有

$$E[F(t-\theta)X(t+\tau)]=R_{FX}(\tau+\theta)=R_{XF}(-t-\theta) \tag{10-38}$$

将式（10-38）代入式（10-37）中，可得

$$R_X(\tau)=\int_{-\infty}^{+\infty}h(\theta)R_{XF}(-\tau-\theta)\mathrm{d}\theta \tag{10-39}$$

所以，对于单自由度系统，当输入$F(t)$为平稳随机过程时，响应$X(t)$也将是平稳随机过程。

3. 响应的谱密度

由谱密度的定义式（10-19）可知，响应与激励的互谱密度为

$$S_{XF}(\omega)=\frac{1}{2\pi}\int_{-\infty}^{+\infty}R_{XF}(\tau)\mathrm{e}^{-\mathrm{i}\omega\tau}\mathrm{d}\tau \tag{10-40}$$

将互相关函数式（10-36）代入式（10-40）可得

$$S_{XF}(\omega)=\frac{1}{2\pi}\int_{-\infty}^{+\infty}\left\{\int_{-\infty}^{+\infty}h(\theta)R_F(\tau+\theta)\mathrm{d}\theta\right\}\mathrm{e}^{-\mathrm{i}\omega t}\mathrm{d}\tau \tag{10-41}$$

若$R_F(\tau)$绝对可积，可得响应和激励的互谱密度为

$$S_{XF}(\omega)=\frac{1}{2\pi}\int_{-\infty}^{+\infty}h(\theta)\mathrm{e}^{\mathrm{i}\omega\theta}\mathrm{d}\theta\int_{-\infty}^{+\infty}R_F(\tau+\theta)\mathrm{e}^{-\mathrm{i}\omega(\tau+\theta)}\mathrm{d}\tau \tag{10-42}$$

激励$F(t)$的谱密度为

$$S_F(\omega)=\frac{1}{2\pi}\int_{-\infty}^{+\infty}R_F(\tau+\theta)\mathrm{e}^{-\mathrm{i}\omega(\tau+\theta)}\mathrm{d}\tau \tag{10-43}$$

此外，将式（10-26）取共轭复数，有

$$H^*(\mathrm{i}\omega)=\int_{-\infty}^{+\infty}h(t)\mathrm{e}^{\mathrm{i}\omega t}\mathrm{d}t \tag{10-44}$$

则式（10-42）可写成

$$S_{XF}(\omega)=H^*(\mathrm{i}\omega)S_F(\omega)$$

可见，响应与激励的互谱密度由激励的谱密度及系统的频率响应函数确定。由式（10-36）和式（10-42）可得响应的谱密度为

$$S_X(\omega)=\frac{1}{2\pi}\int_{-\infty}^{+\infty}\left\{\int_{-\infty}^{+\infty}h(\theta)R_{XF}(-\tau-\theta)\mathrm{d}\theta\right\}\mathrm{e}^{-\mathrm{i}\omega\tau}\mathrm{d}\tau$$

$$=\frac{1}{2\pi}\int_{-\infty}^{+\infty}h(\theta)\mathrm{e}^{\mathrm{i}\omega\theta}\mathrm{d}\theta\int_{-\infty}^{+\infty}R_F(-\tau-\theta)\mathrm{e}^{-\mathrm{i}\omega(\tau+\theta)}\mathrm{d}\tau \tag{10-45}$$

令$\eta=-\tau-\theta$，则有

$$\frac{1}{2\pi}\int_{-\infty}^{+\infty}R_{XF}(-\tau-\theta)\mathrm{e}^{-\mathrm{i}\omega(\tau+\theta)}\mathrm{d}\tau=\frac{1}{2\pi}\int_{-\infty}^{+\infty}R_{XF}(\eta)\mathrm{e}^{i\omega\eta}\mathrm{d}\eta=S_{XF}^*(\omega) \tag{10-46}$$

所以，

$$S_X(\omega)=H^*(\mathrm{i}\omega)S_{XF}^*(\omega) \tag{10-47}$$

由式（10-44）和式（10-47）可得

$$S_X(\omega)=|H(\mathrm{i}\omega)|^2\ S_F(\omega) \tag{10-48}$$

所以，响应的谱密度是由激励的谱密度及系统的频率响应函数确定的。

4. 响应及其导数的方差

响应的方差为

$$\sigma_X^2=R_X(0)=\int_{-\infty}^{+\infty}S_X(\omega)\mathrm{d}\omega=\int_{-\infty}^{+\infty}|H(\mathrm{i}\omega)|^2\ S_F(\omega)\mathrm{d}\omega \tag{10-49}$$

如果$X(t)$是n次均方可导的，则由式（10-67）和式（10-101）可得

$$S_X^{(k)}(\omega)=\omega^{2k}S_X(\omega)=\omega^{2k}\ |H(\mathrm{i}\omega)|^2\ S_F(\omega) \tag{10-50}$$

导数过程$X^{(k)}(t)$的方差为

$$\sigma_X^2=R_X(0)=\int_{-\infty}^{+\infty}S_X(\omega)\mathrm{d}\omega=\int_{-\infty}^{+\infty}|H(\mathrm{i}\omega)|^2\ S_F(\omega)\mathrm{d}\omega \tag{10-51}$$

5. 平稳响应的随机过程

根据定义式（10-15），随机响应$X(t)$的自相关函数为

$$R_X(t_1,t_2)=E[X(t_1)X(t_2)]=E\left[\int_0^{t_1}F(\tau_1)h(t_1-\tau_1)\mathrm{d}\tau_1\cdot\int_0^{t_2}F(\tau_2)h(t_2-\tau_2)\mathrm{d}\tau_2\right]$$

$$=\int_0^{t_1}\int_0^{t_2}h(t_1-\tau_1)h(t_2-\tau_2)E[F(\tau_1)F(\tau_2)]\mathrm{d}\tau_1\mathrm{d}\tau_2$$

$$=\int_0^{t_1}\int_0^{t_2}h(t_1-\tau_1)h(t_2-\tau_2)R(\tau_2-\tau_1)\mathrm{d}\tau_1\mathrm{d}\tau_2$$

把式（10-39）代入上式可得

$$R_X(t_1,t_2)=\int_0^{t_1}\int_0^{t_2}h(t_1-\tau_1)h(t_2-\tau_2)\int_{-\infty}^{+\infty}S_F(\omega)\mathrm{e}^{\mathrm{i}\omega(\tau_2-\tau_1)}\mathrm{d}\omega\mathrm{d}\tau_1\mathrm{d}\tau_2$$

$$=\int_0^{t_1}\int_0^{t_2}h(t_1-\tau_1)h(t_2-\tau_2)\int_{-\infty}^{+\infty}S_F(\omega)\mathrm{e}^{\mathrm{i}\omega(\tau_2-\tau_1)}\mathrm{d}\omega\mathrm{d}\tau_1\mathrm{d}\tau_2$$

$$=\int_{-\infty}^{+\infty}S_F(\omega)\left[\int_0^{t_1}h(t_1-\tau_1)\mathrm{e}^{\mathrm{i}\omega\tau_1}\mathrm{d}\tau_1\cdot\int_0^{t_2}h(t_2-\tau_2)\mathrm{e}^{\mathrm{i}\omega\tau_2}\mathrm{d}\tau_2\right]\mathrm{d}\omega \tag{10-52}$$

令 $\tilde{H}(\omega,t)=\int_0^t h(t-\tau)\mathrm{e}^{-\mathrm{i}\omega\tau}\mathrm{d}\tau$ ，并考虑式（10-44）可得

$$\tilde{H}(\mathrm{i}\omega,t)=H(\mathrm{i}\omega,t)\left[\mathrm{e}^{\mathrm{i}\omega t}-\mathrm{e}^{-\xi\omega_{\mathrm{n}}t}u(\omega,t)\right] \tag{10-53}$$

式中，

$$u(\omega,t)=\frac{\xi\omega_{\mathrm{n}}}{\omega_{\mathrm{D}}}\sin\omega_{\mathrm{D}}t+\cos\omega_{\mathrm{D}}t+\mathrm{i}\frac{\omega}{\omega_{\mathrm{D}}}\sin\omega_{\mathrm{d}}t \tag{10-54}$$

则式（10-52）可写成

$$\begin{aligned}R_X(t_1,t_2)&=\int_{-\infty}^{+\infty}S_F(\omega)\tilde{H}^*(\mathrm{i}\omega,t_2)\mathrm{d}\omega\\&=\int_{-\infty}^{+\infty}|H(\mathrm{i}\omega)|^2\ S_F(\omega)[\mathrm{e}^{\mathrm{i}\omega(t_2-t_1)}-\mathrm{e}^{\mathrm{i}\omega t_2-\xi\omega_{\mathrm{n}}t_1}u^*(\omega,t_1)\\&\quad-\mathrm{e}^{-\mathrm{i}\omega t_1-\xi\omega_{\mathrm{n}}t_2}u(\omega,t_2)+\mathrm{e}^{-\xi\omega_{\mathrm{n}}(t_1+t_2)}u(\omega,t_2)u^*(\omega,t_1)]\mathrm{d}\omega\end{aligned} \tag{10-55}$$

如果 t_1,t_2 充分大，则有

$$R_X(t_1,t_2)=R_X(t_2-t_1)=\int_{-\infty}^{+\infty}|H(\mathrm{i}\omega)|^2\ S_F(\omega)\mathrm{e}^{\mathrm{i}\omega(t_2-t_1)}\mathrm{d}\omega \tag{10-56}$$

由式（10-56）可知，经过足够长时间后，响应 $X(t)$ 的自相关函数 $R_X(t_1,t_2)$ 亦变为时间差 t_2-t_1 的函数，因而 $X(t)$ 变为平稳随机过程。同理， $X(t)$ 与 $F(t)$ 也应当经过很长时间以后，才是联合平稳的随机过程。

现假设输入为一白噪声，即 $X(t)$ 的功率谱密度函数为

$$S_F(\omega)=S_0,\quad -\infty<\omega<\infty \tag{10-57}$$

式（10-51）中令 $t_1=t_2=t$ ，可得响应的方差为

$$\sigma_X^2(t)=\frac{\pi S_0}{2\xi\omega_{\mathrm{n}}^3}\left\{1-\mathrm{e}^{-2\xi\omega_{\mathrm{n}}t}\left[1+\frac{\xi\omega_{\mathrm{n}}}{\omega_{\mathrm{D}}}\sin 2\omega_{\mathrm{D}}t+2\left(\frac{\xi\omega_{\mathrm{n}}}{\omega_{\mathrm{D}}}\right)\sin^2\omega_{\mathrm{D}}t\right]\right\} \tag{10-58}$$

当输入不是白噪声时，若系统的功率谱密度在系统的自振频率附近变化缓慢，且系统的阻尼比很小，则响应的方差为

$$\sigma_X^2(t)=\frac{\pi S_0}{2\xi\omega_{\mathrm{n}}^3}\left\{1-\mathrm{e}^{-2\xi\omega_{\mathrm{n}}t}\left[1+\frac{\xi\omega_{\mathrm{n}}}{\omega_{\mathrm{D}}}\sin 2\omega_{\mathrm{D}}t+2\left(\frac{\xi\omega_{\mathrm{n}}}{\omega_{\mathrm{D}}}\right)\sin^2\omega_{\mathrm{D}}t\right]\right\} \tag{10-59}$$

当 $\xi=0$ 时，利用洛必达（L’Hospital）法则，由式（10-57）和式（10-59）可得

$$\lim_{\xi\to 0}\sigma_X^2(t)=\begin{cases}\dfrac{\pi S_0}{2\omega_{\mathrm{n}}^3}(2\omega_{\mathrm{n}}t-\sin 2\omega_{\mathrm{n}}t)\\[2ex]\dfrac{\pi S_F(\omega_n)}{2\omega_{\mathrm{n}}^3}(2\omega_{\mathrm{n}}t-\sin 2\omega_{\mathrm{n}}t)\end{cases} \tag{10-60}$$

当阻尼比ξ分别取0、0.025、0.05和0.10时，由式（10-59）及式（10-60）计算得到的响应方差$\sigma_X^2(t)$与$\omega_{\mathrm{n}}t$之间的关系如图10-3所示。从图10-3可以看出，单自由度体系的随机过程响应从非平稳过渡到平稳响应的时间随阻尼比ξ的增大而减小；而且当$\xi=0$时，单自由度体系的响应，无论在什么初始条件下都永远达不到平稳响应过程。

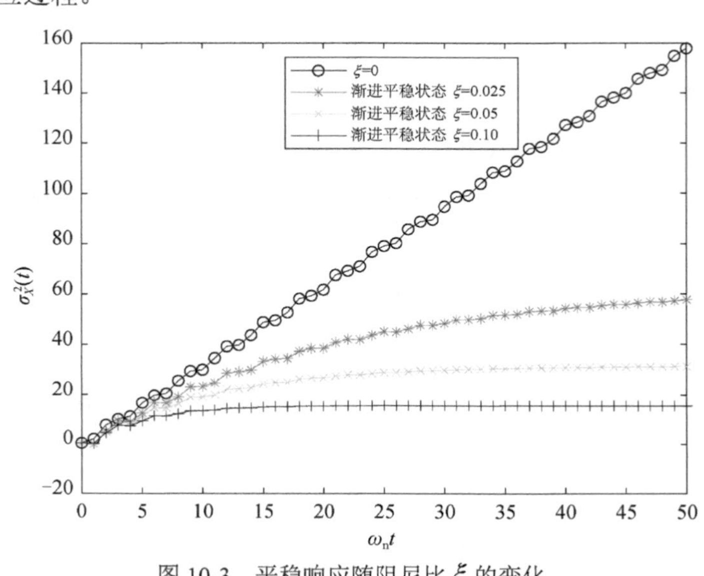

图 10-3　平稳响应随阻尼比ξ的变化

例 10-1　设方程（10-22）的激励为白噪声：

$$E[F(t)]=0,\quad S_F(\omega)=S_0$$

求响应的谱密度和自相关函数。

解　响应的谱密度由式（10-59）可得

$$S_X(\omega)=\frac{S_0}{(\omega_{\mathrm{n}}^2-\omega^2)^2+4\xi^2\omega_{\mathrm{n}}^2\omega^2}\tag{10-61}$$

它在$\omega=0$时有极小值$\dfrac{S_0}{\omega_{\mathrm{n}}^4}$，在$\omega=\pm\omega_{\mathrm{n}}\sqrt{1-2\xi^2}$时有相等的极大值$\dfrac{S_0}{4\xi^2(1-\xi^2)\omega_{\mathrm{n}}^4}$。对于小阻尼比谱密度，大约在$\pm\omega_{\mathrm{n}}$时达到极大值，如图10-4所示。由图10-4可见，响应的谱密度在$\omega=\pm\omega_{\mathrm{n}}$处具有尖峰，这是窄带随机过程的特征。此外，由式（10-61）可知，当激励为宽带随机过程时，响应为窄带随机过程。

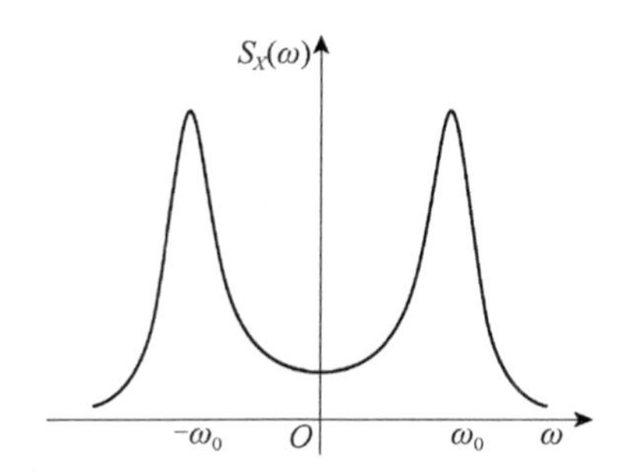

图 10-4　响应（输出）的谱密度函数

由式（10-21）可求得响应的自相关函数：

$$R_X(\tau) = \int_{-\infty}^{+\infty} S_X(\omega)\mathrm{e}^{\mathrm{i}\omega\tau}\mathrm{d}\omega$$

$$= \frac{\pi S_0}{2\xi\omega_{\mathrm{n}}^3}\mathrm{e}^{-\xi\omega|\tau|}\left(\cos\omega_{\mathrm{n}}\tau\sqrt{1-\xi^2} + \frac{\xi}{\sqrt{1-\xi^2}}\sin\omega_{\mathrm{n}}\,|\,\tau\,|\,\sqrt{(1-\xi^2)}\right)$$

当阻尼比 ξ 充分小时，上式可近似写成

$$R_X(\tau) = \frac{\pi S_0}{2\xi\omega_{\mathrm{n}}^3}\mathrm{e}^{-\xi\omega_0|\tau|}\cos\omega_{\mathrm{n}}\tau\sqrt{1-\xi^2} \tag{10-62}$$

它的图形类似于以固有频率 ω_{n} 做“有阻尼”自由振动。

令 $\tau = 0$，响应的方差可由式（10-62）得到

$$\sigma_X^2 = R_X(0) = \frac{\pi S_0}{2\xi\omega_0^3} \tag{10-63}$$

例 10-2　设物体（质量为 m）通过弹簧（弹性系数为 k）和阻尼器（黏性阻尼系数为 c）支撑在基础上，如图 10-5 所示。已知基础相对于基本惯性参考系作随机振动 $Y(t)$，求重物 m 与基础的相对位移 Z 和相对速度 $\dot{Z}$ 的方差 σ_Z^2 和 $\sigma_{\dot{Z}}^2$。

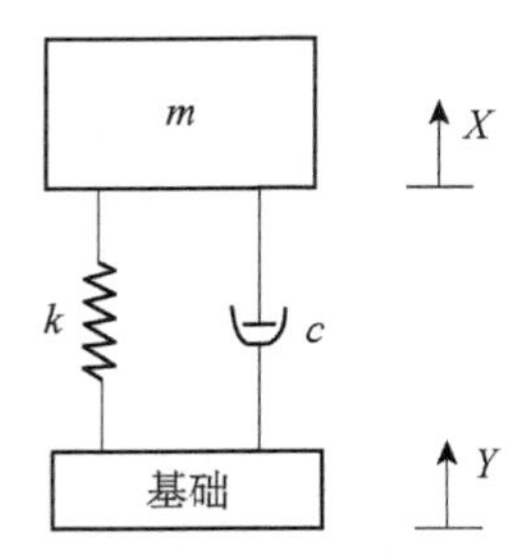

图 10-5　基础作随机振动的单自由度振子

解　设 X 是重物 m 在惯性参考系中由平衡位置算起的位移，是基础在惯性参考系中的位移，与基础的相对位移为

$$Z = X - Y$$

重物 m 的运动微分方程可写成

$$m\ddot{X} + c(\dot{X} - \dot{Y}) + k(X - Y) = 0 \tag{10-64}$$

也可写成

$$m\ddot{Z} + c\dot{Z} + kZ = -m\ddot{Y} \tag{10-65}$$

令 $\xi = \dfrac{c}{2m\omega_{\mathrm{n}}}, \omega_{\mathrm{n}} = \sqrt{\dfrac{k}{m}}$，则方程（10-65）可化成

$$\ddot{Z} + 2\xi\omega_{\mathrm{n}}\dot{Z} + \omega_{\mathrm{n}}^2 Z = -\ddot{Y} \tag{10-66}$$

由式（10-20）和式（10-21）可知，Z 与 $\dot{Z}$ 的谱密度分别为

$$S_Z(\omega) = \frac{S\ddot{Y}(\omega)}{(\omega_{\mathrm{n}}^2 - \omega^2)^2 + 4\xi^2\omega_{\mathrm{n}}^2\omega^2} \tag{10-67a}$$

$$S_{\dot{Z}}(\omega) = \frac{\omega^2 S\ddot{Y}(\omega)}{(\omega_{\mathrm{n}}^2 - \omega^2)^2 + 4\xi^2\omega_{\mathrm{n}}^2\omega^2} \tag{10-67b}$$

Z 与 $\dot{Z}$ 的方差分别为

$$\sigma_Z^2 = \int_{-\infty}^{+\infty} S_Z(\omega)\mathrm{d}\omega \tag{10-68a}$$

$$\sigma_{\dot{Z}}^2 = \int_{-\infty}^{+\infty} S_{\dot{Z}}(\omega)\mathrm{d}\omega \tag{10-68b}$$

如果 $\ddot{Y}(t)$ 为白噪声，则

$$E[\ddot{Y}(t)] = 0, \quad S_{\ddot{Y}}(\omega) = S_0$$

由式（10-67）和式（10-68），并运用留数定理计算定积分，可求得

$$\sigma_Z^2 = \frac{\pi S_0}{2\xi\omega_0^3}, \quad \sigma_{\dot{Z}}^2 = \frac{\pi S_0}{2\xi\omega_0}$$

思　考　题

1. 试简述随机变量和随机过程的基本概念。

2. 试简述平稳随机过程与非平稳随机过程的概念，并举例说明。

3. 试简述各态历经随机过程和平稳随机过程的区别与联系。

4. 试简述功率谱密度函数与自相关函数的定义，并通过维纳-欣钦公式描述两者的关联关系。

5. 试简述线弹性单自由度体系结构随机响应分析中的频域分析方法的一般过程。

参 考 文 献

曹志远. 1989. 板壳振动理论[M]. 北京：中国铁道出版社.

柴田明德. 2020. 结构抗震分析[M]. 3 版. 曲哲，译. 北京：中国建筑工业出版社.

陈虹. 2013. 模型预测控制[M]. 北京：科学出版社.

陈政清，樊伟，李寿英，等. 2021. 结构动力学[M]. 北京：人民交通出版社.

大崎顺彦. 1990. 振动理论[M]. 谢礼立，译. 北京：地震出版社.

方同，薛璞. 1998. 振动理论及应用[M]. 西安：西北工业大学出版社.

胡海昌. 2016. 多自由度结构固有振动理论[M]. 北京：科学出版社.

胡海岩. 2005. 机械振动基础[M]. 北京：北京航空航天大学出版社.

胡寿松. 2007. 自动控制原理[M]. 4 版. 北京：科学出版社.

胡宗武，吴天行. 2011. 工程振动分析基础[M]. 3 版. 上海：上海交通大学出版社.

霍奇斯，皮尔斯. 2015. 结构动力学与气动弹性力学导论[M]. 2 版. 戴玉婷，朱斯岩，译. 北京：北京航空航天大学出版社.

克拉夫，彭津. 2006. 结构动力学[M]. 2 版. 王光远，等译. 北京：高等教育出版社.

李爱群. 2007. 工程结构减振控制[M]. 北京：机械工业出版社.

刘晶波，杜修力. 2021.结构动力学[M]. 2 版. 北京：机械工业出版社.

刘习军，贾启芬. 2004. 工程振动理论与测试技术[M]. 北京：高等教育出版社.

刘延柱，陈立群. 2001. 非线性振动[M]. 北京：高等教育出版社.

陆鑫森. 1992. 高等结构动力学[M]. 上海：上海交通大学出版社.

倪振华. 1989. 振动力学[M]. 西安：西安交通大学出版社.

欧进萍，王光远. 1998. 结构随机振动[M]. 北京：高等教育出版社.

铁摩辛柯 S，杨 D H，小韦孚 W. 1978. 工程中的振动问题[M]. 胡人礼，译. 北京：人民铁道出版社.

王光远. 1981. 应用分析动力学[M]. 北京：人民教育出版社.

魏庆朝，孔永健，时瑾. 2010. 磁浮铁路系统与技术[M]. 北京：中国科学技术出版社.

吴祥明. 2003. 磁浮列车[M]. 上海：上海科学技术出版社.

席裕庚. 2013. 预测控制[M]. 2 版. 北京：国防工业出版社.

徐斌，高跃飞，余龙. 2009. Matlab 有限元结构动力学分析与工程应用[M]. 北京：清华大学出版社.

杨茀康. 2016. 结构力学[M]. 6 版. 北京：高等教育出版社.

俞载道. 1987. 结构动力学基础[M]. 上海：同济大学出版社.

张雄，王天舒，刘岩. 2015. 计算动力学[M]. 2 版. 北京：清华大学出版社.

张亚辉，林家浩. 2007. 结构动力学基础[M]. 大连：大连理工大学出版社.

翟婉明. 2007. 车辆-轨道耦合动力学[M]. 3 版. 北京：科学出版社.

庄表中，王行新. 1982. 随机振动概论[M]. 北京：地震出版社.

Blevins R D. 2001. Flow-induced Vibration[M]. 2nd ed. New York：Van Nostrand Reinhold.

Chopra A K. 2012. Dynamics of Structures：Theory and Applications to Earthquake Engineering [M]. 4th ed. Upper Saddle River：Prentice Hall.

Craig R R. 1996. 结构动力学[M]. 常岭，李振邦，译. 北京：人民交通出版社.

Foss K A. 1958. Coordinates which uncouple the equations of motion of damped linear dynamic systems[J]. ASME Journal of Applied Mechanics，25：361-364.

Rao S S. 2016. 机械振动[M]. 5 版. 李欣业，杨理诚，译. 北京：清华大学出版社.

Wang Z，Xu Y，Li G，et al. 2018. Dynamic analysis of a coupled system of high-speed maglev train and curved viaduct[J]. International Journal of Structural Stability and Dynamics，18（11）：1-32.

Zhang Z，Zhou Y，Tao X. 2020. Model predictive control of a magnetic levitation system using two-level state feedback[J]. Measurement and Control-London-Institute of Measurement and Control，53（5-6）.